“十四五”时期国家重点出版物出版专项规划项目
材料研究与应用丛书

低共熔溶剂在有机合成中的应用

王英磊　著

哈爾濱工業大學出版社

内 容 简 介

本书系统介绍了低共熔溶剂在有机合成中的应用。全书共12章，内容包括绪论、低共熔溶剂中阿司匹林的合成、低共熔溶剂在乙酸异戊酯合成中的应用、低共熔溶剂中对硝基苯甲酸乙酯的合成、低共熔溶剂中尼泊金乙酯的合成、低共熔溶剂在水杨酸乙酯合成中的应用、低共熔溶剂中肉桂酸乙酯的合成、低共熔溶剂中邻苯二甲酸二丁酯的合成、低共熔溶剂中柠檬酸三丁酯的合成、低共熔溶剂在酰胺烷基萘酚合成中的应用、低共熔溶剂在 2-氨基-7-羟基-3-氰基-4-芳基-4H-色烯合成中的应用、结论与展望。

本书适合高等院校相关专业的研究生和高年级本科生阅读，也可供从事精细化学品绿色合成与应用研究的科技工作者和工程技术人员参考和使用。

图书在版编目（CIP）数据

低共熔溶剂在有机合成中的应用 / 王英磊著.
哈尔滨：哈尔滨工业大学出版社，2024. 8. — ISBN
978-7-5767-1534-7

Ⅰ. O621.3

中国国家版本馆 CIP 数据核字第 2024N7L031 号

策划编辑　王桂芝
责任编辑　张　颖　李　鹏
出版发行　哈尔滨工业大学出版社
社　　址　哈尔滨市南岗区复华四道街 10 号　邮编 150006
传　　真　0451-86414749
网　　址　http://hitpress.hit.edu.cn
印　　刷　哈尔滨久利印刷有限公司
开　　本　720 mm×1 000 mm　1/16　印张 28.5　字数 423 千字
版　　次　2024 年 8 月第 1 版　2024 年 8 月第 1 次印刷
书　　号　ISBN 978-7-5767-1534-7
定　　价　188.00 元

前　言

发展绿色化学是实现人与自然和谐共生的重要途径之一。低共熔溶剂是一种新型的绿色溶剂，具有原料成本低廉、制备方法简单、回收利用便捷、生物相容性优良等特点，符合绿色化学的基本原则，应用前景广泛。“低共熔溶剂及其应用”在2018年即入选为化学与材料科学Top10热点前沿，至今依然有众多科技工作者从事该领域的研究。

本书制备了一系列胆碱类和甜菜碱类低共熔溶剂，并将其应用于酯化、缩合及环合反应。全书共12章。

第1章绪论，主要是绿色化学和低共熔溶剂的概述，并对低共熔溶剂在有机合成中的应用进行了综述。

第2章制备了低共熔溶剂氯化胆碱-尿素和氯化胆碱-草酸，并将其分别作为催化剂和溶剂应用于水杨酸和乙酸酐的酯化反应，合成了阿司匹林（即乙酰水杨酸）。

第3章制备了低共熔溶剂氯化胆碱-氯化锌，并将其作为催化剂和溶剂应用于冰乙酸和异戊醇的酯化反应，合成了乙酸异戊酯。

第4章制备了低共熔溶剂氯化胆碱-对甲苯磺酸，并将其作为催化剂和溶剂应用于对硝基苯甲酸和无水乙醇的酯化反应，合成了对硝基苯甲酸乙酯。

第5章制备了低共熔溶剂氯化胆碱-三氟甲烷磺酸，并将其作为催化剂和溶剂应用于对羟基苯甲酸和无水乙醇的酯化反应，合成了尼泊金乙酯（即对羟基苯甲酸乙酯）。

第6章制备了低共熔溶剂氯化胆碱-三氯化铬，并将其作为催化剂和溶剂应用于水杨酸和无水乙醇的酯化反应，合成了水杨酸乙酯。

第7章制备了低共熔溶剂氯化胆碱-三氯化铁，并将其作为催化剂和溶剂应用于肉桂酸和无水乙醇的酯化反应，合成了肉桂酸乙酯。

第 8 章制备了低共熔溶剂氯化胆碱-甲磺酸，并将其作为催化剂和溶剂应用于邻苯二甲酸酐和正丁醇的酯化反应，合成了邻苯二甲酸二丁酯。

第 9 章制备了低共熔溶剂甜菜碱盐酸盐-对甲苯磺酸，并将其作为催化剂和溶剂应用于柠檬酸和正丁醇的酯化反应，合成了柠檬酸三丁酯。

第 10 章制备了低共熔溶剂氯化胆碱-氯化亚锡，并将其作为催化剂和溶剂应用于芳香醛、2-萘酚和乙酰胺（或苯甲酰胺）的缩合反应，合成了酰胺烷基萘酚。

第 11 章制备了低共熔溶剂氯化胆碱-乳酸，并将其作为催化剂和溶剂应用于芳香醛、丙二腈和间苯二酚的缩合及环合反应，合成了 2-氨基-7-羟基-3-氰基-4-芳基-4H-色烯。

第 12 章结论与展望，主要是对本课题的总结，并从绿色化学和有机化学的发展趋势，分析低共熔溶剂的未来研究重点。

在本书出版之际，感谢南阳理工学院生物与化学工程学院领导及老师们对本书出版给予的支持和帮助！本书在撰写过程中，参考了大量有价值的文献资料，吸取了许多人的宝贵经验，在此向这些文献的作者表示敬意。

由于时间有限，加之作者的学识和水平有限，书中难免存在不足之处，恳请各位专家和读者批评指正。

作　者

南阳理工学院

2024 年 5 月

目　　录

第1章 绪　　论

1.1 绿色化学的概述

1.1.1 绿色化学的定义

“绿色化学”的概念于1991年由美国化学会首次提出，并确定为美国环境保护署的中心口号，同时将其做出如下定义：“在化学品的设计、制造和使用时所采用的一系列新原理，以便减少或消除有毒物质的使用或产生。”1996年，联合国环境规划署对绿色化学给出了新的定义：“用化学技术和方法去减少或消灭那些对人类健康或环境有害的原料、产物、副产物、溶剂和试剂的生产和应用。”1999年，英国皇家化学会创刊《绿色化学》(*Green Chemistry*)，并将其定义为：“绿色化学是指在制造和应用化学产品时，应有效利用原料、消除废物和避免使用有毒的、危险的试剂和溶剂。”绿色化学概念的提出是人类可持续发展战略由被动转向主动的重要转折之一。

绿色化学，又称为环境无害化学（environmentally benign chemistry）、环境友好化学（environmentally friendly chemistry）、清洁化学（clean chemistry），是一门具有明确的社会需求和科学目标的新兴交叉学科，是当今国际化学化工领域科学研究的热点和前沿。绿色化学的研究目标是利用现代科学技术的原理和方法，通过对原料、溶剂、催化剂、化学反应、产品等化学品生产各个环节的绿色化，从源头上减少或消除污染，从根本上实现化学工业的“绿色化”，从而实现经济和社会的可持续发展[1-3]。发展绿色化学是实现人与自然和谐共生的重要途径之一。

1.1.2 绿色化学的基本原则

1998 年美国学者 Anastas 和 Warner 等根据从源头上减少或消除化学污染的理念，提出了绿色化学的 12 条原则。这些原则带动了化学的各个层次，如学术研究、化工实践、化学教育、政府政策、公众认知等的发展[4-5]。

这 12 条原则的具体内容如下：

（1）防止污染优于污染治理：防止产生废弃物，从源头制止污染，而不是从末端治理污染。

（2）提高原子经济性：合成方法应设计成能将所有的起始物质嵌入最终产物中。

（3）尽量减少化学合成中的有毒原料、产物：只要可能，反应中使用和生成的物质应对人类健康和环境无毒或毒性很小。

（4）设计安全化学品：设计的化学产品应在保护原有功效的同时尽量使其无毒或毒性很小。

（5）使用无毒无害的溶剂和助剂：尽量不使用辅助性物质（如溶剂、分离试剂等），如果一定要使用，也应使用无毒物质。

（6）合理使用和节省能源：合成过程应在环境温度和压力下进行；能量消耗越少越好，应能被环境和经济方面的考虑所接受。

（7）原料应该可再生而非耗尽：只要技术上和经济上可行，使用的原材料应是能再生的。

（8）减少不必要的衍生化步骤：应尽量避免不必要的衍生过程（如基团的保护、物理与化学过程的临时性修改等）。

（9）采用高选择性催化剂：尽量使用选择性高的催化剂，而不是提高反应物的配料比。

（10）产物应设计为发挥完成作用后可分解为无毒降解产物：设计化学产品时，应考虑当该物质完成自己的功能后，不再滞留于环境中，而可降解为无毒的产品。

（11）应进一步发展分析技术对污染物实行在线监测和控制：分析方法也需要进一步研究开发，使之能做到实时、现场监控，以防有害物质的形成。

（12）减少使用易燃易爆物质，降低事故隐患：化学过程中使用的物质或物质的形态，应考虑尽量减少试验事故的潜在危险，如气体释放、爆炸和着火等。

随着人们对绿色化学研究和认识的不断深入，Anastas等顺应绿色化学不断向前发展的新形势，围绕无毒无害原料、催化剂和溶剂的使用以及原子经济性反应生产安全化学品的绿色化学理想，又对其最早提出的12条绿色化学原则进行了适当的完善，提出了绿色化学的12条补充原则，分别如下：

（1）尽可能利用能量而避免使用物质实现转换。

（2）通过使用可见光有效地实现水的分解。

（3）采用的溶剂体系可有效地进行热量和质量传递的同时，还可催化反应并有助于产物分离。

（4）开发既具有原子经济性，又对人类健康和环境友好的合成方法“工具箱”。

（5）不使用添加剂，设计无毒无害、可降解的塑料与高分子产品。

（6）设计可回收并能反复使用的物质。

（7）开展“预防毒物学”研究，使得有关对生物与环境方面影响机理的认识可不断地结合到化学产品的设计中。

（8）设计不需要消耗大量能源的有效光电单元。

（9）开发非燃烧、非消耗大量物质的能源。

（10）开发大量二氧化碳和其他温室效应气体的使用或固定化的增值过程。

（11）实现不使用保护基团的方法进行含有敏感基团的化学反应。

（12）开发可长久使用、无须涂布和清洁的表面和物质。

这些原则涉及了光解水、新能源开发和温室效应等经济和社会发展过程中亟待解决的热点问题，是对最早提出的绿色化学12条原则的深化和发展[6-7]。

上述原则主要是直觉和常识的结晶，并没有清晰地反映出绿色化学的概念目标和相关研究领域的内在联系，这说明绿色化学作为一门新兴学科，已提出的绿色化学原则尚难以满足可持续发展对化学的要求，其内容仍处于发展和凝炼阶段，今后还有许多问题需要审慎地考虑和对待。

1.1.3 绿色化学的国内外发展

为了推动绿色化学的发展，世界各国都采取了很多措施。1995 年，美国设立了“美国总统绿色化学挑战奖”，从 1996 年开始每年颁发一次，这是化学领域唯一的总统级科学奖励。该奖励主要颁给学校或工业界已经或将要通过绿色化学显著提高人类健康和环境的先驱工作，获奖者可以是个人、团体或组织。此奖由美国环境保护署、美国科学院、国家科学基金和美国化学会联合主办，每年的 6 月份召开奖励大会。该奖励主要集中在 3 个方面。

（1）绿色合成路线：包括使用绿色原料，使用新的试剂或催化剂，利用自然界的工艺过程、原子经济过程等。

（2）绿色反应条件：包括低毒溶剂取代有毒溶剂、无溶剂反应条件或固态反应、新的过程方法、消除高耗能/高耗材的分离纯化步骤、提高能量效率等。

（3）绿色化学品设计：包括用低毒物取代现有产品、更安全的产品、可循环或可降解的产品、对大气安全的产品等。

对应于以上 3 个方面，奖项分为 5 项：①绿色合成路线；②绿色反应条件；③绿色化学品设计；④小企业奖；⑤学院奖。每个奖项奖给一个项目，后两个奖项的内容可以是上面 3 个方面的任一方面[8-9]。

绿色化学在我国也逐步受到重视。1995 年，中国科学院化学部确定了“绿色化学与技术”的院士咨询课题，对国内外绿色化学的现状与发展趋势进行了大量调研，并结合国内情况提出了发展绿色化学与技术、消灭和减少环境污染来源的 7 条建议。1996 年，召开了“工业生产中绿色化学与技术”专题研讨会，就工业生产中的污染防治问题进行了交流讨论。1997 年，由国家自然科学基金委员会与中国石油化工集团联合资助的“九五”重大基础研究项目“环境友好石油化工催化化学与化学反应工程”正式启动。同年，在北京香山科学会议开展以“可持续发展问题对科学的挑战——绿色化学”为主题的学术研讨会。1998年，在中国科学技术大学举办了第一届国际绿色化学高级研讨会。2000年，国家科技部和经贸委批准在天津建立“北方环保产业基地”，绿色化学科研中心与科技专辑也相继出现。2006年7月，正式成立了中国化学学会绿色化学专业委员会。2008年11月5—8日，由中国科学院过程工程研究所和中国科学院大连化学物理研究所发起和举办的第一届亚太离子液体与绿色过程会议暨第一届全国离子液体与绿色过程会议在北京香山饭店成功举办，旨在推动离子液体与绿色过程研究的发展，加强国内外同行的学术交流与合作。2014年，在上海召开主题为“化学构筑美好生活”的中法绿色化学学术交流会议，以期开拓中国在可持续发展绿色化学领域的创新研究和相关产业，为全球的环境保护和人类健康做出贡献。2023年4月21—23日，以“面向双碳目标与可持续发展的绿色化学”为主题的中国化学会首届全国绿色化学学术会议在浙江新昌举行，围绕绿色、低碳、可持续发展新格局下的绿色化学前沿科学与技术，全面展示我国化学工作者在绿色化学领域的最新进展和成果，深入探讨所面临的机遇、挑战及未来发展方向，加强了学术界与产业界的交流与合作，推动了我国绿色化学与技术的发展，贡献于“碳达峰、碳中和”以及高质量发展目标[10-11]。我们必须高度重视，抓住机遇，推动我国绿色化学学科不断创新发展，以适应国际大趋势的要求。

近年来，绿色化学作为未来化学工业发展的方向和基础，在我国政府、企业以及学术界也逐步受到重视，并在2000年提出“绿色可持续发展化学”的概念，即通过包括产品设计、原料选择、制造方法、使用方法及循环利用等技术革命，保证人与环境的健康与安全及能源和资源节省。目前，经过我国科研人员的不懈努力，绿色化学发展迅猛，并已取得了较为突出的成绩，研究出了一系列的绿色化学产品[12-15]。在国家大力提倡节能减排、可持续发展的大背景下，绿色化学将进入化学工业发展的新阶段，有力推动化学学科的发展。

1.2 低共熔溶剂的概述

1.2.1 低共熔溶剂的发展历程

在20世纪，化学工业为人类创造和积累了巨大的财富，但同时也造成了资源浪费、环境污染等严重问题。21世纪化学工业的重要发展方向之一是开发从源头上根治环境污染的绿色化学技术。绿色化学作为一门新兴的更高层次的综合学科，已经成为国际科学研究的热点和前沿，其中寻找无毒或低毒、可生物降解、可回收利用的环境友好型溶剂和催化剂是绿色化学研究的一个重要分支。

在有机合成反应中，溶剂的作用不仅仅是溶解各种反应物，更重要的是能使各种反应物之间紧密接触，以及在反应完成后能够便于催化剂的回收使用和生成物的分离纯化。选择合适的反应溶剂可以影响反应历程和提高反应选择性，从而有效抑制副反应的发生。然而，传统有机合成反应常使用大量的挥发性有机化合物（volatile organic compounds，VOCs）作为溶剂，它们往往具有易挥发、高毒性、难降解、易燃、易爆等缺点，对环境和人体造成较大危害。因此，溶剂的绿色化是实施绿色化学理念的关键环节。当前，科学家已经用水、超临界流体、全氟溶剂、聚乙二醇、乳酸乙酯等绿色溶剂替代传统有机溶剂来充当化学反应介质[16]。

在过去的十几年间，离子液体（ionic liquids，ILs）作为一种“绿色”溶剂引起了研究者的广泛关注，在合成化学[17-19]、催化化学[20-23]、电化学[24-27]、功能材料[28-31]、生物质转化[32-34]、萃取分离[35-36]、天然产物有效成分提取[37-38]等领域得到普遍应用。

离子液体是一类在室温或接近室温（<100 ℃）下呈液体状态的盐类，通常由有机阳离子与无机阴离子（或有机阴离子）组合而成[39-40]。它们具有较好的热稳定性、较低的蒸气压、不易挥发、良好的导电和导热性、可设计性等特殊性质。然而，随着对离子液体研究的不断深入，科学家对离子液体的“绿色性”提出质疑。研究发现，大多数离子液体存在毒性大、生物降解性差等问题，同时其制备过程复杂、提纯困难、成本较高，且在合成与分离过程中依然大量使用挥发性有机溶剂，这与绿

色化学的基本理念相违背，从而限制了其在工业生产中的大规模应用[41-45]。因此，寻找制备简便、经济实用且更为绿色的溶剂具有重要的研究意义。

低共熔溶剂（deep eutectic solvents，DESs）的概念是由 Abbott 课题组在 2003 年首次提出，他们采用两种固态原料氯化胆碱和尿素成功合成出室温条件下为液态的低共熔混合物。这种混合物被定义为低共熔溶剂，对其物理化学性质（密度、黏度、折射率、电导率、表面张力以及化学惰性等）进行系统研究发现，它与离子液体的理化性质很相似[46]。因而有部分研究者认为低共熔溶剂是离子液体的一种新类型，也称其为“类离子液体”“离子液体类似物”或“低共熔离子液体”等[47-49]。但是，从现有文献分析可知两者是有本质区别的：①低共熔溶剂并不是由完全离子化的物质组成；②其键合形式也并非离子键，而是以氢键为主[50-53]。

1.2.2　低共熔溶剂的组成和分类

低共熔溶剂的出现，为反应介质的绿色化提供了一个新的研究方向。低共熔溶剂也称为深共熔溶剂或低共熔混合物，是由 2 种或 3 种物质按照一定化学计量比、通过分子间氢键相互缔合熔融而形成的一种新型溶剂，其熔点低于每个单独组成部分的熔点[54]。通常，大多数低共熔溶剂在室温至 70 ℃之间都呈液态。低共熔溶剂的相图如图 1.1 所示。

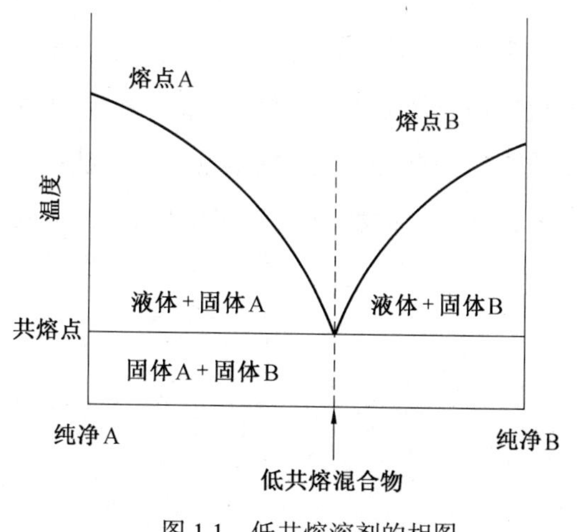

图 1.1　低共熔溶剂的相图

随着绿色化学的快速发展和低共熔溶剂的深入研究，低共熔溶剂的数目和种类不断扩充。根据组成物质类别的不同，低共熔溶剂主要可以分为以下 5 种类型。

第Ⅰ类低共熔溶剂：由季铵盐和金属氯化物形成，其中金属氯化物可以是氯化锌、氯化亚锡等。该类低共熔溶剂类似于更成熟的金属卤化物-咪唑盐体系，但只有有限的无水金属卤化物才能形成这种共晶混合物。

第Ⅱ类低共熔溶剂：由季铵盐和金属氯化物水合物形成，其中金属氯化物水合物可以是六水合三氯化铁、二水合氯化亚锡、六水合三氯化铬等。由于金属氯化物水合物相对便宜且对空气和湿度相对稳定，因此在大规模的工业过程中表现出良好的应用前景。

第Ⅲ类低共熔溶剂：由季铵盐和氢键供体（hydrogen bond donors，HBD）形成，其中氯化胆碱是常用的季铵盐，氢键供体为酰胺类、醇类、羧酸类化合物。

第Ⅳ类低共熔溶剂：由金属氯化物水合物和氢键供体形成。

第Ⅴ类低共熔溶剂：由有机酚类和有机醇类形成，是近年来新提出的一种低共熔溶剂类型。与之前的 4 种类型相比，该类低共熔溶剂中不存在金属阳离子和卤素阴离子，在天然大分子化合物分离上有着较为广阔的应用前景[55]。

其中，第Ⅲ类低共熔溶剂是目前研究最多和应用最广的低共熔溶剂。

一般而言，该类低共熔溶剂常由氢键受体（hydrogen bond acceptor，HBA）和氢键供体混合而成，前者如季铵盐或季鏻盐等，后者如有机酸、多元醇、尿素等[56]。

常见氢键受体和氢键供体的化学式分别如图 1.2 和图 1.3 所示。

低共熔溶剂的制备方法通常有加热法、研磨法、蒸发法和冷冻干燥法[57-58]。其中，加热法由于操作简单而成为目前最为广泛使用的方法。低共熔溶剂的制备过程示意图如图 1.4 所示。

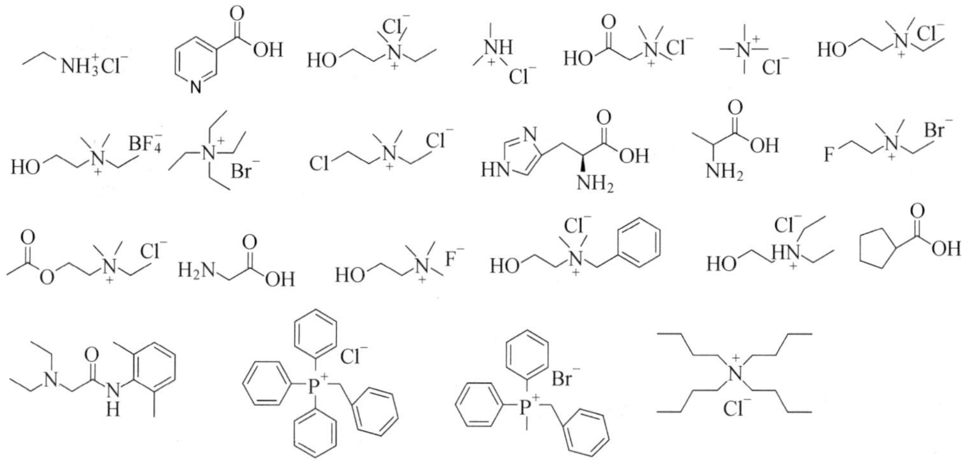

图 1.2　常见氢键受体的化学式

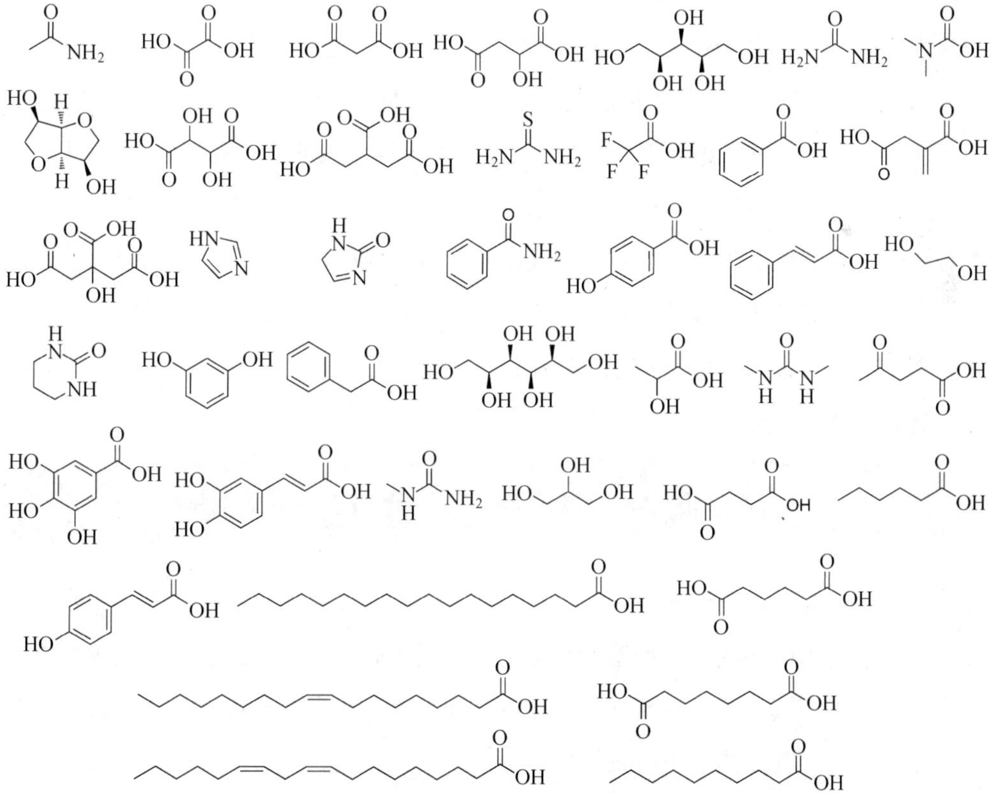

图 1.3　常见氢键供体的化学式

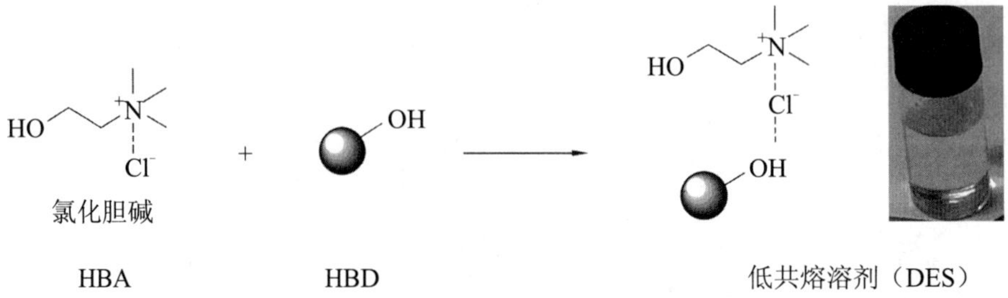

氯化胆碱

HBA　　HBD　　低共熔溶剂（DES）

图 1.4　低共熔溶剂的制备过程示意图

1.2.3　低共熔溶剂的特点和应用

与离子液体相比，低共熔溶剂具有许多优点：①原料丰富易得，价格便宜；②具有水的化学惰性，易于存储；③制备简单方便，通常由两种及以上的物质经混合、加热均匀搅拌即可得到无色透明溶液，不需提纯，合成过程原子利用率高达 100%；④大部分低共熔溶剂是可生物降解的，有良好的生物相容性、无毒或低毒性[59-64]。

从绿色化学角度考虑，低共熔溶剂符合绿色化学发展理念，具有更强的吸引力，即将成为替代离子液体的一种更为绿色、更为实用的溶剂。目前，低共熔溶剂在有机合成[65-67]、电化学[68-71]、天然产物及中草药有效成分提取[72-75]、生物催化[76-78]、功能材料[79]、高分子合成[80]、木质素分离[81-83]、环境化学[84]、食品化学[85-88]、腐蚀防护[89]、化工分离[90-92]等领域已展现出巨大的应用前景，有望实现中试以及大规模工业化、规范化生产。

1.3　低共熔溶剂在有机合成中的应用

有机合成是有机化学的重要分支学科之一。寻找制备方法简便、生物相容性优良、可回收利用的环境友好型溶剂和催化剂一直是有机化学和绿色化学领域的研究热点。低共熔溶剂作为一种新兴绿色溶剂，在替代传统有机合成反应介质或催化剂等方面展现出了良好的应用前景[93-100]。

本书简要介绍低共熔溶剂在卤化反应、烷基化反应、酰基化反应、缩合反应、环合反应、氧化反应及还原反应等有机合成反应中的一些应用。

1.3.1　卤化反应

2010 年，Phadtarea 等[101]报道了低共熔溶剂氯化胆碱（ChCl）-尿素在 1-氨基蒽醌的溴化反应中的应用，其反应方程式如图 1.5 所示。在低共熔溶剂氯化胆碱-尿素（物质的量比为 1∶2）中，含有不同取代基的 1-氨基蒽醌与液溴在 50～60 ℃反应 2～3 h，可以制得一系列溴代 1-氨基蒽醌衍生物，产率达 84%～95%。低共熔溶剂氯化胆碱-尿素重复使用 5 次，1-氨基蒽醌与液溴的反应产率仍可达 82%。

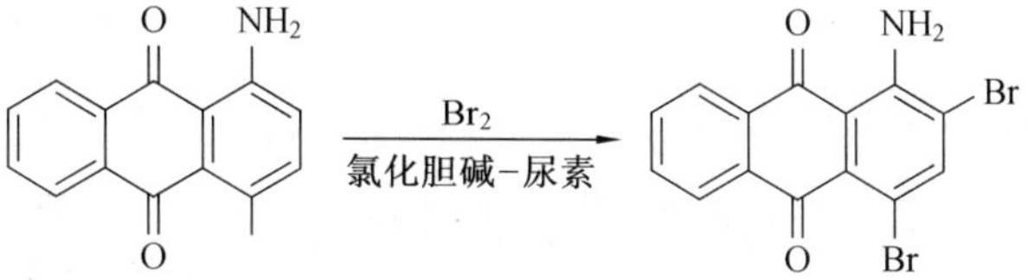

图 1.5　低共熔溶剂氯化胆碱-尿素在 1-氨基蒽醌的溴化反应中的反应方程式

2022 年，陈少航等[102]在低共熔溶剂-缓冲液体系中，以钒依赖型氯过氧化物酶（CiVCPO）为催化剂，通过添加过氧化氢和溴化钾，将百里酚卤化为 2-溴百里酚、4-溴百里酚以及 2,4-二溴百里酚化合物。研究表明，其最优反应条件为：氯化胆碱、1,2-丙二醇、水体积比为 1∶1∶1 作为低共熔溶剂，过氧化氢浓度为 25 mmol/L，缓冲液为 pH=6.01 的柠檬酸缓冲液，CiVCPO 浓度为 500 nmol/L。该低共熔溶剂体系中不仅可以保持对百里酚良好的催化活性，而且表现出比纯水相反应中更高的产率，最高为水相反应的 404.4%。

1.3.2　烷基化反应

2011 年，Singh 等[103]报道了低共熔溶剂氯化胆碱-尿素在芳香胺的烷基化反应中的应用，其反应方程式如图 1.6 所示。在低共熔溶剂氯化胆碱-尿素（物质的量比为 1∶2）中，各种具有不同取代基的芳伯胺可以与溴代正己烷（或溴代正丁烷、溴化苄）在 50 ℃顺利发生选择性 *N*-烷基化反应，生成相对应的芳仲胺，产率达 70%～89%。低共熔溶剂氯化胆碱-尿素可重复使用 5 次，苯胺与溴代正己烷反应的产物收率仍可达 65%。

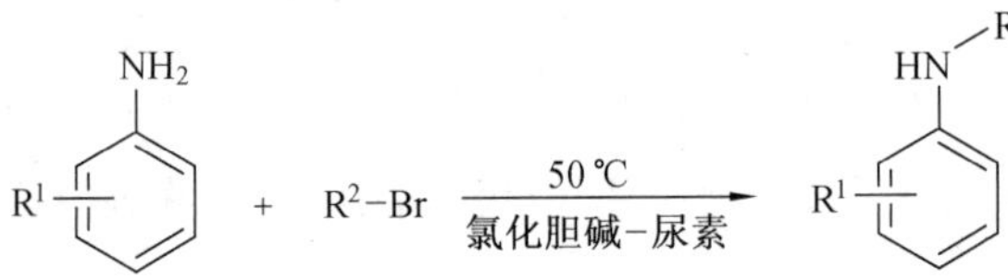

NH_2 R^1 + R^2−Br —50 ℃, 氯化胆碱-尿素→ HN−R^2 R^1

图 1.6　低共熔溶剂氯化胆碱-尿素在芳香胺的烷基化反应中的反应方程式

2018 年，谷昱龙等[104]制备了低共熔溶剂氯化胆碱-三氟甲烷磺酸（ChCl/TfOH），并将其作为催化剂应用于异丁烷的烷基化反应。研究表明，当三氟甲烷磺酸含量为 80%（即氯化胆碱与三氟甲烷磺酸的物质的量比为 1∶5）时，催化 C4 烷基化反应的催化性能最佳。采用该低共熔溶剂催化异丁烷烷基化反应的最优反应条件为：反应温度为 40 ℃，反应时间为 40 min，原料气体积为 10 mL，转速为 800 r/min。在该条件下，异丁烯转化率最高可达到 100%，C8 组分在烷基化产物中含量最高为 43.62%。低共熔溶剂 ChCl/TfOH 循环使用 5 次后，其催化活性未明显降低。

1.3.3　酰基化反应

2019 年，李佳敏等[105]以对甲苯磺酸和甲基三苯基溴化鏻形成的低共熔溶剂为催化剂，以油酸和甲醇为原料，制备了生物柴油。通过响应面分析法，考查了醇酸摩尔比、催化剂用量、反应时间及反应温度等因素对油酸甲酯收率的影响。研究表明，对苯甲磺酸与甲基三苯基溴化鏻物质的量比为 2∶1 时，所形成的低共熔溶剂具有最好的催化活性，以其为催化剂时，生物柴油的最佳合成条件为：醇酸物质的量比为 5.8∶1，催化剂用量为油酸质量的 1.08%，反应温度为 373 K，反应时间为 2.8 h。在此条件下，生物柴油的产率达到 97.3%。该方法所用低共熔溶剂不仅保留了对甲苯磺酸的强催化酯化活性，而且避免了对甲苯磺酸的腐蚀性和难分离性，为生物柴油的绿色制备和高酸值餐饮废油脂的清洁利用提供了参考。

2019 年，曾佳等[106]以深共熔溶剂氯化胆碱-尿素为催化剂、油酸和豆甾醇为反应原料，合成了植物甾醇酯。通过单因素试验和响应面法，考查了影响酯化率的 5 个因素（深共熔溶剂种类、深共熔溶剂添加量、反应时间、反应温度以及物料比），获得了最佳的反应条件：以深共熔溶剂氯化胆碱-尿素（物质的量比为 1∶2）为催化剂，催化剂用量为 9.5%，反应温度为 132 ℃，反应时间为 6.0 h，物料比为 1∶3。在优化的工艺条件下，油酸豆甾醇酯的反应产率为 51.2%。深共熔溶剂氯化胆碱-尿素作为催化剂实现油酸豆甾醇酯合成的方法可行，为高附加价值的不饱和脂肪酸植物甾醇酯的合成提供了参考。

2020 年，李真真等[107]以氯化胆碱与对甲苯磺酸组成的酸性低共熔溶剂为催化剂，由葵花籽油与甲醇的酯交换反应，制备了葵花籽油脂肪酸甲酯。通过单因素试验，考查不同反应条件对酯交换反应的影响，得到了最优的反应条件为：反应温度为 120 ℃，反应时间为 50 min，低共熔溶剂氯化胆碱-对甲苯磺酸（物质的量比为 1∶3）的添加比例为 5%，醇油物质的量比为 8∶1，转速为 600 r/min。此时，酯化率达到 98.23%±0.06%。该低共熔溶剂作为催化剂用于生物柴油的制备，可降低生物柴油的生产成本，简化生物柴油的纯化过程，减少环境污染。

2021 年，蒋宇佳等[108]以深共熔溶剂氯化胆碱-对甲苯磺酸为催化剂，以二元羧酸（或二羧酸酐）和脂肪醇为原料，合成了二酯类化合物。研究表明，以 n（氯化胆碱）∶n（对甲苯磺酸）=1∶2 为催化剂，当 n（羧酸）∶n（深共熔溶剂）=1∶0.2、反应温度为 90 ℃、反应时间为 6 h 时，产物的产率最高可达 95%。通过拓展反应底物发现，该反应对各种二元羧酸的适用性较好，伯醇的反应活性较高。该方法具有环境友好、操作简便、易分离和催化剂可循环使用等优点，在工业上具有很好的应用前景。

1.3.4 缩合反应

2011 年，Pawar 等[109]报道了低共熔溶剂氯化胆碱-尿素在 Perkin 缩合反应中的应用，其反应方程式如图 1.7 所示。1.5 mL 低共熔溶剂（氯化胆碱-尿素），4.7 mmol

芳香醛和 4.7 mmol 乙酸酐在（30±2）℃反应，可以制得一系列肉桂酸衍生物。低共熔溶剂氯化胆碱-尿素可以重复使用 3 次，苯甲醛与乙酸酐的反应产物肉桂酸的产率仍可达到 85%。

图 1.7　低共熔溶剂氯化胆碱-尿素在 Perkin 缩合反应中的反应方程式

2015 年，Keshavarzipour 等[110]报道了低共熔溶剂氯化胆碱-氯化锌在 *β*-氨基酮类化合物合成中的应用，其反应方程式如图 1.8 所示。研究表明，当 *n*（醛）∶*n*（胺）∶*n*（酮）=1∶1∶1、氯化胆碱-氯化锌（摩尔比为 1∶2）用量为 5%时，水溶剂中室温反应 4 h，目标化合物的收率为 52%～98%。同时，低共熔溶剂氯化胆碱-氯化锌可循环使用 4 次，其催化活性没有明显下降。

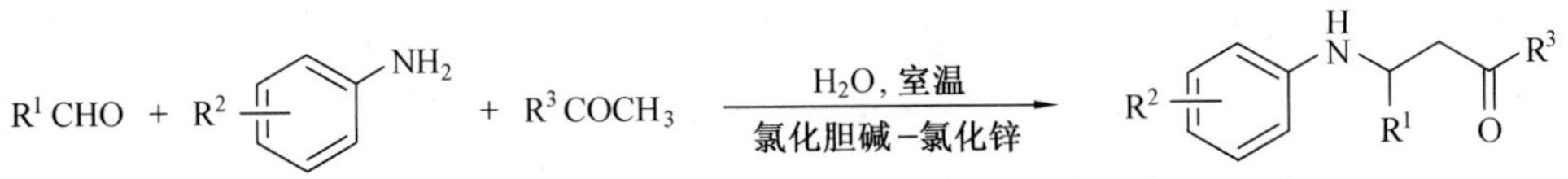

图 1.8　低共熔溶剂氯化胆碱-氯化锌在 *β*-氨基酮类化合物合成中的反应方程式

2015 年，朱国华等[111]在吗啉盐酸盐和双氰胺组成的深共熔溶剂体系的条件下，以吗啉、浓盐酸、双氰胺为原料，通过缩合反应合成盐酸吗啉双胍。通过单因素试验，讨论了反应温度、反应时间、反应物物质的量比等因素对盐酸吗啉双胍合成收率的影响。研究表明，当吗啉盐酸盐、双氰胺的物质的量比为 1.0∶0.8 和 1.0∶1.8 时，深共熔溶剂体系熔点为 48 ℃。合成盐酸吗啉双胍的最佳反应条件为：反应温度为 140℃，反应时间为 3 h，物料物质的量配比为 1∶0.8。该方法的操作简单，产物易分离，且不产生任何废弃物，对环境友好。

2015 年，严楠等[112]在低共熔溶剂氯化胆碱-草酸的催化作用下，由醛、吲哚和 6,10-二氧杂螺[4.5]十烷-7,9-二酮的三组分多米诺 Knoevenagel-Michael 反应合成了一系列新型螺环吲哚衍生物，其反应方程式如图 1.9 所示。研究表明，在 1 mmol 醛、1 mmol 吲哚和 1 mmol 6,10−二氧杂螺[4.5]十烷−7,9−二酮在 1 mL 低共熔溶剂氯化胆碱−草酸（物质的量比为 1∶1）中，于室温下反应 20～45 min，产物的产率为 70%～97%。该方法具有条件温和、操作简单、反应时间短、对环境友好等优点，且催化剂廉价易得，符合绿色化学的发展原则，为合成型螺环衍生物提供了一种简便的合成方法。

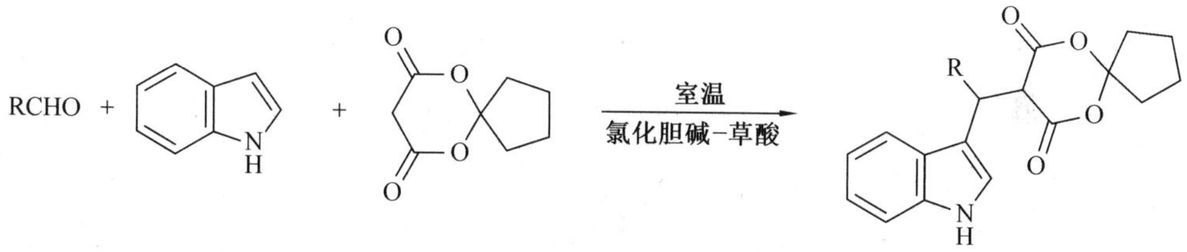

RCHO + [indole] + [6,10-dioxaspiro[4.5]decane-7,9-dione] —室温 / 氯化胆碱−草酸→ [product]

图 1.9　低共熔溶剂氯化胆碱−草酸在螺环吲哚衍生物合成中的反应方程式

2015 年，唐利平等[113]在低共熔溶剂氯化胆碱−尿素中，通过芳香醛、吲哚和丙二腈的三组分“一锅法”反应合成了 10 个 2−[(3−吲哚基)−芳甲基]丙二腈衍生物（β−吲哚衍生物），其反应方程式如图 1.10 所示。研究表明，1 mmol 芳香醛、1 mmol 吲哚和 1 mmol 丙二腈在 1 mL 低共熔溶剂氯化胆碱−尿素（物质的量比为 1∶2）中，于 60 ℃反应 0.8～3.0 h，产物的产率达 66%～94%。低共熔溶剂回收利用 5 次，仍然保持较高的催化活性。该方法不仅是对三组分缩合反应的重要拓展，而且具有操作简单、收率高、不使用有机溶剂及环境友好等优点。

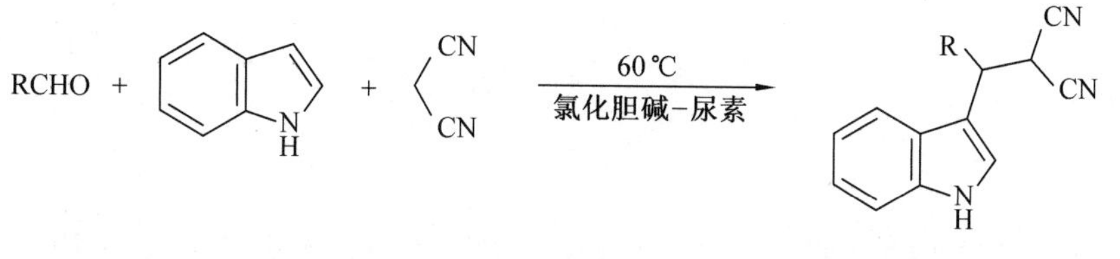

RCHO + [indole] + [malononitrile] —60 ℃ / 氯化胆碱−尿素→ [product]

图 1.10　低共熔溶剂氯化胆碱−尿素在 β−吲哚衍生物合成中的反应方程式

2018 年，李琳琳等[114]在氯化胆碱和尿素组成的低共熔溶剂中，以 MMT/I_2 为催化剂，通过吲哚与芳香醛的缩合反应，合成了 8 个双吲哚甲烷衍生物，其反应方程式如图 1.11 所示。通过单因素试验，考查了溶剂、温度、反应时间和原料物质的量比对产率的影响，获得了最优的反应条件：原料芳香醛与吲哚的物质的量比为 1.0∶2.0，低共熔溶剂氯化胆碱-尿素（物质的量比为 1∶2）用量为 1.5 mL，催化剂用量为 5%，反应温度为 60 ℃，反应时间为 6 h。在此条件下，产物的产率为 68.2%～94.4%。该反应体系具有反应效率高，条件温和，不需要使用有毒溶剂，催化反应体系可循环使用等优点。

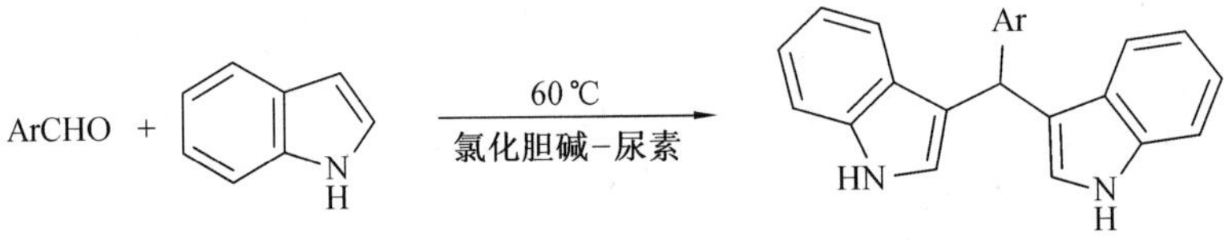

ArCHO + (吲哚) —60 ℃ / 氯化胆碱-尿素→ (双吲哚甲烷, Ar)

图 1.11 低共熔溶剂氯化胆碱-尿素在双吲哚甲烷衍生物合成中的反应方程式

2020 年，陈陵翔等[115]在氯化胆碱-尿素体系的低共熔溶剂中，通过芳香醛和巴比妥酸的缩合反应合成了 5-亚苄基巴比妥酸，其反应方程式如图 1.12 所示。研究表明，在室温无催化剂条件下，当尿素-氯化胆碱低共熔溶剂（物质的量比为 2∶1）用量为 1.5 mL、芳香醛与巴比妥酸的物质的量比为 1∶1.1、反应时间为 2 h 时，一系列 5-亚苄基巴比妥酸衍生物的产率可达 40.5%～92.6%。该方法显著缩短了反应时间，在室温下就可以进行反应，低共熔溶剂表现出了良好的促进作用。

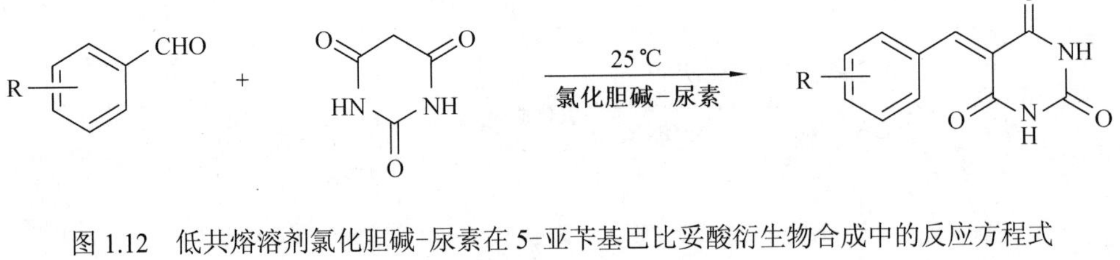

(R-苯甲醛, CHO) + (巴比妥酸) —25 ℃ / 氯化胆碱-尿素→ (5-亚苄基巴比妥酸, R)

图 1.12 低共熔溶剂氯化胆碱-尿素在 5-亚苄基巴比妥酸衍生物合成中的反应方程式

2021 年，乐长高等[116]在深共熔溶剂氯化胆碱-氯化锌中，通过芳香醛与 *N*-取代苯胺之间的 Baeyer 缩合反应，合成了多种三芳基甲烷衍生物，其反应方程式如图 1.13 所示。研究表明，0.4 mmol 芳香醛与 0.4 mmol *N*-取代苯胺在适量的深共熔溶剂氯化胆碱-氯化锌（物质的量比为 1∶1）中，于 130 ℃反应 4 h，所得产物的产率最高可达 81%。同时，深共熔溶剂在此过程中重复使用多次，且没有明显的活性损失。该方法采用深共熔溶剂作为催化剂和绿色反应介质，无须额外添加催化剂，仅用几个小时就能得到目标产物。

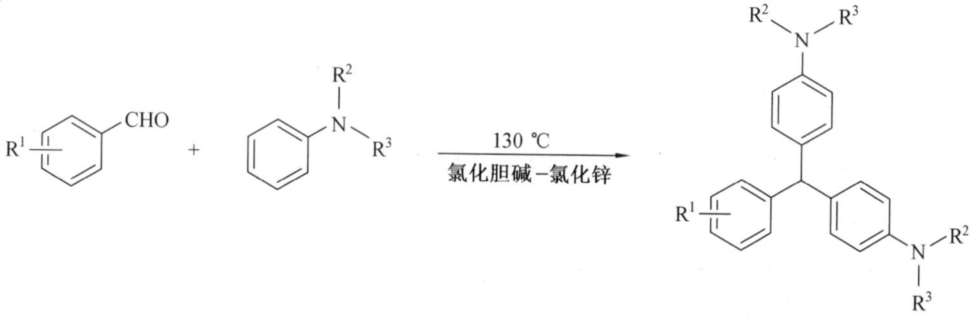

130 ℃
氯化胆碱-氯化锌

图 1.13 深共熔溶剂氯化胆碱-氯化锌在三芳基甲烷衍生物合成中的反应方程式

1.3.5 环合反应

2014 年，王亮等[117]以氯化胆碱和对甲苯磺酸为原料，制备了质子酸型低共熔物，并将其应用于 2,4,5-三取代咪唑化合物的合成，其反应方程式如图 1.14 所示。研究表明，5.0 mmol 苯偶酰、5.0 mmol 芳香醛、12.5 mmol 醋酸铵在 5 mL 乙醇和 5 mL 低共熔物（物质的量比为 1∶1）中，78 ℃反应 30～120 min，产物的产率为 83%～94%。该低共熔物制备简单，催化活性高，反应后处理简便且催化剂可回收使用。

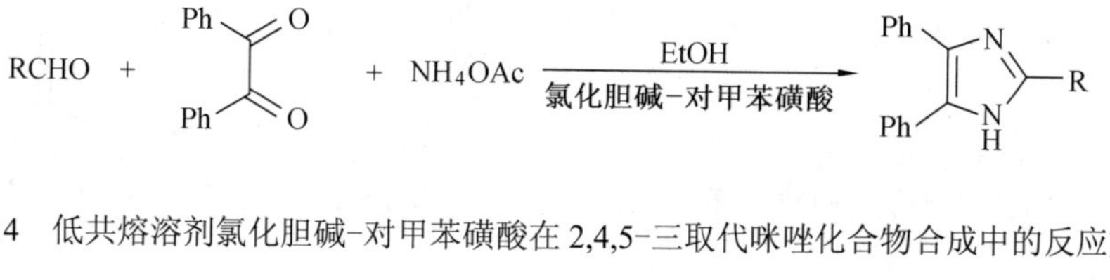

RCHO + (PhCO)₂ + NH_4OAc —EtOH, 氯化胆碱-对甲苯磺酸→ 2,4,5-三取代咪唑

图 1.14 低共熔溶剂氯化胆碱-对甲苯磺酸在 2,4,5-三取代咪唑化合物合成中的反应方程式

2018 年，高歌等[118]以脯氨酸和草酸形成的低共熔溶剂为催化剂，以醛、3–氧代丙腈和 1H–吡唑–5–胺为原料，通过一锅法合成了 4,7–2H–1H–吡唑并[3,4–*b*]吡啶–5–甲腈衍生物，其反应方程式如图 1.15 所示。研究表明，1 mmol 醛、1 mmol 3–氧代丙腈和 1 mmol 1H–吡唑–5–胺在 2 mL 乙醇和 0.2 mmol 低共熔溶剂脯氨酸–草酸（物质的量比为 1∶1）中，回流反应 1.0～3.0 h，产物的产率为 72%～95%。该方法具有底物适用范围广、操作简便、催化剂可回收利用及达到克级规模的合成等优点。

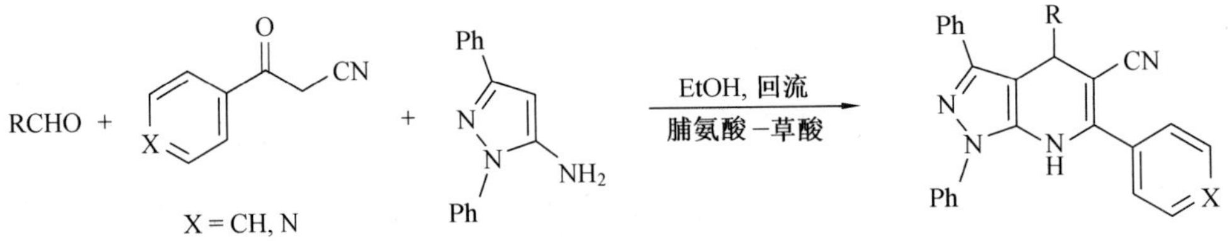

图 1.15　低共熔溶剂脯氨酸–草酸在 4,7–2H–1H–吡唑并[3,4–*b*]吡啶–5–腈衍生物合成中的反应方程式

2018 年，腾召一等[119]在低共熔溶剂氯化胆碱–尿素中，以芳香醛、乙酰乙酸乙酯和脲为原料，以四水合氯化亚锡为催化剂，由三组分反应合成了一系列 3,4–二氢嘧啶–2(1H)–酮衍生物，其反应方程式如图 1.16 所示。通过单因素试验，考查了催化剂、温度、反应时间及原料物质的量对产率的影响，获得了最优的反应条件。研究表明，0.5 mmol 芳香醛、0.55 mmol 乙酰乙酸乙酯、0.5 mmol 脲和 0.05 mmol 四水合氯化亚锡在 1 mL 低共熔溶剂氯化胆碱–尿素（物质的量比为 1∶2）中，于 70 ℃反应 25 min，产物的产率为 67.3%～98.3%。该反应体系具有用时短、产率高、成本低、制备简单、对环境无公害等优点。

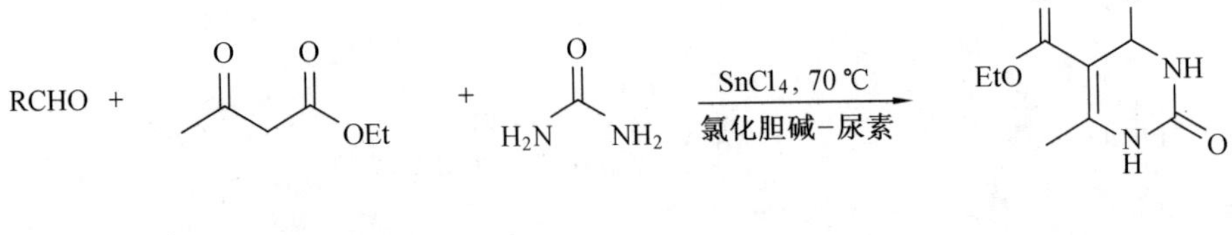

图 1.16　低共熔溶剂氯化胆碱–尿素在 3,4–二氢嘧啶–2(1H)–酮衍生物合成中的反应方程式

2018 年，Bhosle 等[120]报道了低共熔溶剂氯化胆碱-尿素在 *N*-取代十氢吖啶-1,8-二酮合成中的应用，其反应方程式如图 1.17 所示。研究表明，1 mmol 醛、2 mmol 双甲酮、1 mmol 芳伯胺在 5 mL 低共熔溶剂氯化胆碱-尿素（物质的量比为 1∶2）中于 80 ℃反应 30 min，目标化合物的收率为 75%～95%。同时，低共熔溶剂氯化胆碱-尿素可回收使用 4 次，对氯苯甲醛、苯胺和双甲酮的反应产率分别为 95%、94%、94%和 92%，没有出现显著的降低。

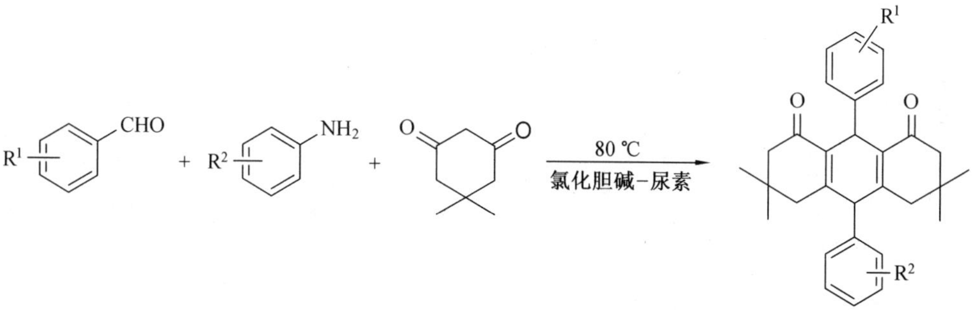

R^1-C₆H₄-CHO + R^2-C₆H₄-NH_2 + 双甲酮 —(80 ℃, 氯化胆碱-尿素)→ 产物

图 1.17　低共熔溶剂氯化胆碱-尿素在 *N*-取代十氢吖啶-1,8-二酮衍生物合成中的反应方程式

2018 年，卢粤等[121]在氯化胆碱-草酸组成的深共熔溶剂中，以 2-氨基芳基酮与 *α*-亚甲基酮为原料，通过 Friedländer 缩合反应，合成了一系列喹啉衍生物，其反应方程式如图 1.18 所示。研究表明，在 0.5 mL 深共熔溶剂氯化胆碱-草酸（物质的量比为 1∶1）中，加入 0.3 mmol 2-氨基芳基酮和 0.36 mmol *α*-亚甲基酮，于 80 ℃油浴中反应 1 h，11 种产物的收率为 62%～94%。深共熔溶剂重复利用 3 次，性能无明显降低。该方法不需要添加有机溶剂和其他催化剂，而且深共熔溶剂可重复利用，符合绿色化学理念，对推动有机合成的绿色化具有积极意义。

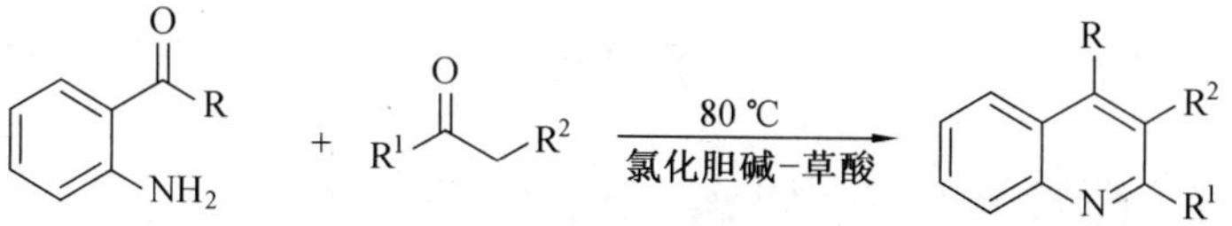

图 1.18　深共熔溶剂氯化胆碱-草酸在喹啉衍生物合成中的反应方程式

2020 年，肖立伟等[122]在氯化胆碱-氯化锌组成的低共熔溶剂中，通过双酮、芳醛与醋酸铵（或芳胺），合成了一系列十氢吖啶 1,8-二酮以及 *N*-取代十氢吖啶-1,8-二酮类化合物，其反应方程式如图 1.19 所示。研究表明，2 mmol 环已二酮、1 mmol 芳醛、2 mmol 醋酸铵（或 1 mmol 芳胺）在 2 mL 低共熔溶剂氯化胆碱-氯化锌（物质的量比为 1∶2）中，于 80 ℃或 90 ℃油浴中加热搅拌反应 1～2 h，产物的产率达 75%～92%。该方法的反应条件温和、操作简单、反应时间短、产率较高、对环境友好，所用低共熔溶剂的制备简单，可以多次重复使用，为低共熔溶剂应用于合成稠合含氮杂环化合物进行了有益的尝试。

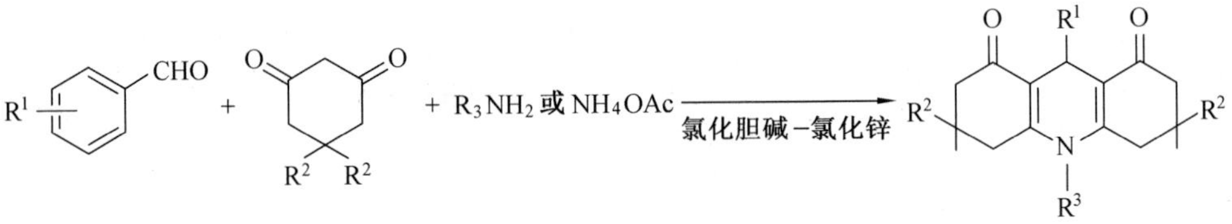

图 1.19　低共熔溶剂氯化胆碱-氯化锌在 *N*-取代十氢吖啶-1,8-二酮衍生物合成中的反应方程式

2020 年，陈国庆等[123]在氯化胆碱和氯化锌组成的深共熔溶剂中，以 2-氨基苯乙酮和芳香炔烃为原料，通过环化偶联反应，合成了一系列 2,4-二取代喹啉衍生物，其反应方程式如图 1.20 所示。研究表明，0.3 mmol 2-氨基苯乙酮、0.6 mmol 苯乙炔在 1 mL 深共熔溶剂氯化胆碱和氯化锌(物质的量比为 1∶2)，在 80 ℃油浴中反应 3 h，产物的产率为 63%～98%。该方法无须额外添加催化剂，而且反应条件温和，操作简单，底物范围较广泛。

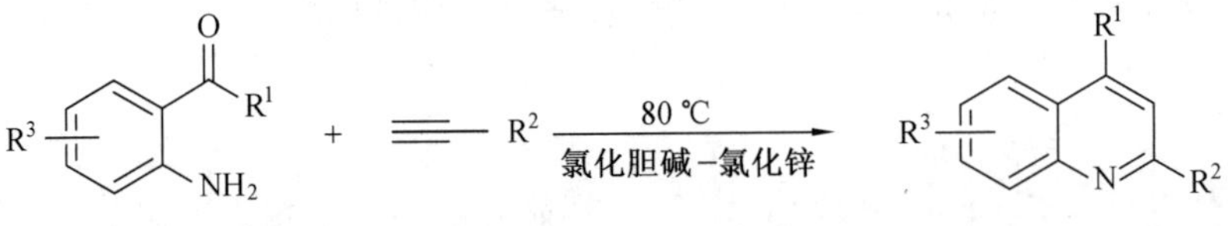

图 1.20　深共熔溶剂氯化胆碱-氯化锌在 2,4-二取代喹啉衍生物合成中的反应方程式

2021 年，刘光仙等[124]在氯化胆碱和对甲苯磺酸组成的低共熔溶剂中，以芳香酮、芳香醛、乙酸铵为原料，在微波辐射下“一锅法”合成了一系列 2,4,6-三芳基吡啶，其反应方程式如图 1.21 所示。研究表明，5 mmol 芳香醛、10 mmol 芳香酮、6.5 mmol 乙酸铵在适量低共熔溶剂氯化胆碱-对甲苯磺酸（物质的量比为 1∶1），微波（160 W）辐射 8～15 min，目标化合物的产率为 74.6%～90.7%。值得注意的是，该文献没有报道氯化胆碱-对甲苯磺酸的具体用量和回收利用情况。该方法具有反应条件温和、操作简单、产率较高、耗时短和绿色环保等优势。

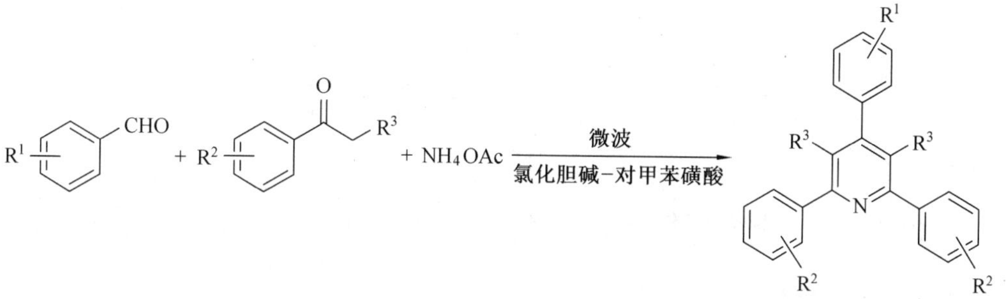

图 1.21　低共熔溶剂氯化胆碱-对甲苯磺酸在 2,4,6-三芳基吡啶衍生物合成中的反应方程式

2021 年，姜国芳等[125]在由氯化胆碱和乙酰胺组成的深共熔溶剂中，以邻氨基苯硫酚和芳香醛为原料，通过环化反应，合成了一系列 2-取代苯并噻唑类化合物，其反应方程式如图 1.22 所示。研究表明，在 2 mL 深共熔溶剂氯化胆碱-乙酰胺（物质的量比为 1.0∶2.0）中，0.3 mmol 邻氨基苯硫酚与 0.3 mmol 芳香醛在 70 ℃下反应 1.0 h，可得到最高产率为 98%的产物。该方法无须其他催化剂，反应条件温和、操作简单、底物范围广泛；深共熔溶剂氯化胆碱-乙酰胺循环使用 3 次后，产物的产率仍可达到 90%以上。

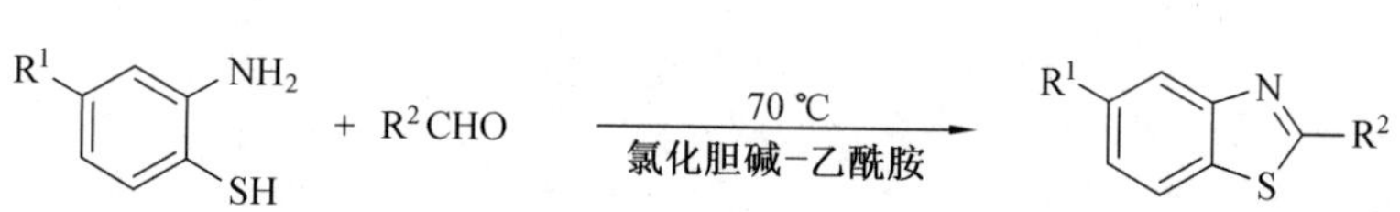

图 1.22　深共熔溶剂氯化胆碱-乙酰胺在 2-取代苯并噻唑衍生物合成中的反应方程式

2022 年，郑露露等[126]在氯化胆碱和乙二醇组成的低共熔溶剂中，以苯磺酸为催化剂，通过 Biginelli 反应合成了二氢嘧啶酮类化合物，其反应方程式如图 1.23 所示。研究表明，5.0 mmol 芳香醛、5.0 mmol 乙酰乙酸乙酯（或乙酰丙酮）、5.0 mmol 尿素和 1.0 mmol 苯磺酸在 2.5 mL 低共熔溶剂氯化胆碱-乙二醇（摩尔比为 1∶2）中，在较低温度下（50 ℃），反应 10.0 h，产物的收率为 72%～97%。该催化体系循环利用 8 次后，催化性能没有明显降低。该方法的反应选择性高、产物易于分离、反应条件温和，具有较好的容忍性，共合成了 20 个产物。

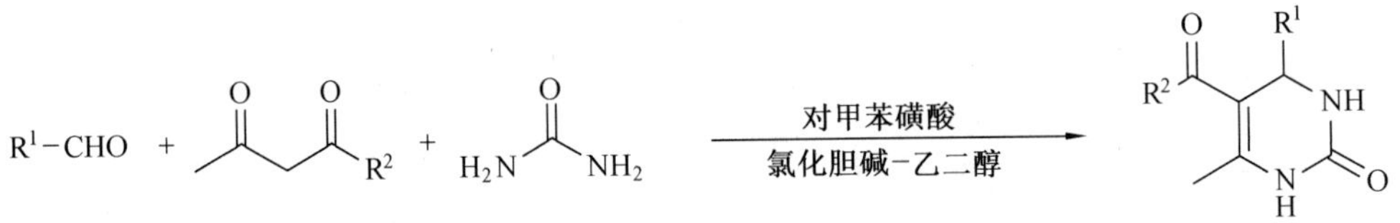

$$R^1-CHO + CH_3COCH_2COR^2 + H_2NCONH_2 \xrightarrow[\text{氯化胆碱-乙二醇}]{\text{对甲苯磺酸}} \text{二氢嘧啶酮}$$

图 1.23　低共熔溶剂氯化胆碱-乙二醇在二氢嘧啶酮类化合物合成中的反应方程式

1.3.6　氧化反应

2014 年，Azizi 等[127]在低共熔溶剂中，以 *N*-溴代丁二酰亚胺（NBS）为氧化剂，将伯醇或仲醇选择性氧化为醛或酮，其反应方程式如图 1.24 所示。研究表明，以 0.5 mL 低共熔溶剂氯化胆碱-尿素（摩尔比为 1∶2）为溶剂，1 mmol 醇和 1 mmol *N*-溴代丁二酰亚胺在 60 ℃反应 5～60 min，产物的产率最高可达 97%。此外，在 0.5 mL 低共熔溶剂氯化胆碱-尿素（摩尔比为 1∶2）中，1 mmol 1-苯乙醇和 3 mmol *N*-溴代丁二酰亚胺在 60 ℃反应 60 min，可以发生氧化和溴化的连串反应，2-溴苯乙酮产率为 68%。

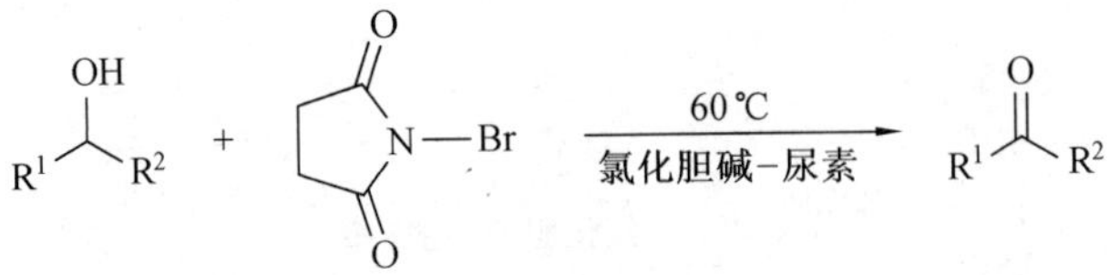

$$R^1CH(OH)R^2 + \text{NBS} \xrightarrow[\text{氯化胆碱-尿素}]{60\ ℃} R^1COR^2$$

图 1.24　低共熔溶剂氯化胆碱-尿素在伯醇或仲醇的氧化反应中的反应方程式

2021 年，杨心雅等[128]以氯化胆碱-甲磺酸形成的低共熔溶剂为催化剂，大豆油为原料，制备了环氧大豆油。通过响应面分析法，考查了反应温度、催化剂用量、乙酸用量、过氧化氢用量及反应时间等因素对环氧化反应的影响。研究表明，最佳的合成条件为：反应温度为 73 ℃，催化剂用量为 4.8%，过氧化氢用量为 72%，反应时间为 3.6 h，乙酸用量为 9%。在此条件下，环氧大豆油的环氧值为 6.98，该结果与模型预测值基本相符。

1.3.7 还原反应

2012 年，Azizi 等[129]报道了在低共熔溶剂氯化胆碱-尿素中，以硼氢化钠为还原剂，羰基化合物或环氧化合物的选择性还原，其反应方程式如图 1.25 所示。研究表明，1 mmol 羰基化合物在 1 mL 低共熔溶剂氯化胆碱-尿素（摩尔比为 1∶2）中，加入 2 mmol 硼氢化钠，于室温下反应 5～80 min，可以顺利制得相对应的醇类化合物，最高产率可达 99%。同时，环氧化合物可在 60 ℃反应 30～180 min，相对应的醇的产率最高可达 95%。

O
R^1 R^2
$NaBH_4$, 室温
氯化胆碱-尿素
OH
R^1 R^2
R
OH
R

图 1.25 低共熔溶剂氯化胆碱-尿素在羰基化合物或环氧化合物的还原反应中的反应方程式

2018 年，肖冰等[130]以低共熔溶剂氯化胆碱-尿素为溶剂，使用氯化钯为催化剂，研究了脂肪酸甲酯的选择性氢化。以亚油酸甲酯完全氢化为油酸甲酯时的碘值（76 g/100 g）作为反应的评价标准，得到的最佳反应条件为：以氯化胆碱和尿素合成的低共熔溶剂为溶剂，氯化钯与葵花籽油脂肪酸甲酯的摩尔比为 1∶20，反应温度为 60 ℃，转速为 600 r/min。此时，氢化产品的碘值最低（87 g/100 g）。同时，氢化脂肪酸甲酯中油酸甲酯的含量为 74.19%，亚油酸甲酯的含量为 13.44%，饱和脂肪酸甲酯含量几乎没有变化。

1.4 设计思想和研究内容

低共熔溶剂作为一类新型的绿色溶剂，具有原料廉价易得、制备方法简单、回收利用简便、生物相容性优良等优势，符合绿色化学的基本要求，在有机合成领域展现出广阔的应用前景。随着绿色化学的迅猛发展，低共熔溶剂已经成为绿色化学的重要研究方向之一。

通过上述对国内外低共熔溶剂在有机合成中应用现状的介绍和分析，结合本课题组的研究基础，本书的研究主要围绕胆碱类和甜菜碱类低共熔溶剂在酯化反应、缩合反应及环合反应中的应用而开展。

本书的主要研究内容如下：

（1）在低共熔溶剂氯化胆碱-尿素中，水杨酸和乙酸酐发生酯化反应合成阿司匹林（乙酰水杨酸）；在低共熔溶剂氯化胆碱-草酸中，水杨酸和乙酸酐发生酯化反应合成乙酰水杨酸。

（2）在低共熔溶剂氯化胆碱-氯化锌中，冰乙酸和异戊醇发生酯化反应合成乙酸异戊酯。

（3）在低共熔溶剂氯化胆碱-对甲苯磺酸中，对硝基苯甲酸和无水乙醇发生酯化反应合成对硝基苯甲酸乙酯。

（4）在低共熔溶剂氯化胆碱-三氟甲烷磺酸中，对羟基苯甲酸和无水乙醇发生酯化反应合成尼泊金乙酯（即对羟基苯甲酸乙酯）。

（5）在低共熔溶剂氯化胆碱-三氯化铬中，水杨酸和无水乙醇发生酯化反应合成水杨酸乙酯。

（6）在低共熔溶剂氯化胆碱-三氯化铁中，肉桂酸和无水乙醇发生酯化反应合成肉桂酸乙酯。

（7）在低共熔溶剂氯化胆碱-甲磺酸中，邻苯二甲酸酐和正丁醇发生酯化反应合成邻苯二甲酸二丁酯。

（8）在低共熔溶剂甜菜碱盐酸盐-对甲苯磺酸中，柠檬酸和正丁醇发生酯化反应合成柠檬酸三丁酯。

（9）在低共熔溶剂氯化胆碱-氯化亚锡中，芳香醛、2-萘酚和乙酰胺（或苯甲酰胺）发生缩合反应合成酰胺烷基萘酚。

（10）在低共熔溶剂氯化胆碱-乳酸中，芳香醛、丙二腈和间苯二酚发生缩合及环合反应合成 2-氨基-7-羟基-3-氰基-4-芳基-4H-色烯。

利用单因素试验，考查不同反应条件对产物收率的影响，以获得最佳的反应条件，并考查低共熔溶剂的重复使用性能。

本章参考文献

[1] ZIMMERMAN J B, ANASTAS P T, ERYTHROPEL H C, et al. Designing for a green chemistry future[J]. Science, 2020, 367(6476): 397-400.

[2] LI C J, ANASTAS P T. Green chemistry: present and future[J]. Chemical Society Reviews, 2012, 41(4): 1413-1414.

[3] SHELDON R A. Metrics of green chemistry and sustainability: past, present and future[J]. ACS Sustainable Chemistry & Engineering, 2018, 6(1): 32-48.

[4] ANASTAS P, EGHBALIA N. Green chemistry: principles and practice[J]. Chemical Society Reviews, 2010, 39(1): 301-312.

[5] ERYTHROPEL H C, ZIMMERMAN J B, WINTER T M, et al. The green chemisTREE: 20 years after taking root with the 12 principles[J]. Green Chemistry, 2018, 20(9): 1929-1961.

[6] ANASTAS P T, KIRCHHOFF M M. Origins, current status, and future challenges of green chemistry[J]. Accounts of Chemical Research, 2002, 35(9): 686-694.

[7] 蔡卫权，程蓓，张光旭，等. 绿色化学原则在发展[J]. 化学进展，2009，21(10):

2001-2008.

[8] 吴玉龙. 美国总统绿色化学挑战奖获奖项目评述[J]. 现代化工, 2004, 24(1): 8-11.

[9] 饶佳玮, 叶君, 熊犍. 2022 年美国绿色化学挑战奖简介[J]. 化工进展, 2022, 41(9): 5142-5143.

[10] 潘一, 杨双春, 徐霖. 绿色化学的研究现状及进展[J]. 化学工业与工程技术, 2005, 26(5): 26-28.

[11] 裴强, 丁爱祥, 张会担. 面向未来的化学: 绿色化学[J]. 化学教育(中英文), 2018, 39(24): 1-6.

[12] 贡长生. 绿色化学: 我国化学工业可持续发展的必由之路[J]. 现代化工, 2002, 22(1): 8-14.

[13] 王静康, 龚俊波, 鲍颖. 21 世纪中国绿色化学与化工发展的思考[J]. 化工学报, 2004, 55(12): 1944-1949.

[14] 陈建新, 王静康. 绿色化学化工与和谐社会的发展[J]. 现代化工, 2007, 27(12): 1-6.

[15] 毕慧传, 高晓明. 我国绿色化学的研究进展[J]. 苏盐科技, 2013(4): 8-11.

[16] JESSOP P G. Searching for green solvents[J]. Green Chemistry, 2011, 13(6): 1391-1398.

[17] CHIAPPE C, POMELLI C S. Point-functionalization of ionic liquids: An overview of synthesis and applications[J]. European Journal of Organic Chemistry, 2014(28): 6120-6139.

[18] SINGH S K, SAVOY A W. Ionic liquids synthesis and applications: an overview[J]. Journal of Molecular Liquids, 2020, 297: 112038.

[19] 李胜男, 赵雯辛, 刘玉静, 等. 负载型功能离子液体在有机合成中的应用研究进展[J]. 有机化学, 2020, 40(7): 1835-1846.

[20] 袁毅, 白姝, 姜晓妍, 等. 离子液体中酶催化反应的研究进展[J]. 化工进展, 2005, 24(7): 710-717.

[21] ZHANG Q H, ZHANG S G, DENG Y Q. Recent advances in ionic liquid catalysis[J]. Green Chemistry, 2011, 13(10): 2619-2637.

[22] 沈康文，曾丹林，张崎，等. 离子液体在催化中的应用研究进展[J]. 材料导报，2016, 30(5): 57-62.

[23] 王西亚，陈俊，左家家，等. 离子液体在电催化领域的研究进展[J]. 当代化工研究, 2022(16): 163-165.

[24] 余碧涛，李福燊，仇卫华. 锂电池离子液体电解质的研究进展[J]. 化工进展，2004, 23(11): 1195-1198.

[25] 王利娜，李玉超，管秀荣，等. 离子液体在电化学中应用的研究进展[J]. 电镀与环保, 2017, 37(5): 66-68.

[26] 周华，王丽，娄童芳，等. 离子液体在超级电容器中的应用研究进展[J]. 化学研究与应用, 2022, 34(9): 1945-1954.

[27] 孟嘉祺，侯昭飞，唐发满，等. 离子液体在钠离子电池中的应用进展[J]. 电池，2023, 53(2): 213-217.

[28] 何国田，谷明信，林远长，等. 离子液体作为软光学功能材料的研究进展[J]. 功能材料, 2014, 45(12): 12027-12032.

[29] 钱文静，袁超，郭江娜，等. 聚离子液体功能材料研究进展[J]. 化学学报，2015, 73(4): 310-315.

[30] 王引航，李伟，罗沙，等. 离子液体固载型功能材料的应用研究进展[J]. 化学学报, 2018, 76(2): 85-94.

[31] 石佳建，李宝河，息剑峰，等. 离子液体调控材料物性的研究进展[J]. 材料导报，2023, 37(13): 68-75.

[32] 陈茹茹，王雪，吕兴梅，等. 离子液体在生物质转化中的应用与研究进展[J]. 轻工学报, 2019, 34(3): 1-20.

[33] 马浩，蔡滔，黄正宇，等. 金属基离子液体催化生物质转化研究进展[J]. 化工进展, 2021, 40(2): 800-812.

[34] WANG J H. The application and research progress of ionic liquid in biomass transformation[J]. Analytical Chemistry a Journal, 2022, 1(1):10-15.

[35] 杨启炜, 鲍宗必, 邢华斌, 等. 离子液体萃取分离结构相似化合物研究进展[J]. 化工进展, 2019, 38(1): 91-99.

[36] 倪清, 来锦波, 彭东岳, 等. 离子液体萃取分离烃类化合物的研究进展[J]. 化工进展, 2022, 41(2): 619-627.

[37] 张丹丹, 谭婷, 刘鄂湖, 等. 离子液体在中药提取、分离与分析中的应用[J]. 中国药科大学学报, 2013, 44(4): 380-384.

[38] 刘磊磊, 王艺聪. 离子液体在天然活性成分分离中的应用研究进展[J]. 林产化学与工业, 2019, 39(6): 1-12.

[39] 寇元, 何玲. 离子液体与绿色化学: 为了今天还是为了未来?[J]. 化学进展, 2008, 20(1): 5-10.

[40] GREAVES T L, DRUMMOND C J. Protic ionic liquids: evolving structure-property relationships and expanding applications[J]. Chemical Reviews, 2015, 115(20): 11379-11448.

[41] 吴波, 张玉梅, 王华平. 离子液体的安全性研究进展[J]. 化工进展, 2008, 27(6): 814-818.

[42] 陈志刚, 宗敏华, 顾振新. 离子液体毒性、生物降解性及绿色离子液体的设计与合成[J]. 有机化学, 2009, 29(5): 672-680.

[43] 赵永升, 赵继红, 张香平, 等. 离子液体毒性及降解性研究进展[J]. 化工新型材料, 2012,40(10): 9-11.

[44] EGOROVA K S, ANANIKOV V P. Toxicity of ionic liquids: Eco(cyto)activity as complicated, but unavoidable parameter for task-specific optimization[J]. Chem Sus Chem, 2014, 7(2): 336-360.

[45] JORDANA A, GATHERGOOD N. Biodegradation of ionic liquids-a critical review [J]. Chemical Society Reviews, 2015, 44(22): 8200-8237.

[46] ABBOTT A P, CAPPER G, DAVIES D L, et al. Novel solvent properties of choline chloride/urea mixtures[J]. Chemical Communications, 2003(1): 70-71.

[47] RUB C, KÖNIG B. Low melting mixtures in organic synthesis-an alternative to ionic liquids?[J]. Green Chemistry, 2012, 14(11): 2969-2982.

[48] ZHANG Q H, VIGIER K D O, ROYER S, et al. Deep eutectic solvents: syntheses, properties and applications[J]. Chemical Society Reviews, 2012, 41(21): 7108-7146.

[49] FRANCISCO M, BRUINHORST A, KROON M C. Low-transition-temperature mixtures (LTTMs): a new generation of designer solvents[J]. Angewandte Chemie International Edition, 2013, 52(11): 3074-3085.

[50] PAIVA A, CRAVEIRO R, AROSO I, et al. Natural deep eutectic solvents - solvents for the 21st century[J]. ACS Sustainable Chemistry & Engineering, 2014, 2(5): 1063-1071.

[51] ALONSO D A, BAEZA A, CHINCHILLA R, et al. Deep eutectic solvents: the organic reaction medium of the century[J]. European Journal of Organic Chemistry, 2016, (4): 612-632.

[52] TANG B, ROW K H. Recent developments in deep eutectic solvents in chemical sciences[J]. Monatshefte für Chemie-Chemical Monthly, 2013, 144(10): 1427-1454.

[53] SMITH E L, ABBOTT A P, RYDER K S. Deep eutectic solvents (DESs) and their applications[J]. Chemical Reviews, 2014, 114(21): 11060-11082.

[54] 陈小芬，彭延庆. 低共熔溶剂在绿色合成和组合化学中的应用[J]. 上海化工, 2008(10): 10-13.

[55] 韦露，樊友军. 低共熔溶剂及其应用研究进展[J]. 化学通报，2011，74(4): 333-339.

[56] 张盈盈，吉晓燕，陆小华. 氯化胆碱/尿素和氯化胆碱/丙三醇的性质与应用[J]. 中国科学: 化学, 2014, 44(6): 927-941.

[57] 刘成，张连红．低共熔溶剂及其应用的研究进展[J]．现代化工，2022，42(4): 43-47.

[58] 刘艳霞，胡建华，李永丽，等．低共熔溶剂的研究进展[J]．现代化工，2022，42(10): 51-55.

[59] GADILOHAR B L, SHANKARLING G S. Choline based ionic liquids and their applications in organic transformation[J]. Journal of Molecular Liquids, 2017, 227: 234-261.

[60] VANDA H, DAI Y, WILSON E G, et al. Green solvents from ionic liquids and deep eutectic solventsto natural deep eutectic solvents[J]. Comptes Rendus Chimie, 2018, 21(6): 628-638.

[61] ACHKAR T E, FOURMENTIN S, GERGES H G. Deep eutectic solvents: an overview on their interactions with water andbiochemical compounds[J]. Journal of Molecular Liquids, 2019, 288: 111028.

[62] PERNA F M, VITALE P, CAPRIATI V. Deep eutectic solvents and their applications as green solvents[J]. Current Opinion in Green and Sustainable Chemistry, 2020, 21: 27-33.

[63] HANSEN B B, SPITTLE S, CHEN B, et al. Deep eutectic solvents: a review of fundamentals and applications[J]. Chemical Reviews, 2021, 121(3): 1232-1285.

[64] LIU J, LI X, ROW K H. Development of deep eutectic solvents for sustainable chemistry[J]. Journal of Molecular Liquids, 2022, 362: 119654.

[65] LUIZ S L J, MARCUS V C. Deep eutectic solvents as unconventional media for multicomponent reactions[J]. Journal of the Brazilian Chemical Society, 2018, 29(10): 1999-2025.

[66] HOOSHMAND S E, AFSHARI R, RAMÓN D J, et al. Deep eutectic solvents: cutting-edge applications in cross-coupling reactions[J]. Green Chemistry, 2020, 22(12): 3668-3692.

[67] MOLNAR M, LONČARIĆ M, JAKOVLJEVIĆ M, et al. Some applications of deep eutectic solventsin alkylation of heterocyclic compounds: a review of the past 10 years[J]. Heterocyclic Communication, 2021, 27: 45-56.

[68] 方园, 魏琦峰, 任秀莲, 等. 低共熔溶剂中电化学沉积的研究进展[J]. 电镀与精饰, 2015, 37(10): 12-17, 31.

[69] 陈钰, 牟天成. 低共熔溶剂在电池和电催化中的应用[J]. 化工学报, 2020, 71(1): 106-121.

[70] 程明强, 汝娟坚, 华一新, 等. 低共熔溶剂在废旧锂离子电池正极材料回收中的研究进展[J]. 化工进展, 2022, 41(6): 3293-3305.

[71] 王昊, 曹晓舟, 薛向欣. 低共熔溶剂中电沉积锡及锡合金镀层的研究进展[J]. 电镀与精饰, 2023, 45(1): 56-61.

[72] ABIDIN M H Z, HAYYAN M, HAYYAN A, et al. New horizons in the extraction of bioactive compounds using deep eutectic solvents: a review[J]. Analytica Chimica Acta, 2017, 979: 1-23.

[73] 李利芬, 余丽萍, 梁坚坤, 等. 低共熔溶剂提取植物活性成分的研究进展[J]. 粮食与油脂, 2020, 33(3): 7-10.

[74] 周立锦, 董哲, 杜会枝. 低共熔溶剂在中药成分提取中的研究进展[J]. 中草药, 2020, 51(1): 236-244.

[75] 黄一波, 蒋磊. 低共熔溶剂在天然产物萃取中的应用进展[J]. 化学试剂, 2022, 44(1): 10-20.

[76] 鲁超, 苏二正, 魏东芝, 等. 深共熔溶剂的生物催化应用[J]. 分子催化, 2015, 29(4): 390-401.

[77] XU P, ZHENG G W, ZONG M H, et al. Recent progress on deep eutectic solvents in biocatalysis[J]. Bioresources and Bioprocessing, 2017, 4: 34.

[78] 仝争, 王渝, 何晓希, 等. 低共熔溶剂在生物催化中的应用研究进展[J]. 化学试剂, 2022, 44(12): 1723-1730.

[79] 龙秉文, 徐天文, 翟爱平, 等. 低共熔溶剂在催化材料制备中的应用研究进展[J]. 现代化工, 2022, 42(3): 31-36.

[80] 李金涛, 张明祖, 何金林, 等. 低共熔溶剂在高分子合成中的应用[J]. 化学进展, 2022, 34(10): 2159-2172.

[81] 张金猛, 郭大亮, 郭云朴, 等. 低共熔溶剂分离木质素研究进展[J]. 中国造纸, 2019, 38(9): 53-58.

[82] 钟磊, 王超, 吕高金, 等. 低共熔溶剂在木质素分离方面的研究进展[J]. 林产化学与工业, 2020, 40(3): 12-22.

[83] 郑晓宇, 李城, 王飞, 等. 不同类型氯化胆碱基低共熔溶剂分离木质素的研究进展[J]. 林产工业, 2022, 59(9): 29-35, 59.

[84] 李上, 赵奕萍, 王鹏, 等. 低共熔溶剂在环境分析中的应用进展[J]. 分析仪器, 2019(2): 138-142.

[85] 陈培云, 徐唐芸, 鲁东昊, 等. 低共熔溶剂在食品样品前处理中的应用[J]. 食品安全质量检测学报, 2021, 12(6): 2320-2325.

[86] 郑鸿涛, 柯坚灿, 刘子雄, 等. 低共熔溶剂在食品分析中的应用[J].现代食品, 2022, 28(24): 52-56.

[87] 王超, 杨雪, 于照, 等. 低共熔溶剂在食品质量安全检测中的研究进展[J]. 化学试剂, 2023, 45(7): 128-135.

[88] 吴若楠, 王卉, 张玲玲, 等. 低共熔溶剂在食品工业中的应用研究进展[J]. 食品研究与开发, 2023, 44(7): 204-211.

[89] 郭丽婷, 谷长栋, 涂江平. 低共熔溶剂在镁合金腐蚀防护中的应用[J]. 表面技术, 2019, 48(3): 10-18.

[90] 郭武杰, 陈钢, 吴卫泽, 等. 低共熔溶剂特性及在分离过程中的应用[J]. 现代化工, 2014, 34(4): 42-45.

[91] 朱书强, 孙世琨, 周佳, 等. 低共熔溶剂在萃取分离中的应用[J]. 分析测试学报, 2019, 38(6): 755-760.

[92] 马梦颖, 白芳, 许德平, 等. 低共熔溶剂脱除硫化氢的研究进展[J]. 低碳化学与化工, 2023, 48(2): 78-84.

[93] 王爱玲, 郑学良, 赵壮志, 等. 深共熔溶剂在有机合成中的应用[J]. 化学进展, 2014, 26(5): 784-795.

[94] 熊兴泉, 韩骞, 石霖, 等. 低共熔溶剂在绿色有机合成中的应用[J]. 有机化学, 2016, 36(3): 480-489.

[95] 尹庚文. 绿色有机合成中低共熔溶剂的有效应用[J]. 化工设计通讯, 2017, 43(3): 1.

[96] 岳旭东，袁冰，朱国强，等. 低共熔溶剂在有机合成和萃取分离中的应用进展[J]. 化工进展, 2018, 37(7): 2627-2634.

[97] 胡为阅, 宋修艳, 卞兆荃, 等. 深共熔溶剂在有机反应中的应用[J]. 化学通报, 2018, 81(4): 319-325.

[98] 丁阳, 刘梦格, 卜健行, 等. 低共熔溶剂催化有机合成反应的研究进展[J]. 化学通报, 2022, 85(9): 1070-1076, 1061.

[99] LIU P, HAO J W, MO L P, et al. Recent advances in the application of deep eutectic solvents as sustainable media as well as catalysts in organic reactions[J]. RSC Advances, 2015, 5(60): 48675-48704.

[100] KHANDELWAL S, TAILOR Y K, KUMAR M. Deep eutectic solvents (DESs) as eco-friendly and sustainable solvent/catalyst systems in organic transformations [J]. Journal of Molecular Liquids, 2016, 215: 345-386

[101] PHADTAREA S B, SHANKARLING G S. Halogenation reactions in biodegradable solvent: efficient bromination of substituted 1-aminoanthra-9, 10-quinone in deep eutectic solvent (choline chloride∶urea) [J]. Green Chemistry, 2010, 12(3): 458-462.

[102] 陈少航, 胡日查, 章佳安, 等. 低共熔溶剂中 CiVCPO 催化百里酚卤化反应研究[J]. 湖北科技学院学报(医学版), 2022, 36(1): 1-4.

[103] SINGH B, LOBO H, SHANKARLING G. Selective *N*-alkylation of aromatic primary amines catalyzed by bio-catalyst or deep eutectic solvent[J]. Catalysis Letters, 2011, 141(1): 178-182.

[104] 谷昱龙，于凤丽. ChCl/TfOH 酸性低共熔溶剂催化制备烷基化汽油反应研究[J]. 青岛科技大学学报(自然科学版), 2018, 39(S1): 33-36.

[105] 李佳敏，寿飞艳，颜诗婷，等. 低共熔溶剂催化油酸制备生物柴油的工艺优化及其动力学分析[J]. 中国粮油学报, 2019, 34(2): 79-86.

[106] 曾佳，张怀宝，张建会，等. 深共熔溶剂催化油酸豆甾醇酯合成工艺的优化[J]. 食品科技, 2019, 44(10): 276-282.

[107] 李真真，杨国龙，刘伟. 酸性低共熔溶剂催化葵花籽油甲酯化反应研究[J]. 河南工业大学学报(自然科学版), 2020, 41(6): 41-46.

[108] 蒋宇佳，于晓强，包明. 深共熔溶剂催化制备二酯类化合物[J]. 精细化工, 2021, 38(10): 2150-2153, 2160.

[109] PAWAR P M, JARAG K J, SHANKARLING G S. Environmentally benign and energy efficient methodology for condensation: an interesting facet to the classical Perkin reaction [J]. Green Chemistry, 2011, 13(8): 2130-2134.

[110] KESHAVARZIPOUR F, TAVAKOL H. Deep eutectic solvent as a recyclable catalyst for three-component synthesis of β-amino carbonyls[J]. Catalysis Letters, 2015, 145(4): 1062-1066.

[111] 朱国华，杨光. 深共熔溶剂法合成盐酸吗啉双胍[J]. 化学工程师, 2015, 29(1): 1-4.

[112] 严楠，熊云奎，夏剑辉，等. 低共熔溶剂中新型螺环吲哚衍生物的绿色合成[J]. 有机化学, 2015, 35(2): 384-389.

[113] 唐利平，赵仕林，罗峰，等. 低共熔溶剂中 β-吲哚衍生物的绿色合成[J]. 精细化工, 2015, 32(6): 704-708.

[114] 李琳琳，班大明，付海，等. 低共熔溶剂中双吲哚甲烷衍生物的绿色合成[J].

合成化学, 2018, 26(10): 757-761.

[115] 陈陵翔, 龚维, 付海, 等. 低共熔溶剂中合成 5–亚苄基巴比妥酸衍生物[J]. 化学世界, 2020, 61(3): 165-170.

[116] 乐长高, 胡智宇, 陈学华, 等. 深共熔溶剂中 Baeyer 缩合反应合成三芳基甲烷衍生物（英文）[J]. 有机化学, 2021, 41(11): 4415-4420.

[117] 王亮, 何明阳, 陈群. 低共熔溶剂中三取代咪唑的绿色合成[J]. 化学教育, 2014, 35(12): 23-25.

[118] 高歌, 王萍, 刘鹏, 等. 低共熔溶剂催化一锅合成 4,7–二氢–1H–吡唑并[3,4-*b*]吡啶–5–腈衍生物（英文）[J]. 有机化学, 2018, 38(4): 846-854.

[119] 腾召一, 吴小云, 尹晓刚. 低共熔溶剂中 3,4–二氢嘧啶–2(1H)–酮衍生物的绿色合成[J]. 山东化工, 2018, 47(22): 21-22.

[120] BHOSLE M R, NIPTE D, GAIKWAD J, et al. A rapid and green method for expedient multicomponentsynthesis of *N*-substituted decahydroacridine-1, 8-dionesas potential antimicrobial agents[J]. Research on Chemical Intermediates, 2018, 44(11): 7047-7064.

[121] 卢粤, 梁萌, 姜国芳, 等. 深共熔溶剂法合成喹啉衍生物[J]. 精细化工, 2018, 35(8): 1427-1431.

[122] 肖立伟, 刘光仙, 李政, 等. 低共熔溶剂促进 *N*–取代十氢吖啶–1,8–二酮类化合物的合成[J]. 有机化学, 2020, 40(9): 2988-2993.

[123] 陈国庆, 谢宗波, 刘一帅, 等. 深共熔溶剂中合成 2,4–二取代喹啉衍生物[J]. 有机化学, 2020, 40(1): 156-175.

[124] 刘光仙, 肖立伟, 冉贺欣, 等. 低共熔溶剂促进 2,4,6–三芳基吡啶的有效合成[J]. 化学研究与应用, 2021, 33(1): 205-208.

[125] 姜国芳, 张灿, 陈国庆, 等. 深共熔溶剂中合成 2–取代苯并噻唑类化合物[J]. 精细化工, 2021, 38(1): 212-216.

[126] 郑露露, 王雨晴, 李小港, 等. 低共熔溶剂/苯磺酸: 通过 Biginelli 反应合成二

氢嘧啶酮类化合物的环境友好催化体系（英文）[J]. 有机化学, 2022, 42(11): 3714-3720.

[127] AZIZI N, KHAJEH M, ALIPOUR M. Rapid and selective oxidation of alcohols in deep eutectic solvent[J]. 2014, 53(40): 15561-15565.

[128] 杨心雅, 端木佳辉, 毛晓锐, 等. 低共熔溶剂催化合成环氧大豆油工艺研究[J]. 中国粮油学报, 2021, 36(10): 110-114, 130.

[129] AZIZI N, BATEBI E, BAGHERPOUR S, et al. Natural deep eutectic salt promoted regioselective reduction of epoxides and carbonyl compounds[J]. RSC Advances, 2012, 2(6): 2289-2293.

[130] 肖冰, 刘伟, 路光辉. 低共熔溶剂中钯催化脂肪酸甲酯加氢反应的研究[J]. 河南工业大学学报(自然科学版), 2018, 39(6): 23-28.

第 2 章　低共熔溶剂中阿司匹林的合成

2.1　概　　述

阿司匹林（aspirin）作为世界医药史的三大经典药物之一，其化学名为 2-（乙酰氧基）苯甲酸，又名乙酰水杨酸，其化学式如图 2.1 所示。

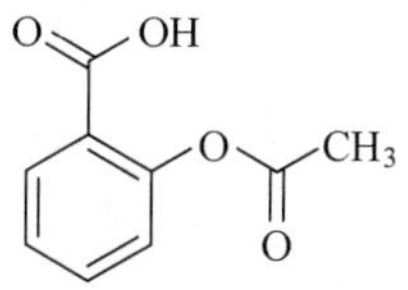

图 2.1　阿司匹林的化学式

阿司匹林是水杨酸类解热、镇痛、消炎药的代表药物，现仍广泛用于治疗伤风、感冒、头痛、神经痛、关节痛、急性和慢性风湿痛及类风湿痛等疾病。近年来发现阿司匹林为不可逆的花生四烯酸环氧醚抑制剂，还能抑制血小板中血栓素 A2 合成，具有强效的抗血小板凝聚作用，因而阿司匹林现也用于心脑血管系统疾病的预防和治疗。同时，最新研究表明阿司匹林还具有预防老年痴呆、抑制艾滋病病毒繁殖等功效，已经成为“老药新用”的典型代表。随着科学家对阿司匹林研究的不断深入，阿司匹林及其衍生物的应用范围正在进一步扩大[1-3]。因此，阿司匹林合成方法的研究仍然具有重要价值。

阿司匹林的传统合成方法主要是以水杨酸和乙酸酐作为原料，浓硫酸作为催化剂，经酰化反应而制得。虽然该工艺较为成熟、成本低廉，但是存在副反应多、收率低、腐蚀设备、废酸排放污染环境、产品色泽深、提纯复杂等缺点。此外，也可以采用水杨酸和乙酰氯的酰基化反应来制备阿司匹林，但乙酰氯的价格较为昂贵，生产成本较高。因此，寻找合成阿司匹林的绿色、高效型催化剂一直是有机合成领域的研究热点。

近年来，在广大科研工作者的不懈努力下，许多新型催化剂已被相继开发和应用于阿司匹林的合成[4-18]。目前已经用于阿司匹林合成的催化剂主要包括以下几类。

1. 无机酸

（1）硫酸。

2003 年，王福生等[19]以浓硫酸为催化剂、水杨酸和乙酸酐为原料，合成了乙酰水杨酸。利用正交试验，对乙酰水杨酸合成的反应条件进行优化，获得了最佳的反应条件。当 2 g 水杨酸和 4.2 mL 乙酸酐（摩尔比为 1∶3）反应，固定催化剂浓硫酸用量为 0.1 mL，在 75 ℃下恒温反应 12 min，产物的收率最高。

2008 年，安琳等[20]以浓硫酸为催化剂、水杨酸和乙酸酐为反应原料，合成了乙酰水杨酸。通过单因素试验，考查了不同的微波辐射功率、反应时间及原料摩尔比等因素对收率的影响，获得了最佳的反应条件。以 5 g 水杨酸为准，当微波辐射功率为 140 W、n（水杨酸）∶n（乙酸酐）=1∶2.0、浓硫酸用量为 0.36 g（水杨酸质量的 6%）、反应时间为 60 s 时，产品的收率为 90.8%。该方法收率较高，能有效地节省乙酸酐、浓硫酸的用量，大大缩短反应时间，且能耗非常低，优于传统方法。

2009 年，孙俊芹等[21]以浓硫酸为催化剂，硅胶为吸水剂，由水杨酸和乙酸酐的酯化反应合成了乙酰水杨酸。通过单因素试验，考查了催化剂用量、反应温度、吸水剂用量等反应条件对酯化反应转化率的影响，确定了较理想的合成工艺条件为：n（浓硫酸）∶n（水杨酸）∶n（乙酸酐）=0.21∶1∶1，m（硅胶）∶m（水杨酸）= 0.6∶1，反应温度为 75 ℃。

2011 年，曾琦斐[22]以浓硫酸为催化剂，用乙酸酐与水杨酸进行酰化反应制备了乙酰水杨酸。通过改变反应条件，重点考查了反应物摩尔比、反应温度、反应时间及催化剂等条件对反应的影响，获得了乙酰水杨酸微型化合成的最佳试验条件：以 1～2 滴浓硫酸作为催化剂，乙酸酐和水杨酸的摩尔比为 3∶1，反应温度为 60～80 ℃，反应时间为 3～5 min。

2012 年，耿涛等[23]以浓硫酸为催化剂、水杨酸和乙酸酐为原料，合成了乙酰水杨酸。通过单因素试验，考查了对反应产率的影响因素，获得了最佳的反应条件：以 3.0 g 水杨酸为基准，水杨酸和乙酸酐的摩尔比为 1∶2，反应温度为 80 ℃，反应时间为 30 min。在此条件下，以 5 滴浓硫酸为催化剂，反应的产率为 86.65%。

2012 年，谭伟等[24]以浓硫酸为催化剂，水杨酸和乙酰氯为原料，合成了阿司匹林。研究表明，当水杨酸用量为 2.0 g、乙酰氯用量为 5 mL、浓硫酸用量为 1 mL 时，于 85 ℃反应 15 min，阿司匹林的收率可达 73.8%，比同等条件下乙酸酐的收率提高了 20%左右。

2013 年，吴文婷等[25]以浓硫酸为催化剂、水杨酸和乙酰氯为原料，经 *O*–酰化反应合成了阿司匹林。利用单因素试验和正交试验，在反应物配比、反应时间和反应温度这 3 个因素中寻找最佳合成工艺条件。以 2.0 g 水杨酸为原料，与 5 mL 乙酰氯反应，并以 10 mL 乙酸为溶剂，5 滴浓硫酸为催化剂，反应温度控制在 70～75 ℃范围内，反应时间为 20 min，阿司匹林的产率为 84.5%，比同等条件下乙酸酐为原料时的产率提高了 20%。相比之下，乙酰氯更具有实用价值，具有较好的发展前景。

2015 年，寇亮等[26]以浓硫酸为催化剂、水杨酸和乙酸酐为原料，合成了乙酰水杨酸。采用正交试验，考查了水杨酸和乙酸酐的摩尔比、反应温度、反应时间和催化剂浓硫酸的用量对乙酰水杨酸产率的影响，获得了最佳的反应条件。当水杨酸和乙酸酐的摩尔比为 1∶2、催化剂用量（与水杨酸用量的质量体积比）为 1%、反应温度为 80 ℃、反应时间为 8 min 时，乙酰水杨酸的产率可达 76.3%（以水杨酸的投料量计算）。该反应条件重现性好，产率高。

2022 年，肖东彩等[27]以煤基活性炭负载浓硫酸（H_2SO_4/AC）为催化剂、水杨酸和乙酸酐为原料，在微波辅助条件下，合成了乙酰水杨酸。采用单因素和响应面试验，对催化剂用量、辐射时间、微波辐射功率、酐酸比等因素进行优化，获得了较佳的工艺条件。当 *n*（乙酸酐）∶*n*（水杨酸）为 2∶1、催化剂用量为 0.21 g、反应温度为 75 ℃、辐射时间为 15.4 min、微波辐射功率为 247 W 时，产物收率为 82.7%。

催化剂重复使用 5 次后，产物收率仍可达 80.1%。该方法的催化剂使用量小，活性高，重复使用性良好，工艺流程简单，不溶于有机反应体系，分离操作方便，对环境污染和设备腐蚀小，无废酸排放，具有良好的应用前景。

此外，刘丽新等[28]、李敏等[29]、蓝虹云等[30]、孙洁等[31]、叶晓镭等[32]、张彩华等[33]、侯德顺等[34]、黄志军等[35]、李蕊等[36]、陈铭祥等[37]也报道了浓硫酸在阿司匹林合成中的应用。

（2）磷酸。

2002 年，吕亚娟等[38]以 85%磷酸为催化剂、水杨酸和乙酸酐为原料，在不用有机溶剂及无机载体下，使用微波辐射快速合成了乙酰水杨酸。通过单因素试验，研究了不同反应条件对产物收率的影响，获得了最佳的反应条件。以 0.01 mol 水杨酸为准，2 滴磷酸作为催化剂，当水杨酸与乙酸酐的摩尔比为 1∶2、微波辐射功率为 300 W、辐射时间为 3.5 min 时，产物的产率可达 90%。该方法具有操作简便、反应时间短、产率高等优点，是合成乙酰水杨酸的一种较好方法。

2014 年，安从俊等[39]以 85%磷酸为催化剂、水杨酸和乙酸酐为原料，采用微波辐射法合成了乙酰水杨酸。通过单因素试验，考查了反应时间、辐射功率、pH 值、反应底物比（水杨酸与乙酸类衍生物的摩尔比）等因素对反应的影响，确定了最佳的反应条件。当反应底物摩尔比为 1∶2、反应时间为 70 s、辐射功率为 450 W、pH 值为 5.4 时，产物的收率最高。

此外，冉旗等[40]也报道了磷酸在阿司匹林合成中的应用；韩长日[41]报道了多聚磷酸在阿斯匹林合成中的应用。

2. 有机酸

（1）对甲苯磺酸。

2005 年，李继忠[42]以对甲苯磺酸作为催化剂、水杨酸和乙酸酐为原料，合成了乙酰水杨酸。通过单因素试验，考查了影响反应的因素，获得了最佳的反应条件。当水杨酸、乙酸酐、对甲苯磺酸的摩尔比为 1∶2∶0.015 3、反应温度为 81～85 ℃、反应时间为 20 min 时，产物的产率达到 94.44%。对甲苯磺酸是一种固体酸，保管、运输、使用方便、安全，是催化合成乙酰水杨酸的良好催化剂，反应时间短，产率高，反应条件温和，便于操作，污染少，是一种颇有工业应用开发前途的催化剂。

2006 年，冯艳辉等[43]以对甲苯磺酸为催化剂、杨酸和乙酸酐为原料，合成了乙酰水杨酸。采用正交试验法，研究了影响反应的因素，获得了最佳的反应条件：水杨酸与乙酸酐摩尔比为 1∶2、反应温度为 65～75 ℃、反应时间为 20 min。此时，在 0.2 g 对甲苯磺酸作用下，产物的产率达 84.2%。

2008 年，王立中等[44]以对甲苯磺酸为催化剂、水杨酸和乙酸酐为原料，利用微波辐射合成了乙酰水杨酸。通过单因素试验，考查了影响反应的因素，获得了最佳的反应条件。在 n（水杨酸）∶n（乙酸酐）=1∶1.7、催化剂用量为水杨酸质量的 2.5%、微波输出功率为 151 W、辐射时间为 60 s 时，产物的产率可达 91.2%。该方法具有反应时间短、操作方便、节约能源和产率高、不污染环境等优点，是合成阿司匹林的一种较好方法。

2012 年，李娅生等[45]以对甲苯磺酸为催化剂、水杨酸和乙酸酐为原料，采用 *O*-酰基化反应合成了乙酰水杨酸。通过单因素试验，考查了原料摩尔比、催化剂用量、反应温度、反应时间对反应收率的影响，获得了适宜的反应条件。在无水环境下，当 n（水杨酸）∶n（乙酸酐）=1∶2.0、催化剂用量为 4.5 mL、反应温度为 85 ℃和反应时间为 30 min 时，乙酰水杨酸的收率高于 97%。所得样品符合《中国药典》和《美国药典》中乙酰水杨酸的质量要求，能够用于合成乙酰水杨酸。

2021 年，何凯君等[46]以对甲苯磺酸为催化剂、水杨酸和乙酸酐为原料，在超声辅助下合成了阿司匹林。利用单因素试验和正交试验，探讨超声功率、时间、温度和催化剂用量对阿司匹林产率的影响，获得了最优的反应条件。在水杨酸用量为 1 g、乙酸酐用量为 2 g、催化剂用量为 0.02 g、超声温度为 50 ℃、超声时间为 30 min、超声功率为 120 W 时，产率为 78.53%。对比回流加热法，在相同反应条件下超声辅助合成阿司匹林产率提高了 15.32%，更有利于反应的进行。

（2）草酸。

2007年，隆金桥等[47]以草酸为催化剂、水杨酸和乙酸酐为原料，合成了阿司匹林。通过单因素试验，探讨了酸酐摩尔比、催化剂用量、反应时间、反应温度对产品收率的影响，获得了最佳的反应条件。当酸酐摩尔比为1∶3、草酸用量为0.5 g、反应温度为80 ℃、反应时间为50 min时，纯化后阿司匹林的收率达91.5%。以草酸为催化剂合成阿司匹林，具有不腐蚀设备、不氧化反应物、催化剂用量少、产品易提纯、产品纯度好等特点，具有一定的应用价值。

2014年，黄飞等[48]以水杨酸和乙酸酐为原料，经*O*–酰化反应合成了乙酰水杨酸，考查了4种催化剂（无水乙酸钠、草酸、无水碳酸钠、维生素C）的催化性能。通过单因素试验和正交试验，分析了催化剂种类、水杨酸与乙酸酐的摩尔比、反应时间和反应温度对催化合成的影响，获得了最优的反应条件。以草酸作为催化剂，当水杨酸与乙酸酐的摩尔比为1∶3、反应温度为70 ℃、反应时间为60 min时，乙酰水杨酸产率可达 88.2%。该方法操作简单，经济环保，产品质量好，适用于工业化生产。

2020年，付映林等[49]以草酸为催化剂、水杨酸和乙酸酐为原料，合成了阿司匹林。通过单因素试验，探究草酸用量、温度、原料投料比等对阿司匹林收率的影响，获得了最佳的反应条件。以水杨酸3.0 g为准，当水杨酸与乙酸酐的摩尔比为1∶3、水杨酸与草酸摩尔比为1∶4、反应温度为75 ℃、反应时间为60 min时，阿司匹林收率最高可达 89.3%。相较于浓硫酸催化，草酸催化合成阿司匹林的收率更高，更环保，符合现代绿色化学的发展要求，具有一定的应用价值。

此外，常帅等[50]也报道了草酸在阿司匹林合成中的应用。

（3）氨基磺酸。

2007年，杨树[51]利用氨基磺酸作为催化剂，由水杨酸和乙酸酐合成了乙酰水杨酸。通过单因素试验，研究了各因素对该反应的影响，确定了其最佳反应条件。以0.4 mol水杨酸为准，当水杨酸与乙酸酐的摩尔比为1∶2、氨基磺酸的用量为0.10 g、反应温度为81～85 ℃、反应时间为13 min时，乙酰水杨酸的产率可达93.64%。以氨基磺酸为催化剂合成乙酰水杨酸，具有催化性能好、使用量少、廉价易得、反应时间较短、酯化率高、工艺简单、对设备腐蚀小、环境污染少的优点，是一种有应用价值的催化剂。

2008 年，李继忠等[52]以氨基磺酸为催化剂、水杨酸和乙酸酐为原料，合成了乙酰水杨酸。通过单因素试验，考查了影响反应的因素，获得了酰化反应的最佳条件。当 n（水杨酸）∶n（乙酸酐）∶n（氨基磺酸）=1∶1.5∶0.006 1、反应温度为 81～85 ℃、反应时间为 25 min 时，产物的产率可达 93.34%。氨基磺酸是固体酸，保管、运输、使用方便和安全，是催化合成乙酰水杨酸的良好催化剂，具有催化活性高、选择性好、反应条件温和、便于操作、反应时间短、产品收率高、腐蚀性小和污染少等优点，是一种对环境友好、有工业应用前景的催化剂。

2009 年，张玉全等[53]以氨基磺酸为催化剂、水杨酸和乙酸酐为原料，利用超声辐射快速合成了乙酰水杨酸。通过单因素试验，考查了影响反应的因素，获得了酰化反应的最佳条件。当 n（水杨酸）∶n（乙酸酐）∶n（氨基磺酸）=1∶2∶0.003、超声功率为 250 W、反应时间为 15 min 时，产物的产率可达 98.3%。该方法与常规的加热反应法相比，具有反应体系温和、节约能源、反应时间短、产物收率高、操作简单等优点，符合绿色合成的要求，具有一定的应用前景。

（4）柠檬酸。

2008 年，周秀龙[54]以柠檬酸为催化剂、水杨酸和乙酸酐为原料，合成了阿司匹林。通过单因素试验，探讨了酸酐摩尔比、催化剂用量、反应时间、反应温度对产品收率的影响，获得了最佳的反应条件。当酸酐摩尔比为 1∶3、柠檬酸用量为 1.0 g（以 3.0 g 水杨酸为准）、反应温度为 70 ℃、反应时间为 40 min 时，纯化后阿司匹林收率达 91.0%。柠檬酸是催化合成阿司匹林的良好催化剂，具有不腐蚀设备、不氧化反应物、催化剂用量少、易提纯、产品收率高等优点，适合工业化生产。

同年，隆金桥等[55]也报道了柠檬酸在阿司匹林合成中的应用。

2013 年，黄飞[56]以水杨酸和乙酸酐为原料，经 O-酰化反应合成乙酰水杨酸，比较了草酸、柠檬酸、无水碳酸钠、三氯化铝 4 种不同催化剂以及反应条件对合成的影响，找到了最佳催化剂和最佳反应条件。以柠檬酸为催化剂，当水杨酸与乙酸酐的摩尔比为 1∶3、催化剂用量为 1.0 g（以 3.0 g 水杨酸为准）、反应温度为 70 ℃、反应时间为 40 min 时，乙酰水杨酸的产率可达 89.8%。柠檬酸的催化效果最好、产率最高，而且反应时间短、温度低、节约能源、价格低廉。该方法具有不腐蚀设备、不氧化反应物、产品易提纯、简单、快速、经济等特点，适于工业化生产。

（5）其他有机酸。

2013 年，李玉文等[57]以三氟甲磺酸为催化剂、水杨酸和醋酸酐为原料，于 50 ℃下反应合成了阿司匹林。通过单因素试验，考查了催化剂用量、原料配比及反应时间对收率的影响，获得了最佳的反应条件。当 n（水杨酸）∶n（醋酸酐）=1∶2.0、催化剂用量为水杨酸质量的 0.2%、反应时间为 50 min 时，阿司匹林的收率为 90.4%。该方法的催化剂用量少，经济环保，符合绿色化学的发展趋势，具有工业化应用前景。

2013 年，蔡磊等[58]经复分解反应制得了对甲苯磺酸铝，并将其作为固体酸催化剂用于水杨酸与乙酸酐的 *O*–酰化反应合成了乙酰水杨酸。通过单因素试验，探讨了不同反应条件对产物收率的影响，获得了最佳的反应条件。以 0.01 mol 水杨酸为准，当水杨酸与乙酸酐摩尔比为 1∶2、对甲苯磺酸铝用量为 0.15 g、水浴温度为 75 ℃、反应时间为 35 min 时，乙酰水杨酸的平均收率可达 87%以上。对甲苯磺酸铝是一种廉价、易得、使用安全的固体酸，具有较高的催化活性，催化剂制备简单，不溶于反应体系，后处理简便，环境友好，是一种具有广泛前景的绿色高效固体酸催化剂。

2013 年，秦开成[59]以三氯乙酸为催化剂、水杨酸、乙酸酐为原料，合成了乙酰水杨酸。通过单因素试验，探讨了影响乙酰水杨酸收率的因素，获得了最佳的反应条件。在原料摩尔比为 1∶1.5、催化剂用量为 0.2 g（以 2.0 g 水杨酸为准）、反应温度为 76～80 ℃、反应时间为 5 min 的条件下，乙酰水杨酸的收率最高达 78.97%。该方法对设备有一定的腐蚀性，但反应温和，反应时间短。

2013 年，高海霞等[60]以 L–组氨酸为催化剂，用乙酸酐和水杨酸反应合成了乙酰水杨酸。通过单因素试验，研究了不同反应条件对产物收率的影响，获得了最佳的反应条件。当乙酸酐与水杨酸的摩尔比为 2.5∶1、组氨酸的用量为 0.4 g（15%）、反应温度为 80 ℃、反应时间为 15 min 时，阿司匹林的产率达 89.5%。该方法的催化剂用量小、催化活性好，且反应处理简单，具有良好的实用前景。

2013 年，赵卫星[61]以对氨基苯磺酸为催化剂、水杨酸与乙酸酐为反应原料，合成了阿司匹林。通过单因素试验，分别讨论了反应原料摩尔比、催化剂用量、反应温度和反应时间对产物阿司匹林收率的影响，获得了最佳的反应条件。当水杨酸与乙酸酐摩尔比为 1∶3.5、催化剂对氨基苯磺酸用量为 0.4 g、反应温度为 80～85 ℃、反应时间为 6 min 时，阿司匹林的收率可达到 62.33%。

2014 年，张欢等[62]以冰乙酸作为催化剂，由水杨酸和乙酸酐合成了乙酰水杨酸。通过单因素试验，较系统地研究了催化剂种类、物料配比、反应温度、反应时间等因素对乙酰水杨酸收率的影响，获得了较佳的反应条件。以水杨酸用量 2 g 为准，当 n（水杨酸）∶n（乙酸酐）=1∶3.5、冰醋酸用量为 3 mL、反应温度为 70 ℃、反应时间为 30 min 时，乙酰水杨酸的收率可达 91.23%。该方法具有催化剂催化性能好、用量少、反应时间较短、酯收率高、工艺简单、对设备腐蚀小、环境污染少的优点。

2014 年，郭召美等[63]以酒石酸钠钾作为催化剂，用邻羟基苯甲酸和乙酸酐为原料，合成了阿司匹林。通过正交试验，初步探讨了催化剂用量、物料配比、反应时间、反应温度对乙酰水杨酸收率的影响，获得了最佳的反应条件。当酸酐摩尔比为 1∶2、酒石酸钠钾用量为 0.3 g、反应温度为 75 ℃、反应时间为 15 min 时，阿司匹林的收率达 85.32%。该方法的产品收率较高，无废酸排放，对设备无腐蚀性，安全、环保。

2014 年，郝红英等[64]以羟乙基磺酸钠作为催化剂、水杨酸和乙酸酐为原料，在微波辐射下合成了乙酰水杨酸。通过单因素试验和正交试验，考查了催化剂用量、微波功率、微波辐射时间对反应产率的影响，获得了较佳的反应条件。以 6.3 g 水杨酸和 9 mL 乙酸酐为准，当催化剂羟乙基磺酸钠用量为 0.7 g、微波功率为 400 W、微波辐射时间为 120 s 时，乙酰水杨酸产率达 79.02%。该合成工艺反应时间大大缩短，产品纯度高，后续处理过程简单。

2022年，高继往等[65]以甘氨酸为催化剂、水杨酸与醋酐为原料，合成了阿司匹林。通过单因素试验和均匀设计试验，考查了反应温度、配料比、反应时间及甘氨酸用量等因素对产率的影响，确定了最优的反应条件。1.38 g水杨酸、3.0 mL醋酐、0.7 g甘氨酸于60 ℃反应45 min时，所得产物的产率最高。甘氨酸作为一种结构简单的天然氨基酸，因其高效无毒、价廉易得且不会造成环境污染等特点，而被广泛应用于多个行业。在催化合成阿司匹林的反应中，与其他催化剂相比较，甘氨酸即便有残留也不会对患者造成危害，无环境污染问题，对设备仪器无腐蚀性，操作过程安全。所得最终产物颜色外观洁白，没有水杨酸的残留，纯度高、质量佳、产率高，是其他催化剂所不可比拟的，具有良好的工业及市场前景。

3. 无机碱

（1）碳酸钠。

2002年，钟国清[66]以无水碳酸钠为催化剂、水杨酸和乙酸酐为原料，利用微波辐射快速合成了乙酰水杨酸。通过正交试验，研究微波功率、辐射时间、投料比、催化剂用量对产物收率的影响，得出了最佳的合成工艺条件。当水杨酸与乙酸酐的摩尔比为1∶2.0、催化剂用量为水杨酸质量的2%、微波功率为464 W、辐射时间为60 s时，重结晶后产品收率可达90.8%。

随后，钟国清[67]又进一步报道了碳酸钠在乙酰水杨酸合成中的应用。

2004年，李秋荣等[68]以无水碳酸钠为催化剂、水杨酸和乙酸酐为原料，采用微波方法合成了阿司匹林。利用正交试验方法，考查反应物配比、微波功率、辐射时间和催化剂用量对产物收率的影响，获得了最佳的合成工艺条件。以5 g水杨酸为准，当水杨酸与乙酸酐的摩尔比为1∶2、无水碳酸钠的用量为0.1 g、微波功率为540 W、辐射时间为45 s时，产物的收率最高。用此生产工艺，可以大大节约生产时间，提高生产效率，且节约能耗。

2006年，唐宝华等[69]以无水碳酸钠为催化剂、水杨酸和乙酸酐为原料，经*O*–酰化反应合成了阿司匹林。比较了微波合成法与传统浓硫酸催化方法对目标化合物合成的影响，探讨了催化剂的结构特征及反应条件对合成产物的影响。结果表明，微波合成法具有操作简单、时间短、对环境和设备影响小、产品质量好等优点，适合 21 世纪绿色合成、经济环境可持续发展的要求。

2010 年，王桂艳等[70]以无水碳酸钠为催化剂、水杨酸和乙酸酐为原料，利用超声辐射合成了乙酰水杨酸。通过正交试验，考查了超声波功率、辐射时间、水杨酸与乙酸酐的摩尔比、催化剂用量等因素对乙酰水杨酸产率的影响，确定了最佳的反应条件。以 5.0 g 水杨酸和 6.8 mL 乙酸酐为准，当水杨酸与乙酸酐的摩尔比为 1∶2、无水碳酸钠用量为 0.2 g、超声波辐射功率为 225 W、辐射时间为 4 min 时，产物的平均收率为 88.4%。该方法具有易操作、反应速度快、产率高等优点。

2013 年，郝红英等[71]以碳酸钠为催化剂、水杨酸和乙酸酐为原料，在微波辐射下合成了乙酰水杨酸。采用正交试验法，考查了催化剂用量、微波功率、辐射时间对反应产率的影响，获得了较佳的反应条件。以 6.3 g 水杨酸和 9 mL 乙酸酐为准，当催化剂碳酸钠用量为 0.4 g、微波功率为 400 W、辐射时间为 90 s 时，乙酰水杨酸的产率达 83.25%。

2014 年，黄飞[72]以无水碳酸钠作为催化剂、水杨酸和乙酸酐为原料，经 *O*–酰化反应合成了阿司匹林。通过正交试验，探究了催化剂种类、水杨酸与乙酸酐的摩尔比、反应时间和反应温度对催化合成的影响，获得了最优的反应条件。当水杨酸与乙酸酐的摩尔比为 1∶2、催化剂无水碳酸钠用量为 0.10 g（水杨酸的 4%）、反应温度为 65 ℃、反应时间为 15 min 时，阿司匹林的产率可达 83.33%。该方法操作简单，经济环保，产品质量好，适用于工业化生产。

2016 年，补朝阳[73]以碳酸钠为催化剂、水杨酸和乙酸酐为反应物，合成了阿司匹林。通过单因素试验，考查了催化剂用量、反应物摩尔比、反应时间等因素对阿司匹林产率的影响，确定了最适宜的反应条件。以水杨酸的用量 0.1 mol 为准，当反应物的摩尔比为 1∶1.75、催化剂碳酸钠的质量为 1.4 g、回流反应时间为 60 min 时，阿司匹林的产率可达到 74.3%。该方法操作简便、反应条件易于控制、反应生成的副产物少，试验后处理简捷，试验安全性能高。催化剂碳酸钠催化效率高、稳定性好、来源广泛、经济易得，是一种符合绿色化学宗旨的理想催化剂。

2017 年，李婷婷等[74]以固体碱碳酸钠为催化剂、水杨酸和乙酸酐为原料，合成了阿司匹林。通过单因素试验，探究不同反应条件对产物产率的影响，确定了最佳的反应条件。当水杨酸与乙酸酐的摩尔比为 1∶2、催化剂用量占反应物总物质的量的 1%、反应温度为 65 ℃、反应时间为 30 min 时，阿司匹林的产率最高可达 82.94%。

2017 年，韩晓光等[75]以水杨酸与乙酸酐为原料，采用传统加热法制备了阿司匹林，考查了 5 种催化剂（碳酸钠、浓硫酸、维生素 C、乙酸钠、氧化钙）的催化性能。通过单因素试验，考查了反应物摩尔比、催化剂种类、催化剂用量、反应温度等对阿司匹林产率的影响，获得了最佳的反应条件：以碳酸钠作为催化剂，水杨酸与乙酸酐摩尔比为 1∶3，催化剂用量为 0.3 g，反应温度为 80 ℃。在此条件下，产物的产率可达 83.26%。以碳酸钠作为催化剂时，反应时间短，温度适宜，污染小，设备要求低，操作方法简便，是符合绿色化学方向的理想催化剂。

此外，宋小平等[76]、常慧等[77]、杨廷贤等[78]、王维等[79]也报道了碳酸钠在阿司匹林合成中的应用。

（2）乙酸钠。

2004 年，农容丰等[80]以无水乙酸钠为催化剂、水杨酸和乙酸酐为原料，利用微波辐射合成了乙酰水杨酸。通过正交试验，研究不同因素对产物收率的影响，获得了最佳的合成条件。当 n（水杨酸）∶n（乙酸酐）=1∶2.0、n（催化剂）∶n（水杨酸）=1∶20、微波功率为 180 W、辐射时间为 60 s 时，重结晶后产率可达 85.5%。该方法具有操作简便、腐蚀性较小、反应时间短、产率高等优点，是合成乙酰水杨酸的一种较好方法。

2006 年，林沛和等[81]以无水乙酸钠为催化剂、水杨酸和乙酸酐为原料，合成了阿司匹林。通过单因素试验，探讨了催化剂用量、反应温度、反应时间对阿司匹林收率的影响，获得了最佳的反应条件。当水杨酸用量为 3.0 g、醋酸酐用量为 6 mL、无水乙酸钠用量为反应物总量的 3%时，于 55 ℃反应 50 min，纯化阿司匹林的收率可达 81.9%。用弱碱乙酸钠作为催化剂比传统的浓硫酸作为催化剂合成阿司匹林具有更高的收率，且无腐蚀性，不污染环境，反应重现性好。

2006 年，冉晓燕[82]以无水乙酸钠作为催化剂、水杨酸和乙酸酐为原料，采用微波辐射快速合成了阿司匹林。通过单因素试验，考查反应物摩尔配比、微波功率、辐射时间、催化剂用量等因素对反应的影响，获得了最佳的合成工艺条件。当水杨酸与乙酸酐的摩尔比为 1∶2.0、催化剂用量与水杨酸质量比为 1∶20、微波功率为 200 W、辐射时间为 50 s 时，产物的产率可达 93.5%（重结晶后产品收率可达 90.2%）。微波辐射法的反应速率是常规法的 20 倍，具有反应时间短、操作简单、节约能源和产率高等优点，是合成阿司匹林的一种较好方法。

2015 年，袁叶等[83]以醋酸钠为催化剂、水杨酸和乙酸酐为原料，合成了阿司匹林。通过单因素试验，考查了不同工艺条件对阿司匹林产率的影响，获得了最佳的反应条件。当水杨酸与乙酸酐摩尔比为 1∶2.5、催化剂用量为水杨酸质量的 8%、反应温度为 75 ℃、反应时间为 20 min、析晶时间为 2 h 时，阿司匹林的产率可达 88%。该方法比传统法设备腐蚀和环境污染小，是一种环境友好型合成阿司匹林的方法。

此外，任申勇等[84]也报道了乙酸钠在阿司匹林合成中的应用。

（3）氢氧化钾。

2014 年，黄飞等[85]以氢氧化钾为催化剂、水杨酸和乙酸酐为原料，经 *O*–酰化反应合成了乙酰水杨酸。通过正交试验，探究了水杨酸与乙酸酐的摩尔比、反应时间和反应温度对催化合成的影响，获得了最优的反应条件。当水杨酸与乙酸酐的摩尔比为 1∶2、催化剂用量为 0.10 g（水杨酸的 4%）、反应温度为 65 ℃、反应时间为 25 min 时，阿司匹林的产率可达 84.72%。该方法操作简单，经济环保，产品质量好，适用于工业化生产。

此外，张国升等[86]也报道了氢氧化钾在阿司匹林合成中的应用。

（4）碳酸氢钠。

2005 年，李西安等[87]以碳酸氢钠为催化剂、水杨酸和乙酸酐为原料，在微波辐射下合成了乙酰水杨酸。通过单因素试验，考查了影响反应的主要因素，获得了最佳的合成工艺条件。以 5.0 g 水杨酸为准，当 n（水杨酸）∶n（乙酸酐）=1∶2.0、催化剂用量为水杨酸质量的 2%、辐射时间为 45 s、微波功率为微波炉“中低”档（40%）

151 W 时，产物的产率可达 96.9%（重结晶产率可达 92.1%）。该方法反应时间短，操作简单，节约能源，产率高，成本低，具有良好的工业应用前景。

2013 年，郝红英等[88]采用碳酸氢钠作为催化剂，以水杨酸和乙酸酐为原料，采用微波辐射法合成了乙酰水杨酸。通过单因素试验，考查了催化剂用量、微波功率、辐射时间对乙酰水杨酸产率的影响，并通过正交试验确定了最佳的工艺条件。以 6.3 g 水杨酸和 9 mL 乙酸酐为准，当催化剂碳酸氢钠用量为 0.7 g、微波辐射功率为 400 W、辐射时间为 80 s 时，乙酰水杨酸的产率达 76.38%。该研究为乙酸水杨酸的合成提供了一种新的工艺。

（5）苯甲酸钠。

2006 年，田旭等[89]以苯甲酸钠为催化剂、水杨酸和乙酸酐为原料，合成了乙酰水杨酸。通过正交试验，考查影响反应的各因素，获得了最佳的反应条件。以水杨酸用量 2.0 g、乙酸酐用量 2.8 mL 为准，当苯甲酸钠用量为水杨酸质量的 8%～10%、反应温度为 60～65 ℃、反应时间为 25～30 min 时，纯化乙酰水杨酸的收率可达 82.8%。该催化剂具有催化活性高、安全、后处理容易、不污染环境等优点，是一种环境友好型催化剂，具有工业开发价值。

2014 年，郝红英等[90]以苯甲酸钠为催化剂、水杨酸和乙酸酐为原料，利用微波辐射法合成了乙酰水杨酸。采用正交试验，探讨合成工艺的影响因素，获得了最佳的合成工艺条件。以 6.3 g 水杨酸和 9 mL 乙酸酐为准，当催化剂苯甲酸钠用量为 0.4 g、微波功率为 240 W、辐射时间为 90 s 时，乙酰水杨酸的产率达 67.07%。与传统合成工艺相比，该方法的反应时间短，产品收率高。

（6）其他无机碱。

2009 年，吴汉福[91]以碳酸钾为催化剂，由水杨酸和乙酸酐反应合成了阿司匹林。通过单因素试验，研究了影响阿司匹林产率的因素，获得了最佳的反应条件。以 0.029 mol 水杨酸为准，当水杨酸与乙酸酐的摩尔比为 1∶1.75、碳酸钾用量为 1.45 mmol、反应温度为 60 ℃、反应时间为 30 min 时，产物的产率达 78.8%。该方法克服了浓硫酸作为催化剂时对设备的腐蚀、造成环境污染等缺点。

2010 年，史兵方等[92]以固体氢氧化钠为催化剂、水杨酸和乙酸酐为原料，采用超声辐射快速合成了阿司匹林。通过正交试验，研究超声辐射功率、辐射时间、n（水杨酸）∶n（乙酸酐）、催化剂用量和反应温度等因素对乙酰水杨酸产率的影响，筛选出最佳的合成条件。当 n（水杨酸）∶n（乙酸酐）=1∶2.5、催化剂用量为水杨酸质量的 10%、反应温度为 40 ℃、辐射时间为 8 min、超声辐射功率为 160 W 时，阿司匹林的产率可达 93.0%。该方法具有操作简单、反应条件温和、反应时间缩短、后处理简单、反应产率高的特点，具有一定的应用价值。

2015 年，陈盛余等[93]以二氧化硅负载硫酸氢钠为催化剂、水杨酸和乙酸酐为原料，合成了乙酰水杨酸。通过单因素试验，考查了催化剂用量、反应时间、反应温度的影响，获得了最佳的反应条件。固定水杨酸为 7.0 g、乙酸酐为 11.0 g，当催化剂用量为 0.6 g、反应温度为 80 ℃、反应时间为 50 min 时，乙酰水杨酸的产率为 80.1%。同时，催化剂能够重复使用 3 次，仍具有较好的催化活性。该方法具有后处理方便、对仪器设备腐蚀性小、催化剂价格低廉等优点。

4. 有机碱

（1）吡啶。

2006 年，林沛和[94]以吡啶为催化剂、水杨酸和乙酸酐为原料，合成了乙酰水杨酸。采用正交试验，对反应物摩尔比、反应温度、反应时间、催化剂用量进行优化，获得了最佳的反应条件。当水杨酸与乙酸酐的摩尔比为 1∶4.2、吡啶用量为水杨酸质量的 5%、反应温度为 80 ℃、反应时间为 30 min 时，纯化乙酰水杨酸的收率可达 80.2%。吡啶是合成乙酰水杨酸的优良催化剂，具有工业开发价值。但是存在不足，吡啶较易吸水形成共沸物，使反应温度较难控制，同时有较难闻气味。

此外，张乃武等[95]也报道了吡啶在阿司匹林合成中的应用。

（2）六氢吡啶。

2008 年，徐翠莲等[96]以六氢吡啶为催化剂、水杨酸和乙酸酐为原料，合成了乙酰水杨酸。通过单因素试验，对反应条件进行了优化，获得了最佳的反应条件。当水杨酸与乙酸酐摩尔比为 1∶3、六氢吡啶为水杨酸质量的 17%时，在 83 ℃反应

55 min，乙酰水杨酸的产率可达 88.4%。六氢吡啶作为催化剂的乙酰水杨酸产率高于浓硫酸作为催化剂的产率，而且产品色泽为白色且纯度高，具有广阔的应用前景。

2010 年，赵士举等[97]以六氢吡啶为催化剂、水杨酸和乙酸酐为原料，利用微波辐射加热，快速合成了乙酰水杨酸。通过正交试验及方差分析，获得了最佳的合成工艺条件。当水杨酸与乙酸酐摩尔比为 1∶1.8、催化剂用量为 2%、反应温度为 75 ℃、反应时间为 3 min、微波功率为 600 W 时，乙酰水杨酸的平均产率为 93.6%。该合成工艺快速、高效、环保、低能，所得产品为白色针状晶体，纯度高，为合成乙酰水杨酸提供了新的借鉴途径，具有重要的现实意义。

（3）其他有机碱。

2010 年，郑广进等[98]以尿素为催化剂、水杨酸和乙酸酐为原料，合成了乙酰水杨酸。通过正交试验，考查了温度、尿素用量、反应物配比和时间对反应的影响，获得了较适宜的反应条件为：n（水杨酸）∶n（乙酸酐）=1∶3，尿素用量为水杨酸质量的 5%，反应温度为 85 ℃，反应时间为 60 min。在此条件下，乙酰水杨酸收率达 94.06%。尿素是固体有机弱碱，保管、运输、使用方便和安全，价格便宜，是催化合成乙酰水杨酸的良好催化剂，具有催化活性高、反应条件温和、便于操作、产品收率高、腐蚀性小和污染少等优点，尿素是对环境友好、具有工业应用前景的催化剂。

2017 年，管晓渝等[99]以三乙胺为催化剂、水杨酸和乙酸酐为原料，用微波合成法快速制备了乙酰水杨酸。通过单因素试验，系统地研究了物料比、催化剂用量、微波功率、反应温度和时间等条件对乙酰水杨酸产率的影响，获得了最佳的反应条件。当 n（水杨酸）∶n（乙酸酐）=1∶2、催化剂三乙胺的用量为 10%（摩尔分数）、反应温度为 80 ℃、反应时间为 20 min、微波辐射功率为 400 W 时，产物收率可达 73.2%。微波合成法有利于缩短试验时间和节约能源，克服了传统硫酸法腐蚀性强、副反应多、难以纯化等缺点。

5. 无机盐

（1）硫酸氢钠。

2002 年，肖新荣等[100]以一水硫酸氢钠为催化剂，由水杨酸与乙酐的酯化反应合成了阿司匹林。通过单因素试验，研究了酯化反应的影响因素，获得了最佳的反应条件。以 13.8 g 水杨酸为准，以 1.5 g 硫酸氢钠为催化剂，当水杨酸与乙酐摩尔比为 1∶2、反应温度为 80～90 ℃、反应时间为 40 min 时，产物的收率最高。硫酸氢钠与浓硫酸催化合成阿司匹林的催化效果相当，但操作安全，极少有碳酸氢钠的不溶副产物产生，产品呈纯白结晶，且硫酸氢钠难溶于有机溶剂，易于分离回收，可重复使用，符合绿色化学的发展方向，值得关注和进一步的工业应用研究。

2003 年，翁文等[101]采用处理过的硫酸氢钠作为催化剂，以水杨酸和乙酸酐为原料，合成了阿司匹林。通过单因素试验，探讨了催化剂用量、反应时间、反应温度对产品收率的影响，获得了最佳的反应条件。当水杨酸用量为 3.0 g、醋酸酐用量为 6 mL、硫酸氢钠用量为反应物总量的 3.16%时，75 ℃反应 30 min，纯化阿司匹林的收率可达 76.9%。用硫酸氢钠催化合成阿司匹林，具有催化剂用量少且在反应过程保持固状、易与产物分离、回收等特点，避免了腐蚀设备、分离麻烦等缺点，有一定的应用价值。

2003 年，杨新斌等[102]以硫酸氢钠为催化剂、水杨酸和乙酸酐为原料，利用微波辐射合成了乙酰水杨酸。通过单因素试验，考查了影响反应的因素，获得了最佳的反应条件。当 n（水杨酸）∶n（乙酸酐）=1∶2.0、催化剂用量为水杨酸质量的 4%、微波输出功率为 464 W、辐射时间为 60 s 时，产物的产率可达 89.5%。该方法具有易操作、反应速度快、产率高、对设备的腐蚀性小、节约能源等优点，生成的乙酸可用碱回收制备乙酸钠，与环境友好，符合绿色化学的要求。

2014 年，李玉贤等[103]以硫酸氢钠为催化剂，由水杨酸与乙酸酐反应合成了阿司匹林。通过正交试验，研究了水杨酸与乙酸酐的摩尔比、催化剂硫酸氢钠用量、反应时间及反应温度对阿司匹林合成产量的影响，确定了最佳的合成反应条件。当水杨酸与乙酸酐的摩尔比为 1∶1.5、硫酸氢钠用量为反应物总质量的 4.2%、反应温度为 75～80℃、反应时间为 40 min 时，阿司匹林的平均合成产率为 85.10%。用硫酸氢钠代替传统的浓硫酸作为催化剂，催化剂可回收重复使用，实现了有机合成的绿色化，减少了酸性物质的排放，减轻了对环境的污染，真正达到了绿色、低耗、环保的要求，符合当前绿色化学发展的方向。

此外，杜娜[104]、赵志雄[105]等也报道了硫酸氢钠在阿司匹林合成中的应用。

（2）三氯化铝。

2005 年，丁健桦等[106]以水杨酸和醋酐为原料，经 *O*-酰化反应合成了阿司匹林，比较了三氯化铝、三氯化铋和无水碳酸钠 3 种不同催化剂以及反应条件对合成的影响，找到了最佳催化剂和最佳反应条件，即以三氯化铝为催化剂，其用量为水杨酸质量的 2%，水杨酸与醋酐的摩尔比为 1∶2，反应时间为 30 min，回流温度为 85 ℃左右，阿司匹林的产率可达 72.6%。该方法简单、快速、经济、无污染，产品质量好，适于工业化生产。

2005 年，王海南等[107]以无水三氯化铝为催化剂、水杨酸和乙酸酐为原料，利用微波辐射合成了乙酰水杨酸。通过单因素试验，讨论了影响反应的各个因素，获得了最佳的反应条件。以 5.0 g 水杨酸为准，当 n（水杨酸）∶n（乙酸酐）=1∶3.0、催化剂用量为水杨酸质量的 8%、辐射反应时间为 2 min、微波功率为 650 W 时，产物的产率达到 69.2%。微波辐射合成产物快捷方便，不污染环境，生成的乙酸还可以回收利用。

2007 年，胡晓川[108]以活性炭固载三氯化铝为催化剂、水杨酸和乙酸酐为原料，合成了阿司匹林。通过单因素试验，考查了反应时间、反应温度、催化剂用量、酸酐摩尔比等对水杨酸酰化反应的影响，找到了较佳的反应条件。当水杨酸与乙酸酐摩尔比为 1∶2.5、催化剂用量为水杨酸质量的 2%、反应温度为 80～85 ℃、反应时间为 16 min 时，产物的产率可达 80%以上。该方法与传统浓硫酸法相比，催化效果更好，操作安全，极少有碳酸氢钠的不溶副产物产生，产品呈纯白结晶，对设备无腐蚀，对环境无污染，用活性炭固载后解决了三氯化铝不易回收的问题，实现了催化剂的重复利用，并且回收操作简单，重复利用率和产率高，达到了绿色合成阿司匹林的目的。

2009 年，王龙德等[109]以水杨酸和乙酸酐为原料，采用微波辐射法，比较了 3 种催化剂浓硫酸、三氯化铝和无水碳酸钠的催化效果，快速合成了阿司匹林。通过单因素试验，考查了催化剂类别、催化剂用量、反应物配比、微波辐射功率及微波辐射时间等影响反应的因素，获得了较优的合成工艺条件。以三氯化铝为催化剂，当反应物 n（乙酸酐）∶n（水杨酸）=2.5∶1、催化剂用量为水杨酸的 3%、微波辐射功率为 320 W、辐射时间为 60 s 时，产物的产率可达 81.4%。

此外，赵碧和[110]也报道了三氯化铝在阿司匹林合成中的应用。

（3）三氯稀土。

2002 年，张武等[111]用三氯稀土作为水杨酸和乙酸酐的酯化反应催化剂，合成了乙酰水杨酸。通过单因素试验，考查了影响反应的因素，找到了较佳的反应条件：以三氯化钇为催化剂，水杨酸与乙酸酐摩尔比为 1∶2.0，三氯稀土与水杨酸的质量比约为 2%，反应温度为 80～90 ℃，反应时间为 30 min。在此条件下，产物的产率可达 90%。用三氯稀土催化水杨酸与乙酸酐进行酯化反应，其催化效果与以浓硫酸为催化剂相当，但同时又克服了浓硫酸为催化剂的腐蚀设备、污染环境等缺点，催化剂与水均可回收使用，催化剂可回收使用 3 次以上。

2008 年，赵仑等[112]用三氯稀土作为水杨酸和乙酸酐的酯化反应催化剂，合成了乙酰水杨酸。通过单因素试验，考查了影响反应的因素，获得了较佳的反应条件。以三氯化铕为催化剂，当水杨酸与乙酸酐摩尔比为 1∶2.0、催化剂量为 0.15 g（以 2.0 g 水杨酸为准）、反应温度为 85～90 ℃、反应时间为 40 min 时，产物的产率可达 88%以上。该方法的催化效果明显，又克服了浓硫酸作为催化剂所具有的腐蚀设备、污染环境等缺点。

（4）硫酸镍。

2008 年，乔永锋等[113]以路易斯酸为催化剂、水杨酸和乙酸酐为原料，合成了乙酰水杨酸。通过单因素试验，考查不同反应条件对产物收率的影响，获得了最佳的反应条件。当水杨酸用量为 2.0 g、乙酸酐用量为 5.0 mL、硫酸镍用量为 0.4 g 时，反应体系维持 80 ℃反应 30 min，乙酰水杨酸收率可达 85.2%。用路易斯酸作为催化剂比传统的浓硫酸作为催化剂合成阿司匹林有更高的收率，且无腐蚀性，对环境污染小，更符合绿色化学的要求。

2009 年，张龙贵等[114]以硫酸镍为催化剂、水杨酸和醋酐为原料，用微波法合成了阿司匹林。通过单因素试验，考查了催化剂用量、原料配比、辐射功率、辐射时间等因素对收率的影响，获得了最佳的合成工艺条件。当 n（水杨酸）∶n（醋酐）∶n（硫酸镍）=1∶2∶0.1、微波辐射时间为 50 s、辐射功率为 480 W 时，阿司匹林的收率达 87.7%。该方法反应速率快、催化活性好、三废污染少、产物收率较高、产品质量好、成本低、步骤简单、对设备不会造成腐蚀、安全而且可对硫酸镍进行回收再利用，符合绿色合成的要求。

此外，储春霞[115]也报道了硫酸镍在阿司匹林合成中的应用。

（5）其他无机盐。

2000 年，方小牛等[116]以 KF/Al_2O_3 为催化剂，由水杨酸与乙酸酐的乙酰化反应合成了阿斯匹林。当乙酸酐与水杨酸的摩尔比为 1∶3、催化剂用量为水杨酸用量的 20%～30%、反应温度为 60～80 ℃、反应时间为 30～40 min 时，产物的产率可达 90%以上。该方法具有反应速度快、操作简单、催化剂可回收再用及无腐蚀、污染少等特点，作为一种对环境友好的固体催化剂，具有一定的工业应用前景。

2005 年，隆金桥等[117]以磷酸二氢钠为催化剂、水杨酸和乙酸酐为原料，合成了阿司匹林。通过单因素试验，探讨了催化剂用量、反应时间、反应温度对产品收率的影响，获得了最佳的反应条件。当水杨酸用量为 1.0 g、醋酸酐用量为 6 mL、磷酸二氢钠用量为反应物总量的 10.5%、反应温度为 75 ℃、反应时间为 30 min 时，纯化后阿司匹林的收率达 76%，产品纯度好。以磷酸二氢钠为催化剂合成阿司匹林，具有不腐蚀设备、不氧化反应物、催化剂用量少且在反应过程中保持固状、易与产物分离、易回收等特点，具有一定的应用价值。

2006 年，钟路平[118]以硫酸氢钾为催化剂，由水杨酸和醋酸酐反应合成了乙酰水杨酸。通过正交试验，考查影响反应的各个因素，获得了最佳的合成条件。当水杨酸与醋酸酐的摩尔比为 1∶2、硫酸氢钾用量为反应物总量的 7%、反应温度为 70 ℃、反应时间为 40 min 时，产物的产率为 76.4%。用硫酸氢钾催化合成乙酰水杨酸，具有催化剂在反应过程保持固态、不溶于反应体系、易与产物分离、回收等特点，克服了浓硫酸对设备的强腐蚀性、对环境的污染等缺点，符合绿色化学的发展方向，具有工业应用前景。

2007 年，李家贵等[119]以碳酸氢钠为催化剂、水杨酸和乙酸酐为原料，利用微波辐射合成了乙酰水杨酸。通过单因素试验，考查了影响反应的因素，获得了最佳的反应条件。当 n（水杨酸）∶n（乙酸酐）=1∶2.0、催化剂用量为水杨酸质量的 5%、微波输出功率为 425 W、微波辐射时间为 60 s 时，产物的产率可达 89.7%。该方法的反应时间短，操作简单，节约能源，产率高，成本低，具有良好的工业应用前景。

2009 年，孔祥平[120]以磷酸二氢钾为催化剂、水杨酸和乙酸酐为原料，利用超声波振荡加热合成了阿司匹林。通过正交试验，对其反应条件进行了优化，获得了最佳的合成条件。以 3.0 g 水杨酸和 6.2 mL 乙酸酐为准，当水杨酸与乙酸酐的摩尔比为 1∶3、磷酸二氢钾用量为 0.5 g 时，在 75～80 ℃下超声波振荡反应 30～40 min，产物收率达到最高。磷酸二氢钾可回收利用，回收率接近 90%。该方法与浓硫酸催化合成阿司匹林的催化效果相当，且安全、环保，催化剂可回收利用，适用于工业化生产。

2010 年，徐春曼等[121]以活性炭固载 $SnCl_4·5H_2O$ 为催化剂、水杨酸和乙酸酐为原料，合成了阿司匹林。通过单因素试验，考查了催化剂、反应时间、原料比和反应温度对产率的影响，获得了最佳的合成条件。在 n（邻羟基苯甲酸）∶n（乙酸酐）= 1∶3、活性炭固载无水四氯化锡催化剂用量为 1.5 g、反应温度为 80～85 ℃、反应时间为 16 min 时，产物的产率为 88.4%。该催化剂具有催化活性高、反应时间短、易分离、无污染的特点，符合绿色生产的要求，且具有较高的实用价值。

2010 年，王彩霞等[122]选用不同催化剂（吡啶、六氢吡啶、无水乙酸钾、草酸钾、碳酸钠、碳酸氢钠、三乙胺、脯氨酸），以水杨酸和乙酸酐为原料，用微波法快速合成了阿司匹林。通过单因素试验，考查了原料用量比、不同催化剂、微波辐射功率、辐射时间等因素对产率的影响，得到了最佳的合成工艺条件。用乙酸钾作为催化剂，当水杨酸和乙酸酐投料量的摩尔比为 1∶1.5、催化剂用量为原料质量分数的 3%、微波功率为 550 W、辐射时间为 5 min 时，纯化后产物产率高达 81.46%。该方法与传统硫酸法相比具有快速、环保、无腐蚀的优点，符合 21 世纪对有机合成的绿色、经济环保的要求标准，为阿司匹林的合成提供了一个较好的方法。

2010 年，李远军等[123]以弱酸硫酸铝钾为催化剂、水杨酸和乙酸酐为原料，合成了乙酰水杨酸。通过单因素试验，研究了反应温度、反应时间、催化剂用量、水杨酸与乙酸酐的比例等因素对产物收率的影响，获得了最佳的反应条件。当 n（水杨酸）∶n（乙酸酐）=1.0∶2.0、催化剂的用量为 0.6 g（以 5.4 g 水杨酸为准）、恒温 70 ℃、反应时间为 30 min 时，乙酰水杨酸的产率为 77.8%。硫酸铝钾作为催化剂的产率高于浓硫酸作为催化剂的产率，而且产品色泽为白色，纯度高。硫酸铝钾相对于其他催化剂具有催化活性高、选择性好、原料价廉易得、对设备无腐蚀等优点，是一种对环境无污染的环保型催化剂。

2014 年，曾小君等[124]以明矾作为催化剂、水杨酸、乙酸酐为主要原料，用微波法快速合成了阿司匹林。通过单因素试验，系统讨论了反应物料比、催化剂用量、微波反应温度、微波反应时间及微波辐射功率等因素对产率的影响，确定了最佳的合成工艺条件。当 n（水杨酸）∶n（乙酸酐）=1∶2、催化剂用量为水杨酸质量的 7.2%、微波反应温度为 70℃、微波反应时间为 20 min、微波辐射功率为 400 W 时，阿司匹林的产率达到 83.01%。该方法与传统硫酸法相比，具有快速、环保、无腐蚀的优点。

6. 树脂

2007 年，熊知行等[125]以强酸阳离子交换树脂为催化剂、水杨酸和乙酸酐为原料，合成了阿司匹林。通过单因素试验，探讨了催化剂用量、反应时间、反应温度对阿司匹林收率的影响，获得了最佳的反应条件。以水杨酸用量 3.0 g 为准，当 n（水杨酸）∶n（乙酸酐）=1∶3、强酸性阳离子交换树脂用量为反应物总量的 3%、反应温度为 75 ℃、反应时间为 30 min 时，产物的产率达 78.6%。用强酸性阳离子交换树脂作为催化剂与传统的以浓硫酸作为催化剂合成阿司匹林相比，具有更高的收率，且无腐蚀性，不污染环境，反应重现性好。

2010 年，刘小玲[126]以强酸性阳离子交换树脂为催化剂、水杨酸和乙酸酐为反应原料，通过超声波辐射加热快速合成了乙酰水杨酸。利用单因素试验，探讨不同反应条件对产物收率的影响，获得了最佳的合成条件。当原料摩尔比 *n*（乙酸酐）∶*n*（水杨酸）=3∶1、催化剂用量为 0.5 g（以 3.6 g 水杨酸为准）、反应温度为 70～75 ℃、超声频率为 59 Hz、辐射时间为 25 min 时，产率达到 92%。催化剂重复 5 次后，仍然达到很高的产率。强酸性阳离子交换树脂是固体酸，保管、运输方便，操作安全，是催化合成阿司匹林的良好催化剂。该方法具有反应条件温和、操作简单、反应时间短、产品产率高、污染小、催化剂催化活性高且可重复利用等优点，具有良好的工业应用前景。

2012 年，赵志刚等[127]以 001×7 强酸性阳离子交换树脂为催化剂、水杨酸和乙酸酐为原料，合成了乙酰水杨酸。通过正交试验，探讨了乙酸酐与水杨酸的摩尔比、反应时间、催化剂用量和反应温度对乙酰水杨酸产率的影响，获得了最佳的反应条件。当乙酸酐与水杨酸的摩尔比为 3∶1、催化剂用量为水杨酸质量的 14.50%、反应温度为 60 ℃、反应时间为 120 min 时，乙酰水杨酸产率最高可达 77.93%。该方法所用 001×7 强酸性苯乙烯系阳离子交换树脂是一种良好的酯化反应催化剂，不但具备催化效果好、副反应少、对环境污染小、能重复使用等优点，还能简化产品的纯化分离，降低能耗和生产成本，值得大力推广应用。

2018 年，向柏霖等[128]以 $AlCl_3$ 改性 732#阳离子交换树脂为催化剂、乙酸酐和水杨酸为原料，通过超声辅助合成了乙酰水杨酸。利用单因素试验，研究不同反应条件对酯化反应的影响，获得了最佳的反应条件。当乙酸酐与水杨酸摩尔比为 2.5、催化剂质量为水杨酸质量的 8%、反应温度为 75 ℃、反应时间为 20 min、超声功率为 50 W、析晶时间为 2 h 时，乙酰水杨酸的产率可达 84.4%。催化剂重复使用 5 次后，仍有较高催化活性。该法较传统方法催化效果好，无废酸排放，对环境污染小，易分离且后处理工艺简单，催化剂重复利用率高。

7. 分子筛

2007 年，刘鸿等[129]以分子筛为催化剂、水杨酸和乙酸酐为原料，利用微波辐射技术合成了乙酰水杨酸。通过正交试验，探讨了不同反应条件对产物收率的影响，获得了最佳的反应条件。当 n（水杨酸）∶n（乙酸酐）=1∶2.0、催化剂的用量为水杨酸质量的 5%、微波辐射功率为 200 W、辐射反应时间为 2.5 min 时，乙酰水杨酸的收率可达 95.1%。使用分子筛作为催化剂，具有用量少、催化效率高、反应条件温和、产物易分离等特点，分子筛催化反应完后可回收活化再利用，不会对环境造成污染，具有较大的工业应用价值。

2009 年，张康华等[130]以脱铝改性分子筛为催化剂、水杨酸和乙酸酐为原料，合成了乙酰水杨酸。通过正交试验，考查了催化剂用量、水杨酸和乙酸酐物料配比、反应时间、反应温度等因素对该反应的影响，获得了最佳的反应条件。当 n（水杨酸）∶n（乙酸酐）为 1.0∶1.2、催化剂用量为水杨酸质量的 7.5%、反应温度为 80 ℃、反应时间为 10 min 时，产物的收率达 94.2%。该工艺既避免了设备腐蚀和环境污染，又保持了催化剂低温高活性的优点，同时工艺条件及后处理简单，催化剂可以重复使用多次，具有良好的工业应用价值，有望取代浓硫酸作为合成乙酰水杨酸的催化剂而得到广泛应用。

2016 年，曹小华[131]以 4A–分子筛为载体、Dawson 结构磷钨酸钇（$Y_2P_2W_{18}O_{62}\cdot nH_2O$）为活性组分，采用浸渍法制备出负载型 40%$Y_2P_2W_{18}O_{62}\cdot H_2O$/4A–分子筛，将其作为催化剂应用于水杨酸和乙酸酐的反应，制备了乙酰水杨酸。通过单因素试验，考查了各因素对反应的影响，获得了最佳的反应条件。当水杨酸与乙酸酐摩尔比为 1∶3、催化剂用量为反应物质量分数的 2.3%、反应温度为 80℃、反应时间为 30 min 时，乙酰水杨酸的收率为 95.2%。催化剂重复使用 6 次，乙酰水杨酸收率仍保持在 77.9%。

2018 年，李立奇等[132]以 HZSM–5 分子筛为催化剂、水杨酸和乙酸酐为原料，在室温或加热条件下高效合成了乙酰水杨酸。HZSM–5 分子筛是一种在工业生产中被广泛使用的酸性分子筛材料，具有价格低廉、无污染、比表面积大、水热稳定性高等优点。该方法具有反应易于操作、产率高、污染小等优点，更符合绿色化学发展理念。

8. 杂多酸

2007 年，谢宝华等[133]以负载型杂多酸为催化剂、水杨酸和乙酸酐为原料，合成了乙酰水杨酸。通过单因素试验，考查了催化剂用量、水杨酸和乙酸酐物料配比、反应时间、温度等因素对反应的影响，获得了最佳的反应条件。当 *n*（水杨酸）∶*n*（乙酸酐）为 1.0∶1.5、催化剂用量为水杨酸质量的 5%、反应温度为 71～75 ℃、反应时间为 15 min 时，产物的产率达 94.2%。该方法具有反应条件温和、催化剂用量小、产率高、污染少等优点，颇有工业应用开发前途。

2007 年，徐常龙等[134]以硅钨酸为催化剂、水杨酸和乙酸酐为原料，合成了乙酰水杨酸。通过单因素试验，考查了催化剂用量、反应物物料配比、反应时间、温度等因素对反应的影响，获得了最佳的工艺条件。当 *n*（水杨酸）∶*n*（乙酸酐∶*n*（硅钨酸）=1.0∶2.5∶0.002 4、反应温度为 76～80 ℃、反应时间为 15 min 时，乙酰水杨酸的收率达 92.6%。该方法具有反应条件温和、催化剂用量小、收率高、污染少等优点，具有工业应用及开发前景。

2009 年，孙德武等[135]以 Dawson 结构多金属氧酸盐为催化剂，采用微波技术，用水杨酸和乙酸酐为原料直接合成了乙酰水杨酸。通过单因素试验，考查了不同 Dawson 结构多金属氧酸盐催化剂及催化剂用量、水杨酸和乙酸酐物料配比、微波辐射功率以及辐射时间等对反应转化率的影响，获得了最佳的合成条件。以 $P_2W_{17}Co(\text{II})Br$ 为催化剂，当反应物水杨酸与乙酸酐摩尔比为 1∶1.5、催化剂用量为 0.3 g（以 0.02 mol 水杨酸为基准）、微波辐射功率为 700 W、辐射时间为 30 min、pH 为 2.5 时，水杨酸的转化率可达 95.9%。该方法具有反应条件温和、催化剂用量少和使用寿命长、反应时间短、转化率高和环境污染少等优点，具有广泛的工业开发前途。

2010 年，谭昌会等[136]以磷钨酸为催化剂、水杨酸和乙酸酐为原料，合成了乙酰水杨酸。通过单因素试验，考查了催化剂用量、反应物料配比、反应时间、温度等因素对反应的影响，获得了最佳的工艺条件。当 *n*（水杨酸）∶*n*（乙酸酐）∶*n*

（磷钨酸）=1∶2.5∶0.002 4、反应温度为 76～80 ℃、反应时间为 25 min 时，产物收率为 51.8%。该方法具有反应条件温和、催化剂用量小、酐醇比小、无污染、后处理简单等优点，具有工业应用及开发前景。

2011 年，林文权等[137]以 NO_3^-–LDHs 水滑石为前驱体，用离子交换法将 3 种磷钨钼杂多阴离子$[PW_xMo_{12-x}O_{40}]^{3-}$（$x$=1，3，6）柱撑到水滑石层间，并将其作为催化剂应用于水杨酸和乙酸酐的反应合成了乙酰水杨酸。通过单因素试验，研究不同反应条件对产物收率的影响，获得了最佳的反应条件。当水杨酸与乙酸酐摩尔比为 1∶2、催化剂用量为水杨酸质量的 10%、反应温度为 75 ℃、反应时间为 10 min 时，乙酰水杨酸的收率达 82.02%。该催化剂具有活性高、可重复使用、无污染和腐蚀，是一种具有良好应用前景的环境友好型绿色催化剂。

2012 年，佟德成等[138]以杂多阴离子$[CoW_{12}O_{40}]^{5-}$柱撑水滑石为催化剂、水杨酸和乙酸酐为原料，合成了阿司匹林。通过单因素试验，考查了反应温度、反应时间、催化剂用量等因素对产物收率的影响，获得了最佳的反应条件。以 7.0 g 水杨酸和 10 mL 乙酸酐为准，当催化剂用量为 0.1 g、反应温度为 70 ℃、反应时间为 15 min 时，产物的产率为 68.93%。该方法将杂多阴离子引入水滑石层间，利用其高效的催化活性，使乙酰水杨酸的产品收率提高近一倍，且产品色泽好、质量纯度高。

2013 年，杨水金等[139]以二氧化硅负载硅钨钼酸 $H_4SiW_6Mo_6O_{40}/SiO_2$ 为催化剂、水杨酸和乙酸酐为原料，合成了乙酰水杨酸。通过正交试验，系统地研究了水杨酸和乙酸酐的摩尔比、催化剂用量、反应时间等因素对产物收率的影响，获得了适宜的反应条件。以水杨酸用量 0.015 mol 为准，在 n（水杨酸）∶n（乙酸酐）=1∶2.0、催化剂用量为 0.3 g、反应时间为 15 min 的条件下，乙酰水杨酸的收率可达 75.1%。该方法的工艺流程简单，合成反应时间较短，产品收率较高，无废酸排放，低碳环保，具有良好的应用推广前景。

2014 年，曹小华等[140]采用浸渍法将 Dawson 结构的磷钨酸 $H_6P_2W_{18}O_{62}$（简写为 P_2W_{18}）负载在 MCM-41 分子筛上，制备了新型 P_2W_{18}/MCM-41 催化剂，并将其应用于乙酰水杨酸的合成。通过正交试验，考查了不同反应条件对产物收率的影响，确定了最佳的工艺条件。当 n（水杨酸）∶n（乙酸酐）=1.0∶1.5、催化剂用量为 2.7%（基于反应物的质量）、反应温度为 80 ℃、反应时间为 10 min 时，乙酰水杨酸的收率为 88.1%。催化剂重复使用 5 次，乙酰水杨酸收率仍可达 76.7%。该工艺具有反应时间短、乙酸酐用量适中、催化剂可重复使用且无污染等优点，具有一定的工业应用价值。

2014 年，曹小华等[141]以高岭土为载体、Dawson 结构磷钨酸（$H_6P_2W_{18}O_{62}\cdot 13H_2O$）为活性组分，制备了负载型催化剂 $H_6P_2W_{18}O_{62}$/高岭土，并将其作为催化剂应用于乙酰水杨酸的合成。通过单因素试验，考查了催化剂的酸催化性能，获得了较佳的反应条件。当 $H_6P_2W_{18}O_{62}$ 负载量为 40%、催化剂用量为水杨酸质量的 7.2%、反应温度为 90 ℃、反应时间为 40 min 时，乙酰水杨酸的收率达 90.2%。同时，催化剂重复使用 5 次，乙酰水杨酸收率仍可达到 85.1%。该催化剂具有价廉易得、催化活性高、后处理工艺简单、不腐蚀设备、无环境污染、可重复使用等优点，具有工业应用及开发前景。

2015 年，曹小华[142]通过沉淀法制备了 Dawson 结构磷钨酸银（$Ag_3H_3P_2W_{18}O_{62}\cdot nH_2O$），并将其用于催化乙酸酐和水杨酸的反应，合成了阿司匹林。通过单因素试验，研究了催化剂用量、水杨酸和乙酸酐摩尔比、反应温度、反应时间等因素对反应的影响，获得了最佳的反应条件。当 n（水杨酸）∶n（乙酸酐）=1∶1.75、催化剂用量为 3.2%（以反应物质量计）、反应温度为 90 ℃、反应时间为 20 min 时，阿司匹林的收率为 90.1%。催化剂重复使用 5 次，阿司匹林收率仍可保持为 82.4%。该方法具有反应时间短、操作简单、收率高、基本无污染等优点，有利于降低成本、简化工艺、减少污染和提高产品质量，具有潜在的工业应用前景。

2015 年，曹小华等[143]通过浸渍法制备了 MCM-41 负载 Dawson 型磷钨酸铝催化剂（$AlH_3P_2W_{18}O_{62}\cdot nH_2O$/MCM-41），并将其用于催化合成阿司匹林。通过单因素试验，探讨了磷钨酸铝负载量、催化剂用量、水杨酸与乙酸酐摩尔比、反应时间、反应温度对阿司匹林收率的影响，获得了最佳的反应条件。当磷钨酸铝负载量为 30%（质量分数）、催化剂用量为反应物质量的 4.1%、水杨酸与乙酸酐摩尔比为 1∶1.5、反应温度为 80 ℃、反应时间为 30 min 时，产物的收率为 96.3%。催化剂可重复使用，第 6 次使用时产物收率达 80.6%。该催化剂具有良好的催化活性和稳定性。

2022 年，付盈莹等[144]以硅藻土负载磷钨酸为催化剂、水杨酸和乙酸酐为原料，合成了阿司匹林。通过控制单因素变量，探究磷钨杂多酸的浸渍时间、磷钨杂多酸浸渍浓度、原料比例、反应时间等因素对阿司匹林合成的影响，获得了较优的反应条件。当磷钨杂多酸浸渍浓度为 0.046 mol/L、浸渍时间为 6 h、m（水杨酸）∶m（乙酸酐）=1∶2、反应温度为 80 ℃、反应时间为 30 min 时，阿司匹林的产率为 59.18%。催化剂在重复试验 6 次之后，催化合成阿司匹林的产率仍在 45%以上，说明催化剂的重复使用率高，不易失去活性。

9. 固体超强酸

2004 年，陈洪等[145]制备了固体超强酸 SO_4^{2-}/Fe_2O_3，并将其作为催化剂应用于合成阿斯匹林。通过单因素试验，考查了反应时间、反应温度、催化剂用量、酸酐摩尔比等对水杨酸酰化反应的影响，获得了最佳的反应条件。当酸酐摩尔比为 1∶2、催化剂用量占水杨酸用量的 2.4%～4%、反应温度为 60～80 ℃、反应时间为 20～40 min 时，产品的收率可达 88.8%。该催化剂可再生使用，设备无腐蚀，环境无污染，是一种环境友好型催化剂，具有一定的工业应用前景。

2006 年，张霞等[146]以固体超强酸 $TiO_2-La_2O-SO_4^{2-}$ 为催化剂、水杨酸和乙酸酐为原料，在微波作用下合成了乙酰水杨酸。通过单因素试验，主要考查了微波功率、时间、反应物的配比、催化剂的用量等对反应的影响，获得了最佳的反应条件。以 2.5 g 水杨酸为准，当水杨酸与乙酸酐的摩尔比为 1∶3、催化剂用量为 0.2 g、微波功率为 50%、反应时间为 3.5 min 时，产物的收率可达 83.2%。

2008 年，张晓丽等[147]以 SO_4^{2-}/TiO_2 固体超强酸为催化剂、水杨酸和乙酸酐为原料，合成了乙酰水杨酸。通过单因素试验，考查了催化剂的焙烧温度、反应时间、反应温度、原料配比、催化剂用量等对反应的影响，确定了最佳反应条件为：催化剂的焙烧温度为 500 ℃、n（乙酸酐）∶n（水杨酸）=2.0∶1、催化剂用量为 1.0 g、反应温度为 90 ℃、反应时间为 40 min。此时，乙酰水杨酸的收率可达 77.8%。该固体超强酸催化剂的制备简单、催化活性高、重复使用性好、后处理简便、无三废污染，符合节能环保的绿色催化发展趋势。

2008 年，刘达波等[148]用浸渍法制备了 SO_4^{2-}/硅锂钠石固体超强酸，并将其作为催化剂应用于乙酰水杨酸的合成。通过单因素试验，探讨了催化剂制备条件对乙酰水杨酸合成的影响，获得了最佳的工艺条件：硫酸浸渍浓度为 0.25 mol/L、浸渍时间为 2 h、焙烧温度为 450 ℃、焙烧时间为 3 h。同时考查了催化剂用量、酸酐摩尔比及反应温度对乙酰水杨酸合成的影响，获得了最佳的反应条件。当酸酐摩尔比为 1∶2、催化剂的质量为水杨酸质量的 1.5%时，在 75 ℃反应 15 min，乙酰水杨酸的收率达 83.4%，催化剂可重复使用 2 次。该方法所用固体酸的保管、运输、使用方便、安全，而且其催化活性高、绿色环保，是一种合成乙酰水杨酸的良好催化剂。

2009 年，王红斌等[149]用无水浸渍法制备了膨润土负载型固体酸，并将其作为催化剂应用于乙酰水杨酸的合成反应，考查了制备及反应条件对催化性能的影响。当用体积分数为 10% HCl 的溶液浸泡 12 h 以上，负载为 5.0 mmol/g 氯化锌或 4.0 mmol/g 氯化铜，550 ℃下焙烧活化 3 h 制备固体酸。当固体酸用量为水杨酸的 5%、水杨酸和乙酸酐投料摩尔比为 1∶2、反应温度为 80～90 ℃、反应时间为 1 h 时，产物的产率可达 96.6%。该方法所制备的固体酸催化剂可替代浓硫酸并能重复使用。

2009 年，赵连俊等[150]以 SO_4^{2-}/TiO_2 固体超强酸为催化剂、水杨酸和乙酸酐为原料，合成了乙酰水杨酸。通过单因素试验，探讨了影响反应的因素，获得了最佳的反应条件。当催化剂的焙烧温度为 500 ℃、n（水杨酸）∶n（乙酸酐）=1∶2.0、催化剂用量为 1.0 g（以 0.05 mol 水杨酸为准）、反应温度为 76～80 ℃、反应时间为 30 min 时，乙酰水杨酸的收率可达 79%。该催化剂的制备简单、催化活性高、重复使用性好、后处理简便、无三废污染，是一种新型对环境友好的绿色催化剂，符合节能环保的绿色合成要求。

2010 年，李耀宗等[151]以固体超强酸 SO_4^{2-}/ZrO_2 为催化剂、水杨酸和乙酸酐为反应原料，合成了乙酰水杨酸。通过单因素试验，考查了超强酸的焙烧温度、反应温度、反应时间、原料摩尔比以及催化剂用量对反应的影响，获得了最佳的反应条件。

当焙烧温度为 650 ℃、水杨酸与乙酸酐摩尔比为 1∶2.0、催化剂用量为 0.8 g（以 0.05 mol 水杨酸为准）、反应温度为 80 ℃、反应时间为 30 min 时，乙酰水杨酸的收率可达 82.4%。催化剂重复使用 6 次，仍具有良好催化活性。该催化剂具有催化活性高、制备工艺简单、可重复利用、无腐蚀和污染等特点，是一种具有良好应用前景的环境友好型绿色催化剂。

2013 年，周曾艳等[152]以自制的 $S_2O_8^{2-}/Sb_2O_3-SnO_2-La^{3+}$ 固体超强酸为催化剂、水杨酸和乙酸酐为原料，合成了阿司匹林。通过单因素试验和正交试验，考查不同反应条件对产物收率的影响，获得了最佳的反应条件。当 n（水杨酸）∶n（乙酸酐）= 1∶1、催化剂用量为水杨酸的 15%、反应温度为 70 ℃、反应时间为 25 min 时，阿司匹林的收率可达 81.33%。该方法具有不腐蚀设备、不污染环境、反应时间短、产品收率较高、后处理方便等特点，试验结果对工业化生产具有一定的参考价值。

2013 年，张存等[153]采用共沉淀法制备 WO_3/ZrO_2 及 Ce、Mn 改性 WO_3/ZrO_2 固体超强酸，并将其分别用于乙酰水杨酸的合成。通过单因素试验，考查催化剂类别、反应时间、反应温度、反应物配比及催化剂用量对酰化反应的影响，获得了最佳的反应条件。以 Ce 改性 WO_3/ZrO_2 固体超强酸作为催化剂，当反应物摩尔比为 1∶2、水杨酸与催化剂质量比为 30∶1、反应温度为 75 ℃、反应时间为 45 min 时，乙酰水杨酸的收率达 94.69%。该催化剂制备过程简单，回收再生容易，可保持高活性重复使用，对环境友好。

2016 年，陈盛余等[154]以 $S_2O_8^{2-}/ZrO_2$ 固体超强酸为催化剂、水杨酸和乙酸酐为原料，合成了乙酰水杨酸。通过单因素试验，研究了原料配比、催化剂用量、反应时间、反应温度的影响，获得了最佳的反应条件。固定水杨酸质量为 7.0 g，在水杨酸与乙酸酐的摩尔比为 1∶2、催化剂用量为 0.75 g、反应温度为 75 ℃、反应时间为 45 min 时，乙酰水杨酸的产率为 86.8%。催化剂重复使用 5 次，产率还能够达到 75.2%。

2016 年，陈盛余等[155]以固体超强酸 SO_4^{2-}/TiO_2 为催化剂、水杨酸和乙酸酐为原料，合成了乙酰水杨酸。通过单因素试验，研究了原料配比、催化剂用量、反应时间、反应温度的影响，获得了最佳的反应条件。固定水杨酸质量为 7.0 g，当 n（水杨酸）∶n（乙酸酐）=1∶2.2、催化剂用量为 0.8 g、反应温度为 80 ℃、反应时间为 25 min 时，乙酰水杨酸的收率为 88.7%。催化剂重复使用 5 次，收率能够达到 86.1%。

2017 年，俞晓玉等[156]通过沉淀浸渍法制备了 SO_4^{2-}/ZnO–TiO_2 固体超强酸催化剂，并将其应用于水杨酸与乙酸酐的酰化反应合成阿斯匹林。通过单因素试验，研究焙烧温度、水杨酸与乙酸酐比例、反应时间、反应温度等对反应产率的影响，获得了最佳的反应条件。当水杨酸与乙酸酐的摩尔比为 1∶1.5、催化剂用量为 0.5 g（以 0.018 mol 水杨酸为准）、反应温度为 80 ℃、反应时间为 30 min 时，阿斯匹林产率最高可达 85.9%。催化剂重复使用 5 次后，阿司匹林的产率仍达 75%。活化后的催化剂催化效果与新制备的催化剂催化效果相当，该催化剂重复使用性能良好。

2019 年，陈桂等[157]以 SO_4^{2-}/SiO_2-TiO_2 固体酸为催化剂、水杨酸和乙酸酐为原料，合成了乙酰水杨酸。通过单因素试验，考查了 TiO_2 与 SiO_2 质量比、硫酸浸渍量、浸渍时间、煅烧温度等因素对乙酰水杨酸产率影响，获得了最佳的反应条件。当 SiO_2∶TiO_2 质量比为 0.4∶1、硫酸浸渍量与 TiO_2 质量比为 0.49∶1、浸渍时间为 26 h、煅烧温度为 400 ℃时，乙酰水杨酸的产率为 65%。该催化剂具有易与反应体系分离、对设备腐蚀性小、可再生等优点，是一种对环境友好的绿色催化剂。

10. 离子液体

2007 年，蒋栋等[158]采用 Brønsted 酸性离子液体[Hmim]BF_4、[bmim]HSO_4 和 [bmim]H_2PO_4 作为催化剂，通过乙酸酐和水杨酸的乙酰化反应合成了阿司匹林。通过单因素试验，考查了反应温度、反应时间、催化剂用量、酐酚摩尔比对水杨酸酰化反应产率的影响，获得了最佳的反应条件：以[bmim]H_2PO_4 作为催化剂，n（乙酸酐）∶n（水杨酸）=2∶1，催化剂用量为 0.28 g（1.18×10^{-3} mol），反应温度为 70 ℃，反应时间为 30 min。在此条件下，阿司匹林的产率最高达 63.43%，并且[bmim]H_2PO_4 溶于水后通过过滤和旋蒸脱水，重复使用 3 次，产率无明显变化。

2009 年，谢辉等[159]以 5 种 1,3–二烷基咪唑离子液体（四氟硼酸 1–甲基–3–丁基咪唑[BMIm]BF_4、六氟磷酸 1–甲基–3–丁基咪唑[BMIm]PF_6、溴化 1–甲基–3–丁基咪唑[BMIm]Br、四氟硼酸 1–甲基–3–己基咪唑[HMIm]BF_4、溴化 1–甲基–3–己基咪唑

[HMIm]Br）作为催化剂，由乙酸酐和水杨酸的乙酰化反应合成了阿司匹林。通过单因素试验，考查了反应时间、酸酐摩尔比等对该反应的影响，获得了最佳的反应条件：以离子液体[BMIm]Br 作为催化剂，*n*（水杨酸）∶*n*（乙酸酐）=1∶2，催化剂用量为 2 mL（以 0.035 mol 水杨酸为准），反应温度为 80～85 ℃，反应时间为 3 h。在此条件下，阿司匹林的收率可达 81.6%。该方法的优点在于反应速度较快，反应条件温和，操作简单，不腐蚀仪器设备，对环境无污染，而且产物与离子液体不互溶，只需用简单的分液方法即可分离，离子液体可以回收重复使用并且重复使用性能较好。

2010 年，钱德胜等[160]制备了 3 种吡咯烷酮酸性离子液体（*N*–甲基吡咯烷酮硫酸氢盐[NMP]HSO_4、*N*–甲基吡咯烷酮磷酸氢盐[NMP]H_2PO_4、*N*–甲基吡咯烷酮苯磺酸盐[NMP]BSA），并将其作为催化剂应用于催化冰醋酸和水杨酸的乙酰化反应，合成了阿司匹林。通过单因素试验，考查了反应温度、反应时间、催化剂种类及用量、醇/酸比对水杨酸酰化反应产率的影响，获得了最佳的反应条件为：*n*（冰醋酸）∶*n*（水杨酸）∶*n*（[NMP]H_2PO_4）=1.2∶1∶0.075，反应温度为 70 ℃，反应时间为 30 min。在此条件下，产品阿司匹林收率达 67.2%。同时，该离子液体重复使用 4 次，仍表现出良好的催化活性。该离子液体合成工艺简单、价格便宜、毒性低，用醋酸代替醋酸酐，减低了产品的成本，具有较好的经济价值和社会意义。

2010 年，钱德胜等[161]制备了 6 种内酰胺酸性离子液体（*N*–甲基丁内酰胺硫酸氢盐[NMP]HSO_4、*N*–甲基丁内酰胺磷酸氢盐[NMP]H_2PO_4、*N*–甲基丁内酰胺苯磺酸盐[NMP]BSA、己内酰胺硫酸氢盐[CP]HSO_4、己内酰胺磷酸氢盐[CP]H_2PO_4、己内酰胺苯磺酸盐[CP]BSA），并将其作为催化剂应用于催化乙酸酐和水杨酸的乙酰化反应，合成了阿司匹林。通过单因素试验，考查了反应温度、反应时间、催化剂种类及用量、酐酚比对水杨酸酰化反应产率的影响，获得最佳的反应条件为：*n*(乙酸酐)∶*n*(水杨酸)∶*n*([NMP]H_2PO_4)=2∶1∶0.075，反应温度为 70 ℃，反应时间为 30 min。在此条件下，产品收率达 72.4%。同时，该离子液体重复使用 4 次，仍表现出良好的催化活性。

2012 年，王晓丹等[162]以氨基酸为原料，采用一步法合成了 3 种氨基酸离子液体（甘氨酸硫酸盐[Gly]HSO_4、丙氨酸硫酸盐[Ala]HSO_4、谷氨酸硫酸盐[Glu]HSO_4），并将其作为催化剂应用于催化乙酸酐和水杨酸的乙酰化反应，清洁合成了阿司匹林。通过单因素试验，考查了离子液体种类及用量、原料配比、反应温度、反应时间等因素对合成阿司匹林的影响，获得了最佳的反应条件。固定水杨酸为 20 mmol，当水杨酸与乙酸酐摩尔比为 1∶2、谷氨酸硫酸盐离子液体（[Glu]HSO_4）用量为 2 mmol、反应温度为 70 ℃、反应时间为 30 min 时，阿司匹林的分离产率可达 84.8%。增大投料量，产率还会进一步提高，并且离子液体可重复使用。该催化体系催化活性高、价格便宜、合成方法简便且符合绿色生产的要求，具有较好的经济效益和社会效益。

2013 年，孙宇宁等[163]采用溶胶-凝胶法负载酸性离子液体 *N*–甲基吡咯烷酮硫酸氢盐（[hnmp]HSO_4），制备得到硅胶负载离子液体，并将其作为催化剂应用于阿司匹林的合成。通过单因素试验，考查负载离子液体的制备条件、负载离子液体用量、反应温度、反应时间和反应物配比等对合成阿司匹林的影响，获得了最佳的反应条件。在 *n*（水杨酸）∶*n*（乙酸酐）=3∶10、硅胶负载离子液体用量为 1.0 g、反应温度为 80 ℃和反应时间为 35 min 的条件下，阿司匹林的产率可达 87.20%。负载离子液体重复使用 4 次，仍表现出良好的催化活性。该催化剂具有催化活性高、反应时间短、易分离和无污染的特点，符合绿色生产的要求。

2014 年，赵金花等[164]以 *N*–甲基吗啉、氯磺酸为原料，合成了 *N*-甲基-*N*-磺酸基吗啉盐酸盐的酸性离子液体，将其作为催化剂应用于催化乙酸酐和水杨酸的酯化反应，合成了阿司匹林。通过单因素试验，考查了质量比、离子液体用量、反应温度、反应时间等因素对阿司匹林产率的影响，并通过正交试验确定了最佳的合成条件。以 20 mmol 水杨酸为准，当水杨酸与乙酸酐的原料比为 1∶2、离子液体用量为 3 mL、反应温度为 70 ℃、反应时间为 30 min 时，阿司匹林产率可达 77.12%。该催化剂的催化活性高、合成方法简便且符合绿色生产的要求，具有良好的经济效益和社会效益。

2014 年，廖芳丽等[165]以 2–甲基咪唑、溴乙烷、*L*–谷氨酸为原料，合成了谷氨酸 1-乙基-2-甲基咪唑鎓离子液体，并将其作为催化剂应用于催化乙酸酐和水杨酸的乙酰化反应，合成了阿司匹林。通过单因素试验，探究了离子液体的用量、反应温度和反应时间对阿司匹林合成的影响，获得了最佳的反应条件。在水杨酸、乙酸酐和氨基酸离子液体摩尔比为 1∶2∶3.75×10^{-4}、反应温度为 70 ℃、反应时间为 30 min 的条件下，阿司匹林的产率可达 78.2%。氨基酸离子液体具有毒性低、生物相容性好、可降解性好的特点，具有一定的应用前景。

以离子液体作合成阿司匹林的催化剂，产率和以浓硫酸为催化剂相当或者更好，且反应后较容易从体系分离出来，并可多次循环使用，是目前所研究出的较有研发前途的阿司匹林合成催化剂。虽然离子液体合成阿司匹林的研究刚刚起步，虽然目前使用的离子液体合成成本普遍较高，且具有一定的毒性，并不是完全绿色的催化剂，但我们应该理性地看待离子液体，在看到它的缺点同时也应该看到它的优点。离子液体催化性能较高、重复使用性好，不挥发、不易燃，更重要的是可以通过调整阴阳离子组合或“嫁接”适当的官能团来制得“量身定做”的离子液体[166]。这就为寻找更适合阿司匹林合成的离子液体提供了无限可能。总体来看，离子液体合成阿司匹林的思路符合当代化工生产的发展要求，而将其应用到实际化工生产当中还有很长的一段路要走。

11. 维生素 C

2004 年，陈洪等[167]以维生素 C 作为催化剂，以水杨酸和乙酸酐为原料，合成了阿司匹林。通过正交试验，考查了反应时间、反应温度、催化剂用量、酸酐摩尔比等对水杨酸酰化反应的影响，获得了最佳的反应条件。当水杨酸与乙酸酐的摩尔比为 1∶3、催化剂用量为 1～2 片维生素 C（每片含维生素 C100 mg）、反应温度为 60～80 ℃、反应时间为 10～20 min 时，产品的收率超过 87%。维生素 C 催化合成阿司匹林，具有反应速度快、操作简单、催化剂无须回收、反应条件温和、不腐蚀仪器设备、环境无污染等特点。维生素 C 是一种常见的维生素类药物，价廉易得，以其作为催化剂具有独特的优势，具有一定的工业应用前景。

2008 年，熊知行等[168]以维生素 C 为催化剂、水杨酸和乙酸酐为原料，合成了阿司匹林。通过单因素试验，讨论了催化剂用量、反应时间、反应温度对产品收率的影响，获得了最佳的反应条件。以水杨酸用量为 4.0 g、醋酸酐用量为 8.5 mL 为准，当维生素 C 用量为 0.1～0.2 g、反应温度为 60～80 ℃、反应时间为 10～25 min 时，纯化阿司匹林的收率可以达到 80.5%，产品系纯白色结晶。

2009 年，聂鑫等[169]以维生素 C 为催化剂、水杨酸为原料、醋酐为酰化剂，合成了阿司匹林。通过单因素试验，考查不同反应条件对产物收率的影响，获得了适宜的反应条件。以 5 g 水杨酸和 7.5 g 醋酐为准，当维生素 C 用量为 0.2 g（水杨酸原料量的 4%）、反应温度为 80 ℃、反应时间为 40 min 时，产物的收率为 56.8%。

2009 年，姚妍妍等[170]以维生素 C 作为催化剂，将其应用于小量-半微量技术合成阿司匹林。通过正交试验，考查了反应时间、反应温度、催化剂用量等对水杨酸酰化反应的影响，获得了最佳的反应条件。以 0.945 g 水杨酸为准，当乙酸酐用量为 1.350 mL、维生素 C 用量为 60 mg、反应温度为 90 ℃、反应时间为 20 min 时，产物的产率达到 75%以上。该方法具有反应速度快，操作简单，催化剂无须回收，反应条件温和，环境无污染等特点。

2013 年，郝红英等[171]以维生素 C 为催化剂、水杨酸和乙酸酐为原料，在微波辐射下合成了乙酰水杨酸。通过单因素试验，考查了催化剂用量、微波功率、辐射时间对反应产率的影响，获得了较佳的反应条件。以 6.3 g 水杨酸和 9 mL 新蒸馏乙酸酐为准，当催化剂维生素 C 用量为 0.5 g、微波辐射功率为 400 W、微波辐射时间为 40 s 时，乙酰水杨酸的产率达 60.60%。该工艺与传统的硫酸作催化剂的合成工艺相比，虽然产品收率没有优势，但其后续分离过程相对简单，不存在设备腐蚀和环境污染，符合绿色化学工艺。

2015 年，王嘉琳等[172]以水杨酸和乙酸酐为原料，用传统加热法通过酯化反应制备乙酰水杨酸（阿司匹林），研究了 3 种催化剂（浓硫酸、维生素 C 和乙酸钠）的催化性能。通过单因素试验，考查了反应物摩尔比、催化剂种类、催化剂用量、反应温度、反应时间对阿司匹林产品收率的影响，获得了最佳的反应条件为：以维生素 C 为催化剂，反应物水杨酸和乙酸酐的摩尔比为 1∶3，催化剂用量为 0.3 g（以 3 g 水杨酸为准），反应温度为 80 ℃，反应时间为 15 min。在此条件下，所得阿司匹林产品的收率最高可达 87.2%。

2018 年，陈倩等[173]以抗坏血酸（维生素 C）为催化剂、水杨酸和乙酸酐为原料，在超声辐射条件下合成了乙酰水杨酸。通过单因素试验，考查了催化剂种类（碳酸氢钠、抗坏血酸、草酸和苯甲酸钠）、抗坏血酸用量、超声时间等对反应收率的影响，获得了最优的合成条件：水杨酸 1.25 g，新蒸馏乙酸酐 2.4 mL，抗坏血酸 0.15 g，在 75 ℃超声辐射反应 3 min，乙酰水杨酸收率可达 80%。该方法具有原料价廉易得、催化活性好、反应耗时短、对设备无腐蚀、后处理简单等诸多优点。

2019 年，吴梦晴等[174]采用维生素 C 作为催化剂，在超声波辅助下合成了阿司匹林。通过单因素试验和正交试验，考查不同因素对阿司匹林合成的影响，获得了最佳的反应条件。以 4 g 水杨酸和 8.5 mL 乙酸酐为准，当催化剂用量为 0.5 g、超声时间为 6 min、超声功率为 300 W 时，在 75 ℃反应，产率最高可达到 60.76%。超声波辅助大大缩短了反应所需时间，降低了合成成本，符合绿色化学理念，并具有一定的实用价值。

此外，熊知行等[175]、陈林等[176]也报道了维生素 C 在阿司匹林合成中的应用。

12. 碘单质

2008 年，原方圆等[177]以单质碘为催化剂、水杨酸和乙酸酐为原料，合成了乙酰水杨酸。通过单因素试验，研究不同反应条件对产物收率的影响，获得了最佳的反应条件。当 n（水杨酸）∶n（乙酸酐）∶n（碘）=1∶2∶0.003 9、反应温度为 80～85 ℃、反应时间为 30 min 时，产物的产率达 85.9%。该方法所用催化剂的催化效果好、用量小、酐醇比小、产品质量好、产率高，且后处理简单，不污染环境；同时，工艺操作简单，适于工业化生产。

2008 年，施小宁等[178]以碘为催化剂、水杨酸和乙酸酐为原料，通过超声辐射快速合成了乙酰水杨酸。通过单因素试验，研究不同反应条件对产物收率的影响，获得了最佳的合成条件。当 n（乙酸酐）∶n（水杨酸）∶n（碘）=100∶50∶1、超声功率为 300 W、辐射时间为 15 min 时，产物的产率为 96.2%。该方法与常规的加热反应法相比，反应时间短，产物收率高，操作简单；与工业上使用的浓硫酸催化法相比，具有反应体系温和、不腐蚀设备、不污染环境、环境友好、节约能源等优点，具有一定的应用前景。

2012 年，马成海等[179]以碘为催化剂，在室温下，通过研磨法由水杨酸与乙酸酐反应合成了阿司匹林。通过单因素试验，考查了反应物摩尔比、催化剂用量和研磨时间对阿司匹林收率的影响，获得了最佳的反应条件。当水杨酸与乙酸酐摩尔比为 1∶3.3、催化剂用量为 0.60 g（以 2.76 g 水杨酸为准）、研磨时间为 55 min 时，阿司匹林的收率可达到 69.3%。该方法可以使反应在室温下进行，且产率较高，催化剂易得、无毒。

2016 年，康永锋等[180]以硅胶负载碘为催化剂，通过微波辐射加热合成了乙酰水杨酸。通过单因素试验，考查了乙酸酐/水杨酸比例、催化剂用量、微波功率、辐射时间对乙酰水杨酸产率的影响，并通过正交试验确立了最佳的试验条件。以 14 mmol 水杨酸为准，当 n（水杨酸）∶n（乙酸酐）=1∶2、催化剂用量为 0.018 g、反应温度为 80 ℃、反应时间为 15 min、微波功率为 300 W 时，乙酰水杨酸的产率为 85%。与传统的浓硫酸催化法相比较，该方法的反应时间短、产率高、操作简单、危险性小、环境友好。

13. 金属氧化物

2003 年，陈宝芬等[181]以 Nd_2O_3/SnO 为催化剂、水杨酸和乙酸酐为原料，合成了阿斯匹林。通过单因素试验，考查了催化剂种类（浓硫酸、SnO、Nd_2O_3/SnO）及用量、反应温度、反应时间和酸酐摩尔比对产物产率的影响，获得了最佳的工艺条件。当水杨酸与乙酸酐摩尔比为 1∶3、催化剂用量为水杨酸质量的 5%、反应温度为 80～86 ℃、反应时间为 0.5 h 时，阿斯匹林的产率达 70%。该方法具有催化效果显著、催化剂用量少、可重复使用，制备工艺简单、无毒、无腐蚀、无污染、产品纯度高、后处理简单、产率较高等优点。

2003 年，肖新荣等[182]利用微波辐射处理五水四氯化锡溶胶，制备了活性二氧化锡，并将其作为催化剂用于合成乙酰水杨酸。通过单因素试验，研究了酯化反应的条件，获得了最佳的反应条件：乙酸酐与水杨酸的最佳摩尔比为 2∶1、反应温度为 85 ℃、反应时间为 45 min。此时，在催化剂用量为 1.0 g 的条件下，产物的收率最高。活性二氧化锡催化剂安全无毒，克服了浓硫酸的强腐蚀性、强氧化性、难于与产品分离、对环境污染大等诸多缺点，可望成为一种较好的能取代液体浓硫酸并对环境友好的固体酸催化剂。

2016 年，陈桂等[183]以 SiO_2–Al_2O_3 为催化剂、水杨酸和乙酸酐为原料、环己烷为溶剂，合成了乙酰水杨酸。通过单因素试验，研究了不同因素对产物收率的影响，获得了最佳的反应条件。当水杨酸与乙酸酐摩尔比为 1∶3.5、催化剂用量为水杨酸摩尔分数的 8.4%、反应温度为 75 ℃、反应时间为 20 min、溶剂用量为水杨酸摩尔分数的 14.9%、超声功率为 90 W 时，乙酰水杨酸的收率可达 93.9%。催化剂重复使用 5 次后，仍具有较高的催化活性。该方法较传统方法催化效果更好，无废酸排放，不腐蚀设备，后处理工艺简单，催化剂重复利用率高、易再生，是一种绿色、高效合成乙酰水杨酸的方法。

2021 年，徐菁璐等[184]以水杨酸、乙酸酐为原料，以稀土钇（Y^{3+}）、铈（Ce^{3+}）、镧（La^{3+}）改性氧化锡（SnO_2）为催化剂，在超声辅助下合成了乙酰水杨酸。通过单因素试验，考查了水杨酸与乙酸酐摩尔比、催化剂用量、反应时间、超声功率、反应温度、析晶时间对合成乙酰水杨酸反应的影响，获得了最佳的反应条件。以 Y^{3+}/SnO_2 作为催化剂，当水杨酸与乙酸酐摩尔比为 1∶2、催化剂用量为水杨酸质量的 8%、反应温度为 70 ℃、反应时间为 30 min、超声功率为 70 W、析晶时间为 2 h 时，乙酰水杨酸的产率为 83.6%。催化剂重复使用 5 次后，仍有较高的催化活性。该方法具有无酸排放、不腐蚀设备、对环境污染小、后处理操作简单、催化剂催化效果好且能重复利用等优点。

2021 年，邓威洋等[185]以氧化铝为催化剂、水杨酸和乙酸酐为原料，合成了阿司匹林。采用正交试验，考查各因素对阿司匹林合成的影响，获得了最佳的反应工艺条件。当水杨酸与乙酸酐的摩尔比为 1∶2.67、氧化铝用量为水杨酸质量的 20%、反应温度为 90 ℃、反应时间为 35 min 时，阿司匹林的产率为 63.44%。氧化铝是一种经济、环境友好型的催化剂，对阿司匹林的生产具有一定的应用价值。

14. 单晶体化合物

2014 年，张羽男等[186]采用水热合成法制备了$[Ni(phen)_3]_2[NiMo_{12}P_8O_{62}H_{18}]$单晶材料，并将其作为催化剂应用于阿司匹林的合成。通过单因素试验，考查了反应温度、时间及催化剂用量等影响因素，确定了最佳的合成条件。以 3.0 g 水杨酸和 5.0 mL 乙酸酐为准，当催化剂用量为 0.09 g、反应温度为 80 ℃、反应时间为 15 min 时，阿司匹林的产率达到最大。利用水热合成法制得的单晶材料稳定性高、催化效果好，相比于当前制药工业所用的催化剂浓硫酸而言，无腐蚀性，可以循环使用，综合成本低，绿色环保。

2014 年，张羽男等[187]采用水热合成法制备了 Strandberg 型磷钼氧酸盐$[Co(en)_3]_2[P_2Mo_5O_{23}]\cdot 3H_2O$ 单晶体化合物，并将其作为催化剂应用于阿司匹林的合成。通过正交试验，研究不同因素对阿司匹林合成的影响，确定了最佳的反应条件。以 3.0 g 水杨酸和 5.0 mL 乙酸酐为准，当催化剂用量为 0.15 g、反应温度为 90 ℃、反应时间为 30 min 时，阿司匹林的产率为 58.01%。该单晶体化合物具有无污染、低成本、可循环再生使用等优点。

2016 年，张羽男等[188]利用水热法制备了单晶体化合物$[C_3H_{12}N_2]_3[P_2Mo_5O_{23}]\cdot 4H_2O$，并将其作为催化剂应用于阿司匹林的合成。通过正交试验，研究不同因素对阿司匹林合成的影响，确定了最佳的反应条件。以 3 g 水杨酸和 5 mL 乙酸酐为准，当催化剂用量为 0.15 g、反应温度为 85 ℃、反应时间为 30 min 时，阿司匹林的产率为 59.34%。该磷钼氧簇合物单晶体材料催化活性较强，且可以多次循环再生使用，有望成为未来绿色制药工业的新型固体催化剂。

15. 其他催化剂

2004 年，王贵全等[189]以自制酸活化膨润土为催化剂、水杨酸和乙酸酐为原料，合成了阿司匹林。通过单因素试验，探讨了影响阿司匹林产率的各因素，获得了最佳的合成条件。当水杨酸与乙酸酐投料比为 1∶3.6、酸性膨润土加入量为 5%水杨酸投料量（质量）、反应温度为 85～90 ℃、反应时间为 0.5～1.0 h 时，产物的收率可达 90.44%。该方法与工业上使用的浓硫酸催化法相比，具有反应体系温和、不腐蚀设备、不污染环境、后处理方便等优点。

此后，陈志勇等[190]又进一步报道了酸性膨润土在乙酰水杨酸合成中的应用。

2011 年，吴洁等[191]以凹凸棒黏土（ATP）为载体，制备了负载 H^+和 $AlCl_3$ 的固体酸催化剂（分别标记为 H^+/ATP、$AlCl_3$/ATP），比较了负载前后催化剂对乙酰水杨酸合成反应的催化活性。通过单因素试验，考查不同反应条件对产物收率的影响，获得了最佳的工艺条件。以 $AlCl_3$/ATP 为催化剂，当 n（乙酸酐）∶n（水杨酸）=2.0、催化剂用量为 5%（基于水杨酸质量）、反应温度为 80 ℃、反应时间为 30 min 时，乙酰水杨酸的收率达 92.5%，纯度为 99.5%。催化剂经活化再生重复使用 5 次后，乙酰水杨酸收率仍可达 89.2%，表明该催化剂具有一定的稳定性，且后处理和再生过程简单，是一种高效、低耗的绿色催化剂。

2012 年，占昌朝等[192]以淀粉和对甲苯磺酸为原料，合成了碳基固体酸催化剂，并将其作为催化剂应用于乙酰水杨酸的合成反应，比较了常规加热和微波加热方式对反应的影响。通过单因素试验，考查不同反应条件对产物收率的影响，确定了较佳的工艺条件。当乙酸酐与水杨酸摩尔比为 1.5∶1、催化剂用量为水杨酸质量的 5.8%、反应温度为 76～80 ℃、反应时间为 25 min 时，常规加热条件下收率为 82.1%。同时，催化剂重复使用 5 次后，收率仍保持在 78.2%。该工艺具有催化活性高、选择性好、反应条件温和、反应时间短、产品收率较高、腐蚀性小和污染少的优点，工业应用前景良好。微波加热可以明显缩短反应时间，当 n（乙酸酐）∶n（水杨酸）= 1.5∶1、催化剂用量为水杨酸质量的 5.8%、微波辐射功率为 462 W、微波辐射时间为 3 min 时，酯的收率为 75.1%。同时，催化剂重复使用 5 次，收率下降为 53.89%，其酯化率和催化剂重复使用性能均低于常规加热反应。

2015 年，黄润均等[193]以三聚磷酸二氢铝/载硫硅藻土为催化剂，由水杨酸和乙酸酐经酯化反应合成了阿司匹林。采用单因素试验，考查了反应条件对产物收率的影响，获得了最佳的反应条件。以 50 mmol 水杨酸为准，当乙酸酐与水杨酸的摩尔比为 3.14∶1、催化剂用量（占总反应物质量比）为 5%、反应温度为 81 ℃、反应时间为 40 min 时，产物收率为 88.6%。催化剂经 5 次重复使用后，收率仍达 83.3%。该方法具有无毒无害、无腐蚀性、产品纯度高、催化过程工艺简单、催化剂催化活性高且易分离等特点。

2016 年，谢威等[194]以双氧水改性活性炭负载三聚磷酸二氢铝为催化剂、水杨酸和乙酸酐为原料，合成了阿司匹林。采用单因素试验，考查了反应温度、酐酸比、反应时间、催化剂用量对阿司匹林收率的影响，并采用响应面试验，获得了较佳的工艺条件。当酐酸摩尔比为 3.72∶1、催化剂加入量占总反应物的 6.5%、反应温度为 78.6 ℃、反应时间为 47 min 时，阿司匹林的收率为 86.9%。催化剂重复使用 5 次后，催化效率仍可达 83.2%。该催化剂选择性好、催化活性高、催化过程工艺流程简单、催化剂易分离、可重复使用，是一种合成阿司匹林较为优秀的催化剂。

2018 年，朱培培等[195]在水热反应条件下制备了一个具有三重螺旋结构的 Keggin 型多酸基金属-有机复合物（$[Ag_5(trz)_6][H_5SiW_{12}O_{40}]$），并将其作为催化剂应用于阿司匹林的合成。研究发现，该复合物能高效、稳定地催化合成阿司匹林，同时显现出较高的催化活性和选择性，没有副产物和副反应的发生，是一种结构新颖、无污染且能重复使用的高效催化剂材料。

2018 年，康永锋等[196]以硅胶为催化剂，通过微波辐射加热，实现了无溶剂条件下乙酰水杨酸的合成。利用单因素试验，讨论了乙酸酐/水杨酸比例、催化剂用量、微波功率、辐射时间、反应温度对反应的影响，确定了最优的反应条件。当 n（水杨酸）∶n（乙酸酐）∶n（硅胶）=1∶2∶0.3、反应温度为 70 ℃、反应时间为 15 min、微波功率为 300 W 时，乙酰水杨酸的产率为 87%。该方法具有条件温和宽泛、操作简便、能耗和物耗低、反应时间短和产率高等优点。

尽管这些合成方法各有自己的优势，也具有一定程度的潜在应用价值，但依然存在后处理烦琐、催化剂制备过程复杂或难以回收使用等缺点。因此，研究与开发合成阿司匹林的绿色、高效催化剂仍然具有重要的理论意义和实用价值。

低共熔溶剂氯化胆碱-尿素和氯化胆碱-草酸具有制备方法简便、原料成本低廉、回收利用便捷等优势，是研究最早和研究最多的两种典型低共熔溶剂。

基于阿司匹林的重要性和低共熔溶剂的优势，本章将低共熔溶剂氯化胆碱-尿素和氯化胆碱-草酸分别应用于水杨酸和乙酸酐的酰化反应合成阿司匹林。

2.2 低共熔溶剂氯化胆碱-尿素中阿司匹林的合成

2.2.1 试验部分

1. 试验仪器和试剂

本试验所用主要仪器的名称、型号和生产厂家见表 2.1。

表 2.1 试验主要仪器的名称、型号和生产厂家

仪器名称	仪器型号	生产厂家
分析天平	JA2003	上海舜宇恒平科学仪器有限公司
集热式恒温加热磁力搅拌器	DF-101D	巩义市予华仪器有限责任公司
电热恒温鼓风干燥箱	DHG-9146A	上海精宏试验设备有限公司
真空干燥箱	DZF-6020	巩义市予华仪器有限责任公司
旋转蒸发器	YRE-5299	巩义市予华仪器有限责任公司
循环水式真空泵	SHZ-D（Ⅲ）	巩义市予华仪器有限责任公司
显微熔点仪	SGWR X-4B	上海仪电物理光学仪器有限公司
核磁共振仪	AVANCE	瑞士 Bruker 公司
红外光谱仪	Nicolet 6700	美国赛默飞世尔科技公司

本试验所用主要试剂的名称、纯度和生产厂家见表 2.2。

表 2.2　试验主要试剂的名称、纯度和生产厂家

仪器名称	试剂纯度	生产厂家
氯化胆碱	分析纯	上海国药集团化学试剂有限公司
尿素	分析纯	上海国药集团化学试剂有限公司
水杨酸	分析纯	上海国药集团化学试剂有限公司
乙酸酐	分析纯	上海国药集团化学试剂有限公司
碳酸氢钠	分析纯	天津市科密欧化学试剂有限公司
盐酸	分析纯	开封东大化工有限公司
三氯化铁	分析纯	上海国药集团化学试剂有限公司

2. 低共熔溶剂氯化胆碱-尿素的制备

将氯化胆碱（14.0 g, 0.1 mol）和尿素（12.0 g, 0.2 mol）加入 100 mL 单口烧瓶中，在 80 ℃磁力搅拌反应 30 min。反应结束后，将反应体系冷却至室温，真空干燥，即可得无色透明的低共熔溶剂氯化胆碱-尿素，收率为 100%。

3. 低共熔溶剂氯化胆碱-尿素催化合成阿司匹林

将水杨酸（2.76 g, 0.02 mol）、乙酸酐（5.10 g, 0.05 mol）和低共熔溶剂氯化胆碱-尿素（1.5 g）加入 100 mL 单口烧瓶中，80 ℃磁力搅拌反应 40 min。反应完成后，待反应体系冷却至室温，加入蒸馏水并置于冰水浴中冷却，直至白色结晶完全析出，抽滤，可得粗产品；母液中的低共熔溶剂经减压蒸馏除水后可重复使用；将粗产物溶于饱和碳酸氢钠溶液，充分搅拌并抽滤，向滤液中加入稀盐酸中和，冰水浴冷却并抽滤，再用乙醇-水混合溶剂重结晶，真空干燥，即得白色结晶的阿司匹林纯品（3.39 g），收率为 94%。其反应方程式如图 2.2 所示。

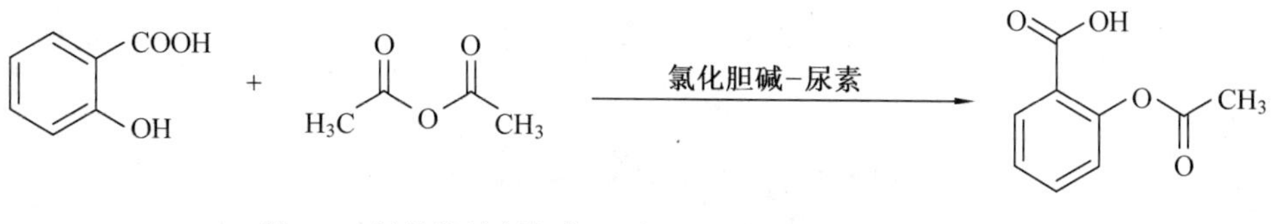

图 2.2　低共熔溶剂氯化胆碱-尿素中阿司匹林的合成

2. 2. 2　结果与讨论

1. 阿司匹林的结构表征与分析

由于原料水杨酸可与三氯化铁溶液发生反应生成蓝紫色配合物，因而首先采用质量分数为 0.1%的三氯化铁溶液检测所合成的阿司匹林，没有蓝紫色出现，表明产品纯度较高。

另外，测定所合成产物的熔点为 134～135 ℃，与文献[141]报道数值相符。

然后，再进一步测定所得产物的红外光谱图，如图 2.3 所示。其中，3 300～2 500 cm^{-1} 处的宽带为羧基（COOH）中 O—H 的缔合伸缩振动峰，1 754 cm^{-1} 为乙酰基中的羰基（C═O）的伸缩振动峰，1 694 cm^{-1} 为羧基（COOH）中羰基伸缩振动峰，1 606 cm^{-1}、1 575 cm^{-1}、1 484 cm^{-1} 为苯环的碳骨架伸缩振动峰，1 370 cm^{-1} 为甲基弯曲振动峰，1 308 cm^{-1} 为 C—O 伸缩振动峰，1 094 cm^{-1} 为酯中 C—O—C 的对称伸缩振动峰。

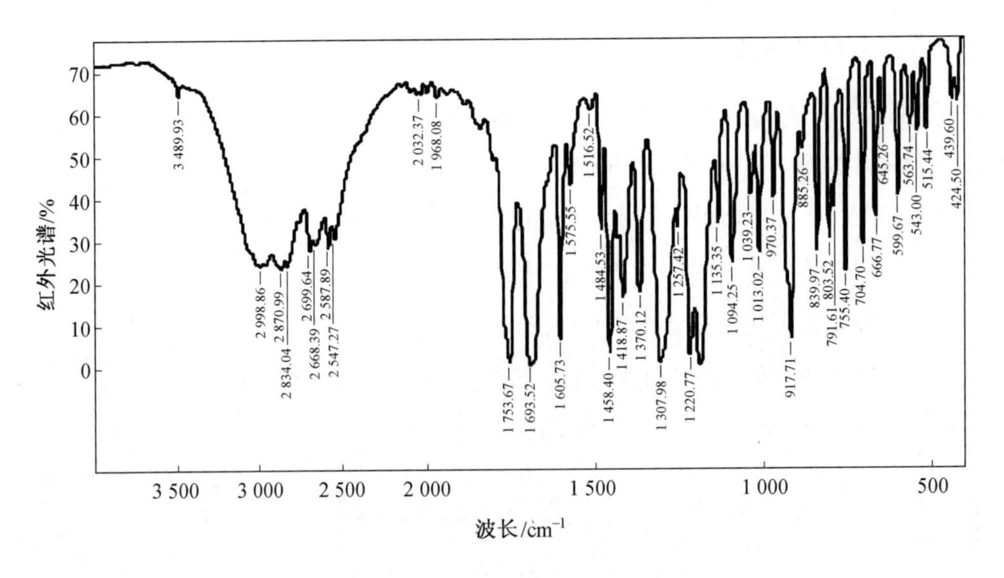

图 2.3　所得产物阿司匹林的红外光谱图

然后，再测定所得产物的核磁共振氢谱，如图 2.4 所示。

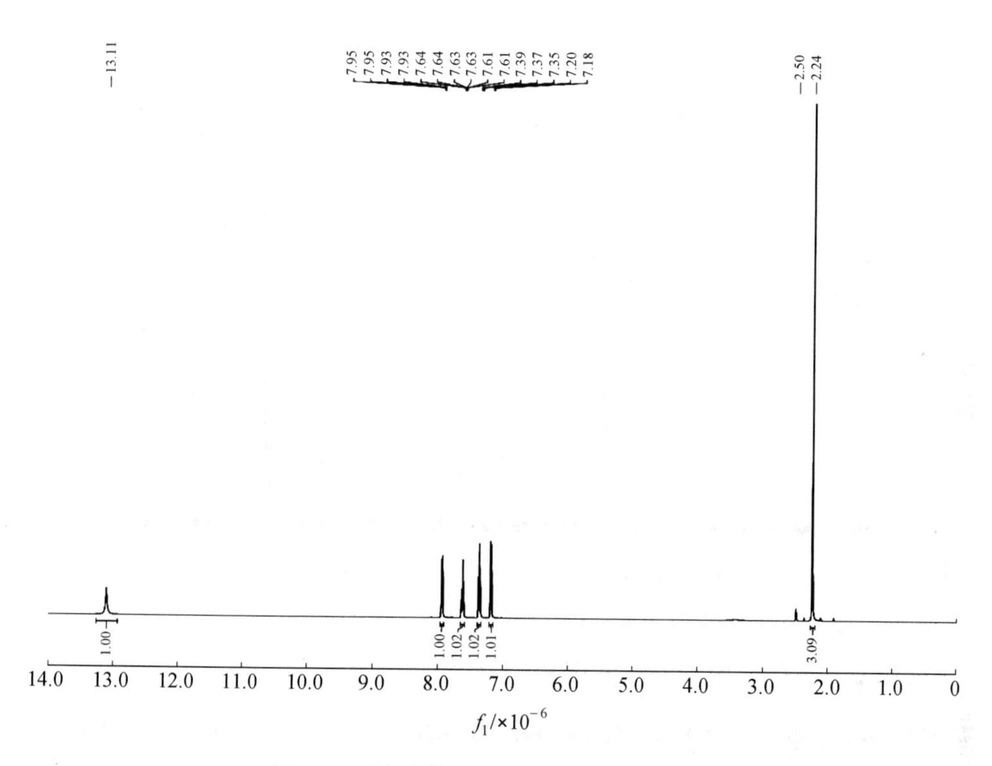

图 2.4　所得产物阿司匹林的核磁共振氢谱图

从图 2.4 可知，^{1}H NMR（400 MHz，DMSO-d_6，10^{-6}）δ：13.11（s，1H，COOH），7.94（d，J = 7.8 Hz，1H，Ph–H），7.63（d，J = 7.9 Hz，1H，Ph–H），7.37（t，J=7.5 Hz，1H，Ph–H），7.19（d，J = 8.0 Hz，1H，Ph–H），2.24（s，3H，CH_3）。

其中，13.11（s，1H）为羧基中氢原子的化学位移；7.94（d，J = 7.8 Hz，1H），7.63（d，J = 7.9 Hz，1H），7.37（t，J = 7.5 Hz，1H），7.19（d，J = 8.0 Hz，1H）为苯环上 4 个氢原子的化学位移；2.24（s，3H）为甲基上氢原子的化学位移。

最后，再测定所得产物的核磁共振碳谱，如图 2.5 所示。

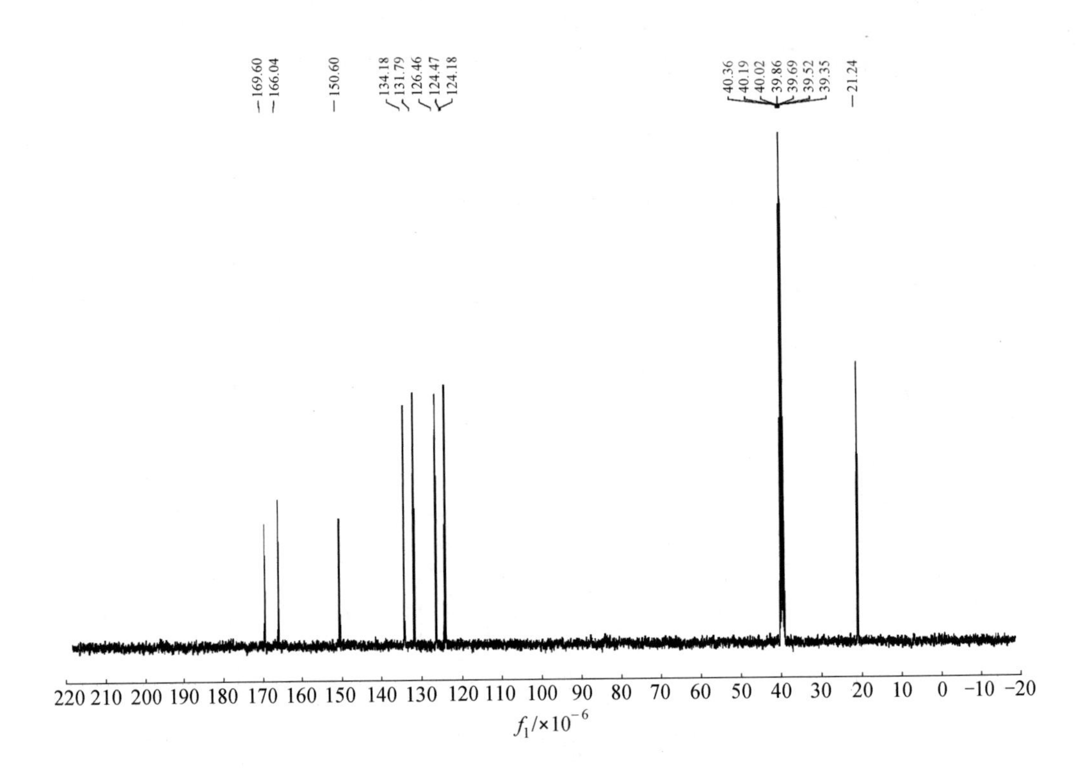

图 2.5　所得产物阿司匹林的核磁共振碳谱图

从图 2.5 可知，^{13}C NMR（126 MHz，DMSO-d_6，10^{-6}）δ：169.60（Ph-OCO），166.04（Ph−COOH），150.60（Ph−C），134.18（Ph−C），131.79（Ph−C），126.46（Ph−C），124.47（Ph−C），124.18（Ph−C），21.24（$-CH_3$）。

其中，169.60 为乙酰基中羰基碳原子的化学位移；166.04 为羧基中羰基碳原子的化学位移；21.24 为甲基中碳原子的化学位移；150.60、134.18、131.79、126.46、124.47、124.18 为苯环上碳原子的化学位移。

通过上述红外光谱、核磁共振氢谱和核磁共振碳谱的综合分析和鉴定可知，所得产物即为预期的目标化合物阿司匹林。

2. 阿司匹林合成的反应条件优化

（1）反应温度对阿司匹林产率的影响。

首先，在水杨酸（2.76 g，0.02 mol）、乙酸酐（5.10 g，0.05 mol）、低共熔溶剂

氯化胆碱-尿素（1.5 g）、反应时间为 40 min 的条件下，考查反应温度对阿司匹林合成的影响，试验结果见表 2.3。

表 2.3　反应温度对阿司匹林产率的影响

序号	温度/℃	收率/%
1	50	63
2	60	78
3	70	89
4	80	94
5	90	87
6	100	85

根据表 2.3 的试验数据绘制图 2.6，即为反应温度对阿司匹林产率的影响曲线图。

根据图 2.6 可知，随着反应温度的升高，阿司匹林的产率呈现先增大后减小的趋势。其原因可能是温度过低，催化剂的活性没有得到充分发挥；而温度过高，副反应增多，导致目标产物收率降低。因而，选择 80 ℃为最佳反应温度。

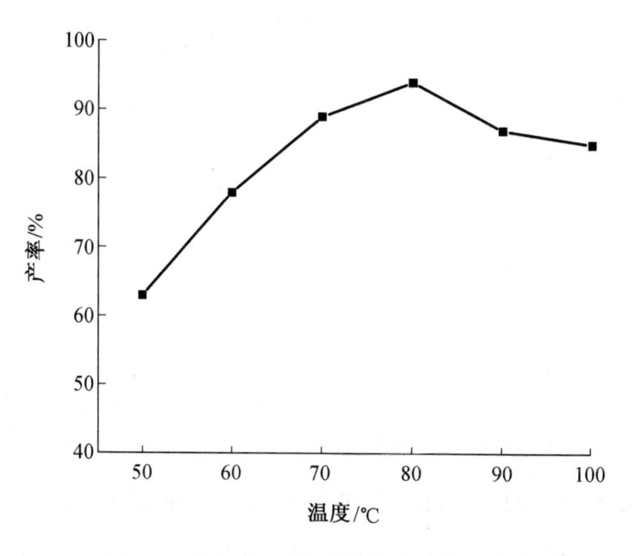

图 2.6　反应温度对阿司匹林产率的影响曲线图

（2）水杨酸与乙酸酐摩尔比对阿司匹林产率的影响。

在水杨酸（2.76 g，0.02 mol）、低共熔溶剂氯化胆碱-尿素（1.5 g）、反应时间为 40 min、反应温度为 80 ℃的条件下，分别加入不同摩尔量的乙酸酐，考查原料配比对阿司匹林合成的影响，试验结果见表 2.4。

表 2.4　水杨酸与乙酸酐摩尔比对阿司匹林产率的影响

序号	*n*（水杨酸）∶*n*（乙酸酐）	收率/%
1	1∶1.0	73
2	1∶1.5	84
3	1∶2.0	91
4	1∶2.5	94
5	1∶3.0	89
6	1∶3.5	86

根据表 2.4 的试验数据绘制图 2.7，即为反应物水杨酸与乙酸酐摩尔比对阿司匹林产率的影响曲线图。

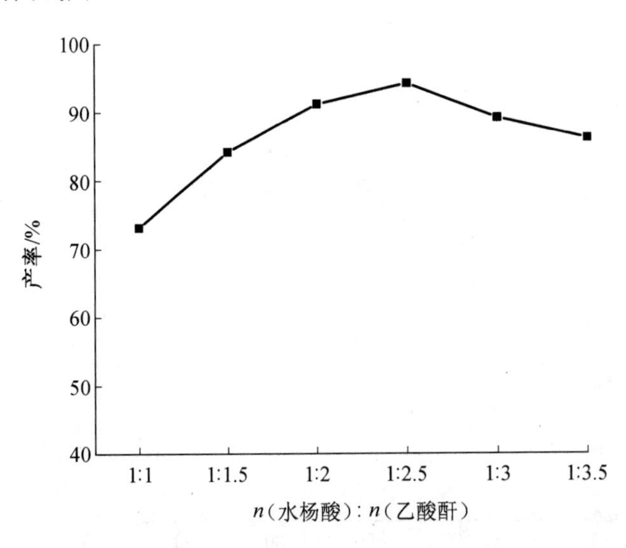

图 2.7　水杨酸与乙酸酐摩尔比对阿司匹林产率的影响曲线图

根据图 2.7 可知，随着水杨酸与乙酸酐摩尔比的增大，阿司匹林的产率逐渐提高；但当酸酐摩尔比超过 1∶2.5 时，收率有所下降。分析其原因，增加乙酸酐的用量有助于促进反应向正反应方向进行，然而用量过大则会稀释催化剂的浓度，造成反应速率减慢和产物收率降低。故而，水杨酸与乙酸酐的最佳摩尔比为 1∶2.5。

（3）反应时间对阿司匹林产率的影响。

在水杨酸（2.76 g，0.02 mol）、乙酸酐（5.10 g，0.05 mol）、低共熔溶剂氯化胆碱-尿素（1.5 g）、反应温度为 80 ℃的条件下，考查反应时间对阿司匹林合成的影响，试验结果见表 2.5。

表 2.5　反应时间对阿司匹林产率的影响

序号	时间/min	收率/%
1	20	71
2	30	85
3	40	94
4	50	88
5	60	83

根据表 2.5 的试验数据绘制图 2.8，即为反应时间对阿司匹林产率的影响曲线图。

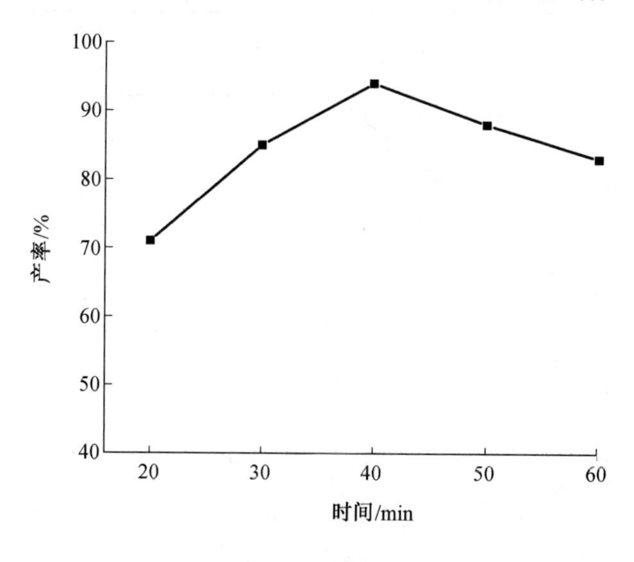

图 2.8　反应时间对阿司匹林产率的影响曲线图

根据图 2.8 可知，随着反应时间的延长，阿司匹林的产率相应增加；当反应时间为 40 min 时，产率达最高值。继续延长反应时间，产品收率开始下降，其原因可能是时间过长，副产物增多所致。所以，最佳反应时间为 40 min。

（4）低共熔溶剂氯化胆碱-尿素用量对阿司匹林产率的影响。

在水杨酸（2.76 g，0.02 mol）、乙酸酐（5.10 g，0.05 mol）、反应温度为 80 ℃、反应时间为 40 min 的条件下，考查低共熔溶剂氯化胆碱-尿素用量对阿司匹林合成的影响，试验结果见表 2.6。

根据表 2.6 的试验数据绘制图 2.9，即为低共熔溶剂氯化胆碱-尿素的用量对阿司匹林产率的影响曲线图。

表 2.6　氯化胆碱-尿素用量对阿司匹林产率的影响

序号	氯化胆碱-尿素用量/g	收率/%
1	0.5	68
2	1.0	81
3	1.5	94
4	2.0	93
5	2.5	93

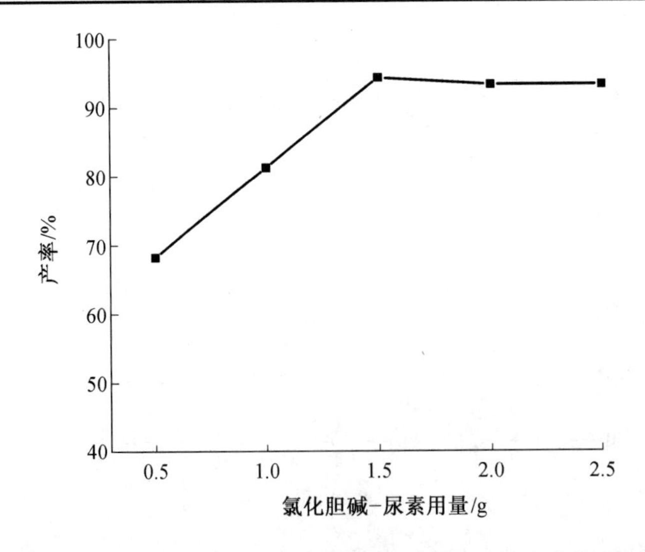

图 2.9　低共熔溶剂氯化胆碱-尿素用量对阿司匹林产率的影响曲线图

根据图 2.9 可知，随着低共熔溶剂氯化胆碱-尿素用量的增加，阿司匹林的产率逐渐升高并趋于稳定。因此，从经济成本角度考虑，选择低共熔溶剂氯化胆碱-尿素的最佳用量为 1.5 g。

3. 低共熔溶剂氯化胆碱-尿素的重复使用性

在水杨酸（2.76 g，0.02 mol）、乙酸酐（5.10 g，0.05 mol）、低共熔溶剂氯化胆碱-尿素（1.5 g）、反应温度为 80 ℃、反应时间为 40 min 的条件下，考查氯化胆碱-尿素的循环使用性能，试验结果见表 2.7。反应完成后，将含有低共熔溶剂的母液减压蒸馏除水，即可用于下一次试验。

表 2.7　低共熔溶剂氯化胆碱-尿素重复使用次数对阿司匹林产率的影响　　%

次数	收率
1	94
2	92
3	90
4	90
5	87

根据表 2.7 的试验数据而绘制图 2.10，即为低共熔溶剂氯化胆碱-尿素重复使用次数对阿司匹林产率的影响曲线图。

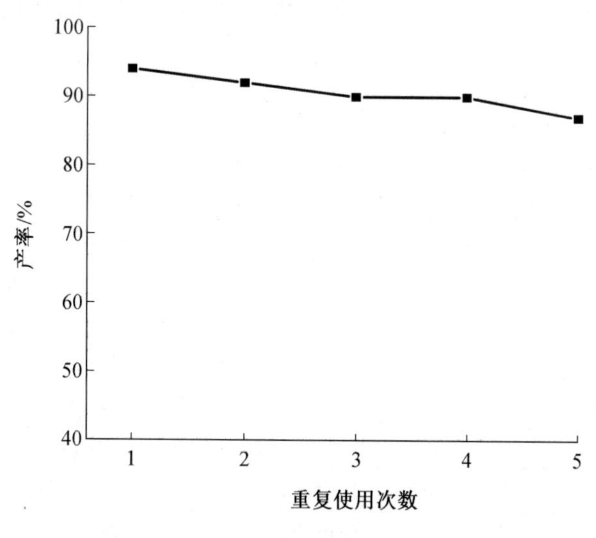

图 2.10　低共熔溶剂氯化胆碱-尿素重复使用次数对阿司匹林产率的影响曲线图

根据图 2.10 可知，低共熔溶剂氯化胆碱-尿素重复使用 5 次，阿司匹林的收率没有显著下降。

2.3 低共熔溶剂氯化胆碱-草酸中乙酰水杨酸的合成

2.3.1 试验部分

1. 试验仪器和试剂

本试验所用主要仪器的名称、型号和生产厂家见表 2.8。

表 2.8 试验主要仪器的名称、型号和生产厂家

仪器名称	仪器型号	生产厂家
分析天平	JA2003	上海舜宇恒平科学仪器有限公司
集热式恒温加热磁力搅拌器	DF-101D	巩义市予华仪器有限责任公司
电热恒温鼓风干燥箱	DHG-9146A	上海精宏试验设备有限公司
真空干燥箱	DZF-6020	巩义市予华仪器有限责任公司
旋转蒸发器	YRE-5299	巩义市予华仪器有限责任公司
循环水式真空泵	SHZ-D（Ⅲ）	巩义市予华仪器有限责任公司
显微熔点仪	SGWR X-4B	上海仪电物理光学仪器有限公司
核磁共振仪	AVANCE	瑞士 Bruker 公司
红外光谱仪	Nicolet 6700	美国赛默飞世尔科技公司

本试验所用主要试剂的名称、纯度和生产厂家见表 2.9。

表 2.9 试验主要试剂的名称、纯度和生产厂家

试剂名称	试剂纯度	生产厂家
氯化胆碱	分析纯	上海国药集团化学试剂有限公司
草酸	分析纯	上海国药集团化学试剂有限公司
水杨酸	分析纯	上海国药集团化学试剂有限公司
乙酸酐	分析纯	上海国药集团化学试剂有限公司
碳酸氢钠	分析纯	天津市科密欧化学试剂有限公司
盐酸	分析纯	开封东大化工有限公司

2. 低共熔溶剂氯化胆碱-草酸的制备

在 100 mL 单口烧瓶中加入 14.0 g 氯化胆碱（0.1 mol）和 9.0 g 草酸（0.1 mol），80 ℃磁力搅拌反应 30 min。反应完成后，待反应体系冷却至室温，真空干燥，即可得无色透明的低共熔溶剂氯化胆碱-草酸，收率为 100%。

3. 低共熔溶剂氯化胆碱-草酸催化合成乙酰水杨酸

在 100 mL 单口烧瓶中加入 2.76 g 水杨酸（0.02 mol）、5.10 g 乙酸酐（0.05 mol）和 1.2 g 低共熔溶剂氯化胆碱-草酸，75 ℃磁力搅拌反应 40 min。反应结束后，将反应体系冷却到室温，加入蒸馏水并置于冰水浴中冷却，直至白色结晶完全析出，抽滤，可得粗产物；母液中的低共熔溶剂经减压蒸馏除水后可回收使用；将粗产物溶于饱和碳酸氢钠溶液，充分搅拌并抽滤，向滤液中加入稀盐酸中和，冰水浴冷却并抽滤，再经乙醇-水混合溶剂重结晶，真空干燥，即可得 3.35 g 白色针状晶体的乙酰水杨酸纯品，收率为 93%。

其反应方程式如图 2.11 所示。

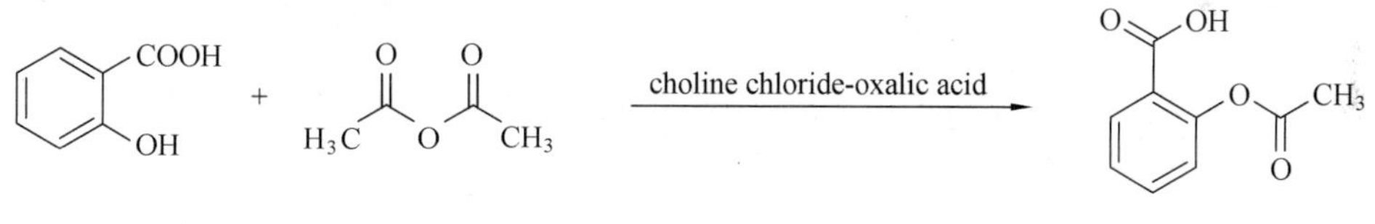

COOH
OH
+
O O
H_3C O CH_3
choline chloride-oxalic acid
O OH
O CH_3
O

图 2.11　低共熔溶剂氯化胆碱-草酸中乙酰水杨酸的合成

2. 3. 2　结果与讨论

1. 乙酰水杨酸合成的反应条件优化

（1）反应温度对乙酰水杨酸产率的影响。

首先，取 2.76 g 水杨酸（0.02 mol）、5.10 g 乙酸酐（0.05 mol）和 1.2 g 低共熔溶剂氯化胆碱-草酸，在不同温度下磁力搅拌反应 40 min，考查反应温度对乙酰水杨酸产率的影响，试验结果见表 2.10。

表 2.10　反应温度对乙酰水杨酸产率的影响

序号	温度/℃	收率/%
1	60	68
2	65	79
3	70	87
4	75	93
5	80	86
6	85	81

根据表 2.10 的试验数据绘制图 2.12，即为反应温度对乙酰水杨酸产率的影响曲线图。

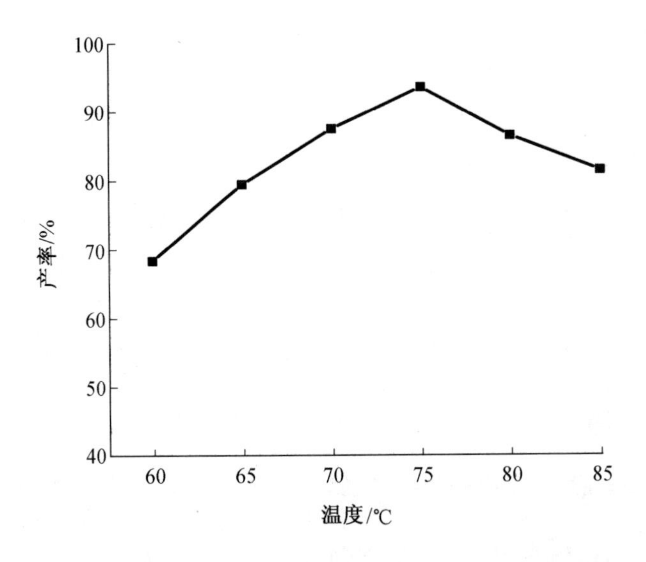

图 2.12　反应温度对乙酰水杨酸产率的影响曲线图

由图 2.12 可知，随着反应温度的升高，乙酰水杨酸的产率呈现先升高后降低的趋势。这可能是由于温度较低，催化剂的活性不能得到充分发挥；而温度过高，副产物增加所致。故而，选择最佳反应温度为 75 ℃。

（2）水杨酸与乙酸酐摩尔比对乙酰水杨酸产率的影响。

取 2.76 g 水杨酸（0.02 mol）和 1.2 g 低共熔溶剂氯化胆碱-草酸，分别加入不同摩尔比的乙酸酐，在 75 ℃磁力搅拌反应 40 min，考查酸酐摩尔比对乙酰水杨酸产率的影响，试验结果见表 2.11。

表 2.11　水杨酸与乙酸酐摩尔比对乙酰水杨酸产率的影响

序号	*n*（水杨酸）∶*n*（乙酸酐）	收率/%
1	1∶1.0	65
2	1∶1.5	76
3	1∶2.0	88
4	1∶2.5	93
5	1∶3.0	87
6	1∶3.5	82

根据表 2.11 的试验数据绘制图 2.13，即为水杨酸与乙酸酐摩尔比对乙酰水杨酸产率的影响曲线图。

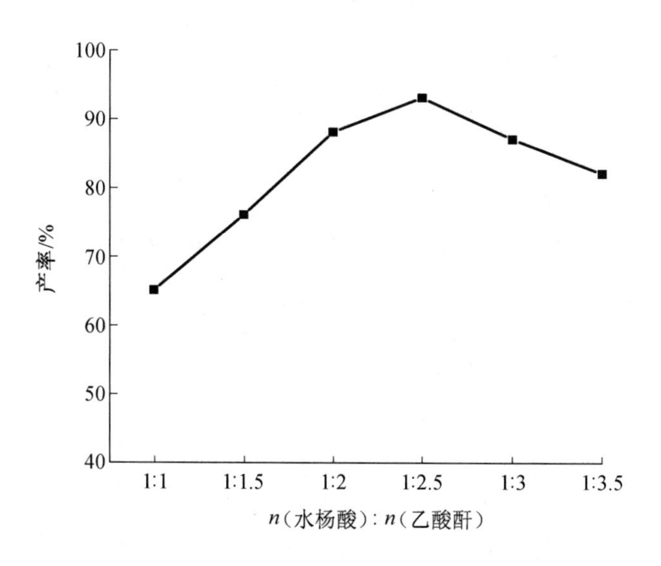

图 2.13　水杨酸与乙酸酐摩尔比对乙酰水杨酸产率的影响曲线图

由图 2.13 可知，随着乙酸酐用量的增大，乙酰水杨酸的产率随之增加；当原料配比为 1∶2.5 时，产率达到最大值。此后，继续增加乙酸酐用量，则产品收率呈下降趋势，其原因可能是因自身酸催化分解消耗一部分催化剂而影响酰化反应的催化效果。因而，酸酐摩尔比以 1∶2.5 为宜。

（3）反应时间对乙酰水杨酸产率的影响。

取 2.76 g 水杨酸（0.02 mol）、5.10 g 乙酸酐（0.05 mol）和 1.2 g 低共熔溶剂氯化胆碱-草酸，控制反应温度为 75 ℃，考查反应时间对乙酰水杨酸产率的影响，试验结果见表 2.12。

表 2.12　反应时间对乙酰水杨酸产率的影响

序号	时间/min	收率/%
1	20	69
2	30	84
3	40	93
4	50	88
5	60	83

根据表 2.12 的试验数据绘制图 2.14，即为反应时间对乙酰水杨酸产率的影响曲线图。

由图 2.14 可知，随着反应时间的延长，乙酰水杨酸的产率相应增大；但当反应时间超过 40 min 时，产率反而减小。分析其原因，可能是时间过长，副反应物增多而导致产品收率降低。所以，最佳反应时间为 40 min。

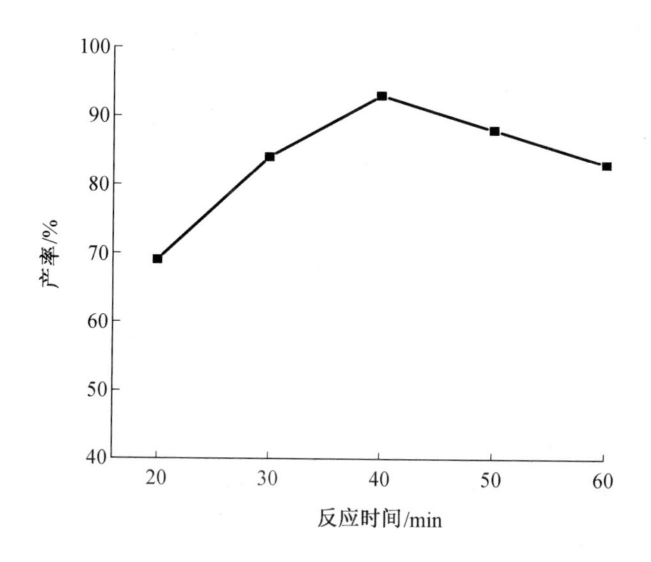

图 2.14　反应时间对乙酰水杨酸产率的影响曲线图

（4）低共熔溶剂氯化胆碱-草酸用量对乙酰水杨酸产率的影响。

取 2.76 g 水杨酸（0.02 mol）和 5.10 g 乙酸酐（0.05 mol），改变氯化胆碱-草酸用量，在 75 ℃磁力搅拌反应 40 min，考查低共熔溶剂用量对乙酰水杨酸产率的影响，试验结果见表 2.13。

表 2.13　低共熔溶剂氯化胆碱-草酸用量对乙酰水杨酸产率的影响

序号	氯化胆碱-草酸用量/g	收率/%
1	0.5	67
2	0.8	78
3	1.0	89
4	1.2	93
5	1.5	85
6	1.8	80

根据表 2.13 的试验数据绘制图 2.15，即为低共熔溶剂氯化胆碱-草酸的用量对乙酰水杨酸产率的影响曲线图。

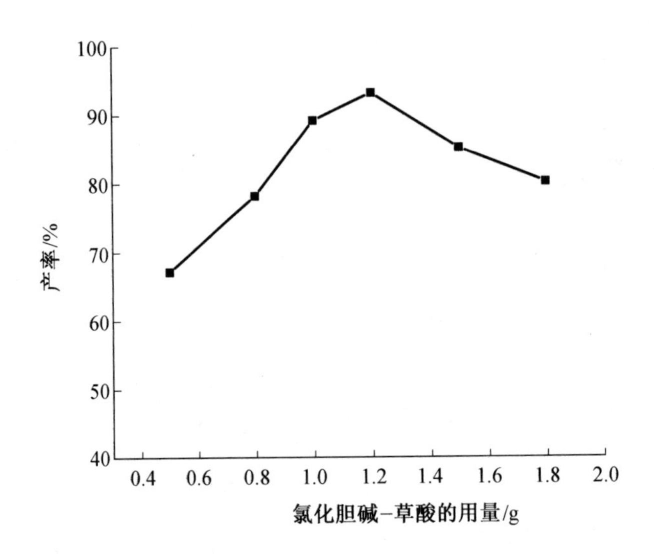

图 2.15　低共熔溶剂氯化胆碱-草酸用量对乙酰水杨酸产率的影响曲线图

由图 2.15 可知，随着低共熔溶剂氯化胆碱-草酸用量的增加，乙酰水杨酸的产率逐渐升高；但当超过一定量后，产物收率有所降低，这可能是草酸参与反应造成的。因此，低共熔溶剂氯化胆碱-草酸的用量选择 1.2 g 较为适宜。

2. 低共熔溶剂氯化胆碱-草酸的重复使用性

取 2.76 g 水杨酸（0.02 mol）、5.10 g 乙酸酐（0.05 mol）和 1.2 g 低共熔溶剂氯化胆碱-草酸，在 75 ℃磁力搅拌反应 40 min，考查低共熔溶剂循环使用次数对乙酰水杨酸产率的影响，试验结果见表 2.14。反应结束后，将含有氯化胆碱-草酸的母液减压蒸馏除水，便可用于回收使用试验。

表 2.14　低共熔溶剂氯化胆碱-草酸重复使用次数对乙酰水杨酸产率的影响　%

次数	收率
1	93
2	91
3	90
4	90
5	88

根据表 2.14 的试验数据绘制图 2.16，即为低共熔溶剂氯化胆碱-草酸重复使用次数对乙酰水杨酸产率的影响曲线图。

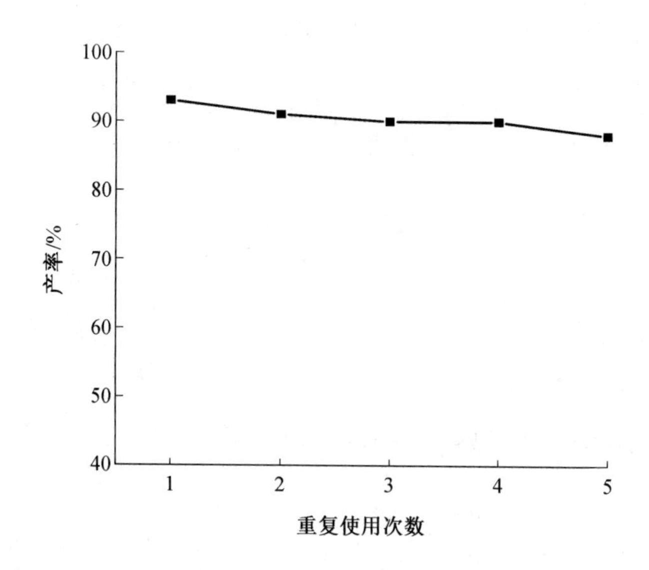

图 2.16　低共熔溶剂氯化胆碱-草酸重复使用次数对乙酰水杨酸产率的影响曲线图

由图 2.16 可知，低共熔溶剂氯化胆碱-草酸至少可回收使用 5 次，乙酰水杨酸的收率没有明显下降。

2.4 本章小结

（1）在反应温度为 80 ℃、酸酐摩尔比为 1∶2.5、反应时间为 40 min、低共熔溶剂氯化胆碱-尿素用量为 1.5 g 时，阿司匹林的收率可达 94%。低共熔溶剂氯化胆碱-尿素的原料价廉易得、制备方法简便、低毒且易生物降解，对环境友好并能循环利用，是一种安全、有效的反应介质和催化剂，符合绿色化工和清洁生产的发展要求，有良好的经济、社会和环境效益，为阿司匹林工业生产的绿色化提供了一种新思路。

（2）在反应温度为 75 ℃、酸酐摩尔比为 1∶2.5、反应时间 40 为 min、低共熔溶剂氯化胆碱-草酸用量 1.2 g 时，水杨酸和乙酸酐通过 *O*-酰化反应以 93%的收率合成乙酰水杨酸。该方法反应条件温和、对环境友好，催化剂易分离和回收利用，符合绿色化学的发展理念，具有重要的应用价值和广阔的发展前景。

本章参考文献

[1] 黄东芳, 赵子彦. 阿司匹林在高血压中的应用进展[J]. 山东医药, 2008, 48(13): 116-117.

[2] 陈观玲, 刘民锋, 叶长生. 阿司匹林在乳腺癌防治中应用研究进展[J]. 中华肿瘤防治杂志, 2016, 23(22): 1522-1526.

[3] 王云鹏, 庄梅. 阿司匹林临床应用的新进展[J]. 临床合理用药杂志, 2019, 12(2): 176-178.

[4] 张宝华, 史兰香, 牟微, 等. 阿司匹林制备研究进展[J]. 河北工业科技, 2008, 25(2): 119-121.

[5] 文瑞明, 刘长辉, 游沛清, 等. 阿司匹林合成的研究进展[J]. 长沙大学学报, 2009, 23(5): 30-33.

[6] 周卫国, 戎姗姗, 莫清, 等. 阿司匹林合成催化剂研究进展[J]. 化工生产与技术, 2009, 16(6): 40-43, 49.

[7] 肖鹏，王占军，杨悦，等．阿司匹林合成催化剂研究进展[J]．当代化工，2011, 40(6): 574-576, 596.

[8] 李慧敏，董丽．阿司匹林的合成工艺研究进展[J]．中国石油和化工标准与质量, 2012, 33(15): 37.

[9] 郭有钢，刘伟伟，贺国超，等．合成阿司匹林的催化剂研究进展[J]．广东化工, 2014, 41(20):83-84.

[10] 俞晓玉，高娃，刘晓非．阿司匹林合成研究进展[J]．呼伦贝尔学院学报，2016, 24(6): 82-84, 77.

[11] 屠化．阿司匹林的合成及其研究进展[J]．中国战略新兴产业，2017(36): 124, 126.

[12] 谢文娜．酸催化合成阿司匹林的研究进展[J]．化工设计通讯，2018, 44(10): 196-197.

[13] 谢文娜．碱催化合成阿司匹林的研究进展[J]．化工管理, 2018(31): 184-185.

[14] 谢文娜，裘兰兰．阿司匹林的合成综述[J]．化工管理, 2018(27): 16-17.

[15] 李小东，巨婷婷，宗菲菲，等．乙酰水杨酸合成研究进展[J]．广州化工，2019, 47(15): 21-22, 51.

[16] 何帅，姚梦雨，王浩，等．阿斯匹林的合成工艺研究进展 [J]．山东化工，2019, 48(19): 88-89, 95.

[17] 崔文娟．合成阿司匹林的催化方法综述[J]．化学与粘合，2021, 43(5): 385-387, 395.

[18] 周升辉，亢守亭．不同催化剂对阿司匹林的合成影响[J]．山东化工, 2021, 50(5): 37-38.

[19] 王福生，古昆，曹槐．乙酰水杨酸合成条件的改进[J]．云南民族学院学报(自然科学版), 2003, 12(3): 182-183.

[20] 安琳，刘毅，张晓英．微波辐射条件下乙酰水杨酸的快速合成[J]．徐州医学院学报, 2008, 28(11): 708-710.

[21] 孙俊芹, 王景慧. 用硅胶作吸水剂合成阿司匹林的研究[J]. 河北化工, 2009, 32(2): 4-6.

[22] 曾琦斐. 乙酰水杨酸微型化合成试验研究[J]. 应用化工, 2011, 40(1): 121-123, 127.

[23] 耿涛, 蔡红, 蔡艳飞. 乙酰水杨酸的制备[J]. 光谱实验室, 2012, 29(2): 1102-1105.

[24] 谭伟, 杜志云, 卢宇靖, 等. 阿司匹林合成试验改进[J]. 广东化工, 2012, 39(1): 8, 158.

[25] 吴文婷, 刘蕊蕊, 李坤, 等. 乙酰氯合成阿司匹林工艺研究[J]. 山东化工, 2013, 42(7): 5-7.

[26] 寇亮, 海竣超, 李璐. 正交试验优化乙酰水杨酸合成工艺[J]. 西北民族大学学报(自然科学版), 2015, 36(3): 8-11.

[27] 肖东彩, 赵艳敏. 微波辅助 H_2SO_4/AC 催化合成乙酰水杨酸的研究[J]. 广州化工, 2022, 50(20),71-74.

[28] 刘丽新, 张首才, 杨文琴, 等. 阿斯匹林的合成及表征[J]. 松辽学刊(自然科学版), 1992(3): 58-59.

[29] 李敏, 吕瑜平, 陈业高, 等. 阿斯匹林的微型制备方法研究[J]. 云南师范大学学报(自然科学版), 2002, 22(4): 40-41.

[30] 蓝虹云, 黄道战. 阿斯匹林制备试验的改进[J]. 广西民族学院学报(自然科学版), 2003, 9(3): 43-44.

[31] 孙洁, 徐田芹. 制备乙酰水杨酸试验方法的改进[J]. 临沂医学专科学校学报, 2004, 26(3): 204.

[32] 叶晓镭, 韩彬. 阿司匹林制备试验的改进和充实[J]. 试验科学与技术, 2004(4): 100-101.

[33] 张彩华, 张晓萍. 乙酰水杨酸(阿斯匹林)的制备[J]. 萍乡高等专科学校学报, 2006(6): 67-68.

[34] 侯德顺, 钟红梅. 阿司匹林的制备研究[J]. 辽宁化工, 2009, 38(8): 516-517, 526.

[35] 黄志军. 不同催化剂合成乙酰水杨酸比较研究[J]. 九江学院学报(自然科学版), 2010, 25(4): 25-26.

[36] 李蕊. 阿司匹林合成工艺研究[J]. 山东化工, 2017, 46(17): 49-50.

[37] 陈铭祥, 刘东, 郑明彬, 等. 阿司匹林合成试验半微量化的研究[J]. 广州化工, 2021, 49(12): 166-168.

[38] 吕亚娟, 白林. 微波辐射快速合成乙酰水杨酸[J]. 甘肃高师学报, 2002, 7(5): 29-31.

[39] 安从俊, 徐帅, 刘东. 微波合成乙酰水杨酸及其反应动力学分析[J]. 化学与生物工程, 2014, 31(11): 45-48.

[40] 冉旗, 许益堃, 林成, 等. 乙酰水杨酸的制备探索[J]. 教育教学论坛, 2015(51): 248-249.

[41] 韩长日. 多聚磷酸催化合成阿斯匹林[J]. 化学通报, 1989(12): 30-32.

[42] 李继忠. 对甲苯磺酸催化合成乙酰水杨酸的研究[J]. 化学世界, 2005, 6: 365-366.

[43] 冯艳辉, 王清斌. 对甲苯磺酸催化合成乙酰水杨酸的研究[J]. 齐齐哈尔大学学报, 2006, 22(2): 29-30.

[44] 王立中, 卞小琴. 对甲苯磺酸催化微波合成乙酰水杨酸的研究[J]. 天津化工, 2008, 22(1): 50-51.

[45] 李娅生, 刘大勇, 王九, 等. 合成乙酰水杨酸的反应条件的探讨[J]. 广东化工, 2012, 39(7): 50-51.

[46] 何凯君, 吴叶群, 张泽蓉, 等. 超声辅助对甲苯磺酸催化合成阿司匹林的研究[J]. 当代化工, 2021, 50(11): 2580-2583.

[47] 隆金桥, 周秀龙, 黄阿琨. 草酸催化合成阿司匹林的研究[J]. 百色学院学报, 2007, 20(6): 76-78.

[48] 黄飞, 屈飞强, 任晓琼, 等. 乙酰水杨酸催化合成条件的研究[J]. 长江大学学报

(自科版), 2014, 11(28): 20-23, 3.

[49] 付映林, 张晖, 苗昱辰. 草酸催化对阿司匹林合成的影响[J]. 广东化工, 2020, 47(5): 58, 77.

[50] 常帅, 冯伟, 邢宏娜, 等. 阿司匹林的合成及表征[J]. 山东化工, 2022, 51(6): 50-53, 57.

[51] 杨树. 氨基磺酸催化合成乙酰水杨酸的研究[J]. 昆明师范高等专科学校学报, 2007, 29(4): 108-109.

[52] 李继忠, 王俊梅, 田曼. 氨基磺酸催化合成乙酰水杨酸的研究[J]. 工业催化, 2008, 16(11): 61-63.

[53] 张玉全, 雷蕊霞. 超声辐射氨基磺酸催化合成乙酰水杨酸的研究[J]. 陇东学院学报, 2009, 20(5): 31-32.

[54] 周秀龙. 阿司匹林催化合成研究[J]. 贵州化工, 2008, 33(4): 18-19.

[55] 隆金桥, 凌绍明. 柠檬酸催化合成阿司匹林[J]. 云南化工, 2008, 35(5): 20-22.

[56] 黄飞. 乙酰水杨酸催化合成条件的研究[J]. 黄山学院学报, 2013, 15(5): 46-49.

[57] 李玉文, 王骏. 三氟甲磺酸催化合成阿司匹林[J]. 应用化工, 2013, 42(4): 610-612.

[58] 蔡磊, 刘万毅. 对甲苯磺酸铝催化合成乙酰水杨酸的研究[J]. 广州化工, 2013, 41(11): 7-9.

[59] 秦开成. 三氯乙酸催化合成乙酰水杨酸[J]. 广东化工, 2013, 40(13): 88-89.

[60] 高海霞, 韩波, 任华华. *L*-组氨酸催化合成乙酰水杨酸的研究[J]. 延安大学学报(自然科学版), 2013, 32(4): 67-68, 72.

[61] 赵卫星. 对氨基苯磺酸催化合成阿司匹林[J]. 当代化工, 2013, 42(12): 1630-1631, 1635.

[62] 张欢, 王俏. 乙酰水杨酸合成工艺研究[J]. 化学与黏合, 2014, 36(1): 72-74.

[63] 郭召美, 朱春香, 陈法铭, 等. 酒石酸钠钾为催化剂合成阿司匹林的研究[J]. 科技创新与应用, 2014(25): 54.

[64] 郝红英, 尚磊, 陈超鹏. 羟乙基磺酸钠催化微波合成乙酰水杨酸的研究[J]. 广东化工, 2014, 41(18): 62-63, 74.

[65] 高继往, 赵大伟. 甘氨酸催化合成阿司匹林的工艺研究[J]. 内江科技, 2022, 43(6): 46-47, 62.

[66] 钟国清. 微波辐射快速合成乙酰水杨酸[J]. 四川化工与腐蚀控制, 2002(5): 11-12.

[67] 钟国清. 微波辐射快速合成乙酰水杨酸[J]. 合成化学, 2003, 11(2): 160-162.

[68] 李秋荣, 高志辉, 佟琦. 微波合成阿司匹林的工艺研究[J]. 化工中间体, 2004, (5): 41-44.

[69] 唐宝华, 肖凤娟, 张筠. 碳酸钠催化微波合成阿司匹林的方法探索[J]. 河北化工, 2006, 29(6): 24-25.

[70] 王桂艳, 杨兆柱, 柴佳丽. 超声波辐射合成乙酰水杨酸[J]. 黑龙江医药科学, 2010, 33(3): 83-84.

[71] 郝红英, 侯巧芝, 周芳, 等. Na_2CO_3 催化微波合成乙酰水杨酸的研究[J]. 安徽农业科学, 2013, 41(28): 11251-11252.

[72] 黄飞. 正交试验法催化合成阿司匹林条件的研究[J]. 重庆工商大学学报(自然科学版), 2014, 31(12): 92-96.

[73] 补朝阳. 碳酸钠催化合成阿司匹林[J]. 化学研究, 2016, 27(6): 714-716.

[74] 李婷婷, 蔡小华, 符仁俊. 阿司匹林高效合成试验及控制条件研究：以碱作为催化剂[J]. 广东化工, 2017, 44(11): 30-31.

[75] 韩晓光, 周迎春. 解热镇痛药阿司匹林的制备研究[J]. 安徽化工, 2017, 43(6): 54-55.

[76] 宋小平, 郭保礼, 杨全明. 固体碳酸钠催化合成阿斯匹林[J]. 精细石油化工, 1992(3): 46-49.

[77] 常慧, 杨建男. 微波辐射快速合成阿斯匹林[J]. 化学试剂, 2000, 22(5): 313.

[78] 杨廷贤, 黎厚斌, 蒋素芳, 等. 乙酰水杨酸合成的微型化设计与实践[J]. 内蒙古

民族大学学报(自然科学版), 2003(5): 405-406.
[79] 王维, 欧阳涵. 不同催化方法制备乙酰水杨酸的综合探究[J]. 中国食品工业, 2021(14): 76-77.
[80] 农容丰, 农克良, 蒋海潮, 等. 微波法合成乙酰水杨酸[J]. 南宁师范高等专科学校学报, 2004, 21(2): 90-93.
[81] 林沛和, 李承范. 乙酸钠催化合成阿司匹林[J]. 河北化工, 2006, 29(4): 19-20.
[82] 冉晓燕. 微波辐射快速合成阿司匹林[J]. 贵州教育学院学报(自然科学), 2006 (4): 48-49, 79.
[83] 袁叶, 乐亮, 陈桂. 超声辅助醋酸钠催化合成阿司匹林工艺研究[J]. 广州化工, 2015, 43(1): 73-75, 90
[84] 任申勇, 郭巧霞, 申宝剑. 阿司匹林合成试验中反应条件的影响研究[J]. 广东化工, 2020, 47(11): 4-5.
[85] 黄飞, 张哲, 孙玉鹏, 等. 正交试验法催化合成乙酰水杨酸条件的研究[J]. 黑龙江八一农垦大学学报, 2014, 26(6): 81-83, 92.
[86] 张国升, 张懋森. 以固体氢氧化钾为催化剂制备乙酰水杨酸[J]. 化学试剂, 1986, 8(4): 245-246.
[87] 李西安, 李丕高, 贺宝宝, 等. 微波辐射催化合成乙酰水杨酸[J]. 延安大学学报(自然科学版), 2005, 24(3): 49-50, 85.
[88] 郝红英, 吴建丽, 周芳, 等. $NaHCO_3$ 催化微波合成乙酰水杨酸[J]. 安徽农业科学, 2013, 41(19): 8261-8262.
[89] 田旭, 林沛和. 苯甲酸钠催化合成乙酰水杨酸的研究[J]. 延边大学学报(自然科学版), 2006, 32(3): 184-186.
[90] 郝红英, 侯巧芝, 肖培杰, 等. 苯甲酸钠微波催化合成乙酰水杨酸的研究[J]. 安徽农业科学, 2014, 42(22): 7441-7442, 7472.
[91] 吴汉福. 碳酸钾催化合成阿司匹林的研究[J]. 六盘水师范高等专科学校学报, 2009, 21(3): 22-23.

[92] 史兵方, 吴启琳, 包晓红, 等. 超声辐射固体氢氧化钠催化合成阿司匹林的研究[J]. 应用化工, 2010, 39(2): 230-232.

[93] 陈盛余, 蓝姣玉, 赵丹丹, 等. 二氧化硅负载硫酸氢钠催化合成乙酰水杨酸[J]. 大众科技, 2015, 17(11): 42-43.

[94] 林沛和. 吡啶催化合成乙酰水杨酸的研究[J]. 化工中间体, 2006(9): 18-19, 25.

[95] 张乃武, 戴明哲, 杨华. 正交试验在阿司匹林合成中的应用[J]. 牡丹江师范学院学报(自然科学版), 2003(4): 24-25.

[96] 徐翠莲, 陈伟, 宛新生, 等. 六氢吡啶催化合成乙酰水杨酸的研究[J]. 河南科学, 2008(12): 1471-1473.

[97] 赵士举, 金秋, 苏惠, 等. 微波辐射六氢吡啶催化快速合成乙酰水杨酸的研究[J]. 应用科技, 2010, 37(1): 53-56.

[98] 郑广进, 龙盛京. 尿素催化合成乙酰水杨酸[J]. 工业催化, 2010, 18(6): 48-50.

[99] 管晓渝, 李尔康, 刘章琴, 等. 三乙胺催化微波法合成乙酰水杨酸试验研究[J]. 西南师范大学学报(自然科学版), 2017, 42(11): 184-187.

[100] 肖新荣, 刘传湘, 汪敏, 等. 硫酸氢钠催化合成阿司匹林的研究[J]. 精细化工中间体, 2002(6): 42-43, 60.

[101] 翁文, 林德娟, 尤秀丽, 等. 硫酸氢钠催化合成阿司匹林[J]. 应用化工, 2003, 32(2): 15-16.

[102] 杨新斌, 钟国清, 曾仁权. 微波辐射合成乙酰水杨酸的研究[J]. 精细石油化工, 2003(4): 17-19.

[103] 李玉贤, 陈正波, 赵银波. 阿司匹林合成试验的优化整合[J]. 中国医药指南, 2011, 9(15): 217-218.

[104] 杜娜. 阿司匹林的催化合成研究[J]. 石家庄职业技术学院学报, 2003, 15(6): 5-6, 38.

[105] 赵志雄. 乙酰水杨酸的合成试验催化剂的选择探讨[J]. 化工时刊, 2011, 25(2): 27-29.

[106] 丁健桦, 郝丽, 乐长高, 等. 阿司匹林的合成条件研究[J]. 东华理工学院学报, 2005, 28(1): 76-78.

[107] 王海南, 易茂全. 微波辐射催化合成乙酰水杨酸[J]. 化学与生物工程, 2005 (11): 31-32.

[108] 胡晓川. 活性炭固载 $AlCl_3$ 合成阿司匹林[J]. 杭州化工, 2007, 37(1): 30-34.

[109] 王龙德, 崔鹏. 微波法合成阿司匹林[J]. 辽宁化工, 2009, 38(9): 623-625, 635.

[110] 赵碧和. 乙酰水杨酸的合成及应用[J]. 民营科技, 2012(9): 252.

[111] 张武, 李红喜, 顾巍, 等. 三氯稀土催化合成乙酰水杨酸[J]. 化学世界, 2002, 8: 422-423.

[112] 赵仑, 唐栋, 王晓菊, 等. 稀土氯化物催化合成乙酰水杨酸[J]. 长春师范学院学报(自然科学版), 2008(12): 46-48.

[113] 乔永锋, 夏丽娟, 高妹. 乙酰水杨酸合成方法改进[J]. 云南民族大学学报(自然科学版), 2008, 17(3): 244-245.

[114] 张龙贵, 曾胜强, 丁婷, 等. 微波合成阿司匹林的研究[J]. 精细化工中间体, 2009, 39(5): 44-46.

[115] 储春霞.乙酰水杨酸合成条件的改进[J].化工管理, 2014(2): 160.

[116] 方小牛, 吴泽河, 王斌辉, 等. KF/Al_2O_3 催化合成阿斯匹林[J]. 井冈山师范学院学报, 2000, 21(5): 6-7.

[117] 隆金桥, 黄小翠, 农慧怡, 等. 磷酸二氢钠催化合成阿司匹林[J]. 广西右江民族师专学报, 2005, 18(3): 45-46.

[118] 钟路平. 硫酸氢钾催化合成乙酰水杨酸的研究[J]. 井冈山学院学报(自然科学版), 2006, 27(5): 56-57.

[119] 李家贵, 韦庆敏, 朱万仁. 微波辐射合成乙酰水杨酸的研究[J]. 玉林师范学院学报(自然科学版), 2007, 28(3): 35-38.

[120] 孔祥平. 磷酸二氢钾催化合成阿司匹林的研究[J]. 应用化工, 2009, 38(8): 1187-1190, 1193.

[121] 徐春曼, 杨显菊, 饶斯佳, 等. 活性炭固载 $SnCl_4 \cdot 5H_2O$ 催化合成阿司匹林[J]. 应用化工, 2010, 39(5): 693-696.

[122] 王彩霞, 徐翠莲, 樊素芳, 等. 微波辐射合成阿司匹林的研究[J]. 河南科学, 2010, 28(11): 396-397.

[123] 李远军, 陈丽. 乙酰水杨酸合成方法改进[J]. 西昌学院学报(自然科学版), 2010, 24(4): 38-41.

[124] 曾小君, 陈奠宇, 杨高文, 等. 微波辐射明矾催化合成阿司匹林的研究[J]. 试验科学与技术, 2014, 12(5): 28-30, 44.

[125] 熊知行, 赵承光. 强酸树脂环境友好催化合成阿司匹林[J]. 宜春学院学报, 2007, 29(4): 13-14.

[126] 刘小玲. 超声波辅助强酸性阳离子交换树脂催化合成乙酰水杨酸的研究[J]. 应用化工, 2010, 39(7): 1045-1047.

[127] 赵志刚, 谢志融, 陈靠山. 强酸性阳离子交换树脂催化合成乙酰水杨酸的研究[J]. 皖南医学院学报, 2012, 31(4): 277-279.

[128] 向柏霖, 池强, 李维, 等. 超声辅助 $AlCl_3$ 改性阳离子交换树脂催化合成乙酰水杨酸[J]. 现代化工, 2018, 38(5): 119-123.

[129] 刘鸿, 黄华. 微波辐射分子筛催化合成乙酰水杨酸的研究[J]. 精细化工中间体, 2007, (4):27-28, 55.

[130] 张康华, 徐庆荣, 曹小华, 等. 脱铝改性 Y 分子筛催化清洁合成乙酰水杨酸[J]. 信阳师范学院学报(自然科学版), 2009, 22(2): 268-270.

[131] 曹小华. $Y_2P_2W_{18}O_{62} \cdot H_2O/4A$-分子筛的制备及催化合成乙酰水杨酸[J]. 化学通报, 2016, 79(6): 528-533.

[132] 李立奇, 何友翔, 张元. HZSM-5 分子筛催化合成乙酰水杨酸：推荐一个半微量有机化学试验[J]. 大学化学, 2018, 33(8): 43-46.

[133] 谢宝华, 曹小华, 徐常龙, 等. 负载型杂多酸催化合成乙酰水杨酸的研究[J]. 化工中间体, 2007(2): 27-29.

[134] 徐常龙, 柳闽生, 曹小华, 等. 硅钨酸催化合成乙酰水杨酸[J]. 精细石油化工, 2007, 24(2): 36-38.

[135] 孙德武, 林险峰. 微波辐射 Dawson 结构多金属氧酸盐催化合成乙酰水杨酸的研究[J]. 吉林师范大学学报(自然科学版), 2009, 30(4): 59-61.

[136] 谭昌会, 林松宁, 黄高望, 等. 磷钨酸催化合成乙酰水杨酸的研究[J]. 应用化工, 2010, 39(9): 1373-1375.

[137] 林文权, 王力耕, 袁庭, 等. 磷钨钼杂多阴离子柱撑水滑石的制备及催化合成乙酰水杨酸[J]. 浙江工业大学学报, 2011, 39(6): 609-613.

[138] 佟德成, 刘翠娟, 赵岩. 杂多酸阴离子$[CoW_{12}O_{40}]^{5-}$柱撑水滑石催化合成阿司匹林的研究[J]. 黑龙江医药科学, 2012, 35(3): 86-87.

[139] 杨水金, 王荣, 程银芳. 二氧化硅负载硅钨钼酸催化合成乙酰水杨酸[J]. 化工中间体, 2013, 10(8): 16-19.

[140] 曹小华, 王原平, 雷艳虹, 等. $H_6P_2W_{18}O_{62}$/MCM−41 催化剂的制备、表征及其催化合成乙酰水杨酸[J]. 石油化工, 2014, 43(2): 176-180.

[141] 曹小华, 王原平, 徐常龙, 等. $H_6P_2W_{18}O_{62}$/高岭土的制备、表征及催化合成乙酰水杨酸[J]. 化工进展, 2014, 33(5): 1205-1209.

[142] 曹小华. Dawson 结构磷钨酸银催化绿色合成阿司匹林[J]. 化学通报, 2015, 78(10): 928-932.

[143] 曹小华, 周德志, 叶兴琳, 等. $AlH_3P_2W_{18}O_{62}\cdot nH_2O$/MCM−41 的制备、表征及催化合成阿斯匹林性能研究[J]. 精细化工, 2015, 32(11): 1271-1277.

[144] 付盈莹, 韩芬, 刘庚欣, 等. 硅藻土负载磷钨酸催化合成阿司匹林[J]. 广东化工, 2022, 49(20): 53-55.

[145] 陈洪, 龙翔, 符史良, 等. 环境友好固体超强酸SO_4^{2-}/Fe_2O_3催化合成阿斯匹林的研究[J]. 化工环保, 2004(S1): 432-433.

[146] 张霞, 胡益民. 微波下TiO_2−La_2O−SO_4^{2-}催化合成乙酰水杨酸 [J]. 安庆师范学院学报(自然科学版), 2006(3): 9, 19.

[147] 张晓丽, 任立国. SO_4^{2-}/TiO_2 固体超强酸催化合成乙酰水杨酸[J]. 化学与生物工程, 2008, 25(4): 51-53.

[148] 刘达波, 邱祖民. 固体超强酸 SO_4^{2-}/硅锂钠石催化合成乙酰水杨酸[J]. 精细石油化工, 2008, 25(6): 62-66.

[149] 王红斌, 施金榆, 宁平, 等. 膨润土负载型固体酸的制备、表征及催化乙酰水杨酸合成反应[J]. 应用化学, 2009, 26(2): 182-186.

[150] 赵连俊. 固体超强酸 SO_4^{2-}/TiO_2 催化合成乙酰水杨酸的研究[J]. 科协论坛(下半月), 2009(2): 108-109.

[151] 李耀宗, 王锐, 张灿. 固体超强酸 SO_4^{2-}/ZrO_2 催化合成乙酰水杨酸[J]. 中国实用医药, 2010, 5(13): 253-255.

[152] 周曾艳, 陈桥乔, 吴思展, 等. $S_2O_8^{2-}/Sb_2O_3-SnO_2-La^{3+}$固体超强酸催化合成阿司匹林[J]. 广州化工, 2013, 41(4): 66-68.

[153] 张存, 吴过, 潘小玉, 等. 改性 WO_3/ZrO_2 固体超强酸催化合成乙酰水杨酸[J]. 四川大学学报(工程科学版), 2013, 45(2): 136-141.

[154] 陈盛余, 李丽, 赵丹丹, 等. 固体超强酸 $S_2O_8^{2-}/ZrO_2$ 催化合成乙酰水杨酸[J]. 广州化工, 2016, 44(4): 24-25, 80.

[155] 陈盛余, 赵丹丹, 史兵方, 等. 固体超强酸 SO_4^{2-}/TiO_2 催化合成乙酰水杨酸[J]. 应用化工, 2016, 45(7): 1293-1295.

[156] 俞晓玉, 白晓艳, 李德文, 等. 固体超强酸在阿斯匹林制备中的催化研究[J]. 集宁师范学院学报, 2017, 39(6): 7-10.

[157] 陈桂, 梁春华, 胡扬剑, 等. 固体酸 SO_4^{2-}/SiO_2-TiO_2 催化合成乙酰水杨酸研究[J]. 化学研究与应用, 2019, 31(2): 303-307.

[158] 蒋栋, 李伟, 许成娣, 等. Brφnsted 酸性离子液体催化合成阿司匹林[J]. 应用化学, 2007, 24(9): 1080-1082.

[159] 谢辉, 陈卓, 母先誉, 等. 室温离子液体催化阿司匹林的合成[J]. 贵州师范大学学报(自然科学版), 2009, 27(1): 98-101.

[160] 钱德胜, 段启勇. 离子液体催化冰醋酸-水杨酸酰基化反应合成阿司匹林[J]. 巢湖学院学报, 2010, 12(3): 80-83.

[161] 钱德胜, 刘海波, 张文平. 内酰胺酸性离子液体催化合成阿司匹林[J]. 池州学院学报, 2010, 24(3): 25-26.

[162] 王晓丹, 范洪涛, 崔天放, 等. 氨基酸离子液体清洁催化合成阿司匹林[J]. 材料导报, 2012, 26(18): 81-83, 96.

[163] 孙宇宁, 谭振达, 何锦新, 等. 负载离子液体[hnmp]HSO_4 催化剂在合成阿司匹林中的应用[J]. 工业催化, 2013, 21(9):71-75.

[164] 赵金花, 王宇松, 陈武华, 等. 酸性吗啉离子液体催化合成阿司匹林的研究[J]. 贵州师范大学学报(自然科学版), 2014, 32(4): 74-77.

[165] 廖芳丽, 刘婷, 彭忠利. 氨基酸离子液体催化合成阿司匹林的研究[J]. 化学通报, 2014, 77(2): 161-165.

[166] 王占军, 肖鹏, 杨悦, 等. 离子液体在阿司匹林合成中的应用研究进展[J]. 当代化工, 2011, 40(7): 762-764.

[167] 陈洪, 龙翔, 黄思庆. 维生素 C 催化合成阿司匹林的研究[J]. 化学世界, 2004, (12): 642-643.

[168] 熊知行, 袁琳. 维生素 C 环境友好催化合成阿司匹林[J]. 高师理科学刊, 2008, 28(5): 74-77.

[169] 聂鑫, 翁铭图, 崔剑清, 等. 维生素 C 催化合成阿司匹林的条件研究[J]. 中国医药导报, 2009, 6(21): 58, 83.

[170] 姚妍妍, 郭玉梅, 赵宁. 维生素 C 催化阿司匹林合成的半微量设计[J]. 内蒙古中医药, 2009, 28(15): 115.

[171] 郝红英, 周芳, 张强, 等. 维生素 C 催化微波合成乙酰水杨酸[J]. 广东化工, 2013, 40(17): 44, 76.

[172] 王嘉琳, 周迎春, 张鸿. 乙酰水杨酸(阿司匹林)的制备[J]. 化工中间体, 2015, 11(1): 20-21.

[173] 陈倩, 刘晶, 李倩, 等. 超声条件下以抗坏血酸催化合成乙酰水杨酸[J]. 化工设计通讯, 2018, 44(1): 125, 150.

[174] 吴梦晴, 王未, 王勤. 超声波辅助维生素 C 催化合成阿司匹林[J]. 赤峰学院学报(自然科学版), 2019, 35(10): 30-32.

[175] 熊知行, 袁琳. 维生素 C 催化合成与维生素 C 催化微波合成阿斯匹林方法的比较研究[J]. 宜春学院学报, 2008, 30(2): 8-9, 42.

[176] 陈林, 余正萍. 半微量合成阿司匹林试验改进[J]. 广东化工, 2015, 42(24): 75, 68.

[177] 原方圆, 邵红兵, 董丽花. 碘催化合成乙酰水杨酸[J]. 精细与专用化学品, 2008, 16(10): 26-27, 2.

[178] 施小宁, 赵素瑞, 吴巧玲. 超声辐射分子碘催化乙酰水杨酸的合成研究[J]. 天水师范学院学报, 2008, 28(2): 60-61.

[179] 马成海, 王娜. 碘催化研磨法合成阿司匹林[J]. 商, 2012(24): 185.

[180] 康永锋, 马晨晨, 裴蓉. 乙酰水杨酸绿色合成试验新方法研究[J]. 试验技术与管理, 2016, 33(10): 41-44.

[181] 陈宝芬, 王亚军. 复合氧化物 Nd_2O_3/SnO 催化合成阿斯匹林[J]. 内蒙古石油化工, 2001, 27(4): 94-96.

[182] 肖新荣, 刘传香, 汪敏. 微波辐射法制备活性二氧化锡并催化合成乙酰水杨酸[J]. 南华大学学报(理工版), 2003, 17(4): 8-11.

[183] 陈桂, 周育辉, 唐梦婷, 等. 超声辅助 $SiO_2-Al_2O_3$ 催化合成乙酰水杨酸工艺研究[J]. 怀化学院学报, 2016, 35(5): 37-40.

[184] 徐菁璐, 陈浩, 陈桂, 等. 超声辅助稀土改性二氧化锡催化合成乙酰水杨酸[J]. 无机盐工业, 2021, 53(3): 93-96.

[185] 邓威洋, 曲伟红, 陈剑, 等.氧化铝催化合成阿司匹林的工艺探讨[J]. 广州化工, 2021, 49(8): 144-146.

[186] 张羽男, 张云杰, 李达, 等. $[Ni(phen)_3]_2[NiMo_{12}P_8O_{62}H_{18}]$单晶材料催化合成阿

司匹林的研究[J]. 佳木斯大学学报(自然科学版), 2014, 32(5): 726-728, 733.

[187] 张羽男, 张云杰, 李达, 等. Strandberg 型磷钼氧酸盐$[Co(en)_3]_2$ $[P_2Mo_5O_{23}]\cdot 3H_2O$催化合成阿司匹林的研究[J]. 黑龙江医药科学, 2014, 37(6): 4-5, 8.

[188] 张羽男, 张大俊, 刘立新, 等. $[C_3H_{12}N_2]_3[P_2Mo_5O_{23}]\cdot 4H_2O$ 单晶体的水热合成及其催化合成阿司匹林的研究[J]. 广东化工, 2016, 43(10): 17-18, 4.

[189] 王贵全, 陈志勇. 以酸活化膨润土催化合成阿司匹林[J]. 化学工程师, 2004, (10): 5-7.

[190] 陈志勇, 何奕波. 酸性膨润土催化合成乙酰水杨酸研究[J]. 信阳师范学院学报(自然科学版), 2005, (2): 195-197, 221.

[191] 吴洁, 蒋金龙, 钱晓敏. 凹凸棒黏土负载型固体酸催化合成乙酰水杨酸[J]. 石油化工, 2011, 40(2): 189-192.

[192] 占昌朝, 曹小华, 严平, 等. 碳基固体酸催化合成乙酰水杨酸[J]. 化工进展, 2012, 31(5): 1121-1125.

[193] 黄润均, 王璟, 谢威, 等. 三聚磷酸二氢铝/载硫硅藻土催化合成阿司匹林[J]. 合成化学, 2015, 23(2): 176-178.

[194] 谢威, 梁慧, 黄增尉, 等. 改性活性炭负载三聚磷酸二氢铝催化合成阿司匹林[J]. 化学试剂, 2016, 38(10): 949-953.

[195] 朱培培, 王通, 舒广昌, 等. 三重螺旋的多酸复合物催化合成阿司匹林的研究[J]. 分子科学学报, 2018, 34(2): 166-169.

[196] 康永锋, 薛永刚, 刘杨铭, 等. 微波辅助硅胶催化合成乙酰水杨酸的研究[J]. 化学研究与应用, 2018, 30(5): 860-864.

第 3 章　低共熔溶剂在乙酸异戊酯合成中的应用

3.1　概　　述

乙酸异戊酯是一种重要的精细化学品，有香蕉及梨的果实香味，也是国家标准《食品安全国家标准食品添加剂乙酸异戊酯》（GB1886.202—2016）规定的食品添加剂。我国香精香料、涂料、油墨及树脂等工业的不断发展，给乙酸异戊酯提供了比较大的消费市场。目前国内乙酸异戊酯的年消费量约达到 10 万 t，而且每年以一定的速度在增长。乙酸异戊酯的化学式如图 3.1 所示。

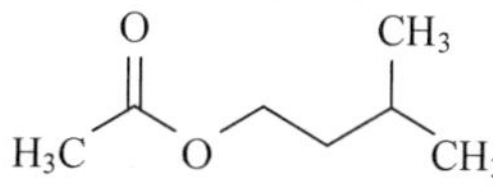

图 3.1　乙酸异戊酯的化学式

乙酸异戊酯是一种优良、高效、低毒的重要有机溶剂，它的溶解力非常强，能溶解硝化纤维素、乙烯树脂、香豆酮树脂、甘油三松香酸酯、达马树脂、山达树脂、松香、乳香、蓖麻油等。由于乙酸异戊酯的毒性低及气味温和，可部分或全部代替环己酮、乙二醇乙醚醋酸酯（CAC）、丙二醇甲醚醋酸酯（PMA）等高沸点溶剂，具有改善流平、调节漆膜干燥速度的特点，被广泛用于汽车涂料、木器漆、电器和金属家具漆、绝缘漆、油墨工业、树脂工业等方面的溶剂。2019 年我国用做溶剂方面的乙酸异戊酯为 5 万～6 万 t，每年的增长率约为 5%。

乙酸异戊酯广泛用于配制各种果味食用及日化香精，可用于调制草莓、菠萝、杨梅、梨、苹果、葡萄、香蕉、可可、樱桃、桃子、焦糖、可乐、奶油、椰子、香荚兰豆等果香型食用香精；也可用于素心兰、桂花、风信子、含笑花等重花香型和重的东方型香水及日用化妆品用香精中，可赋予新鲜花果香味和提调香气的效果；还常用于酒用、烟用香精调配。由于乙酸异戊酯相对低的气味强度，所以香精配方中常含 10%～20%或 40%的比例，2019 年我国用做香精方面的乙酸异戊酯量为 2.0 万～3.0 万 t，每年的增长率为 4%～6%。在日本，80%的乙酸异戊酯用作调配各类香精的香料，年消费量为 1.4 万 t。

乙酸异戊酯天然存在于苹果、香蕉、咖啡豆、可可豆、桃子、葡萄、梨子和菠萝等水果中，含量不高，提取成本过高，难以满足市场需求。目前几乎所有的乙酸异戊酯均为工业生产，95%以上采用乙酸和异戊醇为原料经催化酯化后分离提纯得到，极少数采用乙酸甲酯与异戊醇的酯交换反应制得。最常规且成熟的催化剂为硫酸，由于硫酸对设备腐蚀严重，工业生产过程中必须定时更换反应设备，造成开停车的困难及危险系数加大，浪费了人力物力，导致生产成本增加。因此国内学者一直在致力寻找一种催化效率高、能重复使用、制备简单、成本低的合成乙酸异戊酯的催化剂，也做了大量的尝试，并取得了一定的进展，有些已工业化生产[1-6]。

目前已经用于乙酸异戊酯合成的催化剂，主要包括以下几类。

1. 硫酸

浓硫酸价格低廉、来源广泛，是基本化学工业中的重要产品之一，但用浓硫酸来催化酯化反应存在反应时间长、设备腐蚀严重、环境污染、副反应多及后期处理困难等缺点。

2000 年，韩春平等[7]以浓硫酸为催化剂、冰乙酸和异戊醇为原料，在反应混合物中加入吡啶作为溶剂，合成了乙酸异戊酯。研究表明，在 9 mL 异戊醇、12 mL 冰醋酸、4 mL 浓硫酸、5 mL 吡啶、加热回流 1 h 的条件下，产率最高达 84.4%。该方法具有仪器简单、操作简便、反应时间短、产率高的优点，是一种较为理想的合成方法。

2005 年，苏丽红等[8]以浓硫酸为催化剂，以冰乙酸和异戊醇为原料，在相转移催化剂十六烷基三甲基溴化铵（CTMAB）的条件下，合成了乙酸异戊酯。通过单因素试验，研究了不同反应条件对酯产率的影响，获得了最佳的反应条件。以 0.2 mol 异戊醇为准，当酸醇摩尔比为 2∶1、相转移催化剂用量为 2 g、回流反应时间为 100 min 时，滴加 6 滴浓硫酸，酯的收率可达 77.56%。该方法具有反应条件温和、操作简便、选择性高、副反应少、收率高、反应时间短、后处理容易等优点。

2007 年，严赞开[9]以浓硫酸和四丁基氯化铵的混合物作为催化剂，以冰乙酸和异戊醇为原料，合成了乙酸异戊酯。通过单因素试验，探讨了原料配比、催化剂用量及反应时间等对合成乙酸异戊酯产率的影响，获得了最佳的反应条件。当异戊醇为 18 mL、冰乙酸为 25 mL（即异戊醇与冰乙酸的摩尔比为 1∶2.5）、浓硫酸为 1.5 g、四丁基氯化铵为 0.25 mL、保温回流反应 1 h 时，乙酸异戊酯的平均产率为 89.6%。硫酸和四丁基氯化铵混合物作催化剂，对合成乙酸异戊酯具有良好的催化活性，酯化时间短，产率高，原料易得、价廉，适合工业生产需要。

2008 年，张跃文等[10]以浓硫酸为催化剂、冰乙酸和异戊醇为原料，在超声波作用下合成了乙酸异戊酯。通过单因素试验，研究不同反应条件对酯的收率的影响，获得了最佳的反应条件。当乙酸和异戊醇的摩尔比为 1∶2.2、催化剂用量为 1.2 mL（以 0.1 mol 异戊醇为准）、反应时间为 20 min、超声波输出功率为 90 W 时，乙酸异戊酯的产率为 78.5%。该法与传统方法相比，明显缩短了反应时间，减少了催化剂的用量，降低了反应条件。

2016 年，陈湘等[11]以硫酸为催化剂、冰乙酸和异戊醇为原料，在微波辐射下合成了乙酸异戊酯。通过单因素试验和正交试验，考查了微波作用时间、异戊醇和乙酸的摩尔比和微波功率对反应产率的影响，确定了反应的最佳条件。当异戊醇和乙酸的摩尔比为 1∶3.0、浓硫酸用量为 0.23 mmol/L、微波作用时间为 14 min、微波辐射功率为 500 W 时，乙酸异戊酯的平均产率为 92.6%。在无溶剂条件下，以硫酸为催化剂，微波加热可以大大加快酯化反应的速率。同时，该方法具有反应时间短、操作简便等优点，避免了使用带水剂等造成的一系列负面影响，是一个环境友好、经济的方法。

此外，吴振福[12]、吴泳等[13]、刘晓庚等[14]、李雄记[15]、梁日忠等[16]、周国庆[17]、张维刚等[18]也报道了硫酸在乙酸异戊酯合成中的应用。

2. 无机盐

无机盐的种类繁多，大部分价格低廉且易于提取，同时由于大部分金属阳离子外层轨道未被完全充满且金属阳离子对羰基化合物有配位作用，羰基碳原子上的正电荷增加，有利于醇与之结合，因此对酯化反应具有良好的催化作用。

（1）三氯化铁。

1995 年，许凌等[19]以氯化铁为催化剂、冰乙酸和异戊醇为原料，合成了乙酸异戊酯。通过正交试验，研究不同反应条件对酯化反应的影响，获得了最佳的反应条件。当酸醇摩尔比为 1.3、催化剂用量为异戊醇质量的 3.4%、反应温度为（145±2）℃、反应时间为 1 h 时，乙酸异戊酯的收率为 95%。该方法的反应时间短、产率高、催化剂用量小、“三废”排放量小、工艺简单易操作，具有很大的优越性。

1996 年，严赞开等[20]以六水三氯化铁为催化剂、冰乙酸和异戊醇为原料，合成了乙酸异戊酯。研究表明，六水三氯化铁对乙酸与异戊醇的反应有良好的催化作用，而且用量小、时间短、效率高。

1996 年，廖德仲等[21]以氯化铁为催化剂、冰乙酸和异戊醇为原料，合成了乙酸异戊酯。研究表明，当异戊醇为 0.3 mol、乙酸为 0.36 mol、氯化铁为 0.88 g、反应温度为（145±2）℃、反应时间为 1 h 时，乙酸异戊酯的收率超过 95%。该方法的反应时间短、催化剂用量小且可连续使用多次，无副反应，产率高，工艺简单易操作，具有很大的优越性，可以替代现行的硫酸催化工艺，并有望推广到水溶性较小的醇的乙酸酯化生产工艺中。

2000 年，邓小芳[22]以冰乙酸和异戊醇为原料，研究了 8 种固体酸催化剂（二水氯化铜、五水硫酸铜、氯化锌、七水硫酸锌、二水硫酸钙、无水氯化钙、六水三氯化铁、无水三氯化铝）在乙酸异戊酯合成中的催化性能。通过单因素试验，研究了不同反应条件对酯转化率的影响，获得了最佳的反应条件：以六水三氯化铁为催化剂，当摩尔比为 1∶2.5、催化剂用量为 1.5 g（以 0.08 mol 异戊醇为准）、反应时间为 2.0 h 时，酯转化率达 93.5%。同时，五水硫酸铜和无水三氯化铝作为催化剂，酯转化率也可达 90%以上。

2001 年，谢建刚等[23]用无水三氯化铁作催化剂，以冰乙酸和异戊醇为原料，合成了乙酸异戊酯。通过单因素试验，探讨了原料配比、催化剂用量和反应时间对酯化反应的影响，获得了最佳的反应条件：乙酸、异戊醇与无水三氯化铁的摩尔比为 1∶1.3∶0.06，回流反应时间为 3 h。在此条件下，酯的收率达 92%以上。用无水三氯化铁作为合成乙酸异戊酯的催化剂产率较高，操作方便，条件易控制，后处理容易。

同年，谢建刚等[24]又进一步报道了无水氯化铁在乙酸异戊酯合成中的应用。

2004 年，眥俊峰等[25]以活性炭固载氯化铁为催化剂、乙酸和异戊醇为原料，合成了乙酸异戊酯。通过正交试验，考查了反应条件对酯化率的影响，获得了最佳的反应条件。当醇酸摩尔比为 1.5、催化剂用量为 1.0 g（以乙酸用量 0.1 mol 为基准）、反应温度为 110～118 ℃、反应时间为 2.5 h、带水剂甲苯用量为 15 mL 时，酯化率达 90%以上。活性炭固载氯化铁作为催化剂，对设备无腐蚀，环境污染小，催化剂易于与产品分离，后处理工序简单，酯化率高，是合成乙酸异戊酯的良好催化剂。

2004 年，齐建国[26]以二氧化锰固载氯化铁作为催化剂，以冰乙酸和异戊醇为原料，合成了乙酸异戊酯。通过单因素试验，探讨了各种因素对产率的影响，获得了适宜的反应条件。当醇酸摩尔比为 1∶1.2、催化剂用量为反应物总量的 0.5%、反应温度为 110～130 ℃、反应时间为 1 h 时，产率可达 96.5%。该催化剂具有制备简单、用量少、无吸湿性、不溶于反应体系、反应后处理简单、可较好地回收循环使用等优点。

2004 年，李建伟[27]以六水合三氯化铁和无水氯化钙的混合物作为联合催化剂，以冰乙酸和异戊醇为原料，合成了乙酸异戊酯。研究表明，氯化铁是较强的路易斯酸，无水氯化钙是好的吸水、脱水剂，将二者协同应用于酯化反应中，有效地提高了酯化反应的产率（乙酸异戊酯的产率可达 84.6%），简化了后处理步骤。

2006 年，张伟光[28]以三氯化铁为催化剂，以冰乙酸和异戊醇为原料，合成了乙酸异戊酯。通过单因素试验，获得了较好的反应条件。以乙酸用量 0.1 mol 为基准，当醇酸摩尔比为 1.2∶1、三氯化铁用量为 10 mL（0.2 mol/L）、回流反应时间为 30 min、带水剂环己烷用量为 8 mL 时，乙酸异戊酯的收率达 93.5%。该方法具有反应时间短、醇酸比小、产率高及催化剂重复使用性能好的特点，且后处理简单、无污染，具有绿色合成的特点和良好的实用前景。

2006 年，刘春生等[29]以活性炭固载三氯化铁为非均相催化剂，由异戊醇与乙酸酐的酰化反应合成了乙酸异戊酯。通过单因素试验，考查了催化剂用量、醇酐摩尔比、反应时间对乙酸异戊酯收率的影响，获得了最佳的反应条件。以乙酸酐的加入量 0.1 mol 为准，当醇酐摩尔比为 1.1、催化剂质量为 0.20 g、反应时间为 30 min 时，乙酸异戊酯收率可达到 98.2%。同时，催化剂重复使用 5 次，仍保持较高活性。该方法具有催化剂用量小、可重复使用、醇酐比小、产率高且处理简单的特点，具有良好的实用前景。

2008 年，李莉等[30]以氯化铁为催化剂，在微波辐射下，由乙酸和异戊醇反应合成了乙酸异戊酯。通过单因素试验，探讨了诸因素对收率的影响，获得了最佳的反应条件。以 0.1 mol 乙酸为准，当醇酸摩尔比为 1.2∶1、催化剂用量为 0.4 g、微波功率为中低火、反应时间为 25 min、带水剂环己烷用量为 5 mL 时，酯的收率可达 82.1%，并且催化剂可重复使用。

（2）三氯化钛。

1998 年，沈建忠等[31]研究了 6 种催化剂（三氯化钛、三氯化铝、硫酸铜、硫酸亚铁铵、三氯化铁、二氯化锌）在乙酸异戊酯合成中的催化性能，筛选和确定 $TiCl_3 \cdot nH_2O$ 为最佳的酯化催化剂。研究表明，三氯化钛是一个良好的酯化反应固体催化剂，它的用量少，催化效果好，反应时间短，副产物易分离，酯化产率高。

随后，周文富等[32]也报道了三氯化钛在乙酸异戊酯合成中的应用。

（3）硫酸铁铵。

1998 年，李毅群等[33]以十二水合硫酸铁铵为催化剂，以冰乙酸和异戊醇为原料，催合成了乙酯异戊酯。通过单因素试验，考查了不同反应条件对酯化反应的影响，确定了酯化的最佳条件为：醇酸摩尔比为 1∶1.2、催化剂用量为 3.0～3.5 g（以 0.5 mol 异戊醇为准）。该催化剂的催化活性高，反应条件温和，方法简便，收率优良。

1999 年，金振国[34]用十二水合硫酸铁铵作为催化剂，以冰乙酸和异戊醇为原料，合成了乙酸异戊酯。通过单因素试验，考查了不同条件对酯化反应的影响，获得了最佳的反应条件。不用带水剂时，当 n（异戊醇）：n（乙酸）：n（催化剂）=1∶2.5∶0.07，在 140～150 ℃下油浴或直接加热回流 1.5 h，产物的产率可达 75.0%。用带水剂时，n（异戊醇）：n（乙酸）：n（催化剂）=1∶2∶1.2，带水剂环己烷用量为 125 mL/mol 醇，水浴回流 1.5 h，产物的产率可达 70.1%。两者相比，用带水剂反应温度低，醇酸比较小，但催化剂用量大、操作复杂、前馏分大、产率低。不用带水剂，尽管反应温度高，但催化剂用量小、操作简便、产率高。

2003 年，陈群等[35]以十二硫酸铁铵为催化剂，以冰乙酸和异戊醇为原料，合成了乙酸异戊酯。通过单因素试验，考查了不同反应条件对酯化率的影响，确定了反应的最佳条件。以 0.3 mol 异戊醇为准，当酸醇摩尔比为 1.25∶1、催化剂用量为 3.5 g、回流反应时间为 3.0 h 时，酯化率可达 99.5%。十二水合硫酸铁铵作为酯化催化剂，它的来源广泛，性质稳定，无吸湿性，不溶于反应体系，反应后处理方便，不腐蚀设备，而且产品色泽好，纯度高，是一种有发展前途的酯化反应催化剂。

2006 年，张颖等[36]以十二水合硫酸铁铵为催化剂，以冰乙酸和异戊醇为原料，合成了乙酸异戊酯。通过单因素试验和正交试验，考查了催化剂用量、物料配比、反应时间等因素对产品收率的影响，确定了最佳的反应条件：n（乙酸）∶n（异戊醇）=1.2∶1，催化剂用量为 3.5 g，回流反应时间为 3.0 h。该工艺使用的催化剂活性高，反应条件温和，酯化率可达 98%以上。同时，该催化剂来源广泛，性质稳定，反应后处理简便。

2009 年，彭展英[37]用十二水合硫酸铁铵作为催化剂，以冰乙酸和异戊醇为原料，改变反应时间和不用带水剂，合成了乙酸异戊酯。研究表明，当反应时间为 35 min 时，乙酸异戊酯的产率为 85.31%；当反应时间为 65 min 时，乙酸异戊酯的产率达到最高值，为 88.63%；当反应时间为 150 min 时，乙酸异戊酯的产率为 85.68%。综合分析，乙酸异戊酯的最佳反应时间为 60～70 min。

（4）硫酸氢钠。

2000 年，李毅群等[38]以一水合硫酸氢钠为催化剂，以冰乙酸和异戊醇为原料，合成了乙酸异戊酯。通过单因素试验，探讨了酯化反应条件，获得了最佳的反应条件。当醇酸摩尔比为 1.0∶1.2、催化剂用量为 0.5～1.0 g（以 0.30 mol 异戊醇为准）、反应温度为 108～136 ℃、反应时间为 30 min 时，酯收率达 97.2%。一水合硫酸氢钠的催化性能优良，反应条件温和，方法简便，收率优良。

2004 年，刘锦贵等[39]选用固体 $NaHSO_4·H_2O$ 作为催化剂，以乙酸和异戊醇为原料，合成了乙酸异戊酯。通过单因素试验，研究不同的反应时间、不同用量的催化剂、不同酸醇摩尔比等对合成乙酸异戊酯的影响，找到了最佳的反应条件：冰乙酸和异戊醇的用量均为 0.2 mol、催化剂用量为 0.03 mol、回流反应时间为 2.5 h。该方法具有酯化时间缩短、催化效率高、酯的产率较高、对环境污染较小的优点。

2004 年，张富捐等[40]以硫酸氢钠为催化剂、冰醋酸和异戊醇为原料，合成了乙酸异戊酯。通过单因素试验，探讨了不同反应条件对酯化率的影响，获得了适宜的反应条件。以 0.1 mol 冰醋酸为基准，当醇酸摩尔比为 1.2∶1、催化剂用量为 0.2 g、反应温度为 110～136 ℃、反应时间为 30 min 时，酯化率为 98.9%。该催化剂价廉易得，反应时间短，后处理简单，对环境友好，产品质量符合食品级要求，具有良好的工业应用价值。

2004 年，郑旭东等[41]采用硫酸氢钠为催化剂，以乙酸和异戊醇为原料，合成了乙酸异戊酯。通过单因素试验，讨论了不同反应条件对酯产率的影响，获得了最佳的反应条件。当醇酸摩尔比为 1∶3、催化剂用量为醇酸总量的 3.0%、反应温度为 130～135 ℃、反应时间为 1 h 时，酯的产率可达 85%以上。该方法的反应条件温和，操作简便，不腐蚀设备，不污染环境，另外副产品少，产品易于分离，收率高。

2005 年，王淑敏等[42]以一水合硫酸氢钠为催化剂、4A 分子筛为脱水剂，以冰醋酸和异戊醇为原料，在微波辐射条件下，合成了乙酸异戊酯。通过单因素试验，研究不同反应条件对酯化率的影响，获得了最佳的反应条件。以 0.1 mol 冰醋酸为基准，当酸醇的摩尔比为 1∶1.5、催化剂用量为 0.3 g、微波辐射功率为 255 W、反应时间为 20 min 时，酯化率达 99.2%。该方法具有反应速度快、反应工艺简单、催化剂易得且可重复利用、酯化率高等优点。

2009 年，李静等[43]以硫酸氢钠为催化剂，硅胶为除水剂，冰醋酸和异戊醇为原料，在超声波作用下合成了乙酸异戊酯。通过正交试验，考查反应温度、反应时间、催化剂用量、醇酸摩尔比对酯化率的影响，获得了最佳的反应条件。在功率为 120 W 的超声波作用下，以 0.1 mol 冰醋酸为基准，当酸醇摩尔比为 1∶2.5、硫酸氢钠用量为 1.2 g、反应温度为 90 ℃、反应时间为 60 min 时，酯化率可达 94.5%。

（5）硫酸钛。

2000 年，廖德仲等[44]以硫酸钛为催化剂，以冰乙酸和异戊醇为原料，合成了乙酸异戊酯。通过单因素试验，研究了不同反应条件对产物收率的影响，获得了最佳的反应条件：异戊醇 0.2 mol，乙酸 0.22 mol，硫酸钛的用量为反应物总质量的 1.5%，回流反应时间为 1 h。此时，酯化率高达 98%以上。硫酸钛用作乙酸异戊酯的催化剂的催化活性高、用量小、反应时间短，且可连续使用多次，对设备无腐蚀，与目前工业中使用的硫酸相比，优势明显，具有工业应用的价值。

2001 年，韩敬华[45]以硫酸钛为催化剂，以冰乙酸和异戊醇为原料，合成了乙酸异戊酯。通过单因素试验，考查不同反应条件对酯化率的影响，确定了最佳的酯化反应条件。以 0.2 mol 冰乙酸为准，当醇酸摩尔比为 1.8、催化剂用量为 0.8 g、带水剂甲苯用量为 15 mL、回流反应时间为 2.0 h 时，产率可达 97.5%。硫酸钛作为催化剂，其来源广泛，性质稳定，无吸湿性，不溶于反应体系，反应后处理简便，而且催化活性高，反应条件温和，反应时间短，酯化率高，无污染，不腐蚀设备，催化剂可再生重复使用，具有应用价值。

2002 年，毛立新等[46]以冰乙酸和异戊醇为原料，研究了 6 种无机盐（氯化铁、氯化锡、硫酸铁、硫酸铜、硫酸锆、硫酸钛）催化剂在乙酸异戊酯合成中的催化性能。通过单因素试验，研究不同反应条件对酯化率的影响，确定了最佳的反应条件：以硫酸钛为催化剂，酸醇摩尔比为 1.05∶1，催化剂用量为 2.0%（异戊醇的摩尔百分数），反应温度为 145 ℃，反应时间为 90 min。在此优化条件下，转化率可达 99%以上。硫酸钛比其他几种非酸类催化剂具有更好的催化酯化活性，用量少、反应时间短、转化率高、使用寿命长，具有较好的工业应用前景。

2005 年，程显红[47]以活化硫酸钛为催化剂，以冰乙酸和异戊醇为原料，合成了乙酸异戊酯。通过单因素试验，考查了不同反应条件对酯化率的影响，确定了酯化反应的适宜条件。以 0.1 mol 异戊醇为准，当醇酸摩尔比为 0.75∶1.00、硫酸钛用量为 0.30 g、回流反应时间为 90 min 时，乙酸的酯化率可达 99.31%。

2008 年，迟卫军[48]以硫酸钛为催化剂、乙酸与异戊醇为原料，合成了乙酸异戊酯。通过单因素试验，分别讨论了酸醇摩尔比、催化剂用量、反应时间等因素对酯化率的影响，确定了最佳的工艺条件为：以 0.2 mol 乙酸为基准，酸醇摩尔比为 1.5∶2，催化剂用量为 0.5 g，回流反应时间为 90 min。在此条件下，乙酸异戊酯的酯化率为 99.18%。该催化剂具有催化活性高、用量小、反应时间短、可连续使用多次、与目前工业中使用的硫酸相比污染小、对设备无腐蚀等优点，且硫酸钛来源广泛、性质稳定、不溶于反应体系，是一种很有发展前景的催化剂。

2011 年，彭望明[49]以活性炭负载硫酸钛作为催化剂、冰乙酸和异戊醇为原料，合成了乙酸异戊酯。通过单因素试验，研究了影响反应的各种因素，获得了最佳的反应条件。当冰乙酸和异戊醇的摩尔比为 2.5∶1、催化剂中硫酸钛与活性炭的质量比为 3∶1、反应温度为 120 ℃、反应时间为 2.5 h 时，酯化率可达到 93.86%。所制备的催化剂催化活性高，反应条件温和，容易分离且能重复使用，是合成乙酸异戊酯的良好催化剂。

（6）硫酸铝。

1994 年，蒋晓慧等[50]以硫酸铝为催化剂、冰乙酸和异戊醇为原料，合成了乙酸异戊酯。研究表明，十八水合硫酸铝作为酯化反应的催化剂，酯的收率高，可以克服了浓硫酸对管道及皮肤的腐蚀的不足，操作简便安全，有利于工业生产。同时，催化剂易于回收，可重复使用，此方法具有一定的经济效益。

2006 年，战佩英[51]利用硫酸铝作催化剂，以冰醋酸和异戊醇为原料，合成了乙酸异戊酯。通过单因素试验，探讨了投料比、催化剂用量、反应温度及反应时间对产率的影响，获得了最佳的工艺条件：*n*（冰醋酸）∶*n*（异戊醇）=3∶2，催化剂用量为 1 g（以 0.2 mol 异戊醇为准），反应时间为 2 h，反应温度为 93～107 ℃。该合成方法具有操作安全简便、催化剂可回收使用等优点。

（7）四氯化锡。

2001 年，翁文等[52]以五水合四氯化锡为催化剂，以冰乙酸和异戊醇为原料，合成了乙酸异戊酯。通过单因素试验，考查不同反应条件对酯的产率的影响，确定了最佳的反应条件。当酸醇摩尔比为 1∶1.08、催化剂用量为乙酸摩尔量的 1%、反应温度为 150 ℃、反应时间为 1 h 时，产物的产率可达 95.6%。

2002 年，黎中良等[53]以固体酸 $SnCl_4 \cdot 5H_2O/C$ 为催化剂，以冰乙酸和异戊醇为原料，合成了乙酸异戊酯。通过单因素试验，研究不同反应条件对酯化率的影响，确定了酯化的最佳条件。当异戊醇用量为 0.16 mol、醇酸摩尔比为 1∶1.3、催化剂用量为反应物质量的 2.0%～2.5%、带水剂苯的用量为 13 mL、反应温度为 102～116 ℃、反应时间为 120 min 时，酯化率可达 97.22%。该方法的优点是催化剂易于与反应液分离，而且催化剂可重复多次使用，工艺简单、操作方便、反应温和、不腐蚀设备、无三废污染。

2003 年，农容丰等[54]以浓硫酸和五水四氯化锡作为催化剂，催化乙酸与异戊醇的酯化反应合成了乙酸异成酯。通过单因素试验，考查不同反应条件对产物收率的影响，获得了最佳的反应条件。以四氯化锡为催化剂，当醇、酸、催化剂的摩尔比为 1∶2.5∶0.02、回流反应时间为 2.0 h 时，酯的平均产率为 77.9%。四氯化锡的腐蚀性比浓硫酸低得多，其催化活性比浓硫酸高，操作方便。

2006 年，田孟魁等[55]以非质子酸为催化剂，以乙酸和异戊醇为原料，合成了乙酸异戊酯。通过单因素试验，探讨了几种不同非质子酸催化剂（四氯化锡、酞酸四丁酯、硫酸氢钠、三氯化铁、三氯化铝）的影响，并分析了醇酸摩尔比、催化剂用量、反应时间、回流温度诸因素对收率的影响，获得了最佳的反应条件。以四氯化锡为催化剂，当乙酸、异戊醇和四氯化锡的摩尔比为 1∶1.20∶0.02、回流温度为

130～140 ℃、反应时间为 45 min 时，酯收率可达 93.61%。该方法具有反应时间短、酯化率高、反应条件温和、便于操作、反应后处理简单、无污染、不腐蚀设备、反应过程无须使用带水剂等优点，是一种颇具工业应用开发前途的催化剂。

2006 年，张金生等[56]以无水氯化钙和四氯化锡两种无机盐联合作为催化剂，以冰乙酸、异戊醇为原料，合成了乙酸异戊酯。通过单因素试验，考查了酸醇摩尔比、催化剂用量、微波功率及辐射时间的影响，确定了最佳的合成条件。在 *n*（乙酸）∶*n*（异戊醇）为 2.5∶1、无水氯化钙-四氯化锡质量为 4 g、微波功率为 120 W、微波辐射时间为 16 min 的条件下，酯化率可达 95.9%。在联合催化剂法中，将四氯化锡良好的催化效果和无水氯化钙强脱水性有机的结合在一起，提高了酯化反应的酯化率，简化了后处理步骤。该方法与传统的加热合成方法比较，反应时间短，酯化率高，对设备几乎无腐蚀，不污染环境，操作简单，节约能源，为酯类的合成提供了新方法。

2009 年，孙明等[57]利用微波固相法制备了 $SnCl_4(FeCl_3)$/OMS-2 固体酸，并将其作为催化剂用于乙酸和异戊醇的反应合成了乙酸异戊酯，考查了活性组分种类、负载量等因素对酯化反应的影响。研究表明，微波固相法较之常规的固相法可以使活性组分四氯化锡或三氯化铁在氧化锰八面体分子筛表面的分散更加均匀，催化剂具有更加纤细的外形和更大的比表面积，因而具有更高的酯化活性。在酸醇摩尔比为 1∶1.5、催化剂用量为反应液质量的 1%、甲苯作为带水剂、反应温度为 110～120 ℃的条件下，酯化活性随着活性组分四氯化锡或三氯化铁在 OMS-2 表面的负载量的变化呈火山状变化，最佳负载量为每克载体负载 0.005 mmol 活性组分。OMS-2 表面负载四氯化锡时，酯化活性更佳，最大酯产率为 84.8%。

2012 年，补朝阳[58]利用四氯化锡作为催化剂，以乙酸和异戊醇作为原料、环己烷为带水剂，合成了乙酸异戊酯。通过单因素试验，研究了反应时间、酸醇的物质的量之比、催化剂用量、带水剂用量等因素对产物收率的影响，获得了最佳的反应条件。当醇酸的摩尔比为 1∶0.8（以 5.76 mL 乙酸为准）、催化剂用量为 0.35 g、回流反应时间为 60 min、带水剂环己烷用量为 10 mL 时，产物的产率最高可达 86.3%。

四氯化锡为固体，价廉易得，使用方便，且对设备腐蚀及环境污染比液体酸催化剂小。该方法的工艺简单，操作方便，反应条件温和，反应时间短且产率较高，另外副产物少，不腐蚀设备。

（8）三氯化铝。

2006 年，李建伟等[59]以冰乙酸和异戊醇为原料，比较了浓硫酸、六水合三氯化铝、无水氯化钙、六水合三氯化铝和无水氯化钙混合催化剂在乙酸异戊酯合成中的催化效果。研究表明，以六水合三氯化铝和无水氯化钙为双催化剂，同时利用六水合三氯化铝优良催化效果和无水氯化钙的脱水性，能及时将反应生成的水从有机相中脱除，效果优于油水分离器，产率最高。将二者协同应用于酯化反应中，不仅能有效提高酯化反应产率，而且可以减少原料消耗。

2007 年，宁满侠等[60]以结晶三氯化铝为催化剂，以冰乙酸和异戊醇为原料，合成了乙酸异戊酯。通过单因素试验，讨论了不同反应条件对产物收率的影响，获得了最佳的反应条件：当醇酸摩尔比为 1.6、催化剂用量为 3.5 g、回流反应时间为 81 min 时，反应产率可达 84.2%。结晶三氯化铝催化合成乙酸异戊酯具有用量少、价廉、快速、产率较高、操作安全、污染小等优点，节约能源，较环保，在生产上可降低成本，是浓硫酸的理想替代品。

2011 年，隆金桥等[61]以蒙脱土固定三氯化铝固体酸为催化剂，以乙酸和异戊醇为原料，在微波辐射条件下合成了乙酸异戊酯。通过单因素试验，研究不同反应条件对酯化率的影响，获得了最佳的反应条件。当酸醇摩尔比为 1∶2.5、催化剂用量为总反应物质量的 8.5%、反应时间为 10 min、微波辐射功率为 700 W 时，酯化率达 92.9%以上。催化剂重复使用 5 次，仍具有较高的催化活性。该方法具有活性高、选择性好、催化剂性能稳定、易与产物分离等优点。

2019 年，杜晓晗[62]使用结晶三氯化铝作为催化剂，以冰乙酸和异戊醇为原料，合成了乙酸异戊酯。通过单因素试验，探讨不同反应条件对酯化产率的影响，确定了最佳的反应条件。当醇酸摩尔比为 1.6、催化剂用量为 3.5 g、回流反应时间为 83 min 时，乙酸异戊酯的产率最高可达 84.21%。相对于以往使用的硫酸，结晶三氯化铝的用量更少、效率更快、安全无污染、节能环保，且价格成本低、产率高，非常适合大范围的推广应用。

（9）其他无机盐。

1998 年，范闽光等[63]以浸渍法制备了 HY、FeY 及 CuY 催化剂，并将其用于乙酸与异戊醇的酯化反应合成了乙酸异戊酯。通过单因素试验，考查了催化剂用量、反应物配比、反应时间等因素对反应的影响，获得了最佳的反应条件：以 FeY 为催化剂，酸醇摩尔比为 2∶1，催化剂用量为异戊醇的 1.2%～2.3%，回流温度为 103 ℃，反应时间为 2.5 h，带水剂环已烷用量为 15 mL。该方法突出的优点是在后处理中不脱色，不中和硫酸，从而简化了生产工序，减少了废水量，而且不腐蚀设备，具有很好的工业利用价值。

2000 年，赵汝琪[64]以硫酸锌为催化剂，以冰乙酸和异戊醇为原料，合成了乙酸异戊酯。通过单因素试验，研究了不同反应条件对酯化率的影响，确定了酯化的最佳条件：当醇酸摩尔比为 1.8∶1、催化剂用量为 2.5 g（以 0.36 mol 异戊醇为准）、带水剂甲苯的用量为 15 mL、回流反应时间为 2.0 h 时，酯收率可达 92.5%。该方法所用催化剂的催化活性高，反应条件温和，方法简便，收率优良，催化剂可再生重复使用。

2001 年，黄科林等[65]以冰乙酸和异戊醇为原料，研究了 001×7 和 D001 强酸性阳离子交换树脂、六水合氯化铁、二水合氯化铜、五水合硫酸铜等固体酸催化剂在乙酸异戊酯合成中的催化性能。通过单因素试验，研究不同反应条件对产率的影响，确定了最佳的反应条件：固定异戊醇加入量为 1 mol，以氯化铁-氯化铜的复合物为催化剂，酸醇摩尔比为 1.2∶1，催化剂用量为 5.0 g，反应时间为 2 h。该催化剂累计使用 120 h 以上，异戊醇转化率不下降，具有良好的潜在工业应用价值。

2004 年，王俏等[66]以硫酸铈铵为催化剂、乙酸和异戊醇为原料，合成了乙酸异戊酯。通过单因素试验和正交试验，考查了醇酸摩尔比、催化剂用量、反应时间诸因素对产品收率的影响，获得了合适的反应条件：在醇酸摩尔比为 1.8∶1、催化剂用量为 1.5 g、回流反应时间为 3.0 h 的条件下，乙酸异戊酯的收率可达 91.4%。硫酸铈铵是催化合成乙酸异戊酯的良好催化剂，反应条件温和，便于操作，无污染，不腐蚀设备，酯收率高，是一种颇具工业应用开发前途的催化剂。

2005 年，李常风[67]以磷酸二氢钾为催化剂，由冰乙酸和异戊醇反应合成了乙酸异戊酯。通过单因素试验，考查了不同反应条件对酯化率的影响，获得了最佳的反应条件：当冰乙酸、异戊醇和磷酸二氢钾的摩尔比为 1∶1.5∶0.096、回流时间为 120 min 时，酯的收率达 91.2%。该方法的催化剂易得，活性高，操作方便，能耗低，反应时间短，反应条件温和，对设备无腐蚀，对环境无污染，可重复使用，酯的收率高，产品杂质含量低，是合成乙酸异戊酯的良好方法。

2006 年，孙德功等[68]采用硫酸氢钾为催化剂，以冰乙酸和异戊醇为原料，合成了乙酸异戊酯。通过单因素试验，考查了催化剂用量、醇酸摩尔比、反应时间等因素对收率的影响，获得了最佳的反应条件，以 0.2 mol 冰醋酸为准，当醇酸摩尔比为 1.4、催化剂用量为 1.0 g、回流反应时间为 40 min 时，产物的收率为 83.5%。该催化剂具有催化活性高、易分离回收、重复使用性良好、无废液排放等优势。

2006 年，邹立科等[69]采用硫酸铝钾作催化剂，以异戊醇和冰乙酸为原料，合成了醋酸异戊酯。通过单因素试验和正交试验，考查了催化剂用量、原料配比和反应时间等因素对反应的影响，确定了较优的合成条件：当酸醇摩尔比为 1∶1、催化剂用量为乙酸质量的 16.7%、回流反应时间为 90 min 时，酯化率可达 97.6%。使用硫酸铝钾作为催化剂对设备无腐蚀，无须使用带水剂，环境污染小，催化剂易于与产品分离，酯化率高，是合成乙酸异酯的良好催化剂。

2006 年，陈丹云等[70]采用硫酸铈为催化剂，以冰乙酸和异戊醇为原料，合成了乙酸异戊酯。通过单因素试验，考查了催化剂用量、醇酸摩尔比、反应时间等因素对收率的影响，获得了最佳的反应条件：以 0.2 mol 冰醋酸为准，当醇酸摩尔比为 1.2、催化剂用量为 1.0 g、回流反应时间为 40 min 时，酯的收率可达 81.2%。该催化剂具有催化活性高、易分离回收、可重复使用、废液排放量少等优势。

2007 年，刘晓庚[71]以六水合氯化铝-一水合硫酸氢钠为复合催化剂、冰醋酸和异戊醇为原料，合成了乙酸异戊酯。通过正交试验，考查了催化剂用量、催化剂配比、反应时间、酸醇摩尔比对酯产率的影响，确定了最佳的反应条件。当反应物 *n*（冰醋酸）∶*n*（异戊醇）=1∶1.2、复合催化剂配料 *n*（六水合氯化铝）∶*n*（一水合硫酸氢钠）=1∶1.5、催化剂用量为 2.0%（催化剂占反应物料的质量分数）、反应温度为（115±5）℃、反应时间为 90 min、带水剂甲苯用量为 20%时，乙酸异戊酯的产率达 98.4%。该方法具有选择性好、催化剂用量少、后处理工艺简单、催化剂可反复多次使用、无污染、产率高、产品品质好等优点。

2009 年，王燕等[72]以复合型铁钾盐为催化剂，以冰乙酸和异戊醇为原料，合成了乙酸异戊酯。通过单因素试验，研究了不同反应条件对酯化率的影响，获得了反应的最佳条件：以异戊醇的用量 0.08 mol 为基准，当 *n*（酸）∶*n*（醇）=2.5∶1、催化剂用量为 0.76 g、带水剂环己烷用量为 5 mL、反应时间为 2 h 时，酯化率可达 92.8%。该催化剂制备方法简单、性质稳定、催化性强、反应时间短、产率高、不污染环境、易分离且可重复使用，克服了用液体酸作催化剂的缺陷。

2010 年，彭展英[73]用过硫酸铵作催化剂，以冰乙酸和异戊醇为原料，改变反应时间和不用带水剂，合成了乙酸异戊酯。研究表明，当反应时间为 10 min 时，乙酸异戊酯的产率为 83.07%；当反应时间为 45 min 时，乙酸异戊酯的产率为 93.58%；当反应时间为 180 min 时，乙酸异戊酯的产率为 81.33%。研究表明，乙酸异戊酯产率最高的反应时间为 45 min，最佳反应时间为 40～50 min。

2011 年，李建等[74]采用硫酸铁作催化剂，以乙酸和异戊醇为原料，合成了乙酸异戊酯。通过单因素试验，考查了乙酸与异戊醇的摩尔比、催化剂用量及反应时间对乙酸酯化率的影响，获得了反应的最佳条件：以乙酸的用量 0.1mol 为基准，当酸醇摩尔比为 1∶1.3、催化剂用量为 0.9 g、回流反应时间为 1 h、带水剂环己烷用量为 10 mL 时，酯化率可达 96.69%。

2014 年，訾俊峰等[75]以复合无机盐 $CuSO_4/Fe_2(SO_4)_3$ 为催化剂、乙酸和异戊醇为原料，合成了乙酸异戊酯。通过单因素试验和正交试验，考查了催化剂用量、反应时间和乙酸与异戊醇摩尔比对乙酸酯化率的影响，确定了最佳的反应条件：以乙酸的用量 0.1 mol 为基准，当酸醇摩尔比为 1∶2.00、催化剂用量为 0.8 g、回流反应时间为 2.0 h、带水剂环己烷用量为 10 mL 时，酯化率达 93.6%。该复合无机盐催化剂具有催化活性高、操作简单和不污染环境等优点。

2014 年，刘钰等[76]以浓硫酸-一水合硫酸氢钠为复合催化剂、冰乙酸和异戊醇为原料，合成了乙酸异戊酯。通过正交试验，研究了反应物酸醇摩尔比、催化剂配料摩尔比、催化剂用量、反应时间对酯的产率的影响，确定了最佳的反应条件：当反应物投料 *n*（冰乙酸）∶*n*（异戊醇）=1∶1.2、复合催化剂配料 *n*（浓硫酸）∶*n*（一水合硫酸氢钠）=1∶1.5、复合催化剂用量为 1%、带水剂环己烷用量为 20%、反应温度为 105～115 ℃、反应时间为 120 min 时，酯收率高达 85%以上。该方法具有选择性好、催化剂用量少及对环境无污染等优点，是合成乙酸异戊酯的一种较好方法。

2015 年，吴震宇等[77]以 $Al_2(SO_4)_3/FeCl_3$ 为催化剂、冰乙酸和异戊醇为原料，合成了乙酸异戊酯。通过单因素试验和正交试验，考查催化剂用量、乙酸与异戊醇摩尔比以及反应时间对乙酸酯化率的影响，确定了最佳的反应条件：以乙酸物质的量 0.1 mol 为基准，当乙酸与异戊醇摩尔比为 1∶4、催化剂用量为 1.0 g、回流反应时间为 2.0 h、带水剂环己烷用量为 10 mL 时，重复试验 3 次，平均酯化率为 93.50%。

无机盐催化剂对乙酸异戊酯的催化效果好，具有重复使用性好、无污染等优点，是一种环境友好型催化剂，但部分催化剂存在反应时间短的缺点。

3. 磺酸类

有机磺酸酸类催化剂多为强质子酸催化剂，多溶于水或乙醇，呈显著的酸性反应，其催化机制为催化剂与乙酸的羟基结合形成一个活性中间体，然后与异戊醇的羟基发生反应，随后脱去水分子，最终形成目标产物。此类催化剂对催化乙酸和异戊醇的酯化反应有着较好的催化效果。

（1）氨基磺酸。

1996 年，张竞清[78]以氨基磺酸为催化剂，以冰乙酸和异戊醇为原料，合成了乙酸异戊酯。研究表明，以 0.2 mol 异戊醇为准，当醇酸摩尔比为 0.2∶0.25、催化剂用量为 0.5 g、回流反应时间为 1 h 时，产物的收率可达 67%。该方法的反应产物后处理简单，催化剂可多次重复使用。

1998 年，罗一鸣等[79]用氨基磺酸作催化剂，以冰乙酸和异戊醇为原料，合成了乙酸异戊酯。通过单因素试验，研究了不同条件对酯化反应的影响，获得了最佳的反应条件：以 0.1 mol 异戊醇为准，用环己烷作带水剂时，当 n（异戊醇）∶n（乙酸）∶n（催化剂）=1∶1.1∶0.03，环己烷用量为 5 mL（50 mL/mol 醇），在沸水浴回流 2 h 时，产率可达 79.2%。不用带水剂时，当 n（异戊醇）∶n（乙酸）∶n（催化剂）为 1∶1.3∶0.02，在 140～150 ℃下油浴回流 2 h 时，产率可达 88.5%。两者相比，前者反应温度较低，催化剂可重复利用，酸与醇摩尔比小，但因用带水剂时，操作较麻烦，粗产品蒸馏时，前馏分大；而后者操作简便，前馏分很少。

2001 年，陈洁等[80]用氨基磺酸作为催化剂，以冰乙酸和异戊醇为原料，环己烷作为带水剂，合成了乙酸异戊酯。通过单因素试验，研究了原料配比、催化剂用量、反应温度、反应时间等因素的影响，获得了最佳的工艺条件：当 n（乙酸）∶n（异戊醇）=1∶1.1、催化剂用量为 1 g/mol 乙酸、反应温度为 110～120 ℃、反应时间为 2 h、带水剂环己烷用量为 14 mL/mol 异戊醇时，乙酸异戊酯的最高产率达 97.6%。催化剂可重复使用，但需补加 10%～20%的新催化剂。

2001 年，易兵等[81]采用氨基磺酸作催化剂，以冰乙酸和异戊醇为原料，合成了乙酸异戊酯。通过单因素试验，探讨了原料配比、催化剂用量、反应时间及带水剂的选择等因素对酯化产率的影响，确定了最佳工艺条件：乙酸与异戊醇的摩尔比为 0.1∶0.25，催化剂用量为乙酸的 10%（质量分数），带水剂甲苯约为 25 mL，反应时间为 2.5 h。在此条件下，酯化产率达 86.2%。该反应时间较短，产品易于分离，催化剂可重复使用多次，且氨基磺酸容易得到，性质稳定，安全，使用方便，具有一定的工业应用价值。

（2）对甲苯磺酸。

1996 年，俞善信等[82]以对甲苯磺酸作为催化剂，由异戊醇和乙酸的酯化反应合成了乙酸异戊酯。研究表明，当酸醇摩尔比为 3∶2、催化剂用量为 0.3～0.4 g（以 0.20 mol 异戊醇为准）、带水剂环己烷用量为 15 mL 时，回流反应，酯的收率达 97%。

1999 年，丁健桦等[83]以对甲苯磺酸为催化剂、以无水氯化钙为吸水剂，以冰乙酸和异戊醇为原料，合成了乙酸异戊酯。通过单因素试验，探讨了醇酸摩尔比、吸水剂用量、催化剂用量和反应时间等条件对酯产率的影响，确定了最佳的酯化反应条件：当醇酸摩尔比为 1∶1.2、吸水剂和催化剂用量均为原料质量的 12.50%、回流反应时间为 1 h 时，酯产率可达 94%以上，产品质量符合要求。该方法具有反应条件温和、操作简单、产率较高、产品质量好、无污染等优点，特别是反应时间短，这是其他方法无可比拟的。

2003 年，李继忠等[84]采用对甲苯磺酸作催化剂，以冰乙酸和异戊醇为原料，合成了乙酸异戊酯。通过单因素试验，考查了不同反应条件对酯化产率的影响，获得了最佳的反应条件：当异戊醇、冰乙酸、催化剂的摩尔比为 1.5∶1∶0.003、不用带水剂、在 132～138 ℃回流反应 0.5 h 时，乙酸异戊酯的产率可达 96.2%。对甲苯磺酸作为催化剂，具有选择性好、活性高、反应时间短、产率高、产品色泽好、工艺简单、腐蚀性小等特点，是合成乙酸异戊酯较理想的催化剂。

2003 年，施磊等[85]用颗粒状活性炭固载对甲苯磺酸作为催化剂，以冰乙酸和异戊醇为原料，合成了乙酸异戊酯。通过单因素试验，考查了催化剂用量、带水剂、醇酸摩尔比、反应时间等因素对酯化率的影响，获得了最佳的反应条件：当 n（醇）：n（酸）=1.2∶1、催化剂用量为 0.3 g（以 0.3 mol 冰乙酸为准）、带水剂环己烷用量为 15 mL、油浴温度为 130～135 ℃、反应时间为 90 min 时，酯化率为 99.50%以上。该工艺简单易操作，活性炭回收方便，稍做处理便可继续使用，从而节约了成本，具有很大的优越性，在工业上具有一定的应用前景。

2003 年，施磊等[86]用颗粒状活性炭固载对甲苯磺酸作为催化剂，以冰乙酸和异戊醇为原料，在微波辐射下合成了乙酸异戊酯。通过单因素试验，考查了微波功率、催化剂用量、醇酸摩尔比、微波辐射时间等因素对酯化率的影响，获得了最佳的反应条件：当 n（醇）：n（酸）=1.2∶1、催化剂用量为 1.4 g（以 0.3 mol 冰乙酸为准）、微波功率为 150 W、反应时间为 30 min 时，酯化率为 98.0%以上。该方法不仅缩短了反应时间，而且缓解了腐蚀作用，减少了环境污染，后处理方便以及催化剂容易分离，降低了反应成本，具有一定的应用前景。

2013 年，侯金松[87]以对甲苯磺酸为催化剂、乙酸与异戊醇为原料，在微波辐射条件下合成了乙酸异戊酯。通过单因素试验，研究了不同反应条件对产物收率的影响，获得了最佳的反应条件：以 16.70 g 异戊醇为基准，当异戊醇与冰醋酸的摩尔比为 1∶1.45、催化剂用量为 2.1 g、反应温度为 100 ℃、反应时间为 5 min、微波功率为 440 W 时，乙酸异戊酯的产率达 78.3%。与传统的加热方式比较，此法不仅反应时间短、副反应少，而且产率亦有所增加。

2018 年，白壮毅等[88]采用浓硫酸和对甲苯磺酸作为催化剂，以冰乙酸和异戊醇为原料，合成了乙酸异戊酯。通过单因素试验，主要考查了醇酸摩尔比、反应时间及催化剂用量对乙酸异戊酯产率的影响，确定了最佳的反应条件：以浓硫酸为催化剂，当异戊醇与冰醋酸的摩尔比为 1.4∶1、浓硫酸用量为 1.5 g、回流反应时间为 1 h 时，乙酸异戊酯的产率可达 88.9%。以对甲苯磺酸为催化剂，当异戊醇与冰醋酸的摩尔比为 1.5∶1、对甲苯磺酸用量为 0.5 g、反应时间为 30 min 时，乙酸异戊酯的产率可达 93.4%。综合分析可知，对甲苯磺酸比浓硫酸的催化效果好，而且反应时间短、产率高、产品色泽好、工艺简单、腐蚀性小，是合成乙酸异戊酯的较理想催化剂。

（3）对氨基苯磺酸。

2000 年，关共凑等[89]以固体酸对氨基苯磺酸作催化剂，由异戊醇和冰乙酸直接酯化合成了乙酸异戊酯。通过单因素试验，研究了不同反应条件对反应产率的影响，获得了最佳的反应条件：n（乙酸）∶n（异戊醇）=2∶1，催化剂用量为 1 g，带水剂环己烷用量为 40 mL，回流反应时间为 1 h。此时，产物的产率为 80.0%。催化剂可重复使用 6 次，仍有大于 75%的产率。该方法具有使用方便、工艺简单、安全、无污染、产率较高等特点。

2015 年，赵卫星[90]采用对氨基苯磺酸作催化剂，由异戊醇与乙酸的酯化反应合成了乙酸异戊酯。通过单因素试验，考查了醇酸摩尔比、催化剂用量、反应时间对乙酸异戊酯收率的影响，确定了反应的最佳条件：以异戊醇的加入量 0.12 mol 为基准，当醇酸摩尔比为 1∶1.3、催化剂用量为 1.8 g、回流反应时间为 70 min 时，乙酸异戊酯的收率可达 70.72%，且具有很高的纯度。

（4）其他磺酸类催化剂。

2003 年，高栓平等[91]以活性炭、陶瓷球、石英砂、硅胶为载体负载甲磺酸，制得一系列负载型固体酸催化剂，用于乙酸和异戊醇的酯化反应合成了乙酸异戊酯。通过单因素试验，研究不同反应条件对催化活性的影响，获得了最佳的反应条件：以活性炭负载甲磺酸为催化剂，当醇酸摩尔比为 1∶1.5、催化剂用量为 1.0 g（以 0.1 mol 异戊醇为准）、反应时间为 1 h 时，酯收率可达 97%。与硫酸相比，该方法对反应器腐蚀作用小，反应时间短，副反应少，易于产物分离，减少了对环境的污染，是一种具有开发利用价值的环境友好型酯化反应催化剂。

2004 年，刘春生等[92]以十二烷基磺酸铁为催化剂，由乙酸与异戊醇的反应合成了乙酸异戊酯。通过单因素试验，考查了反应时间、催化剂用量、醇酸摩尔比等因素对乙酸异戊酯收率的影响，获得了较好的反应条件：以乙酸用量 0.1 mol 为准，醇酸摩尔比为 1.1∶1，十二烷基磺酸铁用量为 1.6 g（约 2.0 mmol），带水剂环己烷用量为 6 mL，回流反应时间为 40 min，酯的收率达 95.2%。催化剂重复使用 5 次，仍保持较高活性。该方法具有反应时间短、醇酸比小、产率高及催化剂重复使用性能好的特点，且处理简单、无污染，具有绿色合成的特点和良好的实用前景。

2007 年，刘鸿等[93]以废弃溶剂中二甲苯磺化得二甲苯磺酸为催化剂，以冰乙酸和异戊醇为原料，在微波辐射条件下，合成了乙酸异戊酯。通过单因素试验，探讨了不同反应条件对乙酸异戊酯酯化率的影响，获得了最佳的反应条件：以异戊醇的反应摩尔数 0.1 mol 为准，当异戊醇与乙酸摩尔比为 1∶2.0、催化剂用量为 0.9 g、微波辐射功率为 400 W、反应时间为 10 min 时，乙酸异戊酯的酯化率可达 95.7%。该方法采用了微波辐射技术，节省了反应能耗，缩短了反应时间，提高了反应酯化率；催化剂二甲苯磺酸的合成简单、经济、环保，且易从反应液中分离、回收、重复利用，具有较好的工业应用前景。

2008 年，刘凡等[94]以对甲苯磺酸钙为酯化催化剂、乙酸和异戊醇为原料，合成了乙酸异戊酯。通过单因素试验，研究影响酯化率的因素，获得了适宜的反应条件：当 11.4 mL 乙酸与 23.8 mL 异戊醇反应（即酸醇摩尔比为 1∶1.2）、催化剂用量为 0.6 g、带水剂环己烷用量为 15 mL、回流反应时间为 120 min 时，酯化率可以达到 96.9%。以对甲苯磺酸钙为催化剂合成乙酸异戊酯，催化剂价廉易得，酯化时间短，后处理简单，酯化率高，是合成乙酸异戊酯的良好催化剂。

2011 年，马松艳等[95]以十二烷基苯磺酸（DBSA）为催化剂、异戊醇和乙酸为原料，合成了乙酸异戊酯。采用正交试验方法，研究了物料比、酯化时间、酯化温度和催化剂用量对酯化率的影响，确定了最佳的工艺条件：当 n（酸）∶n（醇）=1∶4、催化剂用量为酸物质的量的 5%、反应温度为 45 ℃、反应时间为 4 h 时，酯化率最高可达 81.57%。该方法具有反应条件温和、不加带水剂、操作简便、收率较高、绿色环保等优点，具有良好的应用前景。

4. 杂多酸

杂多酸是一类含氧桥的多核配合物，具有类似分子筛的笼型结构特征，具有催化活性高、反应选择性好、稳定性高、对环境友好等优点，被广泛运用到各类催化反应中。负载型杂多酸是通过将杂多酸固载在载体上增大其比表面积，使其具有回收简单、可重复使用、实现均相反应的多相化等优点。

1997 年，马雪琴等[96]以钨硅酸为催化剂，以冰乙酸和异戊醇为原料，合成了乙酸异戊酯。通过单因素试验，考查了醇酸比、反应时间、带水剂用量等对合成的影响，获得了较适宜的反应条件：以 12.01 g 乙酸为准，醇酸摩尔比为 1.5∶1、硅钨酸用量为 0.5 g、带水剂苯的用量为 10 mL、反应温度为 110 ℃。在此条件下，酯化率为 99.5%。该方法反应条件温和、催化剂用量少且可回收使用，具有广泛的应用前景。

1998 年，秦正龙等[97]以钨硅酸为催化剂，苯为带水剂，由乙酸和异戊醇直接酯化合成了乙酸异戊酯。通过单因素试验，考查不同反应条件对产物收率的影响，获得了最佳的工艺条件：醇酸摩尔比为 1.3，催化剂为醇酸总质量的 0.8%，反应温度为 110～120 ℃，反应时间为 1.5 h。该方法的生产工艺简单，反应时间短，产率高，能耗低，不腐蚀设备，基本无三废排放，易于工业化生产。

2000 年，方敏等[98]以酸处理的固载的 Keggin 结构的 $H_5BW_{12}O_{40}$ 杂多酸为催化剂，在气-固相反应体系中，由乙酸与异戊醇的酯化反应合成乙酸异戊酯。研究表明，固载型的 $H_5BW_{12}O_{40}$（简写为 BW_{12}/SiO_2）具有优异的催化性能。在酸醇摩尔比为 1.2～1.4、温度为 135 ℃、空速为 6.67 h^{-1} 时，异戊醇具有较高的转化率和选择性。该催化剂具有催化活性高、催化剂用量少、选择活性强、化学稳定性高的特点，产物易于分离，有利于连续生产，其工业前景可观。

2001 年，张爱黎等[99]以磷钨、硅钨杂多酸为催化剂，以冰乙酸和异戊醇为原料，合成了乙酸异戊酯。通过单因素试验，讨论了醇酸比、反应时间、催化剂用量对收率的影响，获得了最佳的反应条件：以 8-磷钨酸为催化剂，醇酸摩尔比为 1∶1，催化剂用量为反应液的 1%，反应温度为 120 ℃，反应时间为 90 min，带水剂为苯。此时，产物的收率可达 90%。杂多酸催化剂与硫酸、盐酸等催化剂相比，反应时间短，温度低，活性高，后处理简单，不腐蚀设备，催化剂可以重复使用。

2001 年，李金玉等[100]以合成的磷钨杂多酸作为催化剂，以冰乙酸和异戊醇为原料，合成了乙酸异戊酯。通过单因素试验，考查了反应时间、催化剂用量、醇酸摩尔比等对酯化反应的影响，获得了最佳的反应条件：在冰乙酸用量为 0.10 mol、醇酸摩尔比为 1.5、催化剂用量为 70 mg、回流反应时间为 90 min、带水剂正己烷为 7.0 mL 的条件下，酯化产率可达 96.8%，乙酸异戊酯的收率达 84%。以磷钨杂多酸为催化剂合成乙酸异戊酯与传统的催化剂浓硫酸相比酯化率高，选择性好，工艺及后处理简单，且无废酸排放，是一种很有潜力、有利于环境保护的醇酸酯化催化剂。

2001 年，赵艳茹等[101]以硅钨酸作催化剂，4A 分子筛为脱水剂，采用微波辐射技术，由乙酸和异戊醇直接合成了乙酸异戊酯。通过单因素试验，考查了催化剂用量、微波辐射功率、时间、乙酸与异戊醇摩尔比对反应转化率的影响，获得了最佳的反应条件：乙酸、异戊醇摩尔比为 1∶1.5，乙酸与硅钨酸摩尔比为 1∶0.001 384，微波辐射功率为 340 W，辐射时间为 20 min。在此条件下，乙酸的转化率为 97%。该方法与传统合成方法相比，提高反应速度数十倍，降低了酸醇摩尔比，催化剂、脱水剂可重复使用，工艺简单，经济实用。

2002 年，杨水金等[102]以固载杂多酸盐 $TiSiW_{12}O_{40}/TiO_2$ 为多相催化剂，通过乙酸和异戊醇反应合成了乙酸异戊酯。通过单因素试验，探讨了诸因素对产率的影响，获得了最佳的反应条件：当醇酸摩尔比为 1.2∶1、催化剂用量为反应物料总量的 1.0%、反应温度为 110～122 ℃、反应时间为 1.5 h，产率可达 96.3%。该方法具有良好的催化活性，酯化时间短，产率和酯的纯度较高，并且可较好地回收循环使用，无废酸排放，工艺流程简单，可降低生产成本。

2002 年，方敏[103]以冰乙酸和异戊醇为原料，选用活性炭、γ-氧化铝、石英砂、5A-分子筛 4 种载体，研究了负载型的 keggin 结构的 $H_3PW_{12}O_{40}$、$H_4SiW_{12}O_{40}$、$H_4GeW_{12}O_{40}$、$H_5BW_{12}O_{40}$ 和 Dawson 结构的 $H_6PW_{18}O_{62}$ 5 种杂多酸催化剂在乙酸异戊酯合成中的催化活性。研究表明，同一载体负载的不同杂多酸，具有相近的催化活性；不同载体的杂多酸催化剂的活性与载体表面特性有关；在同一条件下，炭载型催化剂表现出了很高的催化活性、选择性和化学稳定性。

2002 年，曹小华等[104]以自制固载型杂多酸为催化剂，以乙酸和异戊醇为原料，合成了乙酸异戊酯。通过单因素试验，研究了杂多酸催化剂用量、酸醇摩尔比和反应时间对产率的影响，获得了最佳的反应条件：酸醇摩尔比为 2∶1，催化剂用量为反应物质量的 3%，回流反应时间为 2 h。在此条件下，乙酸异戊酯的产率达 77.25%。该方法的催化剂用量少、催化活性高、反应时间短、产率高、工艺简单，在一定条件下催化剂可以重复使用多次。

2003 年，杨秀英[105]用活性碳负载 12-钨磷酸作催化剂，以乙酸和异戊醇为原料，合成了乙酸异戊酯。通过单因素试验，探讨了醇酸摩尔比、催化剂用量、反应时间、带水剂用量对酯化产率的影响，确定了最佳的反应条件：醇酸摩尔比为 1.5∶1，催化剂用量为 1.5 g，带水剂苯的用量为 30 mL，回流时间为 3 h。该方法具有产率高、操作方便、条件适中、后处理容易、对环境友好、催化剂可重复使用等优势。

2004 年，许卓望[106]在气-固相反应体系中，以冰乙酸和异戊醇为原料，选用了活性炭、γ-氧化铝、石英沙、5A-分子筛 4 种载体，考查了负载型的 Keggin 结构的

$H_3PW_{12}O_{40}$、$H_4SiW_{12}O_{40}$、$H_4GeW_{12}O_{40}$、$H_5BW_{12}O_{40}$ 和 Dawson 结构的 $H_6PO_{18}O_{62}$ 5 种杂多酸催化剂在乙酸异戊酯合成中的催化活性。研究表明，同一载体负载的不同杂多酸，具有相近的催化活性；不同载体的杂多酸催化剂的活性与载体表面特性有关；在同一条件下，炭载型催化剂表现出了很高的催化活性、选择性和化学稳定性。

2004 年，吕楠[107]在气–固相反应体系中，以冰乙酸和异戊醇为原料，选用了活性炭、γ–氧化铝、石英沙、5A–分子筛 4 种载体，考查了负载型的 keggin 结构的 $H_4GeW_{12}O_{40}$ 杂多酸催化剂在乙酸异戊酯合成中的催化活性。研究表明，固载型的 $H_4GeW_{12}O_{40}$/C 和 $H_4GeW_{12}O_{40}$/石英砂，具有优异的催化性能，在同一条件下，炭载型催化剂表现出了很高的催化活性、选择性和化学稳定性。

2004 年，盛凤军[108]采用硅钨酸作催化剂，以冰乙酸和异戊醇为原料，在微波辐射条件下合成了乙酸异戊酯。通过正交试验，探讨了醇酸比、催化剂的质量分数、微波的功率和微波辐射时间对合成的影响，获得了最佳的工艺条件：醇酸摩尔比为 1∶1.1、催化剂用量占投料量的 5%、微波的功率为 350 W、微波辐射时间为 5 min。在该工艺条件下，合成的收率达 95%～96%。使用该法合成乙酸异戊酯不仅缩短了反应时间，大大提高了反应效率，而且反应条件及操作简单易行，酯化产率高、三废少，符合当今绿色化学的发展趋势。

2006 年，马荣华等[109]以杂多酸（盐）为催化剂，以冰乙酸和异戊醇为原料，合成了乙酸异戊酯。通过单因素试验，探讨了不同催化剂、催化剂用量、原料配比、反应时间等对酯化率的影响，获得了最佳的反应条件：以杂多酸 $H_4SiW_{12}O_{40}\cdot 23H_2O$ 为催化剂，当醇酸摩尔比为 1.2∶1、催化剂用量为 0.5%、反应时间为 2 h 时，酯化率高达 96.28%。该方法具有反应条件温和、催化剂用量少、催化剂活性高、可重复使用等优点，而且不腐蚀设备，反应后易处理，污染小。

2010 年，鞠露[110]以 $TiSiW_{12}O_{40}/TiO_2$ 为催化剂，以冰乙酸和异戊醇为原料，合成了乙酸异戊酯。通过单因素试验，研究不同反应条件对酯的收率的影响，确定了最佳的反应条件：当醇酸摩尔比为 1.2∶1、催化剂用量为 1.25 g、回流反应时间为 1.5 h 时，酯收率最高可达 86.0%。该方法操作较方便，催化剂可重复使用，未使用带水剂，产物处理也较简单，可基本实现生产工艺的高效、经济、环境友好，对于减少污染、提高效率有一定的意义，是一种较有前途的酯化反应催化剂。

2011 年，袁华等[111]以 Waugh 结构钼锰杂多酸盐作为催化剂，以冰乙酸和异戊醇为原料，合成了乙酸异戊酯。通过试验，考查了不同反应条件对产物的影响，确定了最佳的反应条件：醇酸摩尔比为 1.646∶1、催化剂用量为 0.2 g、回流反应时间为 63 min，带水剂甲苯用量为 3 mL。在此条件下，酯化反应的选择性为 100%，转化率达 82.70%。钼锰杂多酸盐作为催化剂，具有转化率高、选择性好、污染少、催化剂可重复使用、无废酸排放、工艺及后处理简单等优点，是一种很有潜力、有利于环境保护的催化剂。

2012 年，周华锋等[112]制备了具有 Keggin 型结构的硅钨杂多酸（$H_4SiW_{12}O_{40}$）和二氧化硅负载硅钨杂多酸（$H_4SiW_{12}O_{40}/SiO_2$），并将其作为催化剂应用于乙酸异戊酯的合成。通过单因素试验，研究不同反应条件对乙酸转化率的影响，确定了最佳的反应条件：以硅钨杂多酸为催化剂，酸醇摩尔比为 1∶1.6、催化剂用量为 1.500 g（约占反应物总质量的 2.37%）、回流反应时间为 120 min 时，乙酸的转化率达到 97.70%。以二氧化硅负载硅钨杂多酸为催化剂时，乙酸的转化率在 120 min 可达到 87.14%，重复使用 3 次后乙酸的转化率在 120 min 仍可达到 81.98%。但是，如何能进一步提高负载型硅钨杂多酸的比表面积，从而提高其催化活性仍是今后有待解决的问题。

2012 年，吕宝兰等[113]以硅胶负载硅钨酸为催化剂、乙酸和异戊醇为原料，合成了乙酸异戊酯。通过正交试验，探讨了乙酸与异戊醇摩尔比、催化剂用量、带水剂及反应时间对收率的影响，确定了适宜的反应条件：固定乙酸的用量为 0.20 mol，当 n（乙酸）∶n（异戊醇）=1∶1.6、催化剂用量为 0.3 g、回流反应时间为 45 min、带水剂环己烷用量为 8 mL 时，乙酸异戊酯的收率可达 93.0%。该方法的催化剂用量少，催化活性高，反应时间短，产品收率较高，无废酸排放，具有良好的应用前景。

2013 年，刘爽等[114]以活性炭负载磷钨酸为催化剂、冰乙酸和异戊醇为原料，合成了乙酸异戊酯。通过单因素试验和正交试验，对影响合成乙酸异戊酯的一系列因素进行了探究，获得了最佳的反应条件：当醇酸摩尔比为 1.3∶1、催化剂用量为乙酸的 5%、回流反应时间为 150 min、带水剂环己烷用量为 7.5 mL 时，乙酸异戊酯的酯化率可达 80%以上。负载型磷钨酸绿色环保且易于制备回收，可以重复使用，当其重复使用 5 次后，催化活性才稍有下降。活性炭负载磷钨酸作为催化剂制备工艺简单，且可重复使用，具有选择性高、稳定性好等优点，操作简单安全，减小了浓硫酸作为催化剂时对环境的腐蚀污染，并大大简化了产品分离和提纯的步骤，具有较好的工业化应用前景。

2013 年，杨水金等[115]采用浸渍法制备了复合载体负载磷钨酸催化剂 $H_3PW_{12}O_{40}/ZrO_2-WO_3$，并将其应用于异戊醇和冰乙酸的反应合成了乙酸异戊酯。通过正交试验，研究了醇酸摩尔比、催化剂用量、带水剂环己烷用量、反应时间等因素对产物收率的影响，确定了反应的最佳条件：当醇酸摩尔比为 1.4∶1、催化剂用量为反应物总质量的 0.5%、带水剂环己烷用量为 8 mL、回流反应时间为 90 min 时，乙酸异戊酯的收率达 71.4%。该催化剂具有比较好的催化活性，不仅反应时间短、无污染，而且收率较高，具有良好的应用前景。

2017 年，梁娟娟等[116]以甘氨酸（Gly）和磷钨酸为原料，合成了一系列不同组成的无机–有机杂化材料甘氨酸基磷钨酸，并将其作为催化剂应用于乙酸异戊酯的合成。利用单因素试验和响应面分析法，研究催化剂用量、反应时间和带水剂量等对产物产率的影响，获得了最佳的反应条件：以 $[GlyH]_{1.0}-H_{2.0}PW_{12}O_{40}$ 作为催化剂，当醇酸摩尔比为 1.05∶1、催化剂用量为酸质量的 4.5%、带水剂环己烷用量为 10 mL、回流反应时间为 2.0 h 时，乙酸异戊酯的产率为 98.5%。氨基酸基磷钨酸化合物可同时具有有机成分及无机成分的各种优异性能，并且其具有的协同效应等其他性质，使其在多酸型无机–有机杂化材料领域亦具有潜在的应用价值。

2019 年，徐美等[117]利用硅胶负载 Waugh 结构的 $(NH_4)_6[MnMo_9O_{32}]\cdot 8H_2O$ 为催化剂，以冰乙酸和异戊醇为原料，合成了乙酸异戊酯。通过单因素试验，考查不同反应条件对酯化率的影响，确定了最佳的反应条件：当醇酸摩尔比为 1.6∶1、催化剂用量为 0.4 g、回流反应时间为 60 min、带水剂为甲苯时，酯化率可高达 85.42%。

该负载催化剂对于合成乙酸异戊酯有一定的催化效果，其转化率高、可重复使用、易分离、污染小、无腐蚀，有利于保护环境和仪器设备，具有一定的应用前景。

此外，吴胜富等[118]也报道了杂多酸在乙酸异戊酯合成中的应用。

5. 固体超强酸

固体超强酸是超强性的固体酸，其催化功能来源于固体表面存在的具有催化活性的酸性部位，具有耐高温、活性好、易分离等优点，是一种对环境友好的新型催化剂，被广泛应用于酯化反应的催化。

1991 年，王存德等[119]制备了固体超强酸 TiO_2/SO_4^{2-}，并将其作为催化剂用于乙酸异戊酯的合成。通过单因素试验，探讨不同反应条件对酯化反应的影响，获得了最佳的反应条件：酸醇摩尔比为 1∶1.5，催化剂用量为 4%，反应温度为 88～98 ℃，反应时间为 2.5 h。在此条件下，乙酸的转化率为 95.3%。

1994 年，曹作刚等[120]制备了 SO_4^{2-}/Fe_2O_3 型固体超强酸，并将其作为催化剂用于乙酸异戊酯的合成。研究表明，当催化剂用量占总投料量的 2%、反应时间为 2 h 时，异戊醇的转化率可达 94%。该催化剂具有易与产物分离、腐蚀作用小、污染程度轻和可重复使用的优点，是一种具有很大开发利用价值的酯化反应催化剂。

1997 年，廖正福等[121]制备了固体超强酸 Fe_2O_3/SO_4^{2-}，并将其作为催化剂用于乙酸异戊酯的合成。通过正交试验，讨论了各因素对酯化反应的影响，确定了最佳的反应条件：以甲苯为带水剂，当物料乙酸、异戊醇、甲苯摩尔比为 1∶1.5∶0.5、催化剂用量为酸醇总量的 10%（质量分数）、反应温度为 130 ℃、反应时间为 5 h 时，酯化产率可达 95%以上。该方法产率高，设备简单，操作方便，产物易于精制，产品品质优良，基本不腐蚀设备，三废少，是一种值得开发的新工艺。

1999 年，周宁章等[122]以固体超强酸 SO_4^{2-}/TiO_2 为催化剂，以冰乙酸和异戊醇为原料，采用连续法合成了乙酸异戊酯。通过单因素试验，研究不同反应条件对酯化反应的影响，获得了最佳的反应条件：当物料酸醇摩尔比为 1.2、反应温度为 120 ℃、加料速度为 1.2 mL/min 时，最终酯收率达 70%以上。该方法不仅酯收率高，而且工艺简单，污染小，不易腐蚀设备，是一种有利于工业化的好方法。

2001 年，夏淑梅等[123]制备了固体酸催化剂 ZrO_2/Fe_3O_4，并将其作为催化剂用于合成乙酸异戊酯。通过单因素试验，考查了各种因素对产率的影响，确定了最佳的反应条件：酸醇摩尔比为 1.2∶1，催化剂用量为 1～1.2 g（占总质量的 2.5%～3.0%），反应时间为 2.5h。此时，酯化率可达 98%以上。

2001 年，孟宪昌等[124]制备了纳米固体超强酸 SO_4^{2-}/Fe_2O_3，并将其作为催化剂用于乙酸异戊酯的合成。通过单因素试验，研究了酯化反应的影响因素诸如催化剂的制备、用量及反应时间，获得了最佳的反应条件：当乙酸与异戊醇的摩尔比为 0.1∶0.25、催化剂用量为 0.4 g（以 0.1 mol 乙酸为准）、带水剂甲苯为 25 mL、反应时间为 2.0 h 时，酯化产率可达 87.4%。该方法的反应时间短，所用催化剂量小，产品易于分离，酯化产率高，催化剂可重复使用多次，且催化剂易于制备、性质稳定、安全、使用方便、无毒副作用、不腐蚀设备、对环境无污染，具有一定的工业开发应用价值。

2003 年，崔秀兰等[125]制备了一系列稀土固体超强酸催化剂，并将其用于乙酸异戊酯的合成反应。通过单因素试验和正交试验，考查了影响合成反应的因素，获得了最佳的反应条件：在异戊醇与冰醋酸摩尔比为 2∶1、催化剂用量为 1.0%（质量分数）、带水剂（苯）用量为 15%（体积分数）、反应时间为 2.0 h 的条件下，酯化率可达 94.8%以上。稀土固体超强酸与浓硫酸相比，副反应少，催化活性高，对设备腐蚀性小，生产过程中造成的污染小，是具有应用前景的环境友好型催化剂。

2003 年，龚菁等[126]采用微波辐射技术和无溶剂、无无机载体的干反应技术相结合的方法，以自制的固体超强酸 SO_4^{2-}/TiO_2、$SO_4^{2-}/TiO_2/La^{3+}$、$SO_4^{2-}/TiO_2\text{-}ZrO_2$ 为催化剂，以异戊醇和乙酸酐为原料，直接辐射合成了乙酸异戊酯。研究表明，以固体超强酸 SO_4^{2-}-/$TiO_2\text{-}ZrO_2$ 为催化剂，当乙酸酐 0.12 mol、异戊醇 0.1 mol、催化剂用量为 0.5 g、微波辐射功率为 350 W、间歇辐射时间为 6 min 时，产物的产率为 90.6%。使用该方法合成乙酸异戊酯显著缩短了反应时间，大大提高反应效率，反应条件及操作简单易行，酯产率高，三废少，符合节能环保、绿色化学的发展趋势。

2003 年，隋长青等[127]以固体超强酸 $SO_4^{2-}/C\text{-}Al_2O_3$ 作为酯化作用的催化剂，以冰乙酸和异戊醇为原料，合成了乙酸异戊酯。通过单因素试验，研究不同反应条件对产物产率的影响，获得了最佳的反应条件：当 n（乙酸）∶n（异戊醇）∶n（固体酸）=1.8∶1∶2、反应时间为 80 min 时，酯的产率高达 90%以上。该催化剂具有活性高、选择性好、产品纯度高、不腐蚀设备、减少污染、可再度利用等优点。

2003 年，訾俊峰等[128]以固体超强酸 $S_2O_8^{2-}$/TiO_2 为催化剂，冰乙酸和异戊醇为原料，合成了乙酸异戊酯。通过单因素试验和正交试验，考查了反应条件对酯化率的影响，确定了最佳的反应条件：以冰乙酸用量 0.1 mol 为基准，当醇酸摩尔比为 1.5∶1、催化剂用量为 0.5 g、带水剂甲苯用量为 15 mL，在 110～118 ℃反应 3 h，酯化率达 96%以上。该方法的优点是酯化率高，催化剂可重复使用，且基本不腐蚀设备。

2004 年，邢广恩[129]以固体超强酸 Fe_2O_3–SO_4^{2-} 为催化剂，以冰乙酸和异戊醇为原料，合成了乙酸异戊酯。通过单因素试验，考查不同反应条件对产物收率的影响，获得了最佳的反应条件：以乙酸的用量 0.2 mol 为准，反应物酸醇摩尔比为 1∶1.2，催化剂的用量为 1.25 g，回流反应时间为 3 h，产物的收率可达 85.4%。该方法的催化效率高，后处理方便、经济，反应工艺简单，不腐蚀设备。

2004 年，陈洪等[130]制备了固体超强酸 SO_4^{2-}/Fe_2O_3，并将其作为催化剂应用于合成乙酸异戊酯。通过单因素试验，考查了反应时间、反应温度、催化剂用量、酸醇摩尔比等对乙酸酯化反应的影响，获得了最佳的反应条件：以 0.1 mol 异戊醇为准，当醇酸摩尔比为 1∶1.8、催化剂用量为 0.4 g、反应温度为 120～135 ℃、反应时间为 3 h 时，产品的收率可达 94.6%。该催化剂具有良好的催化作用，可再生使用，对设备无腐蚀，环境无污染，活性优于浓硫酸，是一种对环境友好的优良催化剂，具有一定的工业应用前景。

2004 年，兰翠玲等[131]以 SO_4^{2-}/TiO_2 固体超强酸为催化剂，以冰乙酸和异戊醇为原料，在微波辐射下，合成了乙酸异戊酯。通过单因素试验，研究了不同反应条件对酯化率的影响，获得了最佳的反应条件：乙酸和异戊醇的摩尔比为 1∶2.0，催化剂用量为 1.5 g（以 0.12 mol 乙酸为准），微波输出功率为 729 W，反应时间为 12 min。

在此反应条件下，乙酸的酯化率为 94.7%，产品收率为 89.7%。该法与传统方法相比，不仅大大缩短了反应时间，而且操作简便，产品后处理过程大大简化，不污染环境，也不腐蚀设备，催化剂用量少，易回收处理和重复使用。

2004 年，吴宝华[132]以固体超强酸 SO_4^{2-}/ZrO_2 为催化剂，以冰乙酸和异戊醇为原料，合成了乙酸异戊酯。通过单因素试验，考查了反应物用量、反应时间、催化剂用量对酯化反应的影响，获得了最佳的工艺条件：醇酸摩尔比为 1∶2.5，催化剂用量为 1.5 g（以 0.125 mol 异戊醇为准），反应时间为 1.5 h。在此条件下，酯的收率达 73.5%。该催化剂是一种新型绿色环保型催化剂，其综合性能优于硫酸，在乙酸异戊酯的合成反应中具有良好的催化效果，可重复使用多次，具有一定的工业应用前景。

2004 年，兰翠玲等[133]以 SO_4^{2-}/TiO_2 固体超强酸为催化剂，以冰乙酸和异戊醇为原料，合成了乙酸异戊酯。通过单因素试验，考查影响酯化反应的因素，获得了最佳的反应条件：酸醇摩尔比为 1∶2.0，催化剂用量为 1.5 g（以 0.12 mol 乙酸为准），反应时间为 1.5 h，催化剂的最佳焙烧温度为 500 ℃。在此条件下，乙酸的酯化率为 96.7%，产品收率为 90.3%。该方法的操作简便，产品后处理过程大大简化，不造成环境污染，也不腐蚀设备，催化剂的催化活性高，反应温和，用量少，易回收处理和重复使用，适合绿色化学发展的需要，具有广阔的应用前景。

2005 年，薄丽丽等[134]利用自蔓延低温燃烧技术成功开发了一种纳米固体超强酸 SO_4^{2-}/Sm_2O_3 催化剂，并将其应用于乙酸与异戊醇的反应合成了乙酸异戊酯。通过单因素试验，研究了不同反应条件对酯化率的影响，获得了最佳的反应条件：当 n（乙酸）∶n（异戊醇）=1∶4、催化剂用量为 0.25 g、反应温度为 110 ℃、反应时间为 2 h 时，其酯化率高达 96%以上。该纳米级固体超强酸对该酯化反应具有良好的催化活性，且具有无污染、无腐蚀、可以循环利用等优点。

2005 年，王启会等[135]以纳米固体超强酸 SO_4^{2-}/Fe_2O_3 为催化剂，以冰乙酸和异戊醇为原料，合成了乙酸异戊酯。通过单因素试验，探讨了影响酯化反应的因素，分析了反应中催化剂的用量、带水剂的选择及用量和反应时间对酯化产率的影响，获得了最佳的反应条件：当乙酸与异戊醇的物料摩尔比为 0.1∶0.25、催化剂用量为

0.4 g（以 0.1 mol 乙酸为准）、带水剂甲苯用量为 25 mL、反应时间为 2.0 h 时，酯化产率可达 87.4%。催化剂重复使用 5 次，酯化率仍可达 80%以上。

2005 年，孙蕊等[136]以固体超强酸 $S_2O_8^{2-}$ /MCM-41 为催化剂，以冰醋酸和异戊醇为原料，合成了乙酸异戊酯。通过单因素试验，考查了反应条件对酯化率的影响，获得了最佳的反应条件。在醇酸摩尔比为 1.5∶1、催化剂用量为 0.4 g（冰醋酸用量为 0.1 mol）、带水剂甲苯为 15 mL、反应温度为 110～130 ℃、反应时间为 2 h 的最佳条件下，酯化率可达 99%以上。该方法的优点是操作方便，酯化率高，后处理容易，催化剂可重复使用，且基本不腐蚀设备，对环境友好。

2005 年，张应军等[137]制备了固体超强酸催化剂 $S_2O_8^{2-}$ /Fe_2O_3–CoO，并将其用于乙酸异戊酯的合成反应。通过正交试验，考查了醇酸摩尔比、反应时间、催化剂用量等因素对酯化率的影响，获得了合成乙酸异戊酯的最佳反应条件：醇酸摩尔比为 1.5，催化剂用量为 0.8 g（以 0.2 mol 乙酸为准），带水剂环己烷用量为 10 mL，反应时间为 2.5 h。在此条件下，其酯化率可达 98%以上。催化剂可多次重复使用，酯化率仍大于 90%。

2006 年，金振国等[138]制备了 ClO_4^- /TiO_2 型固体超强酸催化剂，并将其应用于乙酸异戊酯的合成。通过单因素试验，考查了高氯酸浓度和焙烧温度等条件对催化剂活性的影响，并考查了催化剂用量、反应时间、反应物物质的量等对产品收率的影响，获得了最佳的反应条件：在异戊醇与乙酸摩尔比为 1∶2.5、催化剂用量为 0.5 g（以 0.08 mol 异戊醇为准）、反应时间为 3.0 h 的条件下，酯化率可达 68.3%。

2006 年，李建伟等[139]用硫酸高铁铵直接焙烧的方法制备了固体超强酸催化剂 SO_4^{2-} /Fe_2O_3，并将其用于乙酸异戊酯的合成。通过单因素试验，考查不同反应条件对酯化率的影响，获得了最佳的反应条件：当乙酸与异戊醇摩尔比为 2.6∶1、催化剂用量为 2 g（以 0.16 mol 异戊醇为准）、回流反应时间为 2 h 时，乙酸转化率为 76.6%。

2007 年，杨呈祥等[140]以固体超强酸 $S_2O_8^{2-}$ /TiO_2-Al_2O_3 为催化剂，以冰乙酸和异戊醇为原料，合成了乙酸异戊酯。通过正交试验，研究不同反应条件对产物收率的影响，获得了最佳的合成条件：醇酸摩尔比为 1.3∶1，催化剂用量为 1 g（以 10 mL

乙酸为准），带水剂环己烷用量为 10 mL。该固体超强酸使反应活化能明显降低，是乙酸异戊酯合成的有效催化剂。

2007 年，严冬莹等[141]用固体超强酸 SO_4^{2-}/TiO_2-SiO_2 为催化剂，以冰乙酸和异戊醇为原料，合成了乙酸异戊酯。通过单因素试验，研究不同反应条件对酯化率的影响，获得了最佳的反应条件：当冰乙酸和异戊醇摩尔比为 1∶1.5、催化剂用量为 0.6 g（冰乙酸用量为 0.1 mol）、反应温度为 110～118 ℃、回流时间为 3 h 时，酯化率可达 96.7%。该方法的产率高，操作方便，条件适中，后处理容易，对环境友好，催化剂可重复使用。

2007 年，洪军等[142]利用纳米固体超强酸 SO_4^{2-}/ZnO 为催化剂，以冰乙酸和异戊醇为原料，合成了乙酸异戊酯。通过单因素试验，研究不同反应条件对产物收率的影响，获得了最佳的反应条件：当酸醇摩尔比为 1∶2、催化剂用量为酸质量的 1.0%、回流反应时间为 2.0 h 时，酯化率可达 96.7%。该方法的反应时间短，无腐蚀、无污染，催化剂可回收和重复利用，后处理简单。

2009 年，訾俊峰[143]制备了磁性固体超强酸，并将其作为催化剂用于乙酸异戊酯的合成。通过正交试验，考查了反应条件对酯化率的影响，获得了最佳的反应条件：当乙酸的用量为 0.1 mol、异戊醇的用量为 0.11 mol（即酸醇摩尔比为 1∶1.1）、催化剂用量为 1.0 g、带水剂环己烷用量为 15 mL、回流反应时间为 1.5 h 时，酯化率可达 96%以上。该方法的反应条件温和、无污染、不腐蚀设备、酯化率高，因此具有广阔的应用前景。

2009 年，舒华等[144]以固体超强酸 $SO_4^{2-}/Sb_2O_3/SiO_2$ 作为催化剂，以乙酸和异戊醇为原料，合成了乙酸异戊酯。通过单因素试验，考查了醇酸比、催化剂用量、反应温度与反应时间对酯化反应的影响，获得了最佳的反应条件：当 n（异戊醇）∶n（乙酸）=1.4∶1、催化剂用量为 1.2 g（以 0.2 mol 乙酸为准）、反应温度为 108～112 ℃、反应时间为 4 h 时，酯化率可达 95.7%。固体超强酸与浓硫酸相比，副反应少，催化活性高，对设备腐蚀性小，生产过程中造成的污染小，是具有应用前景的环境友好型催化剂。

2009年，吴艳波等[145]用沉淀浸渍法制备了固体超强酸$SO_4^{2-}/ZrO_2-TiO_2-Fe_2O_3$，并将其作为催化剂应用于乙酸异戊酯的合成。通过正交试验，考查了不同反应条件对酯化率的影响，确定了最佳的反应条件：以0.25 mol乙酸为基准，当醇酸摩尔比为1.3∶1、催化剂用量为1.0 g、带水剂环己烷用量为10 mL、反应时间为3 h时，酯化率达 98.5%。该催化剂具有催化活性高、寿命长、再生简单、无三废污染等优势。

2010年，刘峥等[146]采用共沉淀法制备了$SO_4^{2-}/Fe_3O_4-Al_2O_3-ZrO_2-Nd_2O_3$磁性固体超强酸，并将其作为催化剂应用于乙酸异戊酯的合成。采用均匀设计试验，考查了各种因素对酯化率的影响，确定了最佳的合成工艺条件：当n（乙酸）∶n（异戊醇）=1∶1.8、催化剂加入量为1.58 g、回流反应时间为3.16 h、带水剂环己烷用量为10 mL时，酯化率达98%以上。该磁性固体超强酸催化剂可多次重复使用，活性降低不大，是一种稳定性高、选择性好的新型环境友好的催化剂。

2011年，郎爱花等[147]用固体超强酸$SO_4^{2-}/Fe_2O_3-Al_2O_3$作为催化剂，以冰乙酸和异戊醇为原料，合成了乙酸异戊酯。通过单因素试验，考查了醇酸摩尔配比、反应时间、反应温度对反应收率的影响，确定了最佳的反应条件：当原料异戊醇与冰乙酸的摩尔比为2.0∶1.0、催化剂用量为乙酸用量的3%、反应温度为125 ℃、反应时间为30 min时，乙酸异戊酯的收率为96.5%。该方法具有产率高、操作方便、条件适中、后处理容易、对环境友好的特点，且催化剂可重复使用，效果佳。

2012年，张永丽等[148]以复合固体超强酸$SO_4^{2-}/Fe_2O_3/ZnO/ZrO_2$为催化剂，由异戊醇和冰乙酸的酯化反应合成了乙酸异戊酯。通过单因素试验，考查醇酸摩尔比、反应温度、反应时间、不同焙烧温度催化剂以及催化剂用量等条件对酯化率的影响，确定了适宜的反应条件：原料异戊醇与冰乙酸的摩尔比为2∶1，催化剂用量为冰乙酸质量的7%，反应温度为120 ℃，反应时间为50 min，焙烧温度为650 ℃。该催化剂具有产率高、操作方便、反应时间短、条件适中、后处理容易、对环境友好的特点，是一种优良的催化剂。

2012 年，杜雅琴等[149]采用沉淀、老化、浸渍、干燥、焙烧等方法制备了复合固体超强酸 $S_2O_8^{2-}/Fe_2O_3/ZnO/ZrO_2$，并将其作为催化剂应用于异戊醇和冰乙酸的反应合成了乙酸异戊酯。通过单因素试验，探讨醇酸摩尔配比、反应温度、反应时间、不同焙烧温度以及催化剂用量等条件对酯化率的影响。研究表明，此催化剂制备的最优条件为：焙烧温度为 650 ℃，过硫酸铵浸渍浓度为 0.5 mol/L，焙烧时间为 3 h。合成乙酸异戊酯适宜的反应条件是：原料异戊醇与冰乙酸的摩尔比为 2∶1、催化剂用量为 1 g（以 0.225 mol 乙酸为准）、反应温度为 120 ℃、反应时间为 50 min。在此条件下，乙酸异戊酯的产率是 88.5%。该催化剂具有产率高、操作方便、反应时间短、条件适中、后处理容易、对环境友好的特点，是一种优良的催化剂。

2014 年，胡春燕等[150]以固体超强酸 Gd^{3+}-SO_4^{2-}/ZrO_2 为催化剂、乙酸和异戊醇为原料，合成了乙酸异戊酯。通过正交试验，考查了原料酸醇摩尔比、反应时间、催化剂用量对酯化率的影响，确定了最佳的反应条件：当 n（异戊醇）∶n（乙酸）= 2.0∶1.0、催化剂用量为 2 g、反应温度为 110～115 ℃、反应时间为 2 h 时，酯化率可达 88.4%。催化剂重复使用效果较好，加 Gd^{3+}的固体超强酸的催化活性明显增强。

2019 年，李家贵等[151]以 TiO_2 为原料，采用水热、浸渍、干燥、焙烧等制备了固体超强酸 $TiO_2/S_2O_8^{2-}$，并将其作为催化剂用于乙酸和异戊醇的反应合成了乙酸异戊酯。通过单因素试验和正交试验，探讨了焙烧温度、过硫酸铵溶液浓度、催化剂用量、酸醇摩尔比、反应时间等条件对酯化率的影响。研究表明，此催化剂制备的最优条件为：过硫酸铵溶液为 1.00 mol/L，焙烧温度为 450～500 ℃，焙烧时间为 3 h。合成乙酸异戊酯的适宜反应条件为：酸醇摩尔比为 1∶1.3、催化剂用量为 500 mg（以 170 mmol 乙酸为准）、带水剂环己烷用量为 10 mL，于 110～115 ℃反应 1.5 h。在此条件下，酯化率达到 95.54%。该催化剂具有产率高、可重复使用、操作简便、反应时间短、产品容易回收、对环境无污染、对设备无腐蚀的特点，是一种优良的催化剂。

此外，陈丹等[152]、杨春华等[153]也报道固体超强酸在乙酸异戊酯合成中的应用。

6. 树脂

1997 年，刘双月[154]以 H 型离子交换树脂为催化剂，在乙酸和异戊醇近摩尔的条件下，采用一般回流酯化——共沸酯化相结合的双重酯化法，合成了乙酸异戊酯。该法与原来的方法相比，不仅可缩短反应时间，酯的产率也提高了 5%～10%，而且催化剂易分离，可重复利用。

2000 年，邵丽君[155]采用离子交换树脂作催化剂，以冰乙酸和异戊醇为原料，合成了乙酸异戊酯。通过正交试验，研究了不同反应条件对产物收率的影响，获得了最佳的反应条件：当酸醇摩尔比为 1.3∶1、催化剂用量为 1.8 g/mol 醇、回流反应时间为 60 min 时，产物的产率达 87%以上。该方法的酯化产物后处理简单，催化剂可循环使用，对设备要求低，对环境污染小，是一种较好的合成乙酸异戊酯的方法。

2003 年，甘黎明[156]以离子交换树脂负载镧为酯化催化剂，以冰乙酸和异戊醇为原料，合成了乙酸异戊酯。通过单因素试验，探讨了原料比例、催化剂用量、反应时间等因素对酯化产率的影响，确定了较佳的工艺条件：当醇酸摩尔比为 2∶1、催化剂用量与乙酸的质量分数为 2%～5%、回流时间为 60 min 时，酯化产率可达 99%。该方法具有催化活性高、反应速度快、脱水时间短等优点，但催化剂的重复性不佳，主要原因是镧在离子交换树脂上负载的牢固程度不够，在使用过程中有镧的化合物析出的现象，导致催化效率下降。

2003 年，张新友[157]采用—SO_3H 树脂作催化剂，以冰乙酸和异戊醇为原料，合成了乙酸异戊酯。通过单因素试验，探讨了原料配比、催化剂用量、反应时间等因素对酯化产率的影响，确定了最佳的工艺条件：当醇酸摩尔比为 1∶3、催化剂加入量为醇量的 86.4%、反应时间为 1.5 h 时，反应产率最高达 58.84%。催化剂重复使用 13 次，仍可接近最大产率。该催化剂和传统的液体酸催化剂相比，其优点是活性高、重复使用性好、不腐蚀设备、制备方法简便、处理条件易行、便于工业化和对环境友好。

2003 年，韦藤幼等[158]利用有机硅强酸树脂为催化剂，以冰乙酸和异戊醇为原料，在具有共沸精馏分水的酯化装置中，合成了乙酸异戊酯。通过单因素试验，考查不同反应条件对乙酸转化率的影响，获得了最佳的反应条件：异戊醇与乙酸的摩尔比为 1∶1、催化剂用量为乙酸用量的 10%、回流反应时间为 60 min。此时，乙酸的转化率可达 98.2%，比传统装置高 2.7%，而且分水器排出废水所带出的酸仅为传统装置的 25%。

2004 年，孙琳等[159]采用强酸型阳离子交换树脂为催化剂，由冰乙酸与异戊醇反应合成了乙酸异戊酯；或不用催化剂，直接用醋酐与异戊醇反应合成了乙酸异戊酯。研究表明，两种改进方法均具有反应条件温和、反应时间短、后处理工艺简单、无腐蚀性、不污染环境及产率高等优点。

2005 年，陈勇等[160]以全氟磺酸树脂膜为催化剂，由冰乙酸和异戊醇的反应合成了乙酸异戊酯。通过单因素试验，考查了不同反应条件对酯收率的影响，获得了适宜的反应条件：当 n（酸）∶n（醇）=1.2∶1、催化剂用量为反应物总量的 2%（质量分数）、反应温度为 110 ℃、反应时间为 1.5 h 时，酯收率可达 98.1%。该催化剂使用后无须任何处理即可重复使用，是一种稳定性好的环境友好型催化剂。

2005 年，刘春萍等[161]以强酸性阳离子交换树脂为催化剂，环己烷作带水剂，由冰醋酸与异戊醇反应合成了乙酸异戊酯。通过单因素试验，探讨了原料配比、催化剂用量、反应时间等因素对酯化产率的影响，获得了最佳的反应条件：当醇酸比为 1∶1.5、催化剂用量为原料质量的 2.7%、回流反应时间为 1.2 h 时，酯的收率为 79.0%。催化剂重复使用 6 次后，产率降至 64.6%。该催化剂具有催化活性高、稳定性好、价廉易得、后处理工艺简单、无腐蚀性、不污染环境以及能重复使用等优点，在实验室和工业生产中能满足绿色环保的要求。

2008 年，高鹏等[162]以强酸性阳离子交换树脂（NKC）作为催化剂，以冰乙酸和异戊醇为原料，合成了乙酸异戊酯。通过均匀设计安排试验，研究酯化反应的各个因素，获得了最佳的反应条件：异戊醇与冰乙酸摩尔比为 0.75、NKC 树脂用量为 0.6 g、回流反应时间为 1.7 h。强酸性阳离子交换树脂催化剂重复使用 10 次后，仍有较高活性，使用寿命较长且处理简单、无污染、具有绿色合成的特点，有着良好的实用前景。

2008 年，梁红冬等[163]以强酸型阳离子交换树脂负载四氯化锡为催化剂，异戊醇和冰乙酸为原料，合成了乙酸异戊酯。通过单因素试验，重点考查了催化剂用量、原料配比以及反应时间等因素对反应的影响，确定了最佳的反应条件：当冰乙酸和异戊醇的摩尔比为 3.0∶1.0、催化剂用量为原料质量的 28%时，在 112～123 ℃回流反应 3 h，酯化率可达 97.02%，纯度达到了 98.41%。该催化剂具有反应条件温和、副反应少、产率高、后处理简单的优点，减少了“三废”污染，减小了对反应设备的腐蚀，产品纯度高，且催化剂能重复使用。

2014 年，冯桂荣等[164]以 732 阳离子交换树脂为催化剂、乙酸和异戊醇为原料，合成了乙酸异戊酯。通过单因素试验，探讨了催化剂用量、原料配比、反应时间、反应温度对合成乙酸异戊酯的影响，确定了最佳的反应条件：以 0.1 mol 异戊醇为基准，当醇酸的摩尔比为 1∶1.7、催化剂用量为 0.9 g、回流反应时间为 2 h、带水剂环己烷用量为 6 mL 时，乙酸异戊酯的平均产率为 54.6%。但该催化剂重复使用 6 次后，其催化活性开始降低，重复使用性较差。

此外，利锋[165]、姚天平等[166]也报道了强酸性阳离子树脂在乙酸异戊酯合成中的应用。

7. 分子筛

1998 年，郭海福等[167]以 HZSM-5 沸石分子筛为催化剂，以冰乙酸和异戊醇为原料，应用常压液固相酯化反应合成了乙酸异戊酯。通过单因素试验，考查了催化剂用量、醇酸比、反应温度和反应时间对酯产率的影响，获得了最佳的反应条件：当异戊醇与乙酸的摩尔比为 1∶2.5、催化剂用量为 2 g、反应温度为 130～140 ℃、反应时间为 3 h 时，酯的产率可达 84%。该催化剂具有低毒、易得、无污染及容易回收可再利用的特点。

1999 年，李明慧等[168]用 Hβ 型沸石作催化剂，由乙酸和异成醇的酯化反应合成了乙酸异戊酯。通过单因素试验，考查了影响酯化反应的因素，获得了最佳的反应条件：当原料醇酸摩尔配比为 1∶1、催化剂用量为 1.5 g、催化剂活化温度为 400 ℃、活化时间为 2 h、回流反应时间为 2～3 h 时，乙酸的转化率为 99%，酯的一次性收率为 87%，总收率可达 98%以上。该催化剂具有催化活性高、性能稳定、与产品易分离、后处理简单、无腐蚀、易回收并可重复使用等优点，为乙酸异戊酯合成工艺的改进提供了理论依据。

2002 年，邓清莲[169]以 ZSM 分子筛为载体，用浸渍法直接将铁离子负载在 HZSM 上制备了 $FeCl_3$/HZSM 催化剂，并将其用于乙酸异戊酯的合成。通过单因素试验，考查了催化剂用量、物料比、酯化反应温度、酯化时间等因素对酯化的影响，获得了最佳的反应条件：醇酸摩尔比为 1.1，催化剂用量为总物料的 0.94%（质量分数），回流反应时间为 3 h。在此条件下，醋酸的转化率高于 95%，选择性为 100%。该催化剂与硫酸催化剂相比，具有反应时间短、催化活性和选择性较高等优点，而且后处理工序简单、催化剂能重复使用。

2007 年，陈静等[170]通过后合成处理将苄基、三甲基硅烷基和磺酸基接枝到 MCM-41 分子筛上，制备了一种新型的有机-无机杂化 S-B-MCM-41 催化剂，并将其应用于乙酸异戊酯的合成。研究表明，当乙酸用量为 0.1 mol、异戊醇用量为 0.15 mol、催化剂用量为 0.2 g、带水剂甲苯用量为 15 mL、反应温度为 110～125 ℃、反应时间为 2 h 时，酯化率可达 99%以上。而 MCM-41 分子筛上的酯化率仅为 54%。经 3 次重复使用后，S-B-MCM-41 催化剂上的酯化率依然保持在 90%以上。

2012 年，刘书静等[171]采用微波方法制备了 SO_4^{2-} /Zr-MCM-41 分子筛，并将其作为催化剂应用于乙酸异戊酯的合成。通过单因素试验，考查了硫酸锆与硅酸钠的物质的量之比、晶化温度、晶化时间和煅烧温度对分子筛催化性能的影响，获得了较佳的制备条件：n（硫酸锆）∶n（硅酸钠）=0.05∶1，100 ℃微波晶化 2.5 h，550 ℃煅烧。该催化剂合成简单易操作，可回收利用，具有良好的催化应用前景。

2012 年，王虎等[172]以分子筛 MCM-41 负载磷钨酸为催化剂，以冰乙酸和异戊醇为原料、环己烷为带水剂，合成了乙酸异戊酯。通过单因素试验，考查了反应物配比、催化剂负载量及用量、反应时间及带水剂用量对产品酯化率的影响，确定了最佳的反应条件：以 0.1 mol 冰乙酸为基准，当 n（冰乙酸）∶n（异戊醇）=1∶1.5、负载量为 50%、催化剂用量为反应物料总量的 1.0%、回流反应时间为 3.0 h、带水剂环己烷用量为 15 mL 时，乙酸异戊酯的酯化率可达 94.3%。介孔分子筛 MCM-41 负载磷钨酸具有制备容易、催化活性高、用量少、腐蚀性小、可重复使用、后处理简单和无污染等优点，是一种值得工业化推广的绿色环保催化剂。

2014 年，王月林等[173]以 Worm-like 介孔分子筛为载体，通过浸渍的方法将磷钨钼酸负载到分子筛的孔道内，制备了负载型磷钨钼酸，并将其作为催化剂应用于乙酸异戊酯的合成。通过单因素试验，考查了乙酸与异戊醇摩尔比、反应时间、环己烷用量、负载型催化剂用量及磷钨钼酸负载量等因素对酯化率的影响，确定了最佳的反应条件：以 0.1 mol 冰乙酸为基准，当 n（异戊醇）∶n（冰乙酸）=1.5、磷钨钼酸负载量为 50%、负载型催化剂用量为反应物料总量的 1%（质量分数）、反应时间为 3 h、带水剂环己烷用量为 15 mL 时，乙酸异戊酯的酯化率可达 92.8%。该方法所制备的负载型催化剂具有无污染、回收方便、可重复使用等优点，具有良好应用前景。

2015 年，柴凤兰等[174]以分子筛原粉为催化剂，由乙酸和异戊醇的反应合成了乙酸异戊酯。通过单因素试验，考查了不同反应条件对产物收率的影响，确定了最佳的反应条件：以 5A 分子筛原粉为催化剂，当异戊醇与乙酸的摩尔比为 1.5∶1、催化剂用量为底物的 1%～1.3%、反应温度为 403～413 K、反应时间为 3～3.5 h 时，乙酸异戊酯的产率达 93%。同时，分子筛回收率为 98%～99%，重复利用 5 次后仍基本保持较好的催化活性。分子筛作为酯化反应的催化剂，不仅安全、经济，不腐蚀设备，没有环境污染，酯化效率比较高，单位产品的原料总消耗比较小，符合绿色合成化学原则，适宜于乙酸异戊酯的大规模工业化生产。

2018 年，薛淼等[175]将高性能 ZSM-5 分子筛膜应用于乙酸和异戊醇的酯化反应，在线脱除反应中产生的水，打破了酯化反应平衡，大大提高了乙酸异戊酯的收率。通过对渗透汽化-酯化反应条件的探索，获得了最佳的反应条件：当乙酸与异戊醇的初始摩尔比为 3.0∶1.0、质量分数为 2.0%的硫酸氢钠为催化剂、反应温度为 100 ℃时，10 h 内乙酸异戊酯收率达到 98.39%。分子筛膜在所考查的 8 次重复使用中以及 160 h 的长时间测试中均表现出良好的稳定性，乙酸异戊酯的收率仍可高达 97.73%。

8. 离子液体

离子液体是一种优良的溶剂，具有酸与超酸的性质，其催化的反应产物不溶于离子液体，易于分离。离子液体在有机合成中表现出良好的催化活性，它具有反应条件温和、对环境友好、可重复使用等优点，是一种优良的催化剂类型，具有良好的应用前景。

2009年，张小曼[176]以离子液体1-丁基-3-甲基咪唑对甲苯磺酸盐（[bmim]PTSA）为催化剂，以冰乙酸和异戊醇为原料，合成了乙酸异戊酯。通过单因素试验，研究了影响反应的各种因素，确定了最佳的反应条件：固定乙酸的用量为 0.2 mol，当醇酸摩尔比为 1.5∶1.0、离子液体用量为 15 mL、回流反应时间为 2.0 h 时，酯化率可达 92.2%。该离子液体具有不挥发、无污染、催化活性好的特点。产物酯不溶于离子液体中，易分离，离子液体经简单处理后可重复使用，经济成本低。

2011 年，郑永军等[177]以离子液体 1-丁基-3-甲基咪唑六氟磷酸盐（$bmimPF_6$）为催化剂，由乙酸与异戊醇反应合成了乙酸异戊酯。通过单因素试验，探讨了酸醇摩尔比、离子液体用量、反应时间对酯的收率的影响，确定了最佳的反应条件。当酸醇摩尔比为 1.2∶1、离子液体用量为反应物质量的 12.5%、反应温度为 110 ℃、反应时间为 2.0 h 时，酯收率可达 72.2%。反应产物与离子液体采用倾倒法即可分离，离子液体经真空干燥后循环使用 4 次，催化活性没有显著降低。

2012 年，未本美等[178]以离子液体三乙胺硫酸氢盐（$[(C_2H_5)_3NH][HSO_4]$）为催化剂，由冰醋酸和异戊醇的反应合成了乙酸异戊酯。通过正交试验，考查反应时间、反应温度、醇酸摩尔比、离子液体用量 4 个因素对产率的影响，确定了最佳的反应条件：以 0.02 mol 冰乙酸为准，当异戊醇和冰乙酸的摩尔比为 0.9∶1、离子液体用量为 2 g、反应温度为 90 ℃、反应时间为 4 h 时，乙酸异戊酯的产率达到 78.1%。该离子液体可循环使用 4 次，催化活性基本不变。

2013 年，赵新筠等[179]以酸性离子液体 1-甲基咪唑硫酸氢盐（$[Hmim]HSO_4$）为催化剂，以冰乙酸和异戊醇为原料，合成了乙酸异戊酯。通过单因素试验，研究了不同反应条件对产物收率的影响，确定了最佳的反应条件：以 0.1 mol 异戊醇为准，当异戊醇与乙酸的摩尔比为 1∶2.25、离子液体用量为 2.5 mL、回流反应时间为 40 min 时，乙酸异戊酯的收率可达到 79%。该离子液体催化剂可重复利用 5 次，易纯化，对环境无污染。

2015 年，邵晓楠等[180]制备了 6 种杂多酸型离子液体，并将其作为催化剂用于催化乙酸甲酯与异戊醇的酯交换反应合成了乙酸异戊酯。通过单因素试验，考查催化剂的种类及用量、反应温度、反应物配比等对反应的影响，确定了最佳的反应条件：以 N-(4-磺酸基)丁基三乙胺磷钨酸盐（$[BSEt_3N]_3PW_{12}O_{40}$）为催化剂，当乙酸甲酯与异戊醇的摩尔比为 1∶1.5、催化剂用量为 5%（质量分数）、反应温度为 328.15 K、反应时间为 6 h 时，乙酸甲酯的转化率达到 52.3%。同时，催化剂可重复使用 5 次，其催化活性无明显下降。

2016 年，张丽[181]报道了 4 种离子液体硫酸 3-苄基咪唑、硫酸 4-甲基-3-N-丁基咪唑、硫酸 4-甲基-3-乙基咪唑、硫酸 3-乙基咪唑在乙酸异戊酯合成中的应用。研究发现，以硫酸 4-甲基-3-N-丁基咪唑作为催化剂，当酸醇的摩尔比为 2.25∶1、离子液体用量为 4 mL（以 0.1 mol 异戊醇为准）、反应温度达到 110 ℃、反应时间为 1 h 时，乙酸异戊酯的收率达 85.7%。

2017 年，郑好英等[182]以氯球为载体，制备了 3 种氯球固载化离子液体 $[PS\text{-}Im\text{-}C_3H_6SO_3H][HSO_4]$、$[PS\text{-}Im\text{-}C_3H_6SO_3H][Cl]$和$[PS\text{-}Im\text{-}C_3H_6SO_3H][Br]$，并将其作为催化剂应用于乙酸和异戊醇的反应合成了乙酸异戊酯。通过单因素试验，探讨了反应温度、催化剂用量、酸醇的摩尔比和反应时间对酯化产率的影响，确定了最佳的反应条件。以$[PS\text{-}Im\text{-}C_3H_6SO_3H][Cl]$为催化剂，当酸醇的摩尔比为 2∶1、催化剂用量为酸醇总量的 2.5%、反应温度为 115℃、反应时间为 2 h 时，乙酸异戊酯的产率最高可达 96.8%。该催化剂具有对设备腐蚀小、反应时间短、产率高、后处理简单，以及催化剂可重复使用等优点。

离子液体具有可设计性，可通过对阴、阳离子结构的设计，调节其酸度，实现反应体系的优化，使其具有优良的催化活性，但离子液体也存在一些不足，如黏度较大等，仍需进一步研究。

9. 金属氧化物

1998 年，李晓莉等[183]采用三氧化二铵为催化剂，以冰乙酸和异戊醇为原料，合成了乙酸异戊酯。通过正交试验，获得了最佳的工艺条件：酸醇摩尔比为 1.04∶1，三氧化二铵用量为异戊醇投料量的 3.3%，回流反应时间为 3 h。该方法具有催化剂用量少、可回收、操作简单、酯收率高、无腐蚀设备、对环境无污染等优点。

2002 年，杨水金等[184]以氧化亚锡（SnO）为催化剂，通过冰乙酸和异戊醇的反应合成了乙酸异戊酯。通过单因素试验，探讨了诸因素对产率的影响，确定了最佳的反应条件：当醇酸摩尔比为 1.2∶1、催化剂用量为反应物料总量的 1.5%、反应温度为 110～124 ℃、反应时间为 1.0 h 时，乙酸异戊酯的产率可达 73.1%。SnO 对合成乙酸异戊酯具有良好的催化活性，酯化时间短，产率和酯的纯度较高，并且可较好地回收循环使用，无废酸排放，工艺流程简单，可降低生产成本，应用前景良好。

2009 年，赖文忠等[185]以纳米 Y_2O_3 为催化剂，以冰乙酸和异戊醇为原料，合成了乙酸异戊酯。通过单因素试验，探讨了催化剂用量、酸醇摩尔比、反应时间、反应温度等对反应的影响，确定了最佳的反应条件。以乙酸的用量 0.1 mol 为基准，当 n（乙酸）∶n（异戊醇）=1∶2.0、催化剂用量为 0.3 g、带水剂环己烷用量为 10.0 mL、反应温度为 110～124 ℃、反应时间为 2.0 h 时，酯化率为 88.2%。纳米三氧化二钇作为乙酸异戊酯合成反应的催化剂，用量少，反应时间短，产品易分离，可重复使用，催化效果较好，操作方便，不腐蚀设备，不污染环境，有一定的应用价值。

10. 其他催化剂

1997 年，罗传义等[186]采用固体酸为催化剂，以冰乙酸和异戊醇为原料，合成了乙酸异戊酯。通过单因素试验，考查不同反应条件对酯收率的影响，获得了最佳的反应条件：原料醇酸摩尔比为 1.08～1.10、催化剂用量为 15.0 g/mol 醋酸、反应温度为 90～125 ℃、反应时间为 2.0～2.5 h。在此条件下，产品总收率为 92.9%，产品纯度在 97%以上。该方法具有工艺流程短，对设备腐蚀轻微，几乎无三废，产品质量高，克服了传统硫酸法的对设备腐蚀严重、副产物多、碱洗工序对环境污染较大等缺点。

1998 年，席晓光[187]以无机夹层化合物 $HTaMoO_6$ 为催化剂，以冰乙酸和异戊醇为原料，合成了乙酸异戊酯。通过单因素试验，研究不同反应条件对酯化反应的影响，获得了最佳的反应条件：醇酸摩尔比为 1.5∶1、催化剂用量为 1.2 g、带水剂甲苯用量为 25 mL、回流反应时间为 100 min。

1999 年，田志新等[188]以铌酸为催化剂，由乙酸与异戊醇的酯化反应合成了乙酸异戊酯。通过单因素试验，考查了反应时间、催化剂用量、酸醇摩尔比、反应温度、带水剂等因素对酯化反应的影响，获得了最佳的反应条件：当酸醇摩尔比为 4∶1、每摩尔乙酸使用 1.2 g 催化剂、回流搅拌反应 6 h 时，产品收率达可 92.7%，选择性为 100%。

1999 年，周建伟[189]利用季铵盐作为相转移催化剂，以乙酸酐和异戊醇为原料，合成了乙酸异戊酯。通过单因素试验，考查不同反应条件对酯产率的影响，获得了最佳的反应条件：以溴化十六烷基三甲铵（CTAMB）为相转移催化剂，异戊醇与乙酸酐的摩尔比为 1∶1.2、催化剂用量与乙酸酐用量的摩尔比为 3%、反应温度为 20～30 ℃、反应时间为 30 min。在此条件下，以苯作溶剂，酯的收率可达 94%以上。该方法所用相转移催化剂的价格便宜，操作方便，可缩短反应时间，反应条件温和，反应得率高，且避免使用价格昂贵的试剂或溶剂等优点，是一种很有开发前景的合成方法。

2001 年，周勇[190]以三氧化二铝作载体、十六烷基三甲基溴化铵（HDTMAB）为相转移催化剂，以乙酸酐和异戊醇为原料，采用微波辐射反应技术，合成了乙酸异戊酯。通过单因素试验，考查了诸因素对产率的影响，找到了最佳的反应条件：异戊醇 0.1 mol，乙酸酐 0.12 mol，十六烷基三甲基溴化铵 1.5 mmol，微波功率为 400 W，微波辐射时间为 3.2 min。该方法具有反应速度快、酯的收率高、条件温和、操作简便等优点。

2002 年，谢秀荣等[191]以对甲苯磺酸为催化剂，以冰乙酸和异戊醇为原料，在微波作用下合成了乙酸异戊酯。通过正交试验，对反应时间、微波功率、醇酸摩尔比等因素进行优化，获得了最佳的反应条件：当原料酸与醇的摩尔比为 1∶1.2、微波功率为 140 W、反应时间为 10 min 时，产率可达 86%。微波催化对酯化反应具有明显的效果，该反应可被加速 60 倍以上。

2002 年，成奎春[192]用自制固体酸作为催化剂，由乙酸和异戊醇的酯化制备了乙酸异戊酯。通过单因素试验，考查了不同反应条件对酯化产率的影响，确定了最佳的反应条件：当醇酸比为 1.3∶1.0、催化剂用量为 1 g、反应温度为 120～136 ℃、反应时间为 1 h 时，产物的收率最高。该固体酸的原料来源广泛，价格低廉，与适当载体复合后易于成型，对设备腐蚀性小，可回收重复使用，因此在工业化应用上很有前途。

2002 年，郑旭东等[193]采用硅胶载体酸为催化剂，以乙酸和异戊醇为原料，合成了乙酸异戊酯。通过单因素试验，考查了不同反应条件对酯化产率的影响，确定了最佳的反应条件：当醇酸摩尔比为 1∶2、催化剂用量为酸醇总量的 5.5%、反应温度为 130～135 ℃、反应时间为 2 h 时，乙酸异戊酯的产率可达到 93.8%。，硅胶载体酸可以用作乙酸异戊酯合成的催化剂，反应条件温和，操作简便，不腐蚀设备，不污染环境，另外副产品少，产品易于分离，产率高。

2003 年，沐小龙[194]用固定化脂肪酶（Rhizomucormiehei 酯酶 RMIM 和 Candidaantarctica Novozym 435）为催化剂，以冰乙酸和异戊醇为原料，合成了乙酸异戊酯。通过单因素试验，考查了酶的类型和用量、反应时间、温度及摇动速度对酯化反应的影响，获得了最佳的反应条件：以 Novozym 435 为催化剂，在无溶剂系统中，当酸醇摩尔比为 1∶2、催化剂用量为 5%、反应温度为 30 ℃、反应时间为 6 h 时，转化率为 80%。

2003 年，宋春莲等[195]以多聚磷酸作催化剂，以冰醋酸和异戊醇为原料，合成了乙酸异戊酯。通过单因素试验，考查了不同反应条件对酯化产率的影响，确定了最佳的反应条件。以 0.1 mol 冰醋酸为基准，当酸醇摩尔比为 1∶1.2、催化剂用量为 4 mL、带水剂环己烷用量为 7 mL、反应时间为 90 min 时，酯化产率为 82.44%。利用多聚磷酸合成乙酸异戊酯，转化率高于浓硫酸作催化剂，反应速度加快，降低了酸醇之比，同时降低了成本，污染小，选择性好，是一种很有潜力的催化剂。

2006 年，陈燕青等[196]制备了稀土 La(III)与 5'-次黄嘌呤核苷酸(5'-IMP)的配合物 La(III)-IMP，并将其作为催化剂用于乙酸异戊酯的合成。通过单因素试验，探讨了催化剂用量、醇酸摩尔比对酯化反应的影响，获得了最佳的反应条件：当醇酸摩尔比为 2∶1、催化剂用量为 0.5 g、反应温度为 110 ℃、反应时间为 2 h 时，乙酸异戊酯收率为 60.8%。该固体催化剂易于制备、性质稳定，产品提纯与后处理容易，得到的产品乙酸异戊酯纯净，无腐蚀、无污染，可重复使用，是一种对环境友好的催化剂，具有一定的应用前景。

2009 年，王毅[197]以 H_2O_2/H_2SO_4 改性活性炭为催化剂，以冰乙酸和异戊醇为原料，合成了乙酸异戊酯。通过单因素试验，考查了影响反应酯化率的各种因素，确定了最佳的反应条件：固定乙酸用量为 0.05 mol，当酸醇摩尔比为 1∶1.5、催化剂用量为乙酸质量的 12.5%（总反应物料的 4.8%）、反应温度为 126～130 ℃、反应时间为 3.0 h 时，乙酸的酯化率达 98.9%。该催化剂的催化活性高，制备简单，对设备无腐蚀，环境污染小，催化剂易分离，后处理简单。

2012 年，毛兰兰等[198]用活性炭磺化制得固体磺化炭作为催化剂，以冰乙酸和异戊醇为原料，在微波辐射下合成了乙酸异戊酯。通过单因素试验，确定了最佳的反应条件：当酸醇摩尔比为 1.8∶1、催化剂用量为实际反应的乙酸质量的 8%、反应温度为 200 ℃、反应时间为 20 min 时，乙酸的酯化率达 85.51%。磺化炭是一种固体酸催化剂，具有原料廉价易得、制备简单且催化活性较高、反应时间短、无污染的优点，是合成乙酸异戊酯的良好催化剂。

2013 年，王永兰等[199]以单质碘作为催化剂，由异戊醇和乙酸的酯化反应合成了乙酸异戊酯。通过单因素试验，考查了醇酸摩尔比、催化剂用量、反应温度和反应时间对产品收率的影响，确定了最佳的反应条件：以异戊醇的用量 0.1 mol 为基准，当 n（异戊醇）∶n（乙酸）=1∶1.4、催化剂的用量为 1.5 g、反应温度为 80 ℃、反应时间为 45 min 时，乙酸异戊酯的收率可达 88.7%以上。碘易于从商业上得到，无毒，是一种环保型催化剂。碘催化合成乙酸异戊酯不需使用分水器和带水剂，具有操作简单和反应时间短等优点。

2013 年，王宏社[200]以二氧化硅负载高氯酸作为催化剂，由异戊醇和乙酸通过酯化反应合成了乙酸异戊酯。通过单因素试验，考查了醇酸摩尔比、催化剂用量、反应温度和反应时间对产品收率的影响，确定了较佳的反应条件：以异戊醇的用量 0.1 mol 为基准，当 n（异戊醇）∶n（乙酸）=1∶1.4、催化剂用量为 1.0 g、反应温度为 80 ℃、反应时间为 2.5 h 时，乙酸异戊酯的收率可达 85.6%以上。二氧化硅负载高氯酸具有易于制备、催化活性高、用量少和腐蚀性小等特点，是一种具有工业化推广价值的环保型催化剂。

虽然上述催化剂各自有其自身的优势，但是仍然或多或少的存在催化剂制备过程繁琐或回收利用困难等问题。随着人们节约资源、简化流程、提高经济效益、保护环境的意识逐渐增加以及环保法规的日益完善，发展合成乙酸异戊酯的环境友好型催化剂，成为当前科学研究的一个重要方向。

低共熔溶剂氯化胆碱-氯化锌（ChCl-$ZnCl_2$）具有制备方法简单、回收利用便捷等特点，是一种应用广泛的新型溶剂和催化剂。

本章采用低共熔溶剂氯化胆碱-氯化锌作为反应介质和催化剂，利用冰乙酸和异戊醇的酯化反应来合成乙酸异戊酯，其反应方程式如图 3.2 所示。

$$CH_3COOH + HOCH_2CH_2CH(CH_3)_2 \xrightleftharpoons{\text{氯化胆碱-}ZnCl_2} CH_3COOCH_2CH_2CH(CH_3)_2 + H_2O$$

图 3.2　低共熔溶剂氯化胆碱-氯化锌催化合成乙酸异戊酯的反应方程式

3.2 试验部分

3.2.1 试验仪器和试剂

本试验所用主要仪器的名称、型号和生产厂家见表3.1。

表3.1 试验主要仪器的名称、型号和生产厂家

仪器名称	仪器型号	生产厂家
分析天平	JA2003	上海舜宇恒平科学仪器有限公司
集热式恒温加热磁力搅拌器	DF-101D	巩义市予华仪器有限责任公司
电热恒温鼓风干燥箱	DHG-9146A	上海精宏试验设备有限公司
真空干燥箱	DZF-6020	巩义市予华仪器有限责任公司
旋转蒸发器	YRE-5299	巩义市予华仪器有限责任公司
循环水式真空泵	SHZ-D（III）	巩义市予华仪器有限责任公司
阿贝折射仪	WYA-2WAJ	上海光学仪器一厂
核磁共振仪	AVANCE	瑞士 Bruker 公司
红外光谱仪	Nicolet 6700	美国赛默飞世尔科技公司

本试验所用主要试剂的名称、纯度和生产厂家见表3.2。

表3.2 试验主要试剂的名称、纯度和生产厂家

试剂名称	试剂纯度	生产厂家
氯化胆碱	分析纯	上海国药集团化学试剂有限公司
氯化锌	分析纯	上海国药集团化学试剂有限公司
冰乙酸	分析纯	上海国药集团化学试剂有限公司
异戊醇	分析纯	上海国药集团化学试剂有限公司
无水碳酸钠	分析纯	天津市科密欧化学试剂有限公司
氯化钠	分析纯	天津市科密欧化学试剂有限公司
无水硫酸钠	分析纯	天津市科密欧化学试剂有限公司

3.2.2　低共熔溶剂氯化胆碱-氯化锌的制备

将 14.0 g 氯化胆碱（0.1 mol）和 27.3 g 氯化锌（0.2 mol）置于 100 mL 圆底烧瓶中，于 100 ℃磁力加热搅拌反应 0.5 h。反应完毕后，缓慢冷却至室温，即可以 100%收率制得无色透明的低共熔溶剂氯化胆碱-氯化锌（$ChCl-ZnCl_2$）。

3.2.3　低共熔溶剂氯化胆碱-氯化锌中乙酸异戊酯的合成

将 7.2 g 冰乙酸（0.12 mol）、8.8 g 异戊醇（0.1 mol）、2.0 g 低共熔溶剂氯化胆碱-氯化锌置于 100 mL 圆底烧瓶中，于 110 ℃加热搅拌反应 3.0 h。反应完成后，将反应混合物冷却至室温，粗产物和低共熔溶剂分层，倾倒出上层液体，分别采用饱和碳酸钠溶液（10 mL×3）、饱和氯化钠溶液（10 mL×3）洗涤，再用无水硫酸钠干燥，经蒸馏收集 138～142 ℃馏分，得到 12.1 g 无色纯净的乙酸异戊酯，收率为93%。下层液体经旋转蒸发除水后可回收低共熔溶剂，真空干燥，即可用于下一次循环使用试验。

3.3　结果与讨论

3.3.1　乙酸异戊酯的结构表征与分析

本试验所合成的产物为无色透明液体，具有浓郁的香蕉香味。

首先，测定所得产物的折射率为 1.400 3（20 ℃），与文献[183]报道值基本相符。

其次，测定所得产物的红外光谱，如图 3.3 所示，FT-IR（cm^{-1}）v：2 961.38、1 742.15、1 465.13、1 374.59、1 232.55、1 172.50、1 044.02、966.09、817.65、601.94、418.70。

其中，1 742.15 cm^{-1} 为酯羰基 C══O 伸缩振动吸收峰，1 233.55 cm^{-1} 为 C—O—C 不对称伸缩振动吸收峰，1 044.02 cm^{-1} 为 C—O—C 对称伸缩振动吸收峰。

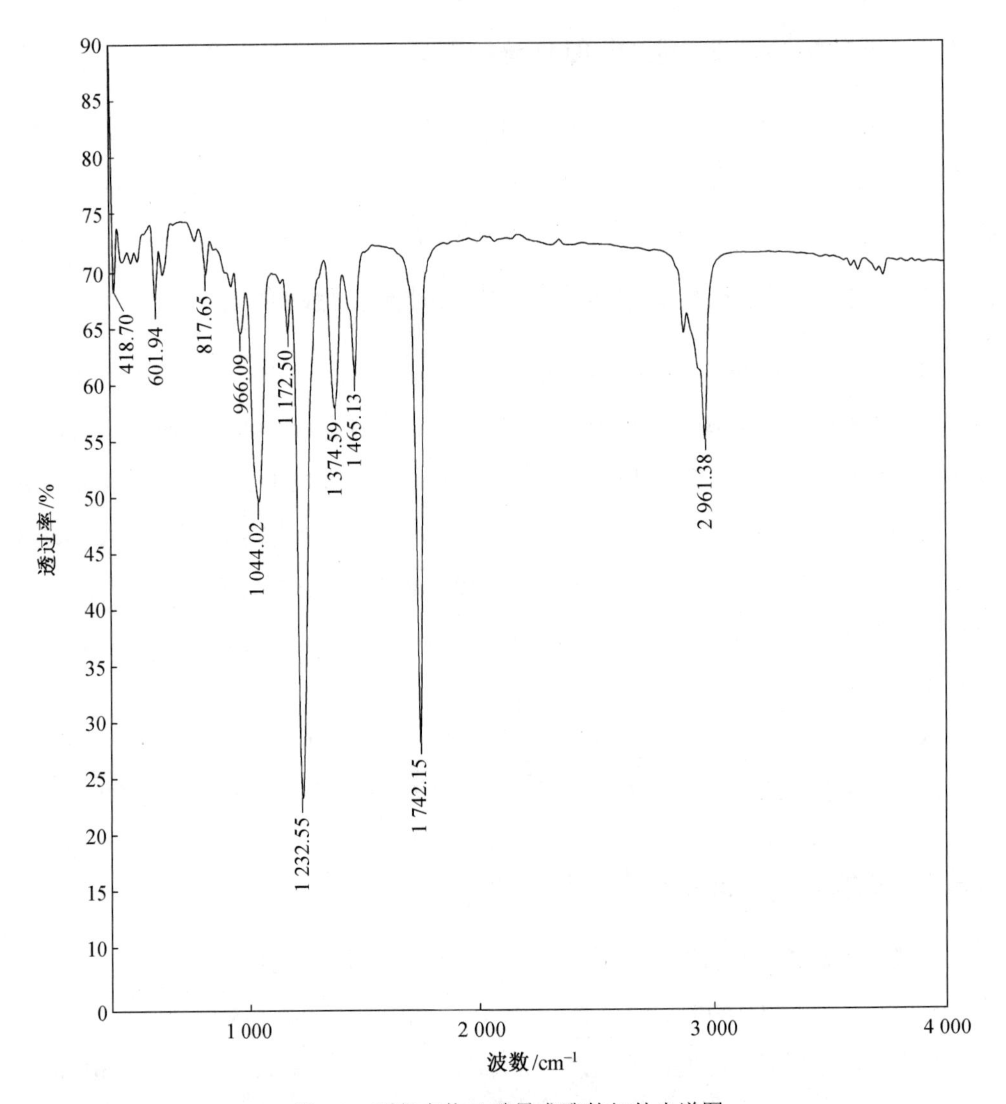

图 3.3 所得产物乙酸异戊酯的红外光谱图

再次，测定所得产物的核磁共振氢谱，如图 3.4 所示，^{1}H NMR（400 MHz，$CDCl_3$，10^{-6}）δ：4.05（t，$J = 6.9$ Hz，2H，CH_2），2.02～1.98（m，3H，CH_3），1.65（m，1H，CH），1.48（q，$J = 6.9$ Hz，2H，CH_2），0.91～0.85（m，6H，CH_3）。

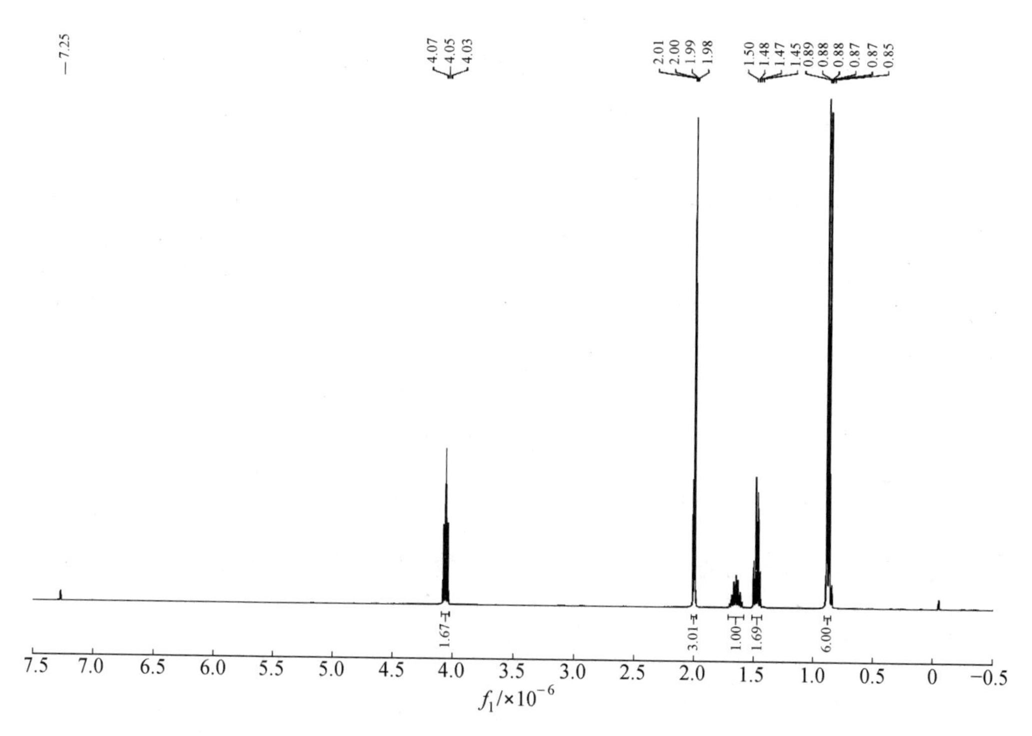

图 3.4　所得产物乙酸异戊酯的核磁共振氢谱图

由上述可知，通过红外光谱和核磁共振氢谱的分析，便可进一步确认所得产物即为目标化合物乙酸异戊酯。

3.3.2　乙酸异戊酯合成的反应条件优化

本试验将从酸醇摩尔比、低共熔溶剂氯化胆碱-氯化锌用量、反应温度、反应时间 4 个方面来考查不同反应条件对目标化合物乙酸异戊酯产率的影响。

1. 酸醇摩尔比对乙酸异戊酯产率的影响

酯化反应是可逆反应，为促进反应向有利于酯生成的方向进行，可提高反应物中某一组分的浓度。在本试验中，若异戊醇过量，由于产物乙酸异戊酯的沸点（142 ℃）和原料异戊醇的沸点（132 ℃）较为接近，因而存在产物分离纯化困难的问题；若冰乙酸过量，则可通过简单蒸馏分离产物，且冰乙酸的价格较异戊醇更低廉。综合考虑各种因素，本试验采取冰乙酸过量的方式。

固定异戊醇为 8.8 g（0.1 mol）、氯化胆碱-氯化锌为 2.0 g、反应温度为 110 ℃、反应时间为 3.0 h 不变，改变酸醇摩尔比，试验结果见表 3.3。

表 3.3　酸醇摩尔比对乙酸异戊酯产率的影响

序号	*n*（冰乙酸）∶*n*（异戊醇）	收率/%
1	1.0∶1	67
2	1.1∶1	85
3	1.2∶1	93
4	1.3∶1	91
5	1.4∶1	89

根据表 3.3 的试验数据来绘制图 3.5，即为酸醇摩尔比对乙酸异戊酯产率的影响曲线图。

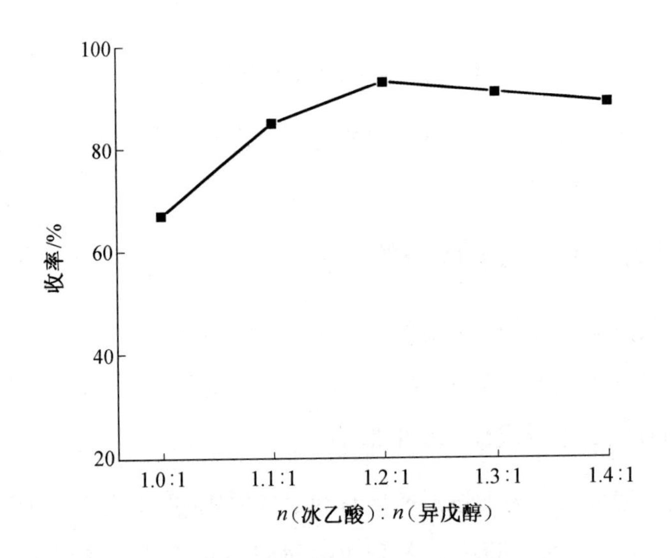

图 3.5　酸醇摩尔比对乙酸异戊酯产率的影响曲线图

由图 3.5 可以看出，增加冰乙酸的用量，酯化产率相应提高；当冰乙酸与异戊醇的摩尔比为 1.2∶1 时，乙酸异戊酯的收率达到最大值。然而，进一步增加酸醇摩尔比，产物收率出现下降，其原因可能是冰乙酸过量太多而稀释反应物浓度，降低反应速率。所以，酸醇的适宜摩尔比为 1.2∶1。

2. 低共熔溶剂氯化胆碱-氯化锌用量对乙酸异戊酯产率的影响

固定冰乙酸为 7.2 g（0.12 mol），异戊醇为 8.8 g（0.1 mol），反应温度为 110 ℃，反应时间为 3.0 h 不变，改变低共熔溶剂氯化胆碱-氯化锌的用量，试验结果见表 3.4。

表 3.4　低共熔溶剂氯化胆碱-氯化锌用量对乙酸异戊酯产率的影响

序号	氯化胆碱-氯化锌用量/g	收率/%
1	1.0	68
2	1.5	81
3	2.0	93
4	2.5	93
5	3.0	94

根据表 3.4 的试验数据绘制图 3.6，即为低共熔溶剂氯化胆碱-氯化锌用量对乙酸异戊酯产率的影响曲线图。

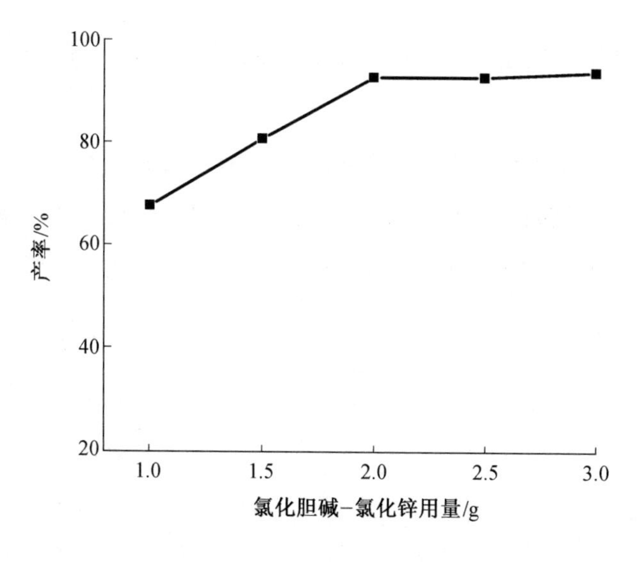

图 3.6　低共熔溶剂氯化胆碱-氯化锌用量对乙酸异戊酯产率的影响曲线图

由图 3.6 可以看出，增加低共熔溶剂的用量，酯化产率逐渐升高；当氯化胆碱-氯化锌用量为 2.0 g 时，乙酸异戊酯的收率达到 93%。随后，再增大低共熔溶剂的用量，产物收率基本保持不变。因此，鉴于成本考虑，低共熔溶剂氯化胆碱-氯化锌的适宜用量为 2.0 g。

3. 反应温度对乙酸异戊酯产率的影响

固定冰乙酸为 7.2 g（0.12 mol），异戊醇为 8.8 g（0.1 mol），氯化胆碱-氯化锌为 2.0 g，反应时间为 3.0 h 不变，改变反应温度，试验结果见表 3.5。

表 3.5　反应温度对乙酸异戊酯产率的影响

序号	温度/℃	收率/%
1	90	73
2	100	85
3	110	93
4	120	91
5	130	89

根据表 3.5 的试验数据绘制图 3.7，即为反应温度对乙酸异戊酯产率的影响曲线图。

由图 3.7 可以看出，升高反应温度，酯化产率随之增加。当反应温度为 110 ℃时，乙酸异戊酯的收率可达 93%。但是，继续提高温度，产物收率出现降低，这可能与异戊醇在较高温度下容易脱水生成烯烃等副产物有关。故而，酯化反应的适宜温度为 110 ℃。

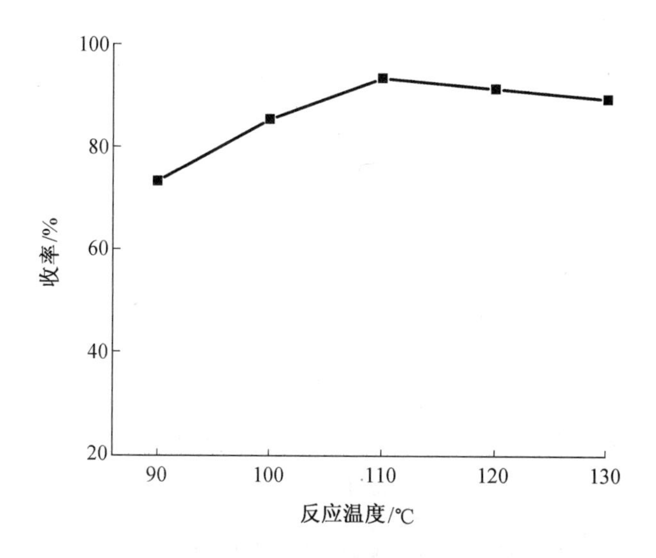

图 3.7　反应温度对乙酸异戊酯产率的影响曲线图

4. 反应时间对乙酸异戊酯产率的影响

固定冰乙酸为 7.2 g（0.12 mol），异戊醇为 8.8 g（0.1 mol），氯化胆碱-氯化锌为 2.0 g，反应温度 110 ℃不变，改变反应时间，试验结果见表 3.6。

表 3.6　反应时间对乙酸异戊酯产率的影响

序号	时间/h	收率/%
1	1.0	65
2	2.0	87
3	3.0	93
4	4.0	90
5	5.0	87

根据表 3.6 的试验数据绘制图 3.8，即为反应时间对乙酸异戊酯产率的影响曲线图。

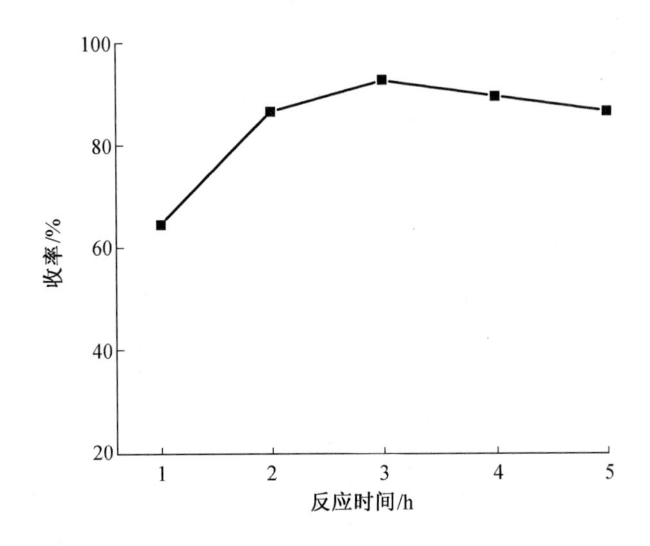

图 3.8　反应时间对乙酸异戊酯产率的影响曲线图

由图 3.8 可以看出，延长反应时间，酯化产率逐渐增加。当反应时间为 3.0 h 时，乙酸异戊酯的收率最高。此后，进一步延长反应时间，反应体系颜色加深，副反应增加。因而，酯化反应的适宜时间为 3.0 h。

3.3.3　低共熔溶剂氯化胆碱-氯化锌的重复使用性

冰乙酸和异戊醇在上述最佳条件（酸醇摩尔比为 1.2∶1，氯化胆碱-氯化锌为 2.0 g，反应温度为 110 ℃，反应时间为 3.0 h）进行酯化反应后，将通过倾析分离得到的含有氯化胆碱-氯化锌的下层液体减压蒸馏除水，真空干燥，即可用于循环使用，试验结果见表 3.7。

表 3.7　低共熔溶剂氯化胆碱-氯化锌重复使用次数对乙酸异戊酯产率的影响

重复使用次数	收率/%
1	93
2	91
3	90
4	88
5	85

根据表 3.7 的试验数据绘制图 3.9，即为低共熔溶剂氯化胆碱-氯化锌重复使用次数对乙酸异戊酯的影响曲线图。

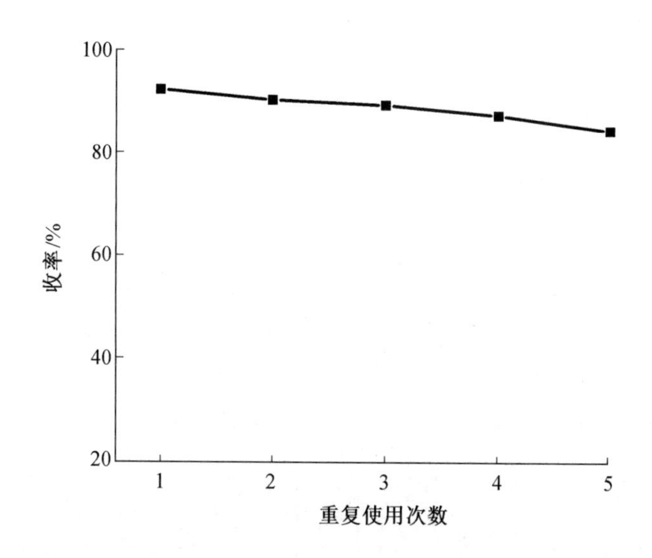

图 3.9　低共熔溶剂氯化胆碱-氯化锌重复使用次数对乙酸异戊酯的影响曲线图

由图 3.9 可以看出，低共熔溶剂氯化胆碱-氯化锌至少可回收使用 5 次，乙酸异戊酯的收率没有显著降低。

3.3.4　低共熔溶剂氯化胆碱-氯化锌催化合成乙酸异戊酯的反应机理

在氯化胆碱和氯化锌构成的低共熔溶剂中，氯化锌的 Lewis 酸性是影响反应活性的主要因素。低共熔溶剂氯化胆碱-氯化锌催化合成乙酸异戊酯可能的反应机理如图 3.10 所示。

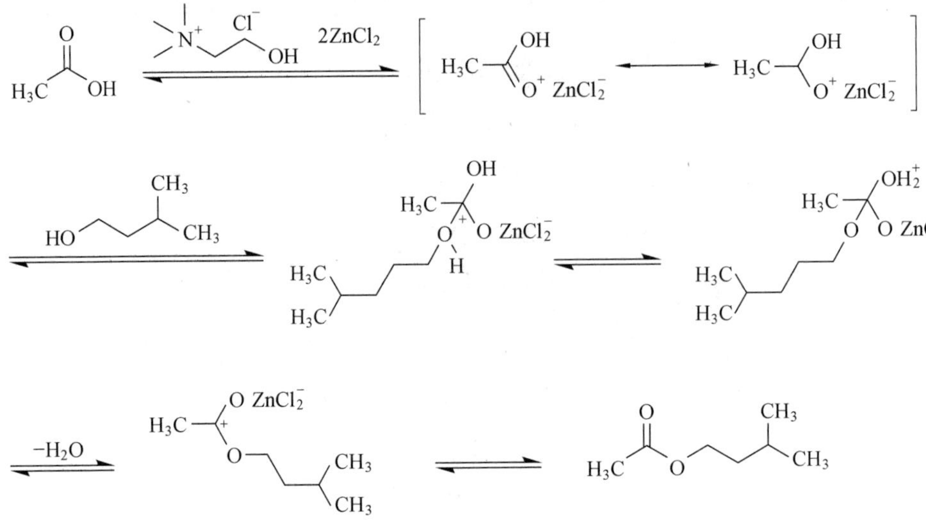

图 3.10　低共熔溶剂氯化胆碱-氯化锌催化合成乙酸异戊酯的反应机理

3.4　本章小结

低共熔溶剂氯化胆碱-氯化锌催化冰乙酸和异戊醇反应制备乙酸异戊酯具有优良的催化活性，其较佳反应工艺条件为：冰乙酸与异戊醇的摩尔比为 1.2∶1，氯化胆碱-氯化锌用量为 2.0 g，反应温度为 110 ℃，反应时间为 3.0 h，在此条件下乙酸异戊酯的收率可达 93%。低共熔溶剂氯化胆碱-氯化锌制备简便，易分离和回收使用，是一种更具工业应用前景的绿色反应介质和催化剂。

本章参考文献

[1] 杨水金，肖继. 合成乙酸异戊酯的催化剂研究[J]. 应用化工, 2001, 30(3): 4-6, 10.
[2] 陈丹云，王敬平，柏艳. 乙酸异戊酯合成研究进展[J]. 应用化工, 2001, 30(5): 1-4.
[3] 王宏社. 二氧化硅负载高氯酸催化合成乙酸异戊酯[J]. 化学工程师，2013，27(3): 17-19.

[4] 蔡述兰. 固体酸催化合成乙酸异戊酯研究进展[J]. 云南化工, 2009, 36(2): 62-65.

[5] 王桂英, 黄科林, 韦杰龙. 乙酸异戊酯的性质、应用及发展前景[J]. 大众科技, 2020, 22(4): 38-41.

[6] 张胜余, 杨水金. 合成乙酸异戊酯的催化剂研究进展[J]. 精细石油化工进展, 2021, 22(5): 39-40.

[7] 韩春平, 昭日格图, 陈玉花. 以吡啶作溶剂合成乙酸异戊酯的试验研究[J]. 哲里木畜牧学院学报, 2000, 10(3): 61-63.

[8] 苏丽红, 李红玫. 相转移催化合成乙酸异戊酯[J]. 化学工程师, 2005, (8): 10-11.

[9] 严赞开. 相转移催化合成乙酸异戊酯[J]. 日用化学工业, 2007, 37(5): 344-345.

[10] 张跃文, 董金龙. 超声波作用下乙酸异戊酯合成条件的研究[J]. 光谱实验室, 2008, 25(4): 538-540.

[11] 陈湘, 冯巧, 胡继勇. 微波辐射合成乙酸异戊酯的工艺研究[J]. 广州化学, 2016, 41(1): 20-24.

[12] 吴振福. 食用香料乙酸异戊酯的合成[J]. 化学工程师, 1993, (3): 9-11.

[13] 吴泳, 王建平. 乙酸异戊酯合成方法的改进[J]. 现代化工, 1994, (9): 26-27.

[14] 刘晓庚, 尹一兵, 史满昌, 等. 香料乙酸异戊酯的合成研究[J]. 化学世界, 1994, (7): 350-352.

[15] 李雄记. 乙酸异戊酯的合成试验[J]. 化学教学, 1994, (4): 13.

[16] 梁日忠, 任强. 乙酸异戊酯合成的最佳工艺条件[J]. 河南化工, 1998, (4): 42.

[17] 周国庆.乙酸异戊酯微型试验制备研究[J]. 湖北农学院学报, 2001, 21(4): 358-359.

[18] 张维刚, 方岩雄. 催化精馏合成乙酸异戊酯的研究[J]. 广东工业大学学报, 2004, 21(3): 5-7.

[19] 许凌, 何节玉, 廖德仲. 氯化铁催化合成乙酸异戊酯新工艺研究[J]. 岳阳大学学报, 1995, 8(2): 20-24.

[20] 严赞开, 张方钰. 乙酸异戊酯的合成新方法[J]. 辽宁化工, 1996, (4): 48+51.

[21] 廖德仲, 许凌. 氯化铁催化合成乙酸异戊酯工艺研究[J]. 精细石油化工, 1996, (5): 43-45.

[22] 邓小芳. 固体酸催化合成乙酸异戊酯[J]. 零陵师范高等专科学校学报, 2000, 21(3): 14-15.

[23] 谢建刚, 石家华, 毛海荣. 乙酸异戊酯合成的改进[J]. 河南化工, 2001(1): 13-14.

[24] 谢建刚, 毛海荣. 乙酸异戊酯制备试验研究[J]. 洛阳师范学院学报, 2001(5): 63-64.

[25] 訾俊峰, 朱蕾. 活性炭固载氯化铁催化合成乙酸异戊酯[J]. 工业催化, 2004, 12(9): 31-33.

[26] 齐建国. 二氧化锰固载氯化铁催化合成乙酸异戊酯[J]. 河北师范大学学报, 2004, 28(4): 390-392.

[27] 李建伟. 氯化铁-无水氯化钙联合催化法合成乙酸异戊酯[J]. 化学研究, 2004, 15(4): 48-49.

[28] 张伟光. 三氯化铁催化合成乙酸异戊酯[J]. 云南化工, 2006, 33(2): 20-21.

[29] 刘春生, 何淼, 周海霞, 等. 活性炭固载三氯化铁非均相催化合成乙酸异戊酯[J]. 香料香精化妆品, 2006(2): 8-10.

[30] 李莉, 王奕. 微波辐射氯化铁催化合成乙酸异戊酯[J]. 渤海大学学报(自然科学版), 2008, 29(1): 30-33.

[31] 沈建忠, 池毓习, 罗文英, 等. $TiCl_3$ 在乙酸异戊酯合成中的催化研究[J]. 三明师专学报, 1998, (2): 47-50, 46.

[32] 周文富, 沈建忠, 池毓习, 等. $TiCl_3$ 在乙酸异戊酯合成中的催化研究[J]. 铁道师院学报, 1999, 16(1): 36-40.

[33] 李毅群, 肖小云. 十二水合硫酸铁铵催化合成乙酸异戊酯[J]. 现代化工, 1998 (1): 28-29.

[34] 金振国. 硫酸铁铵催化合成乙酸异戊酯的研究[J]. 商洛师范专科学校学报, 1999, 10(2): 72-75.

[35] 陈群, 杨小林, 范联, 等. 硫酸铁铵催化合成乙酸异戊酯的研究[J]. 安徽化工, 2003(3): 5-6.

[36] 张颖, 王茹, 肇薇, 等. 十二水合硫酸铁铵催化合成乙酸异戊酯[J]. 当代化工, 2006, 35(6): 383-385.

[37] 彭展英. 硫酸铁铵催化合成乙酸异戊酯反应时间的探讨[J]. 广州化工, 2009, 37(4): 134-136.

[38] 李毅群, 肖小云. 一水合硫酸氢钠催化合成乙酸异戊酯[J]. 广州化工, 2000, 28(3): 8-10.

[39] 刘锦贵, 李工安, 苏晓静. $NaHSO_4·H_2O$ 催化下合成乙酸异戊酯的研究[J]. 河南师范大学学报(自然科学版), 2004, 32(4): 133-135.

[40] 张富捐, 张翔宇, 盛淑玲. 硫酸氢钠催化合成乙酸异戊酯的研究[J]. 食品工业科技, 2004, 25(1): 116-117.

[41] 郑旭东, 胡怀生. 硫酸氢钠催化合成乙酸异戊酯[J]. 甘肃教育学院学报(自然科学版), 2004, 18(1): 45-47.

[42] 王淑敏, 李静. 微波辐射硫酸氢钠催化合成乙酸异戊酯研究[J]. 河南农业大学学报, 2005, 39(2): 226-228.

[43] 李静, 王淑敏, 彭晓霞. 超声波作用下乙酸异戊酯的合成[J]. 许昌学院学报, 2009, 28(2): 104-106.

[44] 廖德仲, 何节玉. 硫酸钛催化合成乙酸异戊酯[J]. 岳阳师范学院学报(自然科学版), 2000, 13(2): 44-46.

[45] 韩敬华. 硫酸钛催化合成乙酸异戊酯的研究[J]. 化工时刊, 2001(4): 40-42.

[46] 毛立新, 钟明, 何节玉. 六种非酸催化剂合成乙酸异戊酯的活性比较[J]. 云南化工, 2002, 29(1): 1-3.

[47] 程显红. 硫酸钛催化合成乙酸异戊酯的研究[J]. 吉林师范大学学报(自然科学版), 2005(3): 91-92.

[48] 迟卫军. 硫酸钛催化合成乙酸异戊酯的工艺研究[J]. 化学与粘合, 2008(1):

74-76.

[49] 彭望明. 活性炭负载硫酸钛催化合成乙酸异戊酯[J]. 江汉大学学报(自然科学版), 2011, 39(4): 17-19.

[50] 蒋晓慧, 李玉芬, 罗健生. 乙酸异戊酯合成方法的改进[J]. 四川师范学院学报(自然科学版), 1994, 15(2): 151-152.

[51] 战佩英. 硫酸铝催化乙酸异戊酯的合成研究[J]. 化工时刊, 2006, 20(3): 18, 21.

[52] 翁文, 许华丽, 李国平, 等. 四氯化锡催化乙酸异戊酯的合成[J]. 应用化学, 2001, 18(3): 244-245.

[53] 黎中良, 黄志伟. 固体酸 $SnCl_4·5H_2O/C$ 催化合成乙酸异戊酯[J]. 广西右江民族师专学报, 2002, 15(6):52-54.

[54] 农容丰, 农克良, 周伟丰, 等. 乙酸异戊酯合成方法的改进[J]. 南宁师范高等专科学校学报, 2003, 20(1): 53-54.

[55] 田孟魁, 冯喜兰, 程琦. 非质子酸催化合成乙酸异戊酯工艺的优化研究[J]. 河南科技学院学报(自然科学版), 2006, 34(3): 46-48.

[56] 张金生, 杨晶, 李丽华. 单模聚焦微波催化合成乙酸异戊酯[J]. 辽宁石油化工大学学报, 2006, 26(4): 73-75.

[57] 孙明, 余林, 余倩, 等. 微波固相法制备 OMS-2 基固体酸及其催化合成乙酸异戊酯[J]. 精细化工, 2009, 26(12): 1196-1199.

[58] 补朝阳. 乙酸异戊酯的合成[J]. 化学研究, 2012, 23(6): 56-57.

[59] 李建伟, 马雪萍. 氯化铝-无水氯化钙双催化剂法合成乙酸异戊酯[J]. 化工中间体, 2006(10): 23-24.

[60] 宁满侠, 常慧. 乙酸异戊酯催化合成的新方法研究[J]. 科技情报开发与经济, 2007(30): 184-186.

[61] 隆金桥, 陈华妮, 黎远成, 等. 微波辐射蒙脱土固定 $AlCl_3$ 催化合成乙酸异戊酯[J]. 云南化工, 2011, 38(5): 10-13.

[62] 杜晓晗. 乙酸异戊酯催化合成的新方法研究[J]. 福建茶叶, 2019,41(11): 4.

[63] 范闽光, 李斌, 文辉忠, 等. 以 FeY 为催化剂合成乙酸异戊酯[J]. 广西大学学报(自然科学版), 1998(4): 84-87.

[64] 赵汝琪. 硫酸锌催化合成乙酸异戊酯的研究[J]. 河北化工, 2000, (1): 27-28.

[65] 黄科林, 黄焕生, 樊晓丹. 乙酸异戊酯合成中固体酸催化作用的研究[J]. 河北化工, 2001(4): 15-17.

[66] 王俏, 李晓霞, 慕庆和. 硫酸铈铵催化合成乙酸异戊酯的研究[J]. 延安大学学报(自然科学版), 2004, 23(2): 57-58, 61.

[67] 李常风. 磷酸二氢钾催化合成乙酸异戊酯的研究[J]. 山西师范大学学报(自然科学版), 2005, 19(1): 69-70.

[68] 孙德功, 冯俊阳, 陈丹云. 硫酸氢钾催化合成乙酸异戊酯[J]. 河北化工, 2006, 29(3): 25, 55.

[69] 邹立科, 谢斌, 郭小群, 等. 硫酸铝钾催化乙酸异戊酯的合成[J]. 四川理工学院学报(自然科学版), 2006, 19(4): 43-45.

[70] 陈丹云, 张霞, 何建英. 硫酸铈催化合成乙酸异戊酯[J]. 中国食品添加剂, 2006, (6): 162-164.

[71] 刘晓庚. 复合催化剂合成香料乙酸异戊酯的研究[J]. 食品科学, 2007, 28(2): 121-124.

[72] 王燕, 杜秀果. 复合型铁钾盐催化合成乙酸异戊酯的研究[J]. 辽宁化工, 2009, 38(8): 535-536.

[73] 彭展英. 过硫酸铵催化合成乙酸异戊酯反应时间的探讨[J]. 辽宁化工, 2010, 39(10): 1019-1021.

[74] 李建, 卫世乾, 聂艳平. 硫酸铁催化合成乙酸异戊酯[J]. 许昌学院学报, 2011, 30(2): 107-109.

[75] 訾俊峰, 周伦. 复合无机盐 $CuSO_4/Fe_2(SO_4)_3$ 催化合成乙酸异戊酯[J]. 工业催化, 2014, 22(5): 400-402.

[76] 刘钰, 袁旭宏, 叶余原, 等. 由复合催化剂催化合成乙酸异戊酯的研究[J]. 化学

工程师, 2014, 28(6): 4-6.

[77] 吴震宇，刘宁宁．$Al_2(SO_4)_3/FeCl_3$ 催化合成乙酸异戊酯[J]．工业催化，2015, 23(12): 1013-1016.

[78] 张竞清．应用氨基磺酸催化合成乙酸异戊酯[J]．广东化工, 1996, (1): 17-18.

[79] 罗一鸣，刘美莲，范俊源．氨基磺酸催化合成乙酸异戊酯的研究[J]．化学世界，1998(8): 15-17.

[80] 陈洁，吴建一．氨基磺酸催化合成乙酸异戊酯的研究[J]．精细石油化工，2001 (3): 35-37.

[81] 易兵，郭文辉，龙有前，等．氨基磺酸催化合成乙酸异戊酯[J]．化学世界，2001 (3): 148-149, 156.

[82] 俞善信，唐艳春，梁哲辉．以对甲苯磺酸为催化剂合成乙酸异戊酯[J]．精细石油化工, 1996(2): 31-32.

[83] 丁健桦，乐长高，李建强，等．对甲苯磺酸催化合成乙酸异戊酯的研究[J]．华东地质学院学报, 1999, 22(2): 87-90.

[84] 李继忠，宋延卫．对甲苯磺酸催化合成乙酸异戊酯[J]．延安大学学报(自然科学版), 2003, 22(3): 58-59.

[85] 施磊，吴东辉，李建华．活性炭固载对甲苯磺酸催化合成乙酸异戊酯[J]．化学工程师, 2003(5): 6-8.

[86] 施磊，吴东辉．微波辐射活性炭固载对甲苯磺酸催化合成乙酸异戊酯[J]．江苏化工, 2003, 31(5): 39-41.

[87] 侯金松．微波辐射催化合成乙酸异戊酯[J]．应用化工, 2013, 42(4): 677-678.

[88] 白壮毅，吴红梅，张晓晓，等．不同酸催化剂催化合成乙酸异戊酯的工艺研究[J]．天津化工, 2018,32(4): 17-20.

[89] 关共凑，黄耀威，朱建辉．乙酸异戊酯的合成研究[J]．佛山科学技术学院学报(自然科学版), 2000, 18(4): 47-49.

[90] 赵卫星．对氨基苯磺酸催化合成乙酸异戊酯[J]．应用化工, 2015, 44(4): 650-651.

[91] 高栓平, 赵立芳. 负载型甲磺酸对合成乙酸异戊酯的催化性能研究[J]. 河南化工, 2003(12): 10-12.

[92] 刘春生, 罗根祥. 十二烷基磺酸铁催化合成乙酸异戊酯[J]. 日用化学工业, 2004, 34(6): 403-405.

[93] 刘鸿, 金真, 饶晓冬. 微波辐射二甲苯磺酸催化合成乙酸异戊酯的研究[J]. 广东化工, 2007(10): 38-39, 34.

[94] 刘凡, 柳宇航, 古昕, 等. 对甲苯磺酸钙催化合成乙酸异戊酯[J]. 江汉大学学报(自然科学版), 2008(1): 38-40.

[95] 马松艳, 赵东江, 王德新, 等. 十二烷基苯磺酸催化合成乙酸异戊酯的研究[J]. 化学工程师, 2011, 25(11): 10-12.

[96] 马雪琴, 丁辰元. 食用香料乙酸异戊酯合成研究[J]. 食品研究与开发, 1997, 18(4): 18-19.

[97] 秦正龙, 杨汉培. 乙酸异戊酯杂多酸催化合成及其动力学研究[J]. 化学反应工程与工艺, 1998, 14(4): 38-41.

[98] 方敏, 吕楠, 王玉和, 等. 固载 $H_5BW_{12}O_{40}$ 催化剂多相催化合成乙酸异戊酯工艺条件的研究[J]. 哈尔滨师范大学自然科学学报, 2000, 16(5): 58-61.

[99] 张爱黎, 张小丽, 孟庆民. 磷钨、硅钨杂多酸催化合成乙酸异戊酯[J]. 辽宁化工, 2001, 30(2): 75-76, 78.

[100] 李金玉, 刘蒲, 朱卫卫. 磷钨杂多酸催化合成乙酸异戊酯的研究[J]. 安阳师范学院学报, 2001(2): 24-25.

[101] 赵艳茹, 王淑敏, 李静. 微波辐射硅钨酸催化合成乙酸异戊酯[J]. 河南化工, 2001(11): 20-21.

[102] 杨水金, 肖继, 梁永光. $TiSiW_{12}O_{40}/TiO_2$ 催化合成乙酸异戊酯的研究[J]. 化学试剂, 2002, 24(2): 107-108, 121.

[103] 方敏. 负载型杂多酸多相催化合成乙酸异戊酯的研究[J]. 化学工程师, 2002(3): 10-12.

[104] 曹小华, 陶春元, 吴海英, 等. 固载型杂多酸 $PW_{(12)}/SiO_2$ 催化合成乙酸异戊酯的研究[J]. 江西化工, 2002(4): 95-97.

[105] 杨秀英. 活性碳负载 12-钨磷酸催化合成乙酸异戊酯[J]. 曲阜师范大学学报(自然科学版), 2003, 29(4): 85-87.

[106] 许卓望. 杂多酸催化合成乙酸异戊酯的研究[J]. 哈尔滨师范大学自然科学学报, 2004, 20(4): 79-81.

[107] 吕楠. 负载型 $H_4GeW_{12}O_{40}$ 杂多酸催化合成乙酸异戊酯的研究[J]. 化学工程师, 2004(8): 3-5.

[108] 盛凤军. 微波辐射硅钨酸催化合成乙酸异戊酯研究[J]. 江苏化工, 2004, 32(6): 35-36.

[109] 马荣华, 杨万丽, 苏爽月. 杂多酸(盐)异构体催化合成乙酸异戊酯[J]. 高师理科学刊, 2006, 26(2): 36-38.

[110] 鞠露. $TiSiW_{12}O_{40}/TiO_2$ 对合成乙酸异戊酯的催化作用[J]. 山东化工, 2010, 39(1): 22-23.

[111] 袁华, 王立霞, 徐美, 等. Waugh 结构 $(NH_4)_6[MnMo_9O_{32}]\cdot 8H_2O$ 催化合成乙酸异戊酯[J]. 河北师范大学学报(自然科学版), 2011,35(6): 602-604.

[112] 周华锋, 刘玉萍, 张丽清. 硅钨杂多酸对乙酸异戊酯合成反应的催化性能[J]. 沈阳化工大学学报, 2012, 26(1): 13-18.

[113] 吕宝兰, 周海龙, 杨水金. 硅胶负载硅钨酸催化会成乙酸异戊酯[J]. 精细与专用化学品, 2012, 20(3): 41-43.

[114] 刘爽, 刘冬莲, 张宁. 活性炭负载磷钨酸催化合成乙酸异戊酯的研究[J]. 化学研究与应用, 2013, 25(12): 1749-1752.

[115] 杨水金, 叶玉丹, 段国滨, 等. $H_3PW_{12}O_{40}/ZrO_2\text{-}WO_3$ 催化合成乙酸异戊酯[J]. 化工中间体, 2013(5): 58-60.

[116] 梁娟娟, 赵宇钱, 李芳浩, 等. 无机有机杂化材料催化合成乙酸异戊酯及动力学研究[J]. 重庆大学学报, 2017,40(6): 86-94.

[117] 徐美, 姚冰洁, 袁华. 硅胶负载 Waugh 结构$(NH_4)_6[MnMo_9O_{32}]\cdot 8H_2O$ 催化合成乙酸异戊酯[J]. 沧州师范学院学报, 2019, 35(1): 20-23.

[118] 吴胜富, 黄润均, 陈东莲, 等. $H_3PO_{40}W_{12}\cdot xH_2O/C$ 催化合成乙酸异戊酯的动力学[J]. 应用化工, 2010, 39(12): 1795-1798.

[119] 王存德, 牛岫琴, 钱文元, 等. 固体超强酸 TiO_2/SO_4^{2-} 催化制备乙酸异戊酯[J]. 香料香精化妆品, 1991(2): 8-9, 11.

[120] 曹作刚, 董松琦, 夏文涛. SO_4^{2-}/Fe_2O_3 型固体超强酸在乙酸异戊酯合成中的应用[J]. 石油大学学报(自然科学版), 1994, 18(5): 121-125.

[121] 廖正福, 张小红. 超强酸 Fe_2O_3/SO_4^{2-}催化酯化合成乙酸异戊酯[J]. 广东工业大学学报, 1997, 14(3): 30-33.

[122] 周宁章, 裴婕, 邹德琴. 乙酸异戊酯合成工艺的改进研究[J]. 广东化工, 1999(1): 26-27.

[123] 夏淑梅, 张密林. 固体酸 ZrO_2/Fe_3O_4 催化合成乙酸异戊酯[J]. 应用科技, 2001, 28(6): 42-44.

[124] 孟宪昌, 许建新. 纳米固体超强酸 SO_4^{2-}/Fe_2O_3 催化合成乙酸异戊酯[J]. 湖南工程学院学报(自然科学版), 2001, 11(3-4): 62-64.

[125] 崔秀兰, 林明丽, 郭海福, 等. 稀土固体超强酸催化合成乙酸异戊酯的研究[J]. 化学世界, 2003(1): 27-30.

[126] 龚菁, 王云翔, 陈勇. 微波辐射固体超强酸 SO_4^{2-}-/TiO_2-ZrO_2 催化合成乙酸异戊酯[J]. 苏州科技学院学报, 2003, 20(1): 50-53.

[127] 隋长青, 马玉环, 柳利, 等. 混合固体超强酸 SO_4^{2-}/C-Al_2O_3 催化合成乙酸异戊酯[J]. 吉林师范大学学报(自然科学版), 2003(3): 76-77.

[128] 訾俊峰, 朱蕾. 固体超强酸 $S_2O_8^{2-}/TiO_2$ 催化合成乙酸异戊酯[J]. 应用化工, 2003, 32(6): 14-16.

[129] 邢广恩. 固体超强酸 Fe_2O_3-SO_4^{2-} 催化合成乙酸异戊酯[J]. 衡水师专学报(综合版), 2004, 6(2): 25-26.

[130] 陈洪, 符史良, 龙翔, 等. 固体超强酸 SO_4^{2-}/Fe_2O_3 催化合成乙酸异戊酯的研究[J]. 化学与生物工程, 2004(3): 26-28.

[131] 兰翠玲, 杨汉雁, 吴天元. 微波辐射下乙酸异戊酯合成条件研究[J]. 广西科学, 2004, 11(3): 230-232.

[132] 吴宝华. SO_4^{2-}/ZrO_2 超强酸催化合成乙酸异戊酯的研究[J]. 化学工程师, 2004 (8): 66-67.

[133] 兰翠玲, 沈文闻, 卢平, 等. SO_4^{2-}/TiO_2 固体超强酸催化合成乙酸异戊酯的研究[J]. 广西右江民族师专学报, 2004, 17(6): 37-40.

[134] 薄丽丽, 倪刚, 何晓燕, 等. 纳米 SO_4^{2-}/Sm_2O_3 催化合成乙酸异戊酯的研究[J]. 宁夏工程技术, 2005, 4(2): 140-143.

[135] 王启会, 李淑琴. 纳米固体超强酸 SO_4^{2-}/Fe_2O_3 催化合成乙酸异戊酯[J]. 云南化工, 2005, 32(4) :19-21.

[136] 孙蕊, 陈静, 郭微, 等. 固体超强酸 $S_2O_8^{2-}$/MCM-41 催化合成乙酸异戊酯[J]. 精细石油化工进展, 2005, 6(8): 40-42.

[137] 张应军, 杨浩, 程海军. 固体超强酸 $S_2O_8^{2-}/Fe_2O_3$-CoO 催化合成乙酸异戊酯[J]. 化工时刊, 2005, 19(11): 29-30, 63.

[138] 金振国, 苏智魁, 周春生, 等. ClO_4^-/TiO_2 固体超强酸催化合成乙酸异戊酯[J]. 商洛学院学报, 2006, 20(4): 38-40.

[139] 李建伟, 马雪萍, 弓彦忠. 固体超强酸 SO_4^{2-}/Fe_2O_3 催化法合成乙酸异戊酯[J]. 化学工程师, 2006(9): 53-54.

[140] 杨呈祥, 毛建华, 葛元燕. 固体超强酸 $S_2O_8^{2-}/TiO_2$-Al_2O_3 催化合成乙酸异戊酯的动力学研究[J]. 四川理工学院学报(自然科学版), 2007, 20(1): 64-67.

[141] 严冬莹, 王济奎. 固体超强酸 SO_4^{2-}/TiO_2-SiO_2 催化合成乙酸异戊酯[J]. 精细石油化工进展, 2007, 8(3): 16-17.

[142] 洪军, 王向东. 纳米固体超强酸 SO_4^{2-}/ZnO 催化合成乙酸异戊酯的研究[J]. 吉林师范大学学报(自然科学版), 2007(3): 68-70.

[143] 訾俊峰. 磁性固体超强酸催化合成乙酸异戊酯[J]. 许昌学院学报, 2008, 27(2): 102-104.

[144] 舒华, 吴文胜. SO_4^{2-}/Sb_2O_3/SiO_2 复合固体超强酸催化合成乙酸异戊酯[J]. 应用化工, 2009, 38(3): 339-342.

[145] 吴艳波, 吕成飞, 张晶. 固体超强酸SO_4^{2-}/ZrO_2-TiO_2-Fe_2O_3 催化合成乙酸异戊酯[J]. 大连交通大学学报, 2009, 30(4): 39-42.

[146] 刘峥, 张京迪, 王小丹, 等. 磁性固体超强酸的制备及催化合成乙酸异戊酯的研究[J]. 应用化工, 2010, 39(4): 497-502, 506.

[147] 郎爱花, 付思美. 固体超强酸催化合成乙酸异戊酯[J]. 山西化工, 2011,31(5): 14-16.

[148] 张永丽, 杨慧群. 固体超强酸SO_4^{2-}/Fe_2O_3/ZnO/ZrO_2 的制备及其催化合成乙酸异戊酯[J]. 应用化工, 2012, 41(8): 1380-1383.

[149] 杜雅琴, 赵强, 贾淑梅, 等. 复合固体超强酸$S_2O_8^{2-}$/Fe_2O_3/ZnO/ZrO_2 催化合成乙酸异戊酯[J]. 山西大同大学学报(自然科学版), 2012, 28(2): 36-39, 47.

[150] 胡春燕, 肖伟, 余丽萍, 等. 稀土固体超强酸 Gd^{3+}-SO_4^{2-}/ZrO_2催化合成乙酸异戊酯[J]. 广州化工, 2014, 42(18): 116-118.

[151] 李家贵, 韦庆敏, 杨黄根, 等. 固体超强酸 TiO_2/$S_2O_8^{2-}$ 催化合成乙酸异戊酯的研究[J]. 玉林师范学院学报, 2019, 40(2): 72-80.

[152] 陈丹, 李新玲. 固体超强酸$S_2O_8^{2-}$/ZrO_2-Fe_2O_3 催化合成乙酸异戊酯[J]. 工业设计, 2011(4): 96.

[153] 杨春华, 陈刚. 稀土钕改性的三元固体酸制备及催化合成乙酸异戊酯的应用研究[J]. 东北电力大学学报, 2014, 34(5): 83-86.

[154] 刘双月. 乙酸异戊酯合成试验改进[J]. 河南师范大学学报(自然科学版), 1997, 25(2): 98-99.

[155] 邵丽君. 乙酸异戊酯合成工艺研究[J]. 河北职业技术师范学院学报, 2000, 14(4): 25-27.

[156] 甘黎明. 以阳离子交换树脂负载镧作催化剂合成乙酸异戊酯[J]. 内蒙古石油化工, 2003, 29(2): 14-15.

[157] 张新友. —SO_3H 树脂吸附 Fe^{3+}催化合成乙酸异戊酯的研究[J]. 吉林师范大学学报(自然科学版), 2003(1): 72-73.

[158] 韦藤幼, 陀雄信, 童张法. 共沸精馏分水酯化新装置合成乙酸异戊酯[J]. 广西大学学报(自然科学版), 2003, 28(2): 91-94.

[159] 孙琳, 刘春萍, 吕菊波, 等. 乙酸异戊酯合成试验的改进[J]. 烟台师范学院学报(自然科学版), 2004, 20(3): 221-222.

[160] 陈勇, 罗士平, 裘兆蓉, 等. 全氟磺酸树脂膜催化合成乙酸异戊酯的研究[J]. 化学试剂, 2005, 27(4): 247-248.

[161] 刘春萍, 刘淑芬, 孙琳, 等. 乙酸异戊酯的绿色催化合成[J]. 高师理科学刊, 2005, 25(1): 32-34.

[162] 高鹏, 叶雅琴, 牟新利, 等. 强酸性树脂催化合成乙酸异戊酯[J]. 化工生产与技术, 2008, 15(4): 13-14, 6.

[163] 梁红冬, 司徒国栋. 负载型离子交换树脂催化合成乙酸异戊酯的工艺研究[J]. 茂名学院学报, 2008,18(6): 27-29, 32.

[164] 冯桂荣, 李超平. 732 阳离子交换树脂催化合成乙酸异戊酯[J]. 唐山师范学院学报, 2014, 36(5): 21-23.

[165] 利锋. 以离子交换树脂作催化剂制备乙酸异戊酯[J]. 嘉应大学学报, 2002, 20(3): 24-26.

[166] 姚天平, 李涛, 金东元. 用阳离子树脂催化酯化合成乙酸异戊酯的动力学研究[J]. 上海应用技术学院学报(自然科学版), 2006, 6(3): 172-176.

[167] 郭海福, 樊宏伟, 林明丽, 等. HXSM-5 沸石分子筛催化合成乙酸异戊酯的研究[J]. 内蒙古石油化工, 1998, 24(3): 12-14.

[168] 李明慧, 杨毅, 徐秀桂, 等. Hβ 型沸石催化合成乙酸异戊酯[J]. 大连轻工业学院学报, 1999, 18(4): 310-313.

[169] 邓清莲. $FeCl_3$/HZSM 催化剂催化合成乙酸异戊酯的工艺研究[J]. 福建化工, 2002(1): 10-14.

[170] 陈静, 韩梅, 李桂云, 等. MCM-41 分子筛的表面修饰及其催化合成乙酸异戊酯[J]. 催化学报, 2007, 28(10): 910-914.

[171] 刘书静, 杨秀敏, 降青梅. 微波法制备 SO_4^{2-}/Zr-MCM-41 分子筛及其对合成乙酸异戊酯催化性能的影响[J]. 湖北农业科学, 2012, 51(21): 4865-4867.

[172] 王虎, 谢立娟, 于海云, 等. 介孔分子筛 MCM-41 负载磷钨酸催化合成乙酸异戊酯的研究[J].内蒙古民族大学学报(自然科学版), 2012, 27(1): 11-14.

[173] 王月林, 徐玲, 徐莉, 等. Worm-like 分子筛负载磷钨钼酸催化合成乙酸异戊酯[J]. 分子科学学报, 2014, 30(4): 287-292.

[174] 柴凤兰, 郭宝玉, 赵开楼, 等. 分子筛催化乙酸异戊酯绿色合成[J]. 应用化工, 2015, 44(10): 1860-1863.

[175] 薛淼, 朱美华, 钟彩君, 等. ZSM-5 分子筛膜在乙酸异戊酯酯化反应中的应用[J]. 膜科学与技术, 2018, 38(4): 107-112.

[176] 张小曼. 离子液体[bmim]PTSA 中催化合成乙酸异戊酯的研究[J]. 云南化工, 2009, 36(1): 24-26.

[177] 郑永军, 郁有祝, 雍建平, 等. Lewis 酸性离子液体 $bmimPF_6$ 催化合成乙酸异戊酯[J]. 日用化学工业, 2011, 41(4): 278-280.

[178] 未本美, 别妙, 张智勇, 等. 离子液体催化合成香料乙酸异戊酯[J]. 中国酿造, 2012, 31(8): 135-136.

[179] 赵新筠, 张剑光, 周忠强. 酸性离子液体[Hmim]HSO_4 催化合成乙酸异戊酯[J]. 大学化学, 2013, 28(5): 55-58.

[180] 邵晓楠, 张运茂, 王建红, 等. 杂多酸型离子液体催化合成乙酸异戊酯的反应动力学[J]. 石油化工, 2015, 44(12): 1480-1485.

[181] 张丽. 功能化离子液体的合成及其在乙酸异戊酯合成中的应用[J]. 当代教育实践与教学研究, 2016(1): 121-122.

[182] 郑好英, 杜慷慨. 氯球固载化离子液体的制备及其在乙酸异戊酯合成中的应用[J]. 华侨大学学报(自然科学版), 2017, 38(6): 824-829.

[183] 李晓莉, 张乃茹, 王晓光, 等. 合成乙酸异戊酯的新方法[J]. 长春师范学院学报, 1998(5): 5-7.

[184] 杨水金, 罗义, 梁永光, 等. SnO 催化合成乙酸异戊酯[J]. 宝鸡文理学院学报(自然科学版), 2002, 22(1): 46-48.

[185] 赖文忠, 洪深秦, 肖旺钏. 纳米 Y_2O_3 催化合成乙酸异戊酯[J]. 吉林师范大学学报(自然科学版), 2009, 30(2): 12-14.

[186] 罗传义, 王树清, 包力, 等. 乙酸异戊酯合成与精制[J]. 吉林化工学院学报, 1997, 14(3): 17-20.

[187] 席晓光. $HTaMoO_6$ 的催化性能在乙酸异戊酯合成上的应用[J]. 锦州师范学院学报(自然科学版), 1998(1): 30-32.

[188] 田志新, 龚健, 李菊仁, 等. 铌酸催化合成乙酸异戊酯 [J]. 湖南师范大学自然科学学报, 1999, 22(3): 64-67.

[189] 周建伟. 相转移催化合成乙酸异戊酯[J]. 化学通报, 1999(6): 45-47.

[190] 周勇. 微波辐射相转移催化合成乙酸异戊酯[J]. 化学试剂, 2001, 23(2): 113-114.

[191] 谢秀荣, 董迎, 宋雪琦, 等. 微波催化合成乙酸异戊酯的研究[J]. 天津理工学院学报, 2002, 18(1): 85-86, 95.

[192] 成奎春. 固体酸催化合成乙酸异戊酯的研究[J]. 广西化工, 2002, 31(1): 14-15.

[193] 郑旭东, 胡浩斌, 胡怀生, 等. 硅胶载体酸催化下乙酸异戊酯的合成[J]. 宝鸡文理学院学报(自然科学版), 2002, 22(3): 191-192.

[194] 沐小龙. 用酶作催化剂合成乙酸异戊酯[J]. 湖北化工, 2003(2): 12-14.

[195] 宋春莲, 邵艳秋. 多聚磷酸催化合成乙酸异戊酯的研究[J]. 牡丹江师范学院学报(自然科学版), 2003(4): 21-22.

[196] 陈燕青, 徐菁利, 陈思浩. La(III)-IMP 配合物的制备与催化合成乙酸异戊酯的

研究[J]. 食品科技, 2006(5): 63-66.

[197] 王毅. H_2O_2/H_2SO_4 改性煤基活性炭催化合成乙酸异戊酯[J]. 石油化工应用, 2009, 28(5): 18-19, 54.

[198] 毛兰兰, 袁霖, 张敏, 等. 微波促进磺化炭催化合成乙酸异戊酯[J]. 广州化工, 2012, 40(23): 34-35, 41.

[199] 王永兰, 薄会颖, 王宏社. 碘催化合成乙酸异戊酯[J]. 应用化工, 2013, 42(8): 1408-1409, 1413.

第 4 章　低共熔溶剂中对硝基苯甲酸乙酯的合成

4.1 概　　述

对硝基苯甲酸乙酯，又名 4-硝基苯甲酸乙酯，形态为淡黄色或无色结晶，在乙醇和乙醚中能完全溶解，不溶于水，其化学式如图 4.1 所示。

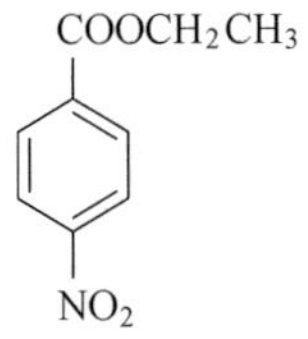

$$\mathrm{O_2N{-}C_6H_4{-}COOCH_2CH_3}$$

图 4.1　对硝基苯甲酸乙酯的化学式

对硝基苯甲酸乙酯是一种重要的医药和化工中间体，常用于生产苯佐卡因、盐酸普鲁卡因、盐酸丁卡因等局部麻醉药，也可用于制备偶氮类染料和颜料，还可用作防止皮革制品、软塞产品和某些颜料霉变的最有效的杀菌剂[1-5]。

目前，工业上主要以对硝基苯甲酸和乙醇作为原料，以浓硫酸作为催化剂，通过酯化反应而制得对硝基苯甲酸乙酯。该方法工艺较为简单，操作较为成熟，产率较为理想，但是副反应较多，而且浓硫酸对环境污染较大，产品纯化分离程序复杂。因此，对硝基苯甲酸乙酯生产工艺的新突破依赖于绿色、高效的新型催化剂的研究与反应条件的改进。

目前已经用于对硝基苯甲酸乙酯合成的催化剂主要包括以下几类。

1. 硫酸

2006 年，陈丹丹等[6]以对硝基苯甲酸和无水乙醇为原料，合成了对硝基苯甲酸乙酯，考查了 5 种不同的催化剂（浓硫酸、三氯化铝、硫酸氢钠、对甲苯磺酸、钨锗酸）对其收率及其纯度的影响，发现以浓硫酸为催化剂的收率最高。通过单因素试验，对影响产率的诸因素进行了考查，得到的最佳反应条件：醇酸摩尔比为 6∶1、浓硫酸摩尔用量为对硝基苯甲酸摩尔量的 25%、反应温度为 90 ℃、反应时间为 2.5 h。在此条件下，酯化反应收率达到 97.8%。

此外，李光熙等[7]、张庆刚等[8]也报道了浓硫酸在对硝基苯甲酸乙酯合成中的应用。

2. 磺酸类

（1）苯磺酸。

2001 年，周虹屏等[9]以苯磺酸为催化剂，以苯为带水剂，由对硝基苯甲酸与乙醇反应合成了对硝基苯甲酸乙酯。通过单因素试验，获得了最佳的反应条件：以 0.025 mol 对硝基苯甲酸为准，n（对硝基苯甲酸）∶n（乙醇）=1∶4、催化剂用量为 1.2 g、反应温度为 78～82 ℃、反应时间为 4 h、带水剂苯的用量为 3 mL。在此条件下，对硝基苯甲酸乙酯的产率达 98.6%。

（2）甲磺酸。

2001 年，张雨中等[10]以甲磺酸为催化剂，以对硝基苯甲酸和乙醇为原料，合成了对硝基苯甲酸乙酯，探讨了对硝基苯甲酸乙酯的后处理方法及生产工艺条件。通过正交试验，确定了较好的反应条件：当对 m（硝基苯甲酸）∶m（乙醇）∶m（甲磺酸）=25∶31∶1.48、蒸馏温度为 115 ℃、搅拌速度为中速时，进行了 3 批重复试验，对硝基苯甲酸乙酯的收率分别为 88%、85.9%和 84.25%。

（3）对甲苯磺酸。

2003 年，唐明明等[11]以对甲苯磺酸为催化剂，以对硝基苯甲酸和乙醇为原料，合成了对硝基苯甲酸乙酯。通过单因素试验，对影响产率的诸因素进行了考查，确定了最佳的反应条件：醇酸摩尔比为 4∶1、催化剂用量为醇酸总量的 9%、反应温度为 81～85 ℃、反应时间为 2.5 h 时。在此条件下，酯化反应产率高达 95.8%。该方法生产工艺简单，反应时间短，产品色泽浅，收率高。

2004 年，施新宇等[12]以颗粒状活性炭固载对甲苯磺酸作为催化剂，以对硝基苯甲酸和乙醇为原料，合成了对硝基苯甲酸乙酯。通过单因素试验，考查了不同反应条件对酯化产率的影响，获得了最佳的反应条件：当醇酸摩尔比为 6∶1、催化剂用量为 0.8 g（以 0.2 mol 对硝基苯甲酸为准）、反应温度为 82～87 ℃、反应时间为 90 min 时，酯化产率可达 98.7%以上。该方法的催化剂制作容易、用量较少，有一定的重复使用性能，缓解了腐蚀作用，减少了环境污染。该工艺简单易操作，活性炭回收方便，稍做处理便可继续使用，从而节约了成本，具有很大的优越性，在工业上具有一定的应用前景。

2009 年，刘太泽等[13]以对甲苯磺酸为催化剂，以对硝基苯甲酸和乙醇为原料，利用微波辐射技术，在常压下直接合成了对硝基苯甲酸乙酯。采用均匀设计安排试验，试验结果经过优化组合，得到了最佳的反应条件：醇酸摩尔比为 3∶1、催化剂用量为醇酸总量的 11%、微波辐射时间为 11 min、微波辐射功率为 272 W。在此条件下，对硝基苯甲酸乙酯的产率达 96.5%。该方法具有生产工艺简单、节约能源、反应时间短、产品色泽好、收率高、最佳条件容易寻找等优点。

2010 年，刘太泽等[14]利用微波辐射技术，以活性炭固载对甲苯磺酸为催化剂，以对硝基苯甲酸和乙醇为原料，合成了对硝基苯甲酸乙酯。通过正交试验和单因素试验，考查不同反应条件对酯化产率的影响，确定了最佳的反应条件。固定对硝基苯甲酸用量为 2 g，当 n（乙醇）∶n（对硝基苯甲酸）=4∶1、催化剂用量为 0.6 g、微波辐射时间为 11 min、微波辐射功率为 322 W 时，对硝基苯甲酸乙酯的产率可高达 98.2%。研究发现，在微波辐射下，酯化反应速率和产率均明显高于常规加热方式。该方法的后处理方便，产品易于分离回收，所得产品纯度高、产率高，催化剂制备方法简单且可重复使用。

2022 年，吴叶群等[15]以对甲苯磺酸为催化剂，以对硝基苯甲酸和无水乙醇为原料，采用超声辅助合成了对硝基苯甲酸乙酯。通过单因素试验和正交试验对合成工艺进行优化，获得了最佳的反应条件：当料液比（对硝基苯甲酸与无水乙醇的投料比）为 1∶4（g∶mL）、催化剂用量为 5.4 g、超声温度为 80 ℃、超声时间为 90 min、超声功率为 240 W 时，对硝基苯甲酸乙酯的产率可以达到 91.03%。该方法与传统加热回流法相比，反应时间更短、反应温度更低、产率更高，且操作简单、重现性好。

3. 无机盐类

（1）硫酸氢钠。

2003 年，隆金桥等[16]以一水合硫酸氢钠为催化剂，以对硝基苯甲酸和乙醇为原料，利用高压微波技术，快速合成了对硝基苯甲酸乙酯。通过正交试验，研究了不同反应因素对产品收率的影响，确定了最佳的反应条件：以 2.0 g 对硝基苯甲酸为准，当醇酸摩尔比为 4∶1、催化剂用量为 1.0 g、微波时间为 9 min、微波功率为 522 W 时，对硝基苯甲酸乙酯的产率达 97.8%。该方法生产工艺简单，反应时间短，催化剂用量少，产品色泽好、收率高。

2004 年，郑超等[17]以硫酸氢钠为催化剂，以对硝基苯甲酸和乙醇为原料，合成了对硝基苯甲酸乙酯。通过单因素试验，考查不同反应条件对酯化产率的影响，获得了最佳的反应条件：当醇酸摩尔比为 3∶1、硫酸氢钠用量为 0.6g（以 0.03 mol 对硝基苯甲酸为准）、反应温度为 78～80 ℃、反应时间为 3 h 时，对硝基苯甲酸乙酯的收率达 98%。硫酸氢钠作为催化剂，具有副反应少、催化活性高、对设备腐蚀性小等优点；同时，硫酸氢钠大多呈固体状，极易分离。

2004 年，隆金桥等[18]以一水合硫酸氢钠为催化剂，以对硝基苯甲酸和乙醇为原料，利用高压微波技术，合成了对硝基苯甲酸乙酯。通过均匀设计安排试验，试验结果经过优化组合，得到最佳的反应条件。当醇酸摩尔比为 3∶1、催化剂用量为 1.0 g、微波时间为 9 min、微波功率为 522 W 时，对硝基苯甲酸乙酯的产率达 99.1%。该方法具有生产工艺简单、反应时间短、催化剂用量少、产品色泽好、收率高、最佳条件容易寻找等优点。

2005 年，谢宇奇等[19]在超声波辐射下，以一水合硫酸氢钠为催化剂，以对硝基苯甲酸和乙醇为原料，合成了对硝基苯甲酸乙酯。通过单因素试验，探讨一水合硫酸氢钠对酯化反应的催化活性，较系统地研究醇酸摩尔比、催化剂用量、超声波功率、超声辐射时间诸因素对酯化收率的影响，获得了最佳的反应条件：固定对硝基苯甲酸用量为 2 g，当醇酸摩尔比为 4∶1、催化剂用量为 1.0 g、超声波功率为 80 W、超声辐射时间为 1 h 时，产品对硝基苯甲酸乙酯的平均收率为 77.7%。该方法操作简便，催化剂用量少，产品色泽好，易于实现工业化生产。

（2）硫酸氢钾。

2008 年，袁成宝等[20]以硫酸氢钾为催化剂，以对硝基苯甲酸和乙醇为原料，合成了对硝基苯甲酸乙酯。通过单因素试验，对影响产率的诸因素进行了考查，获得了最佳的反应条件：以 0.015 mol 对硝基苯甲酸为准，当醇酸摩尔比为 4∶1、催化剂用量为 0.4 g、反应温度为 78～80 ℃、反应时间为 2.5 h 时，酯化反应产率高达 99.49%。该方法具有操作简便、反应时间短、产率高、后处理方便的特点，符合节能环保、绿色化工的发展趋势，为降低一些医药中间体的生产成本创造了可能，具有一定的工业推广价值。

2008 年，陈连清等[21]以对硝基苯甲酸和无水乙醇为原料，合成了对硝基苯甲酸乙酯，考查了 5 种不同催化剂（硫酸氢钾、浓硫酸、对甲苯磺酸、杂多酸、无水氯化锌）对其收率的影响，发现以硫酸氢钾为催化剂的产率最高，并通过单因素试验和正交试验对影响产率的诸因素进行了考查，得到最佳的反应条件：以 0.015 mol 对硝基苯甲酸为准，当醇酸摩尔比为 4∶1、催化剂用量为 0.40 g、反应温度为 84～85 ℃、反应时间为 2.5 h 时，酯化反应产率高达 99.53%。硫酸氢钾作为催化剂，催化活性高，副反应少，对设备腐蚀性小，且硫酸氢钾大多呈固体状，易分离，是合成对硝基苯甲酸乙酯的较好催化剂。

同年，王浩等[22]也报道了硫酸氢钾在对硝基苯甲酸乙酯合成中的应用。

2015 年，补朝阳[23]以硫酸氢钾为催化剂，由对硝基苯甲酸和乙醇反应合成了对硝基苯甲酸乙酯。通过单因素试验，考查了催化剂用量、反应时间、醇酸物质的量之比、带水剂用量对酯化率的影响，确定了最佳的反应条件：当醇酸摩尔比为 4∶1、催化剂硫酸氢钾的用量为 0.4 g（以 0.015 mol 对硝基苯甲酸为准）、回流反应时间为 2.0 h、带水剂环己烷用量为 15 mL 时，对硝基苯甲酸乙酯的酯化率可达到 91.65%。该方法的操作简便，反应条件温和，产品收率优良。催化剂硫酸氢钾具有价格低廉、催化活性高、酸性强且没有氧化性、对反应设备腐蚀性小、副反应少、可重复使用等优点，符合节能环保、绿色化工的发展趋势，是一种高效、经济、环保、实用的酯化反应催化剂，具有一定的研究、应用价值。

（3）三氯化铝。

2012 年，汪建红[24]以自制的对硝基苯甲酸和无水乙醇为原料，研究了无水氯化锌、无水三氯化铁、无水三氯化铝三种催化剂在对硝基苯甲酸乙酯合成中的催化性能。通过单因素试验，考查了催化剂种类、催化剂用量、反应物配比、反应温度、反应时间对对硝基苯甲酸乙酯收率的影响，获得了最佳的反应条件：以无水三氯化铝作为催化剂，当反应物配比 n（乙醇）∶n（对硝基苯甲酸）=12∶1、三氯化铝用量为对硝基苯甲酸质量的 16%、反应温度为 80 ℃、反应时间为 3 h 时，对硝基苯甲酸乙酯产率最高可达 94.2%。该方法工艺简单，条件温和，产率高，是制备对硝基苯甲酸乙酯的较为合适的方法。

2016 年，唐建可等[25]采用微波辐射方法，以三氯化铝作为催化剂，以对硝基苯甲酸与乙醇为原料，合成了对硝基苯甲酸乙酯。通过单因素试验，研究了醇酸比、微波辐射功率、微波辐射时间、催化剂用量对产物收率的影响。在单因素试验基础上，固定微波辐射功率 400 W，利用响应面法优化对硝基苯甲酸乙酯的合成工艺，得到了最佳工艺条件：醇酸摩尔比为 5.2∶1、微波辐射时间为 9.8 min、催化剂用量为对硝基苯甲酸质量的 17.4%。在此条件下进行 3 次平行试验，对硝基苯甲酸乙酯的收率平均值可达 92.08%。三氯化铝作为催化剂，具有价格低廉、催化效率高、对设备和环境危害小的优点。

4. 金属氧化物

2006 年，李晓莉等[26]以三氧化二铵为催化剂、对硝基苯甲酸和乙醇为原料、甲苯为带水剂，合成了对硝基苯甲酸乙酯。通过单因素试验，对催化剂用量、反应时间、酸醇摩尔比、带水剂用量等因素进行了考查，确定了最佳的反应条件：以 0.015 mol 对硝基苯甲酸为准，当 n（对硝基苯甲酸）∶n（乙醇）=1∶6、催化剂用量为 0.1 g、反应温度为 79～81 ℃、反应时间为 3 h、带水剂甲苯用量为 9.5 mL 时，对硝基苯甲酸乙酯收率大于 89%。三氧化二铋作为催化剂，具有活性高、不腐蚀设备、污染少等优点。

5. 杂多酸

1996 年，李光禄等[27]以钨锗杂多酸 $H_4GeW_{12}O_{40}$ 为催化剂，以甲苯为带水剂，由对硝基苯甲酸与乙醇的液相酯化反应合成了对硝基苯甲酸乙酯。通过单因素试验，考查了催化剂用量、反应时间、醇酸比等因素对合成产物的影响，获得了适宜的酯化工艺条件：以 10 g 对硝基苯甲酸为准，当醇酸摩尔比为 5.8、钨锗杂多酸用量为 1.0 g、反应温度为 79～81 ℃、反应时间为 8.0 h、带水剂甲苯用量为 10 mL 时，对硝基苯甲酸乙酯的产率达 78.8%。杂多酸是固体超强酸，具有催化活性高、不腐蚀设备、污染少等优点。

此外，吴庆银等[28]也报道了钨锗杂多酸在对硝基苯甲酸乙酯合成中的应用。

2016 年，唐建可等[29]利用磷钨酸作为催化剂，以对硝基苯甲酸和乙醇作为原料，在微波辐射下合成了对硝基苯甲酸乙酯。通过单因素试验，研究微波辐射时间、醇酸摩尔比、催化剂用量和微波辐射功率对产率的影响。在单因素试验基础上，固定微波功率 240 W，采用响应面法优化了合成工艺参数，根据实际条件修正试验参数：微波辐射时间为 12 min、醇酸摩尔比为 4.7∶1、催化剂用量为醇酸总质量的 3.2%。在此条件下进行 3 次试验，对硝基苯甲酸乙酯的产率平均值达 86.2%。磷钨酸具有酸性强、催化活性高、稳定性好、对环境无污染等优点，是一种多功能的新型绿色催化剂。

6. 固体超强酸

2001 年，林劲柱[30]以复合固体超强酸 TiO_2/SO_4^{2-}-Al_2O_3 为催化剂，以对硝基苯甲酸和乙醇为原料，合成了对硝基苯甲酸乙酯。通过正交试验，考查了原料配比、催化剂用量、反应时间等因素对产物收率的影响，确定了酯化的最佳条件：酸醇摩尔比为 1∶5、催化剂用量为反应物质量的 4%、回流反应时间为 2 h。在此条件下，产物对硝基苯甲酸乙酯的收率达 97.6%。该复合固体超强酸具有较高的催化活性，可反复使用 8 次，使用寿命长，工艺简单，不腐蚀设备，无三废排放，具有一定的工业应用价值。

2012 年，盛文兵等[31]以固体酸（TiO_2/Fe^{3+}）为催化剂，以对硝基苯甲酸和乙醇为原料，合成了对硝基苯甲酸乙酯。通过正交试验，考查了反应物配比、反应时间、反应温度等因素对产物收率的影响，确定了最佳的反应条件：以 0.01 mol 对硝基苯甲酸为准，当酸醇摩尔比为 1∶6、催化剂用量为 1.0 mmol、反应温度为 90 ℃、反应时间为 2 h 时，酯化反应产率高达 88%。该方法具有催化剂廉价、环保、有效的特点，同时后处理比较简单，是一种有效的酯化反应催化剂。

7. 树脂类

2010 年，罗士平等[32]将回收的全氟磺酸离子交换膜制成全氟磺酸树脂溶液，利用溶胶-凝胶法制得了全氟磺酸树脂/二氧化硅复合催化剂，并将其应用于对硝基苯甲酸乙酯的合成。通过单因素试验，考查不同反应条件对酯化收率的影响，获得了最佳的反应条件：当物料比为 n（对硝基苯甲酸）∶n（乙醇）=1∶6、催化剂用量为反应物料的 10%（质量分数）、反应温度为 78～82 ℃、反应时间为 2.5 h 时，对硝基苯甲酸乙酯的收率可达 85.2%。该方法所用催化剂充分暴露了全氟磺酸树脂的酸性位，提高了利用率，也提高了催化剂的机械强度。

2012 年，赵志刚等[33]以 H-732 强酸性阳离子交换树脂为催化剂，以对硝基苯甲酸和乙醇为原料，在微波辐射条件下合成了对硝基苯甲酸乙酯。通过单因素试验和正交试验，探讨了微波功率、醇酸摩尔比、催化剂用量、反应时间对产品产率的影响，确定了最佳的反应条件：当醇酸摩尔比为 3∶1、催化剂用量为对硝基苯甲酸质量的 20%、反应时间为 15 min、微波功率为 250 W 时，对硝基苯甲酸乙酯的产率最高为 87.45%。树脂催化剂可以重复使用多次，再生后催化性能保持良好。该方法具有催化效果好、副反应少、对环境污染小、催化剂能重复使用等优点，还能简化产品的纯化分离，降低能耗和生产成本，值得推广应用。

2015 年，孟祥福等[34]以阳离子交换树脂和浓硫酸为联合催化剂，以对硝基苯甲酸和乙醇为原料，在回流状态下，合成了对硝基苯甲酸乙酯。通过单因素试验，研究了酸醇的用量、催化剂用量、反应时间等因素对产率的影响，获得了反应的最佳工艺条件。以 3.4 g 对硝基苯甲酸为准，当对硝基苯甲酸与无水乙醇的摩尔比为 1∶20、联合催化剂中阳离子交换树脂用量为 0.5 g、硫酸用量为 1.5 mL、回流反应时间为 2 h 时，对硝基苯甲酸乙酯的产率达到 96.5%。该方法使用阳离子酸性交换树脂和硫酸作联合催化剂，减少了硫酸的使用量，也能达到同样的催化效果，同时阳离子酸性交换树脂便于分离，可重复使用，减少了环境污染，符合现在环保和绿色生产的要求。

8. 有机磷酰化物

1996 年，申东升等[35]以氯磷酸二乙酯为催化剂，以对硝基苯甲酸和乙醇为原料，合成了对硝基苯甲酸乙酯。通过正交试验，考查了酸醇摩尔比、催化剂用量、反应时间等因素对酯化产率的影响，获得了最佳的反应条件：当酸醇摩尔比为 1∶4、催化剂用量为 2.5 mL（以 0.2 mol 对硝基苯甲酸为准）、回流反应时间为 1.5 h 时，对硝基苯甲酸乙酯产率接近理论值，产物含量达 99.77%。有机磷酰化物在催化酯化反应过程中，生成水溶性的磷酸酯，极易与产物分离，因而所得产物纯度很高。

同年，申东升等[36]还报道了磷酰氯二乙酯（DEPPC）在对硝基苯甲酸乙酯合成中的应用。

9. 双氧水

2008 年，韩亚蓉等[37]以双氧水为催化剂，以对硝基苯甲酸和乙醇为原料，合成了对硝基苯甲酸乙酯。通过单因素设计试验与正交设计试验，考查了反应物摩尔比、催化剂用量、反应温度及反应时间对产物收率的影响，并分析比较这两种方法的最佳反应条件。虽然单因素考查与正交设计考查的最佳条件有所偏差，但是综合分析各因素组合以后可知，当无水乙醇和对硝基苯甲酸的摩尔比为 4∶1、催化剂含量为 10%、反应温度为 80 ℃、反应时间为 2.5～3 h 时，酯化产率可达到最高值。该方法具有收率稳定、产品纯度好、副产物少、对环境污染小等特点，值得推广。

随后，韩亚蓉等[38]又进一步报道了双氧水在对硝基苯甲酸乙酯合成中的应用。

10. 离子液体

2013 年，朱海峰等[39]制备了酸性离子液体（$[(CH_2)_3SO_3Hmin]HSO_4$），并将其作为催化剂应用于对硝基苯甲酸乙酯的合成。通过单因素试验，对影响产率的诸多因素进行了考查，获得了最佳的反应条件：当酸醇摩尔比为 1∶15、酸与离子液体摩尔比为 1∶1.5、反应温度为 85 ℃、反应时间为 2 h 时，产品收率可达 85.10%。离子液体重复使用 5 次后，其催化活性基本不变。该方法具有催化效率高、反应快捷、后期处理简单、环境污染少、离子液体可重复使用等优势，是一种对硝基苯甲酸乙酯的绿色合成方法。

尽管上述方法各有其自身的优势，但依然或多或少地存在催化剂制备复杂或难以回收使用，以及需要使用特殊仪器设备等弊端，制约其在工业化生产中的应用。因而，探寻对硝基苯甲酸乙酯的绿色合成方法仍然具有重要研究意义。

低共熔溶剂氯化胆碱-对甲苯磺酸（ChCl-PTSA）具有原料成本低廉、制备方法简便、易分离和回收利用等特点，是一种具有广泛应用前景的新型绿色溶剂和催化剂。

本章采用低共熔溶剂氯化胆碱-对甲苯磺酸作为催化剂和溶剂，通过对硝基苯甲酸和无水乙醇的酯化反应来制备对硝基苯甲酸乙酯，其反应方程式如图 4.2 所示。

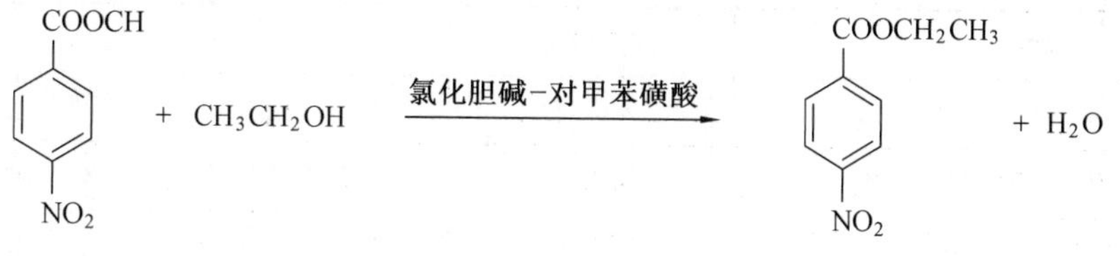

COOCH
NO_2
+ CH_3CH_2OH
氯化胆碱-对甲苯磺酸
$COOCH_2CH_3$
NO_2
+ H_2O

图 4.2　低共熔溶剂中对硝基苯甲酸乙酯的反应方程式

4.2 试验部分

4.2.1 试验仪器和试剂

本试验所用主要仪器的名称、型号和生产厂家见表 4.1。

表 4.1 试验主要仪器的名称、型号和生产厂家

仪器名称	仪器型号	生产厂家
分析天平	JA2003	上海舜宇恒平科学仪器有限公司
集热式恒温加热磁力搅拌器	DF-101D	巩义市予华仪器有限责任公司
电热恒温鼓风干燥箱	DHG-9146A	上海精宏试验设备有限公司
真空干燥箱	DZF-6020	巩义市予华仪器有限责任公司
旋转蒸发器	YRE-5299	巩义市予华仪器有限责任公司
循环水式真空泵	SHZ-D（Ⅲ）	巩义市予华仪器有限责任公司
显微熔点仪	SGWR X-4B	上海仪电物理光学仪器有限公司
核磁共振仪	AVANCE	瑞士 Bruker 公司
红外光谱仪	Nicolet 6700	美国赛默飞世尔科技公司

本试验所用主要试剂的名称、纯度和生产厂家见表 4.2 见。

表 4.2 试验主要试剂的名称、纯度和生产厂家

试剂名称	试剂纯度	生产厂家
氯化胆碱	分析纯	上海国药集团化学试剂有限公司
对甲苯磺酸一水合物	分析纯	上海国药集团化学试剂有限公司
对硝基苯甲酸	分析纯	上海国药集团化学试剂有限公司
无水乙醇	分析纯	上海国药集团化学试剂有限公司
乙酸乙酯	分析纯	天津市科密欧化学试剂有限公司
无水碳酸钠	分析纯	天津市科密欧化学试剂有限公司

4.2.2　低共熔溶剂氯化胆碱-对甲苯磺酸的制备

将 14.0 g 氯化胆碱（0.1 mol）和 19.0 g 对甲苯磺酸一水合物（0.1 mol）置于 100 mL 圆底烧瓶中，80 ℃加热搅拌反应 0.5 h。反应完毕之后，将所得混合物缓慢冷却至室温，真空干燥，便可得无色透明的低共熔溶剂氯化胆碱-对甲苯磺酸（ChCl-PTSA）。

4.2.3　低共熔溶剂氯化胆碱-对甲苯磺酸中对硝基苯甲酸乙酯的合成

将 3.3 g 对硝基苯甲酸（0.02 mol）、5.5 g 无水乙醇（0.12 mol）和 1.5 g 低共熔溶剂氯化胆碱-对甲苯磺酸置于 100 mL 圆底烧瓶中，加热回流反应 2.0 h。反应完毕之后，旋转蒸发回收过量乙醇，再向所得剩余物中加入 10 mL 去离子水，然后用乙酸乙酯（10 mL×3）萃取产物。将有机相旋转蒸发回收乙酸乙酯，再将剩余物用 5% 的碳酸钠溶液调节 pH 至 7.5～8.0，抽滤，使用去离子水洗涤多次，真空干燥，即可得 3.7 g 白色固体产物对硝基苯甲酸乙酯纯品，收率为 95%。含低共熔溶剂的水相经减压蒸馏除水，真空干燥，即可用于催化剂的重复使用试验。

4.3　结果与讨论

4.3.1　对硝基苯甲酸乙酯的结构表征与分析

本试验所制得的产物对硝基苯甲酸乙酯为白色固体，测定其熔点为 56～57 ℃，与文献[29]报道的数值一致。

接着，测定所得产物的红外光谱，如图 4.3 所示，FT-IR（cm^{-1}）v：3 116.34、3 054.67、2 992.80、1 714.21、1 604.16、1 526.80、1 345.23、1 279.88、1 172.46、1 099.13、1 015.65、876.46、833.91、786.78、709.95、508.92、417.17。

其中，1 714.21 cm^{-1} 为酯羰基（C═O）的伸缩振动吸收峰，1 526.80 cm^{-1} 和 1 345.23 cm^{-1} 为硝基（NO_2）的伸缩振动吸收峰，1 279.88 cm^{-1} 和 1 099.13 cm^{-1} 为 C—O—C 的伸缩振动吸收峰。

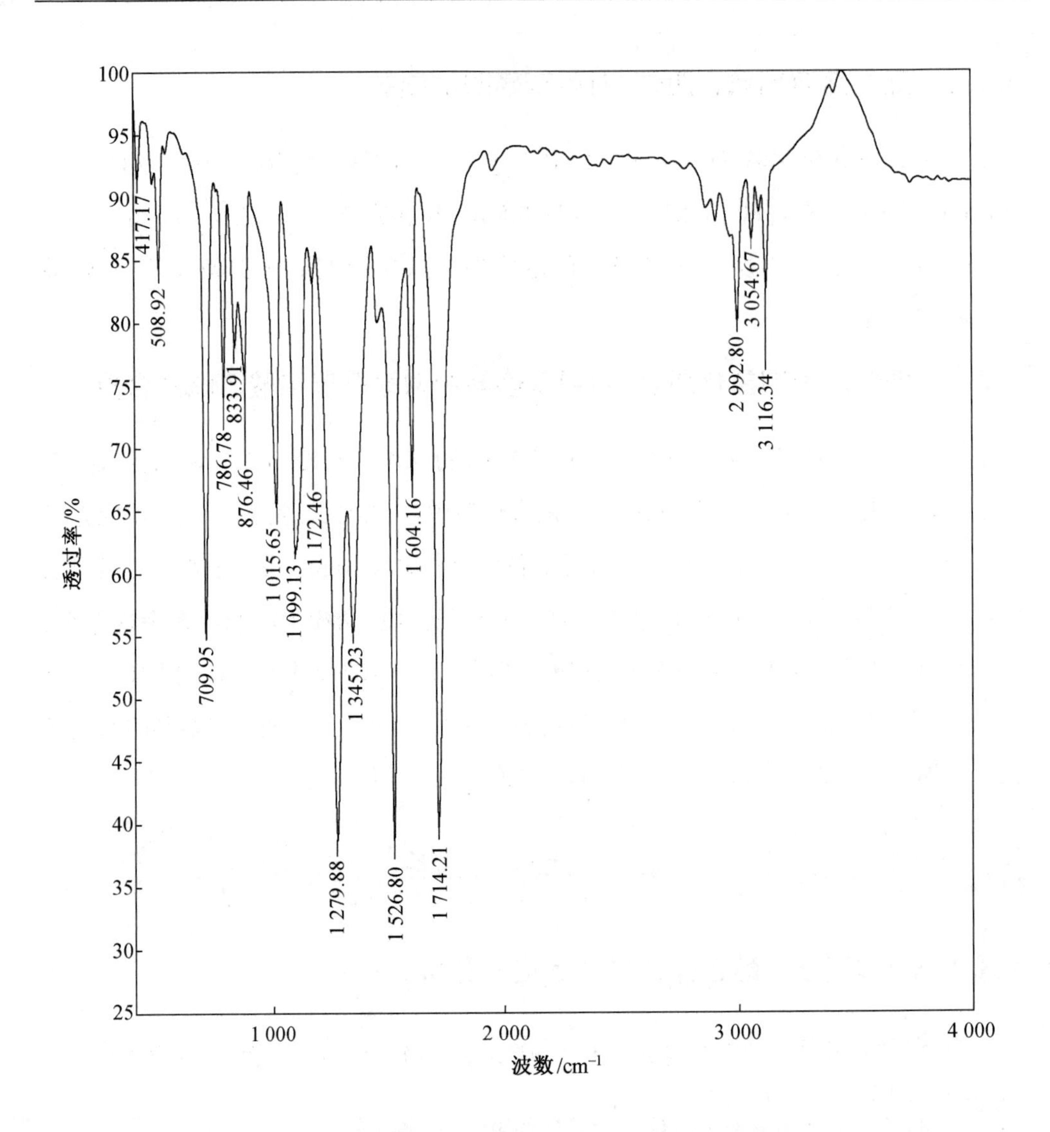

图 4.3 所得产物对硝基苯甲酸乙酯的红外光谱图

然后，再测定所得产物的核磁共振氢谱，如图 4.4 所示，^{1}H NMR（400 MHz，$CDCl_3$，10^{-6}）δ：8.26～8.23（m，2H，ArH），8.19～8.16（m，2H，ArH），4.41（q，J = 7.1 Hz，2H，CH_2），1.40（t，J = 7.1 Hz，3H，CH_3）。

其中，8.26～8.23（m，2H）和 8.19～8.16（m，2H）为苯环上 4 个 H 原子的特征峰，4.41（q，2H）为乙氧基上亚甲基的 2 个 H 原子的特征峰，1.40（t，3H）为

乙氧基上甲基 3 个 H 原子的特征峰。

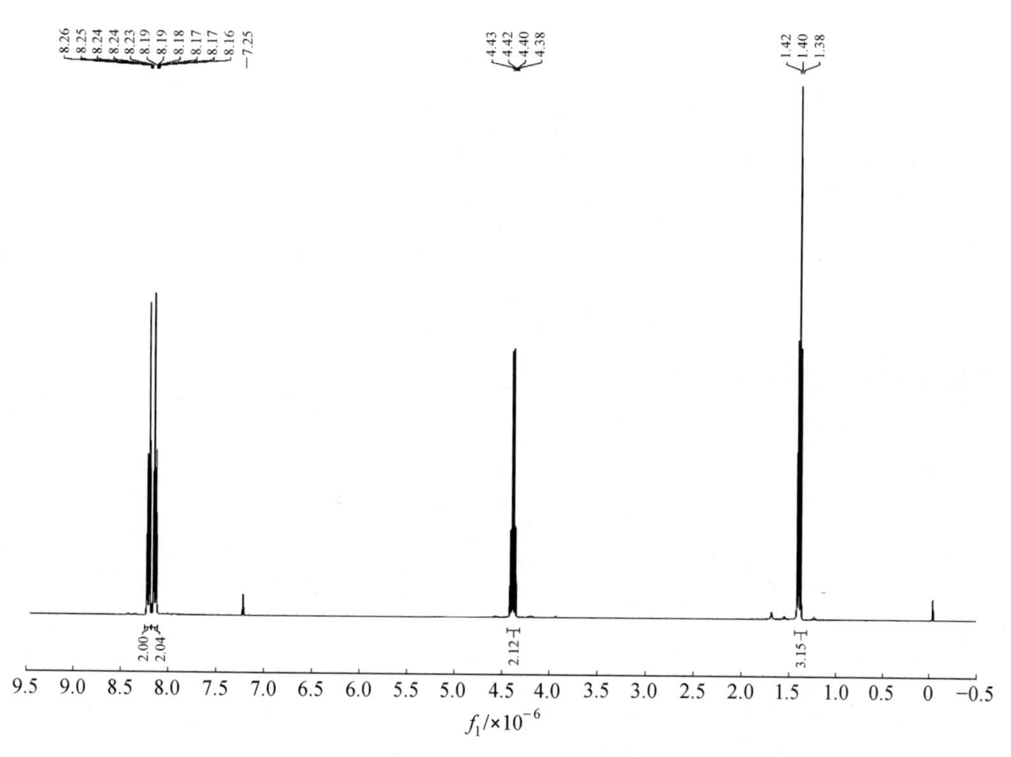

图 4.4　所得产物对硝基苯甲酸乙酯的核磁共振氢谱图

以上均与标准谱图峰值相符，证明所得产物即为对硝基苯甲酸乙酯。

4. 3. 2　对硝基苯甲酸乙酯合成的反应条件优化

1. 低共熔溶剂氯化胆碱-对甲苯磺酸用量对酯化收率的影响

取 3.3 g 对硝基苯甲酸（0.02 mol）、5.5 g 无水乙醇（0.12 mol），选择不同用量的低共熔溶剂氯化胆碱-对甲苯磺酸，加热回流反应 2.0 h，探讨低共熔溶剂用量对酯化收率的影响，试验结果见表 4.3。

表 4.3 低共熔溶剂用量对酯化收率的影响

序号	氯化胆碱-对甲苯磺酸用量/g	收率/%
1	0.5	71
2	1.0	84
3	1.5	95
4	2.0	95
5	2.5	96

根据表 4.3 的试验数据来绘制图 4.5，即为低共熔溶剂氯化胆碱-对甲苯磺酸用量对酯化收率的影响曲线图。

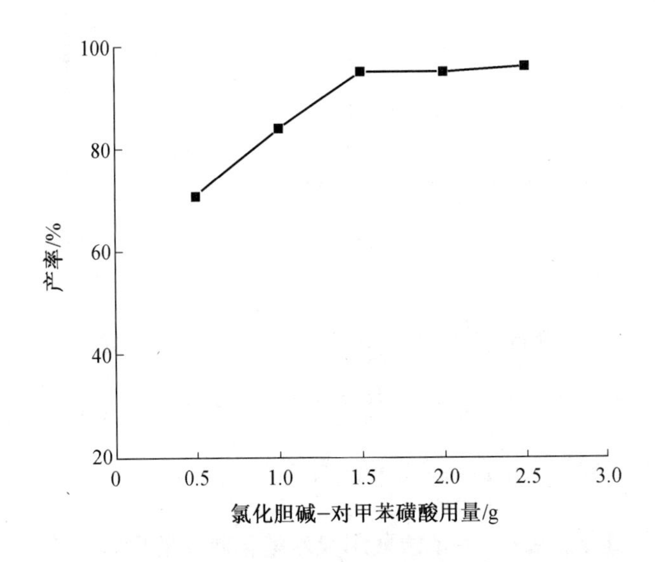

图 4.5 低共熔溶剂用量对酯化收率的影响曲线图

根据图 4.5 可知，随着低共熔溶剂氯化胆碱-对甲苯磺酸用量的增加，对硝基苯甲酸乙酯的收率逐渐提高并趋于稳定。鉴于成本因素考虑，低共熔溶剂氯化胆碱-对甲苯磺酸的较佳用量为 1.5 g。

2. 反应物配比对酯化收率的影响

取 3.3 g 对硝基苯甲酸（0.02 mol）和 1.5 g 低共熔溶剂氯化胆碱-对甲苯磺酸，选择不同物质的量的无水乙醇，加热回流反应 2.0 h，探讨反应物配比对酯化收率的影响，试验结果见表 4.4。

表 4.4　反应物配比对酯化收率的影响

序号	*n*（对硝基苯甲酸）∶*n*（无水乙醇）	收率/%
1	1∶2	61
2	1∶4	83
3	1∶6	95
4	1∶8	93
5	1∶10	91

根据表 4.4 的试验数据绘制图 4.6，即为反应物对硝基苯甲酸和无水乙醇摩尔配比对酯化收率的影响曲线图。

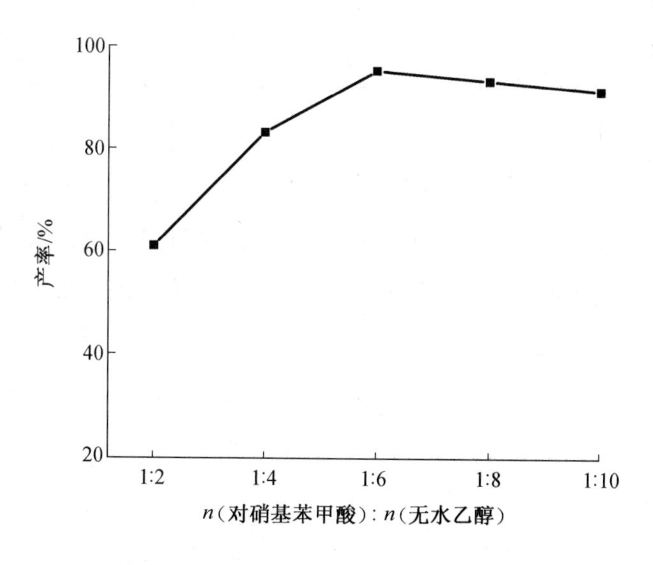

图 4.6　反应物配比对酯化收率的影响曲线图

根据图 4.6 可知，随着乙醇用量的增加，对硝基苯甲酸乙酯的收率逐渐升高。当对硝基苯甲酸与乙醇的摩尔比为 1∶6 时，酯化收率达到最大。随后，进一步增加乙醇的用量，产物收率有所下降。这可能是由于乙醇过量太多，会降低对硝基苯甲酸的浓度，进而使反应速率减慢。因而，对硝基苯甲酸与乙醇的较佳摩尔比为 1∶6。

3. 回流时间对酯化收率的影响

取 3.3 g 对硝基苯甲酸（0.02 mol）、5.5 g 无水乙醇（0.12 mol）和 1.5 g 低共熔溶剂氯化胆碱-对甲苯磺酸，选择不同的回流时间，探讨回流时间对酯化收率的影响，试验结果见表 4.5。

表 4.5　回流时间对酯化收率的影响

序号	时间/h	收率/%
1	0.5	65
2	1.0	79
3	1.5	87
4	2.0	95
5	2.5	92
6	3.0	88

根据表 4.5 的试验数据绘制图 4.7，即为回流时间对酯化收率的影响曲线图。

根据图 4.7 可知，随着反应时间的延长，对硝基苯甲酸乙酯的收率呈现先升高后降低的趋势。其原因可能是酯化反应为可逆反应，反应时间过长，酯化产物部分水解，导致收率下降。因此，较佳回流时间为 2.0 h。

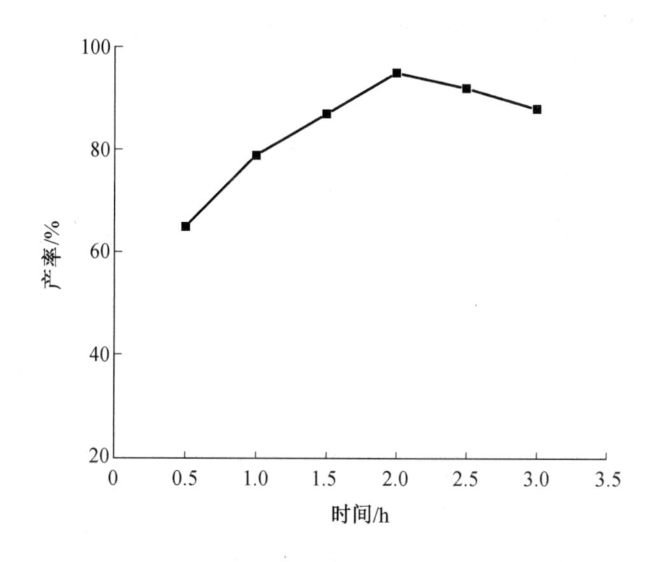

图 4.7　回流时间对酯化收率的影响曲线图

4. 小结

通过上述不同反应条件对对硝基苯甲酸乙酯收率影响的研究，获得了低共熔溶剂氯化胆碱-对甲苯磺酸中对硝基苯甲酸乙酯的较佳合成工艺条件：以 0.02 mol 对硝基苯甲酸为准，对硝基苯甲酸与乙醇的摩尔比为 1∶6，低共熔溶剂氯化胆碱-对甲苯磺酸的用量为 1.5 g，回流反应时间为 2.0 h。在此条件下，对硝基苯甲酸乙酯的收率可达 95%。

4.3.3　低共熔溶剂氯化胆碱-对甲苯磺酸的重复使用性

取 3.3 g 对硝基苯甲酸（0.02 mol）、5.5 g 无水乙醇（0.12 mol）和 1.5 g 低共熔溶剂氯化胆碱-对甲苯磺酸，加热回流反应 2.0 h，探讨低共熔溶剂重复使用次数对酯化收率的影响，试验结果见表 4.6。反应完毕以后，将含低共熔溶剂氯化胆碱-对甲苯磺酸的水相，先减压蒸馏除水，再真空干燥，即可用于随后的循环使用试验。

表 4.6 低共熔溶剂氯化胆碱-对甲苯磺酸重复使用次数对酯化收率的影响 %

次数	收率
1	95
2	93
3	92
4	90
5	88

根据表 4.6 的试验数据绘制图 4.8，即为低共熔溶剂氯化胆碱-对甲苯磺酸重复使用次数对酯化收率的影响曲线图。

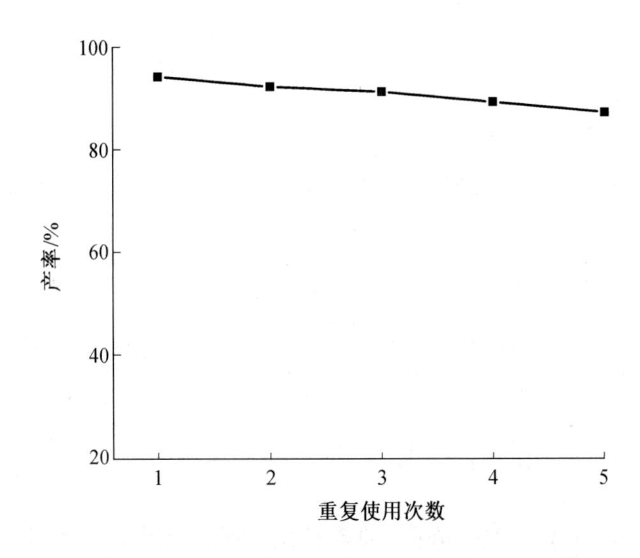

图 4.8 低共熔溶剂氯化胆碱-对甲苯磺酸重复使用次数对酯化收率的影响

根据图 4.8 可知，低共熔溶剂氯化胆碱-对甲苯磺酸至少可回收使用 5 次，对硝基苯甲酸乙酯的收率没有显著降低。

4.4　本章小结

在对硝基苯甲酸乙酯的合成中，当低共熔溶剂氯化胆碱-对甲苯磺酸用量为 1.5 g、对硝基苯甲酸与乙醇的摩尔比为 1∶6、回流时间为 2.0 h 时，酯化产物的收率可达 95%。该方法具有催化剂制备简便、催化效率高、易分离和回收利用等优点，符合绿色化工和清洁生产的发展要求，为医药和精细化工中间体的绿色生产提供了一种新思路，具有一定的工业应用价值。

本章参考文献

[1] ABDULLAEV M G. A new method of dicaine synthesis from *p*-nitrobenzoic acid ethylate[J]. Pharmaceutical Chemistry Journal, 2002, 36(1): 28-31.

[2] 李文丽, 赵杰, 崔玉洁. 盐酸丁卡因的合成工艺研究[J]. 当代化工研究, 2017(11): 36-37.

[3] 李文丽, 赵杰, 许志刚, 等. 盐酸丁卡因的合成工艺改进[J]. 精细化工, 2018, 35(2): 272-277.

[4] 张泽蓉, 吴叶群, 何凯君, 等. 对硝基苯甲酸乙酯还原合成苯佐卡因的超声辅助工艺研究[J]. 化学与生物工程, 2022, 39(1): 31-34.

[5] 寇成, 杨晓婧, 李楠楠. 苯佐卡因合成方法研究进展[J]. 现代盐化工, 2022, 49(2): 14-15.

[6] 陈丹丹, 聂良邓, 任旭康, 等. 对硝基苯甲酸乙酯的合成研究[J]. 浙江科技学院学报, 2006, 18(4): 277-279.

[7] 李光熙, 夏定国. 对硝基苯甲酸乙酯的合成[J]. 化学试剂, 1995, 17(4): 249, 254.

[8] 张庆刚, 武文华, 张昊. 正交试验法在对硝基苯甲酸乙酯药物合成中的应用[J]. 现代中西医结合杂志, 2011, 20(10): 1241-1243.

[9] 周虹屏，于金文，杨开炳. 苯磺酸催化合成对硝基苯甲酸乙酯[J]. 化学世界，2001, (9): 484-485.

[10] 张雨中, 陈爱英, 张永峰, 等. 对硝基苯甲酸乙酯的制备[J]. 河北化工, 2001(1): 11-12.

[11] 唐明明, 刘葵, 陈孟林. 对甲苯磺酸催化合成对硝基苯甲酸乙酯的研究[J]. 应用化工, 2003, 32(1): 42-43.

[12] 施新宇, 施磊, 张海军, 等. 活性炭固载固体酸催化合成对硝基苯甲酸乙酯[J]. 南通工学院学报(自然科学版), 2004, 3(3): 54-55, 62.

[13] 刘太泽, 肖鉴谋, 刘奉强, 等. 微波辐射对甲苯磺酸催化合成对硝基苯甲酸乙酯[J]. 化学世界, 2009, 50(11): 678-680.

[14] 刘太泽, 肖鉴谋, 刘奉强, 等. 微波辐射活性炭固载对甲苯磺酸催化合成对硝基苯甲酸乙酯[J]. 南昌大学学报(工科版), 2010, 32(1): 24-27.

[15] 吴叶群, 张泽蓉, 叶东, 等. 超声辅助合成对硝基苯甲酸乙酯[J]. 化学与生物工程, 2022, 39(10): 33-37.

[16] 隆金桥，凌绍明. 高压微波催化合成对硝基苯甲酸乙酯[J]. 贵州化工，2003, 28(6): 7-9.

[17] 郑超, 王萍, 常海涛, 等. 对硝基苯甲酸乙酯制备工艺的改进[J]. 泰山医学院学报, 2004, 25(2): 118-119.

[18] 隆金桥, 凌绍明. 均匀设计研究对硝基苯甲酸乙酯的合成[J]. 化工技术与开发, 2004, 33(4): 1-2, 7.

[19] 谢宇奇, 韦秀丽, 何燕英, 等. 超声波辐射下催化合成对硝基苯甲酸乙酯[J]. 广西右江民族师专学报, 2005, 18(6): 49-52.

[20] 袁成宝, 张月红, 丹新闯, 等. 硫酸氢钾催化合成对硝基苯甲酸乙酯[J]. 天津化工, 2008, 22(1): 20-22.

[21] 陈连清, 周忠强. 对硝基苯甲酸乙酯的合成[J]. 中南民族大学学报(自然科学版), 2008, 27(2): 4-6.

[22] 王浩, 李淑敏, 陈连清, 等. 对硝基苯甲酸乙酯合成研究[J]. 化工技术与开发, 2008, 37(5): 1-3, 7.

[23] 补朝阳. 对硝基苯甲酸乙酯的合成[J]. 化学研究, 2015, 26(6): 601-603.

[24] 汪建红. 对硝基苯甲酸乙酯合成方法的探讨[J]. 成都电子机械高等专科学校学报, 2012, 15(1): 18-20.

[25] 唐建可, 程帮贵, 马春蕾. 响应面法优化微波辐射合成对硝基苯甲酸乙酯[J]. 天津化工, 2016, 30(2): 13-16.

[26] 李晓莉, 张永宏, 张晓丰. 三氧化二钕催化合成对硝基苯甲酸乙酯[J]. 精细石油化工, 2006, 23(2): 46-47.

[27] 李光禄, 吴庆银. 钨锗酸催化合成对硝基苯甲酸乙酯[J]. 沈阳黄金学院学报, 1996, 15(4): 392-394.

[28] 吴庆银, 铁梅, 高云凯. 杂多酸催化合成对硝基苯甲酸乙酯[J]. 化学与粘合, 1998(2): 81-82.

[29] 唐建可, 王曼, 马春蕾. 微波辐射磷钨酸催化合成对硝基苯甲酸乙酯[J]. 山东化工, 2016, 45(23): 10-12.

[30] 林劲柱. $TiO_2/SO_4^{2-}-Al_2O_3$ 催化合成对硝基苯甲酸乙酯的研究[J]. 山东化工, 2001, 30(1): 11-12, 40

[31] 盛文兵, 黄珍辉, 傅榕赓, 等. 固体酸（TiO_2/Fe^{3+}）催化对硝基苯甲酸乙酯合成的研究[J]. 中国现代药物应用, 2012, 6(15): 5-6.

[32] 罗士平, 张明辉, 郭俊, 等. SiO_2 负载全氟磺酸树脂催化合成对硝基苯甲酸乙酯[J] 化学世界, 2010,51(5):260-263.

[33] 赵志刚, 邵太丽, 秦国正. 微波辐射下阳离子交换树脂催化合成对硝基苯甲酸乙酯[J]. 应用化工, 2012, 41(6): 968-974.

[34] 孟祥福, 臧玉红, 张素芝. 对硝基苯甲酸乙酯的合成[J]. 承德石油高等专科学校学报, 2015, 17(2): 18-19, 36.

[35] 申东升, 林原斌, 张亚利, 等. 有机磷酰化物催化合成对硝基苯甲酸乙酯[J].精

细化工, 1996, 13(2): 53-55.

[36] 申东升, 林原斌, 张亚利, 等. 对硝基苯甲酸乙酯合成方法的改进[J]. 化学通报, 1996(4): 28-30.

[37] 韩亚蓉, 魏灿英. 双氧水介导制备对硝基苯甲酸乙酯的初步研究[J]. 现代生物医学进展, 2008, 8(2): 274-276.

[38] 韩亚蓉. 双氧水介导制备对硝基苯甲酸乙酯的初步研究(英文)[J]. 现代生物医学进展, 2009, 9(15): 2895-2898.

[39] 朱海峰, 黄飞隆, 蔡晨光, 等. 酸性离子液体催化合成对硝基苯甲酸乙酯的研究[J]. 宁波大学学报(理工版), 2013, 26(3): 91-93.

第 5 章　低共熔溶剂中尼泊金乙酯的合成

5.1 概　　述

尼泊金酯（nipagin ester）作为国际公认的三大广谱高效食品防腐剂之一，其化学名称是对羟基苯甲酸酯，是目前世界上用途最广、用量最大、应用频率最高的一类防腐剂，广泛应用于日化、医药、食品、饲料及各种工业防腐领域[1]。

表 5.1　防腐剂毒性的比较

防腐剂	LD_{50}/(mg·kg^{-1})	无影响添加量	MNL/(mg·kg^{-1})	ADI/(mg·kg^{-1})
苯甲酸	2 530	1	500	0～5
山梨酸	7 630	5	2 500	0～25
尼泊金甲酯	8 000	—	1 000	0～10
尼泊金乙酯	5 000	—	1 000	0～10
尼泊金丙酯	6 700	2	1 000	0～10
尼泊金丁酯	13 200	—	1 000	0～10
尼泊金庚酯	—	—	1 000	0～10

根据表 5.1 尼泊金酯、苯甲酸和山梨酸的毒性比较可以看出，这 3 种防腐剂的表观安全性由大到小依次为山梨酸、尼泊金酯、苯甲酸。但是，在实际使用中，尼泊金酯的添加量比苯甲酸、山梨酸少得多，食用同样和同量的食品，摄入人体内尼泊金酯的量也远比苯甲酸和山梨酸低得多。因此，实际使用安全性由小到大依次为尼泊金酯、山梨酸、苯甲酸。

与传统的苯甲酸和山梨酸类防腐剂相比，尼泊金酯不仅抑菌效果好、适用 pH

范围广，而且毒副作用小、使用方便且成本低，同时易于通过改性和复配提高性能[2-5]。所以，联合国粮农组织、世界卫生组织、美国食品药物管理局及我国有关机构都将尼泊金酯列为安全防腐剂。然而，从我国的食品防腐剂现状来看，目前仍然以苯甲酸钠为主，但在一些国家已禁止苯甲酸钠在食品中的使用。因而，尼泊金酯将成为我国重点发展的替代苯甲酸钠食品防腐剂的产品之一。随着食品安全要求的不断提高，尼泊金酯类产品未来将成为一种发展前景广阔的防腐剂和抑菌剂。因此，尼泊金酯合成方法的研究具有重要的理论意义和现实价值。

尼泊金乙酯（也称为对羟基苯甲酸乙酯）是尼泊金酯类防腐剂的典型代表之一，其化学式如图 5.1 所示。尼泊金乙酯的传统合成方法是以尼泊金酸（即对羟基苯甲酸）和乙醇作为原料，以浓硫酸作为催化剂，通过酯化反应而制得。尽管该方法成本低廉、工艺成熟，但是存在副反应多、设备腐蚀严重、硫酸不能回收使用、废酸排放污染环境、产物色泽深和纯化复杂等缺点，已不能适应绿色化工和清洁生产的发展要求。

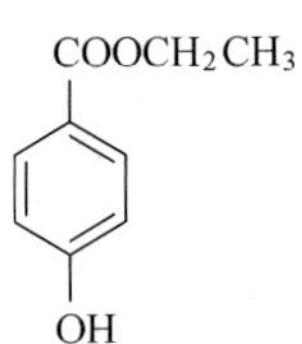

图 5.1　尼泊金乙酯的化学式

近年来，在广大科研工作者的不懈努力下，各种新型催化剂已被相继应用于尼泊金乙酯的合成[6-17]。目前已经用于尼泊金乙酯合成的催化剂主要包括以下几类。

1. 硫酸

1988 年，李玲珍等[18]以浓硫酸为催化剂，以对羟基苯甲酸和乙醇为原料，以苯为共沸剂，合成了对羟基苯甲酸乙酯。在对羟基苯甲酸、无水乙醇、苯与浓硫酸的摩尔比为 1∶4∶2∶0.1 时，不仅使反应时间由原来的 5 h 缩短至 3 h，而且也使产率由 80%提高到 96.5%。该研究具有明显的实用价值。

1994 年，李晓莉等[19]以硫酸为催化剂，以对羟基苯甲酸和乙醇为原料，以无水氯化锌为脱水剂，合成了尼泊金乙酯。通过正交试验，讨论了催化剂用量、反应物配比、反应温度等因素对尼泊金酯收率的影响，获得了适宜的反应条件。当酸醇摩尔比为 1∶6.972、催化剂用量为 4.8 mL（以 20 g 对羟基苯甲酸为准）、反应温度为 115～125 ℃时，回流反应 8 h，酯的产率最高可达 94.56%。该方法的优点是原料价格低廉、酯的收率较高；缺点是过热时有碳化现象，有副反应，废酸、水必须经处理，分离工作量大。

1994 年，冯薇[20]用浓硫酸作催化剂，用 95%工业乙醇代替无水乙醇合成了尼泊金乙酯。通过单因素试验，讨论了反应时间、原料配比、催化剂用量及带水剂的使用对收率的影响，确定了最佳的反应条件：对羟基苯甲酸、95%工业乙醇、苯与浓硫酸的摩尔比为 1∶4∶2∶0.38，反应时间为 4 h。在此条件下，酯的产率可达 96%以上。用 95%工业乙醇代替无水乙醇，降低了成本，扩充了原料来源，可为工业生产带来显著的经济效益。

此外，郑学忠等[21-22]也以浓硫酸为催化剂，用 95%乙醇代替无水乙醇合成尼泊金乙酯。

2. 磺酸类

（1）对甲苯磺酸。

2000 年，曹秀格等[23]以自制的对甲苯磺酸为催化剂，以对羟基苯甲酸和乙醇为原料，苯作为共沸脱水剂，氧化铝作为干燥剂，合成了尼泊金乙酯。通过正交试验，讨论了反应时间、原料摩尔比、催化剂用量对收率的影响，确定了最佳的工艺条件：当 n（对羟基苯甲酸）∶n（乙醇）∶n（苯）∶n（对甲苯磺酸）＝1∶4∶1∶0.1、反应温度为 78～110 ℃、反应时间为 8 h 时，酯化反应产率高达 86.9%。

2003 年，唐明明等[24]以对甲苯磺酸为催化剂，以对羟基苯甲酸和乙醇为原料，合成了对羟基苯甲酸乙酯。通过单因素试验，对影响产率的诸因素进行了考查，确定了最佳的反应条件：当醇酸摩尔比为 4∶1、催化剂用量为醇酸总质量的 7.5%、回流反应时间为 3.5 h 时，产物的收率可达 75%。该方法的生产工艺简单，反应时间短，产品色泽浅，收率亦较高。

2006年，罗冬冬等[25]以对甲苯磺酸为催化剂，以对羟基苯甲酸和乙醇为原料，在超声辐射条件下合成了对羟基苯甲酸乙酯。通过正交试验，对影响产率的诸因素进行了考查，确定了最佳的反应条件：乙醇与对羟基苯甲酸的摩尔比为7∶1、催化剂用量占对羟基苯甲酸和乙醇总质量的 8%、超声温度为 70～80 ℃、超声时间为70 min、超声功率为350 W。在此条件下，对羟基苯甲酸乙酯的产率可达85.51%。超声波温度较低，不使用带水剂和脱水剂，与传统方法相比，反应时间减少，后处理比较简单，无溶剂，可以降低成本，减小对环境的污染。

（2）对甲苯磺酸铜。

2007年，邓斌等[26]以对甲苯磺酸铜为催化剂，以对羟基苯甲酸和乙醇为原料，合成了对羟基苯甲酸乙酯。通过单因素试验，研究了影响酯化反应产率的主要因素，确定了最佳的反应条件为：以对羟基苯甲酸用量0.10 mol为准，醇酸摩尔比为4∶1，对甲苯磺酸铜用量为2.2 g，回流反应时间为4.0 h。在此条件下，酯化率可达94.3%。该催化剂制备容易，性能稳定，催化活性高，不溶于反应体系，后处理简单，可多次重复使用，可节约成本，不污染环境，符合绿色化学原则，具有良好的工业应用前景。

随后，邓斌等[27]又进一步报道了对甲苯磺酸铜在对羟基苯甲酸乙酯合成中的应用。

此外，李夏蕾[28]也报道了对甲苯磺酸铜在对羟基苯甲酸乙酯合成中的应用。

（3）氨基磺酸。

2005年，刘静等[29]以氨基磺酸为催化剂，以对羟基苯甲酸和乙醇为原料，合成了对羟基苯甲酸乙酯。利用单因素试验，通过酯化反应速度及产品收率影响因素的研究，确定了最佳的反应条件。当酸醇摩尔比为1∶4、催化剂用量为反应物料总质量的10.3%、回流反应时间为3 h时，产品的收率达90.38%。氨基磺酸价廉易得，性能稳定，不溶于反应体系，反应后处理简单，可循环、安全、方便使用，不污染环境，有一定的工业价值。

此外，徐凡[30]也报道了氨基磺酸在对羟基苯甲酸乙酯合成中的应用。

（4）甲磺酸。

2008 年，赖雅平等[31]以甲磺酸作为催化剂，以对羟基苯甲酸和乙醇为主要原料，采用在反应体系中加入原甲酸三乙酯加热回流脱水的方法，合成了尼泊金乙酯。通过单因素试验，考查诸因素对产物转化率的影响，确定了最佳的反应条件：原料乙醇与对羟基苯甲酸的摩尔比为 3∶1，回流反应时间为 4 h。原甲酸三乙酯脱水法与传统方法相比，能有效提高目标产物转化率，减少反应时间。

3. 无机盐

1997 年，李晓湘等[32]以硫酸铜为固体酸催化剂，由对羟基苯甲酸和乙醇的酯化反应合成了对羟基苯甲酸乙酯。通过单因素试验，考查了醇酸比、催化剂用量、反应时间、带水剂用量等因素与产率的关系，确定了最佳的反应条件：以 0.1 mol 对羟基苯甲酸为准，当醇酸摩尔比为 4∶1、催化剂用量为 2.5 g、反应时间为 5 h、带水剂用量为 10 mL 时，对羟基苯甲酸乙酯的产率可达 89.8%。催化剂硫酸铜价廉易得，可以重复使用，不腐蚀设备，而且对环境没有污染，产物易于提纯，有利于工业生产。

2000 年，王明星等[33]以六水三氯化铁为固体催化剂，由既作反应物又作溶剂的 95%乙醇和对羟基苯甲酸为原料，合成了对羟基苯甲酸乙酯。通过单因素试验，探讨了不同反应条件对酯化产率的影响，确定了最佳的反应条件。当醇酸摩尔比为 2∶1、催化剂与酸的摩尔比为 0.12∶1、回流反应时间为 3 h 时，产物的收率高于 77.5%，含量超过 98%。该方法用 95%乙醇代替无水乙醇，既作反应物又作溶剂，利用醇-水共沸原理，取消了常用的共沸脱水剂苯等，多余的醇可重复使用，减少了污染，降低了成本，提高了经济效益。三氯化铁替代浓硫酸等进行催化酯化，减少了三废污染，同时其来源广泛，性质稳定，不溶于反应体系，反应后处理简便，是一种有前途的酯化反应催化剂。该工艺简单、收率高，便于工业化，具有显著的实用开发价值。

2001 年，张玉霞等[34]用氯化高锡作催化剂，以对羟基苯甲酸和乙醇为原料，以环己烷为带水剂，合成了尼泊金乙酯。通过单因素试验，研究了不同因素对酯化产率的影响，确定了最佳的反应条件：当酸、醇及催化剂的摩尔比为 1∶4∶0.004、回流反应时间为 4 h 时，尼泊金乙酯的产率可达 90.4%。氯化高锡是合成尼泊金乙酯很好的催化剂，它与乙醇相溶，反应处于均相体系，催化活性高，无副反应发生，反应完毕后可从滤液中通过蒸干溶剂的方法进行回收，工艺条件及后处理极为简便，而其设备腐蚀性远比浓硫酸低，而且催化剂氯化高锡价廉易得，稳定性良好，因而有希望取代浓硫酸用作工业合成尼泊金乙酯的催化剂。

2002 年，黄涛[35]以硅胶固载硫酸钛作为催化剂，以对羟基苯甲酸和乙醇为原料，合成了对羟基苯甲酸乙酯。通过单因素试验，考查了不同反应条件对酯化产率的影响，确定了最佳的反应条件：以对羟基苯甲酸用量 0.1 mol 为准，当醇酸摩尔比为 3∶1、硫酸钛的负载量为 20%、固载催化剂用量为 1.2 g，在 115 ℃回流反应 3 h 时，酯化率达 91.6%。硅胶固载硫酸钛的催化活性高、用量少、制备简单、无腐蚀、易回收利用。

2003 年，照那斯图等[36]以一水硫酸氢钠作为催化剂，由对羟基苯甲酸和乙醇的酯化反应合成了对羟基苯甲酸乙酯。研究发现，当对羟基苯甲酸用量为 6.9 g、乙醇用量为 46 g、催化剂用量为 0.25 g 时，加热回流反应，产品收率高达 91.5%。硫酸氢钠是一种价廉、易得、稳定的无机盐晶体，难溶于有机反应体系，使用时分离方便，对设备腐蚀小，催化合成对羟基苯甲酸乙酯的收率高。

2005 年，隆金桥等[37]以一水合硫酸氢钠为催化剂，利用高压微波技术，由对羟基苯甲酸和乙醇快速反应合成了对羟基苯甲酸乙酯。通过单因素试验，探讨了酯化反应各因素对产品收率的影响，确定了最佳的反应条件：以对羟基苯甲酸用量 2.0 g 为准，当醇酸摩尔比为 4∶1、催化剂用量为 0.4 g、微波辐射时间为 7 min、微波辐射功率为 522 W，产品收率为 83.0%。该方法的生产工艺简单，反应时间短，催化剂用量少，产品色泽好，收率高。

2014 年，陈会新等[38]以活性炭固载四氯化锡为催化剂，以对羟基苯甲酸与乙醇为原料，在微波辐射条件下合成了对羟基苯甲酸乙酯。通过单因素试验，研究了催化剂用量、醇酸摩尔比、反应时间、反应温度、微波辐射功率等对酯化收率的影响，获得了最佳的反应条件。当 n（对羟基苯甲酸）：n（乙醇）=1：4、催化剂用量为反应物质的总质量的 10%、反应温度为 120 ℃、反应时间为 25 min、微波辐射功率为 640 W 时，产品的收率为 95%。同时，催化剂循环使用 4 次后，仍然显示出良好的催化活性，产率可达 89%。该方法具有反应产率高、反应时间短、后处理简单，以及对设备的腐蚀小等突出的优点，为将来绿色、高效，以及低成本工业化合成对羟基苯甲酸乙酯进行了有益的前期探索。

4. 杂多酸

1997 年，刘国华[39]以磷钨酸作为催化剂，以对羟基苯甲酸和乙醇为原料，以苯作为带水剂，合成了对羟基苯甲酸乙酯。通过单因素试验，讨论了影响酯化产率的各因素，确定了最佳的反应条件：当醇、酸、苯的摩尔比为 4：1：1、磷钨酸用量为醇酸总质量的 5%、回流反应时间为 240 min 时，酯化合成产率可达 46.4%。该方法的生产工艺简单，产品质量好，回收对羟基苯甲酸方便易行，回收率高，重复使用不影响产品的产率与质量，可降低生产成本，增加生产厂家的经济效益。

1998 年，周建伟等[40]用磷钨酸作为催化剂，以苯作为带水剂，由对羟基苯甲酸和无水乙醇反应合成了对羟基苯甲酸乙酯。通过正交试验，考查了诸因素对酯化收率的影响，获得了最佳的反应条件：当醇酸比为 5：1、催化剂用量为对羟基苯甲酸质量的 7%、反应温度为 115 ℃、反应时间为 5 h 时，平均酯化率可达 94%。该方法的优点是后处理简单，降能降耗，且对反应设备腐蚀轻，产品质量高。

1999 年，梁永光等[41]以自制的固体杂多酸盐 $TiSiW_{12}O_{40}/TiO_2$ 为催化剂，以对羟基苯甲酸和乙醇为原料，合成了对羟基苯甲酸乙酯。通过单因素试验，考查不同反应条件对酯化产率的影响，确定了反应的最佳条件：当醇酸摩尔比为 4：1、催化剂的用量为原料总量的 2.0%、反应温度为 84～86 ℃、反应时间为 2.0 h 时，对羟基苯甲酸乙酯的产率可达 87.5%。该方法具有酯化反应时间短、反应温度低、不使用带水剂、无废酸排放、工艺流程简单等优点，且催化剂用量少、活性高、可回收循环使用。

随后，杨水金[42-43]又进一步报道了 $TiSiW_{12}O_{40}/TiO_2$ 在对羟基苯甲酸乙酯、对羟基苯甲酸丙酯、对羟基苯甲酸丁酯合成中的应用。

2008 年，杨东伟等[44]以壳聚糖磷钨酸盐作为催化剂，以对羟基苯甲酸和乙醇为原料，合成了尼泊金乙酯。通过单因素试验，考查了反应物醇酸摩尔比、催化剂用量、反应时间对反应的影响，确定了反应的最佳条件：以对羟基苯甲酸用量 13.8 g 为准，当醇酸摩尔比为 5∶1、催化剂用量为 0.9 g、反应时间为 3 h 时，产品尼泊金乙酯的收率达 87.1%。壳聚糖磷钨酸盐是一种新颖的固体酸盐催化剂，催化活性高，用量少，选择性好，能减少副反应的发生，产品收率高，后处理简单方便，连续催化性能稳定，防止设备腐蚀，大大减少了废液的排放，是一种具有开发前景的环保型催化剂。

2009 年，叶天旭等[45]以拟薄水铝石负载的磷钨酸为催化剂，以对羟基苯甲酸和乙醇为原料，合成了对羟基苯甲酸乙酯。研究发现，在拟薄水铝石的焙烧温度为 400 ℃，磷钨酸的焙烧温度为 180 ℃的条件下，当 n（乙醇）∶n（对羟基苯甲酸）= 4∶1、催化剂用量占对羟基苯甲酸用量的 0.5%（摩尔比）、反应温度为 80℃、反应时间为 4 h 时，对羟基苯甲酸乙酯的合成最高产率达 83.8%，磷钨酸的溶脱率为 2.8%。催化剂重复使用 6 次后，总的溶脱率为 12.5%，产物的产率仍可达 81.8%。

5. 固体超强酸

1997 年，梁久来等[46]用固体超强酸 SO_4^{2-}/TiO_2 作催化剂、3A 或 4A 分子筛作脱水剂，以对羟基苯甲酸和乙醇为原料，合成了对羟基苯甲酸乙酯。通过单因素试验，讨论了酯化反应的各种影响因素，确定了最佳的工艺条件：当 n（对羟基苯甲酸）∶n(乙醇)=1∶4、催化剂用量为对羟基苯甲酸质量的 14.4%、反应温度为 120～140 ℃、反应时间为 4 h 时，酯化产率最高可达 90%以上。该方法的突出优点是选择性好，后处理过程中不必中和硫酸，减少了污染，并且不腐蚀设备。

1997 年，谭晓军[47]以固体超强酸 SO_4^{2-}/ZrO_2 为催化剂，以对羟基苯甲酸和乙醇为原料，合成了对羟基苯甲酸乙酯。通过单因素试验，研究了不同反应条件对酯化反应的影响，获得了最佳的反应条件：当 n（乙醇）∶n（对羟基苯甲酸）=3∶1、催化剂用量为对羟基苯甲酸的 7%（质量比）、回流反应时间为 4 h 时，酯收率达到 80.1%。该方法工艺简单，腐蚀性小，催化剂可重复利用。

1997 年，秦正龙等[48]以固体超强酸 SO_4^{2-}/TiO_2 为催化剂，4A 分子筛作脱水剂，以对羟基苯甲酸和乙醇为原料，合成了对羟基苯甲酸乙酯。通过单因素试验，考查了不同反应条件对酯化产率的影响，获得了最佳的反应条件：当醇酸摩尔比为 4∶1、催化剂用量为醇酸总质量的 9%、反应温度为 115～135 ℃、反应时间为 3 h 时，酯化反应产率高达 84%。该方法生产工艺简单，选择性好，反应时间短，产率高，后处理不必中和硫酸，不腐蚀设备，减少了污染，在工业上有广阔的应用前景。

1999 年，郭海福等[49]以固体超强酸 $SO_4^{2-}/TiO_2\text{-}Al_2O_3$ 作为催化剂，以对羟基苯甲酸和乙醇为原料，合成了尼泊金酯。通过不同反应条件的工艺优化，获得了最佳的反应条件：当醇酸摩尔比为 4∶1、催化剂用量为反应物质量的 4%、回流反应时间为 5 h 时，尼泊金乙酯、尼泊金丙酯、尼泊金丁酯的产率分别为 85%、94%、92%。该方法具有制备工艺简单、无毒、无腐蚀性、后处理简单、无污染、催化剂可重复利用及酯收率高等特点。

2001 年，林棋等[50]以固体超强酸 $S_2O_8^{2-}/ZrO_2\text{-}Al_2O_3$ 为催化剂，以对羟基苯甲酸和乙醇为原料，用分子筛作脱水剂，采用索氏提取器进行回流脱水直接酯化，合成了对羟基苯甲酸乙酯。通过单因素试验，考查醇酸比、反应时间、催化剂用量等因素对酯化产率的影响，获得了最佳的反应条件：当醇酸比为 5∶1、催化剂用量为对羟基苯甲酸质量的 10%、回流反应时间为 3 h 时，酯的产率可达 76.7%。分子筛脱水法用于对羟基苯甲酸乙酯的酯化反应中，使反应时间缩短，同时提高产率，分子筛经烘干后可继续使用，操作方便。

2005 年，周建平等[51]利用制备的特殊固体超强酸 $SO_4^{2-}/\alpha\text{-}Fe_2O_3$ 作为催化剂，由对羟基苯甲酸和乙醇的酯化反应合成了对羟基苯甲酸乙酯。通过单因素试验，研究了酯化反应的各种影响因素，获得了最佳的反应条件：当醇酸摩尔比为 3∶1、催化剂用量与对羟基苯甲酸的用量比为 12.5 g/mol、回流反应时间为 4 h 时，酯收率可达 84.3%，较普通超强酸催化剂的酯收率有明显的提高。该方法的后处理方便，不腐蚀设备，无三废污染，催化剂容易回收，重复使用性好，在工业上有一定的应用价值。

2006 年，高文艺等[52]以固体超强酸催化剂 $S_2O_8^{2-}/ZrO_2\text{-}Al_2O_3$ 作为催化剂，以

0.3 nm 分子筛作为脱水剂，由对羟基苯甲酸和无水乙醇的酯化反应合成了对羟基苯甲酸乙酯。通过单因素试验，考查了醇酸摩尔比、催化剂质量和反应时间对酯化产率的影响，得到了最佳的反应条件：当醇酸摩尔比为 3.0∶1、催化剂质量为 1.4 g（酸质量的 1%）、回流反应时间为 3 h 时，酯化率可达 79.5%，并且催化剂重复使用 6 次，其活性基本保持不变。

2007 年，钱运华等[53]以固体超强酸 SO_4^{2-}/TiO_2^- 凹凸棒土为催化剂，以对羟基苯甲酸和乙醇为原料，以环已烷为带水剂，合成了尼泊金乙酯。通过单因素试验，考查影响酯化反应的各种因素，确定了最佳的反应条件：当酸醇摩尔比为 1∶4、催化剂用量为反应物总质量的 3%、回流反应时间 4 h 时，产品收率达 93.2%。该催化剂具有制备工艺简单、成本较低、无毒、无腐蚀性、绿色环保、与产物分离容易、可重复使用等优点，是对环境友好并具有应用前景的绿色催化剂。

2010 年，徐威等[54]以固体超强酸 SO_4^{2-}/TiO_2 作为催化剂，3A 或 4A 分子筛作为脱水剂，以对羟基苯甲酸和乙醇为原料，合成了对羟基苯甲酸乙酯。通过单因素试验，讨论酯化反应的各种影响因素，确定了最佳的工艺条件。当 n（乙醇）∶n（对羟基苯甲酸）=4∶1、催化剂的用量为对羟基苯甲酸质量的 14.4%、反应温度为 130～140 ℃、反应时间为 5 h 时，可达到最佳产品产率 91.7%。该方法的突出优点是选择性好，后处理简单，减少了对设备的腐蚀和对环境的污染。

2013 年，舒华等[55]以自制的新型固体超强酸 $SO_4^{2-}/Sb_2O_3/Ce^{4+}$ 作为催化剂，以对羟基苯甲酸与乙醇为原料，以环已烷为带水剂，合成了尼泊金乙酯。通过单因素试验和正交试验，对酯化反应的影响因素进行优化，确定了适宜的工艺条件。当 n(酸)∶n（醇）=1.0∶4.0、催化剂用量为 0.6 g、回流反应时间为 4 h 时，酯收率可达 93.8%。固体超强酸催化剂与浓硫酸催化剂相比，副反应少，催化活性高，对设备腐蚀小，生产过程中造成的污染小，是一种优良的环境友好催化剂。

6. 树脂

1990 年，蒋培华等[56]以大孔强酸性离子交换树脂作为催化剂，用 3A 或 4A 分子筛作为脱水剂，以对羟基苯甲酸和乙醇为原料，合成了尼泊金乙酯。通过正交试验，研究了影响酯化收率的各因素，确定了最佳的反应条件：当醇酸比为 4∶1、催化剂用量为 20%、回流反应时间为 8 h 时，酯的收率可达到 95.5%。使用阳离子交换树脂代替硫酸作催化剂，能大大简化操作，避免炭化、醚化等多种副反应的发生，还可重新活化和多次使用，并将对反应设备的腐蚀减小到最低限度。

2000 年，朱志庆等[57]将 5 种树脂（D72、D61、干氢树脂、HD-8、JK008）应用于对羟基苯甲酸与乙醇的酯化反应。通过对不同树脂进行筛选，发现 JK008 的催化活性比较高。通过正交试验，研究影响酯化反应的各因素，确定了最佳的反应条件。当酸醇摩尔比为 1∶5.5、催化剂用量为对羟基苯甲酸质量的 8%、带水剂环己烷的用量为对羟基苯甲酸质量的 15%、反应温度为 72～110 ℃、反应时间为 6 h 时，对羟基苯甲酸乙酯的收率达到 91.7%，已非常接近以浓硫酸为催化剂的反应收率。强酸性阳离子交换树脂具有酸性高、孔径大、催化活性好、制备过程简单等特点，是较为理想的一种新型的酯化反应固体酸催化剂。

7. 离子液体

2008 年，谭丰等[58]以新型 Brønsted 酸功能化离子液体 *N*–甲基咪唑硫酸氢盐（[Hmim]HSO_4）作为催化剂，由对羟基苯甲酸和无水乙醇的酯化反应合成了对羟基苯甲酸乙酯。通过单因素试验，考查了反应时间、醇酸摩尔比和离子液体用量对酯化产率的影响，确定了最佳的反应条件：酸醇摩尔比为 1∶1.5，离子液体用量为 3 mL（以 0.02 mol 对羟基苯甲酸为准），反应时间为 2.5 h。在此条件下，于 110 ℃回流反应，对羟基苯甲酸乙酯的产率可达 81.5%。同时，离子液体可重复使用 5 次，目标产物的产率仍可达 73.8%。该方法无须加入带水剂和安装分水装置，可使操作简单化；所用离子液体不仅制备更为简单，稳定性更强，而且缩短了酯化反应时间，降低能耗，同时对设备的腐蚀性较小，可以回收重复利用，无须加入其他有机溶剂，减少了污染，对环境友好，符合绿色化学发展的方向。

2010 年，未本美等[59]制备了 Brønsted 酸性离子液体 *N*–甲基咪唑盐酸盐（[Hmim]Cl），并将其作为催化剂应用于 3 种尼泊金酯的合成。以尼泊金乙酯为例，通过单因素试验，考查了反应时间、醇酸摩尔比、离子液体用量等条件对反应的影响，获得了反应的最佳条件：以对羟基苯甲酸的用量 0.04 mol 为准，当醇酸摩尔比为 2∶1、离子液体用量为 3 mL、回流反应时间为 2.5 h 时，尼泊金乙酯、尼泊金正丙酯、尼泊金正丁酯的产率分别可达 82.4%、82.1%和 82.5%。离子液体可循环使用 5 次，尼泊金乙酯的产率仍可达 77.3%。该方法具有反应时间短、产率高、环境友好、离子液体制备简单且可循环使用等优点。

2011 年，谢辉等[60]采用 3 种酸性离子液体[C_3SO_3Hmim]HSO_4、[C_4SO_3Hmim]HSO_4和[C_3SO_3Hnhm]HSO_4 作为催化剂，合成了对羟基苯甲酸乙酯。通过单因素试验，考查了反应温度、反应时间、催化剂用量、酸醇摩尔比对酯化反应产率的影响，获得了最佳的反应条件：以[C_3SO_3Hnhm]HSO_4 作为催化剂，当 n（对羟基苯甲酸）∶n（乙醇）=1∶4、离子液体用量为 3 mL（以 0.03 mol 对羟基苯甲酸为准）、反应温度为 90 ℃、反应时间为 4 h 时，对羟基苯甲酸乙酯的产率最高达 78.31%。离子液体可以稳定地重复使用 3 次，目标产物的产率仍可达 77.31%。该方法中产物和离子液体催化体系不溶而分层，便于分离。

2011 年，谢辉等[61]选择 4 种 1,3 二烷基咪唑离子液体（[Bmim]BF_4、[Bmim]PF_6、[Bmim]Br、[Bmim]Cl）作为催化剂，合成了对羟基苯甲酸乙酯。通过单因素试验，考查反应温度、反应时间、催化剂用量、酸醇摩尔比对反应产率的影响，获得了最佳的反应条件：以[Bmim]BF_4 作为催化剂，当酸醇摩尔比为 1.0∶2.5、离子液体用量为 3 mL（以 0.03 mol 对羟基苯甲酸为准）、反应温度为 80 ℃、反应时间为 2.5 h 时，对羟基苯甲酸乙酯的产率最高可达 79.7%。离子液体可以稳定重复使用 5 次，目标产物的产率仍可达 74.6%。该方法的优点是反应速度较快，反应条件温和，操作简单，不腐蚀仪器设备，对环境无污染，而且产物与离子液体不互溶，只需用简单的分液方法即可分离，离子液体可以回收重复使用并且重复使用性能较好。

2011 年，丁祥祥等[62]制备了 3 种杂多酸离子液体（$[PSMIM]_3PMo_{12}O_{40}$、$[PSMIM]_3PW_{12}O_{40}$、$[PSMIM]_3SiW_{12}O_{40}$），并将其作为催化剂应用于 6 种尼泊金酯的合成。以尼泊金乙酯为例，通过单因素试验，考查不同反应条件对酯的收率的影响，获得了最佳的反应条件：以磺酸功能化 1-(3-磺酸基)丙基-3-甲基咪唑磷钼酸离子液体（$[PSMIM]_3PMo_{12}O_{40}$）作为催化剂，n（催化剂）∶n（醇）∶n（尼泊金酸）=0.03∶3∶1，反应温度为 120 ℃，反应时间为 8 h。在此条件下，尼泊金甲酯的收率可达 97.6%，尼泊金乙酯、尼泊金丙酯、尼泊金丁酯的收率均可达 80%以上，而尼泊金正戊酯和尼泊金异戊酯的收率则仅为 65.5%和 36.4%。杂多酸离子液体重复使用 6 次，尼泊金乙酯的收率无明显变化。该催化体系可实现反应控制相转移催化反应，催化体系高效、环保、操作简单，为可重复进行的绿色合成工艺。

2012 年，柴文等[63]利用 1-(3-磺酸基)丙基-4-甲基吡啶与磷钨酸、磷钼酸和硅钨酸反应，获得了 3 种不同的 4-甲基吡啶类杂多酸盐，并将其作为催化剂应用于尼泊金乙酯的合成。研究表明，3 种 4-甲基吡啶类杂多酸盐都具有反应控制相转移的优点，其中 4-甲基吡啶磷钨酸盐的反应控制相转移能力最佳。当 n（醇）∶n（酸）∶n（催化剂）=3∶1∶0.03、反应温度为 120 ℃、反应时间为 8 h 时，1-(3-磺酸基)丙基-4-甲基吡啶磷钨杂多酸盐催化合成尼泊金乙酯的产率可达到 87.7%。该方法所用催化剂在反应过程中随温度的变化发生相转移，克服了传统杂多酸存在的难以与反应物充分混合接触和完全分离的缺点，可以有效解决目前尼泊金酯生产工艺中的环境污染问题，实现尼泊金乙酯的绿色生产，具有较高的实际应用价值。

2013 年，汤小芳等[64]采用硅胶固载离子液体 1-磺酸丙基-3-甲基咪唑硫酸氢盐（$[HSO_3\text{-}Pmim]HSO_4/SiO_2$）作为催化剂，以环己烷作为带水剂，由对羟基苯甲酸和无水乙醇的酯化反应合成了对羟基苯甲酸乙酯。通过单因素试验，考查了反应温度、反应时间、醇酸摩尔比和固载化离子液体用量对酯化产率的影响，获得了较佳的反应条件。当醇酸摩尔比为 3.5∶1、催化剂用量相对于酸的物质的量为 4%、反应温度为 95 ℃、回流反应时间为 3 h 时，对羟基苯甲酸乙酯的产率可达到 92%以上。硅胶固载离子液体催化剂重复使用 5 次，目标产物的产率仍可达 88.4%。该方法的优点是产物产率较高、催化剂易分离且可多次重复使用，不产生污染，不腐蚀设备。

2014 年，庄凰龙等[65]利用离子液体 1-(4-磺酸基)丁基-3-甲基咪唑磺酸盐（$[BSmim]HSO_4$）作为催化剂，合成了尼泊金乙酯。通过单因素试验，考查了反应时间、反应温度、醇酸比和离子液体用量对尼泊金乙酯产率的影响，筛选了最佳的反应条件。以 0.05 mol 对羟基苯甲酸为准，当反应物醇酸比为 2.5∶1、离子液体用量为 3 mL、反应温度为回流温度、反应时间为 2.5 h 时，尼泊金乙酯的产率可达 85.6%。离子液体经 5 次循环使用，目标产物的产率仍可达 80%以上。该方法具有产率高、操作简便、可重复使用，具有较好的应用前景。

8. 其他催化剂

1997 年，张乃茹等[66]以三氧化二铵为固体催化剂，由对羟基苯甲酸和乙醇的酯化反应合成了尼泊金乙酯。通过正交试验，讨论了影响酯化反应的因素，确定了最佳的反应条件：当醇酸摩尔比为 4∶1、催化剂用量为对羟基苯甲酸质量的 6%、回流反应时间为 4 h 时，酯化产率可达到最高。我国稀土资源丰富，价格低廉，稀土氧化物系列有可能成为有价值的催化剂。

2004 年，钱运华等[67]用壳聚糖硫酸盐作为催化剂，以对羟基苯甲酸和乙醇为原料，以环己烷为带水剂，合成了尼泊金乙酯。通过单因素试验和正交试验，考查了各因素对酯化产率的影响，确定了最佳的反应条件：固定对羟基苯甲酸的用量为 0.1 mol，当醇酸摩尔比为 4∶1、催化剂用量为 1.0 g、回流反应时间为 4 h 时，产品收率达 93.2%。壳聚糖硫酸盐是一种新颖的固体酸盐催化剂，催化活性高，用量少，选择性好，能减少副反应的发生，产品收率高，后处理简单方便，连续催化性能稳定，防止设备腐蚀，大大减少了废液的排放，是一种具有开发前景的环保型催化剂。

2015 年，庄凰龙等[68]以磺化硅胶（SSA）为催化剂，以对羟基苯甲酸和乙醇为原料，合成了尼泊金乙酯。通过单因素试验，考查了 SSA 用量、反应时间、反应温度和醇酸摩尔比对尼泊金乙酯产率的影响，确定了最佳的反应条件：当醇酸比为 4∶1、SSA 用量为 0.3 g（以 0.5 mol 对羟基苯甲酸为准）、反应温度为回流温度、反应时间为 4 h 时，尼泊金乙酯的收率为 86.7%。该方法具有操作简便、反应时间短、无污染、产率高、催化剂可重复使用等优点，具有较好的应用前景。

虽然这些合成方法各有所长，但依然或多或少存在后处理烦琐、催化剂回收困难等缺陷。因此，研究与发展合成尼泊金乙酯的新型绿色、高效催化剂一直是食品与化工领域的研究热点。

低共熔溶剂氯化胆碱-三氟甲烷磺酸（ChCl-TfOH）具有原料成本低廉、制备方法简便、易分离和回收利用等优点，是一种具有广泛应用前景的新型绿色溶剂和催化剂。

本章采用低共熔溶剂氯化胆碱-三氟甲烷磺酸作为催化剂和溶剂，通过对羟基苯甲酸和无水乙醇的酯化反应来制备尼泊金乙酯，其反应方程式如图 5.2 所示。

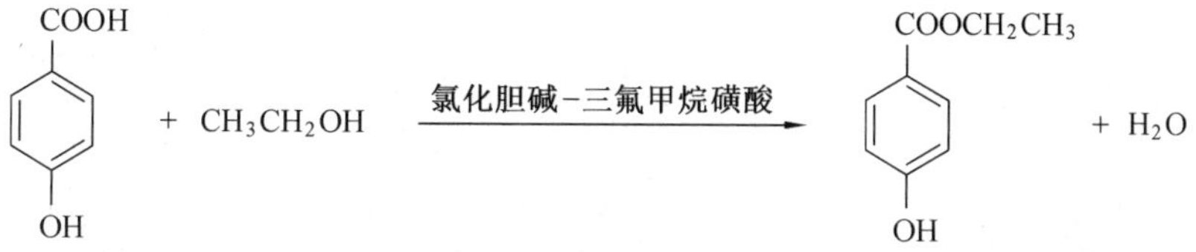

$$HO-C_6H_4-COOH + CH_3CH_2OH \xrightarrow{\text{氯化胆碱-三氟甲烷磺酸}} HO-C_6H_4-COOCH_2CH_3 + H_2O$$

图 5.2　低共熔溶剂氯化胆碱-三氟甲烷磺酸中尼泊金乙酯的反应方程式

5.2　试验部分

5.2.1　试验仪器和试剂

本试验所用主要仪器的名称、型号和生产厂家见表 5.2。

表 5.2　试验主要仪器的名称、型号和生产厂家

仪器名称	仪器型号	生产厂家
分析天平	JA2003	上海舜宇恒平科学仪器有限公司
集热式恒温加热磁力搅拌器	DF-101D	巩义市予华仪器有限责任公司
电热恒温鼓风干燥箱	DHG-9146A	上海精宏试验设备有限公司
真空干燥箱	DZF-6020	巩义市予华仪器有限责任公司
旋转蒸发器	YRE-5299	巩义市予华仪器有限责任公司
循环水式真空泵	SHZ-D（Ⅲ）	巩义市予华仪器有限责任公司
显微熔点仪	SGWR X-4B	上海仪电物理光学仪器有限公司
核磁共振仪	AVANCE	瑞士 Bruker 公司
红外光谱仪	Nicolet 6700	美国赛默飞世尔科技公司

本试验所用主要试剂的名称、纯度和生产厂家见表 5.3。

表 5.3　试验主要试剂的名称、纯度和生产厂家

试剂名称	试剂纯度	生产厂家
氯化胆碱	分析纯	上海国药集团化学试剂有限公司
三氟甲烷磺酸	分析纯	上海阿拉丁生化科技股份有限公司
对硝基苯甲酸	分析纯	上海国药集团化学试剂有限公司
无水乙醇	分析纯	上海国药集团化学试剂有限公司
乙酸乙酯	分析纯	天津市科密欧化学试剂有限公司
无水碳酸钠	分析纯	天津市科密欧化学试剂有限公司
95%乙醇	分析纯	上海国药集团化学试剂有限公司

5.2.2　低共熔溶剂氯化胆碱-三氟甲烷磺酸的制备

将 14.0 g 氯化胆碱（0.1 mol）和 30.0 g 三氟甲烷磺酸（0.2 mol）置于 250 mL 圆底烧瓶中，于 80 ℃加热搅拌 30 min。之后，将所得混合物缓慢冷却至室温，真空干燥，即可得无色透明的低共熔溶剂氯化胆碱-三氟甲烷磺酸（ChCl-TfOH）。

5.2.3　低共熔溶剂氯化胆碱-三氟甲烷磺酸中尼泊金乙酯的合成

将 2.76 g 对羟基苯甲酸（0.02 mol）、4.61 g 无水乙醇（0.10 mol）和 1.5 g 低共熔溶剂氯化胆碱-三氟甲烷磺酸置于 100 mL 圆底烧瓶中，加热回流反应 3.0 h。反应完成以后，旋转蒸发回收过量乙醇，再向所得剩余物中加入 10 mL 去离子水，冷却析出固体，抽滤。将滤饼用饱和碳酸钠溶液和去离子水洗涤至中性，烘干得粗产品，然后用 95%的乙醇进行重结晶，得到白色晶体，真空干燥，即可得白色固体产物尼泊金乙酯纯品，收率为 94%。抽滤所得滤液即为含低共熔溶剂氯化胆碱-三氟甲烷磺酸的水相，经减压蒸馏除水，真空干燥，即可用于低共熔溶剂的重复使用试验。

5.3　结果与讨论

5.3.1　尼泊金乙酯的结构表征与分析

本试验所合成的尼泊金乙酯为白色固体。

首先，测定所得产物的熔点为 115～116 ℃，与文献[64]报道的数值基本一致。

其次，测定所得产物的红外光谱，如图 5.3 所示，FT-IR（cm^{-1}）v：3 220.80、2 978.10、1 670.63、1 597.67、1 520.87、1 449.85、1 373.75、1 290.79、1 234.99、1 171.76、1 111.05、1 017.73、848.53、771.33、697.59、617.20、509.06。

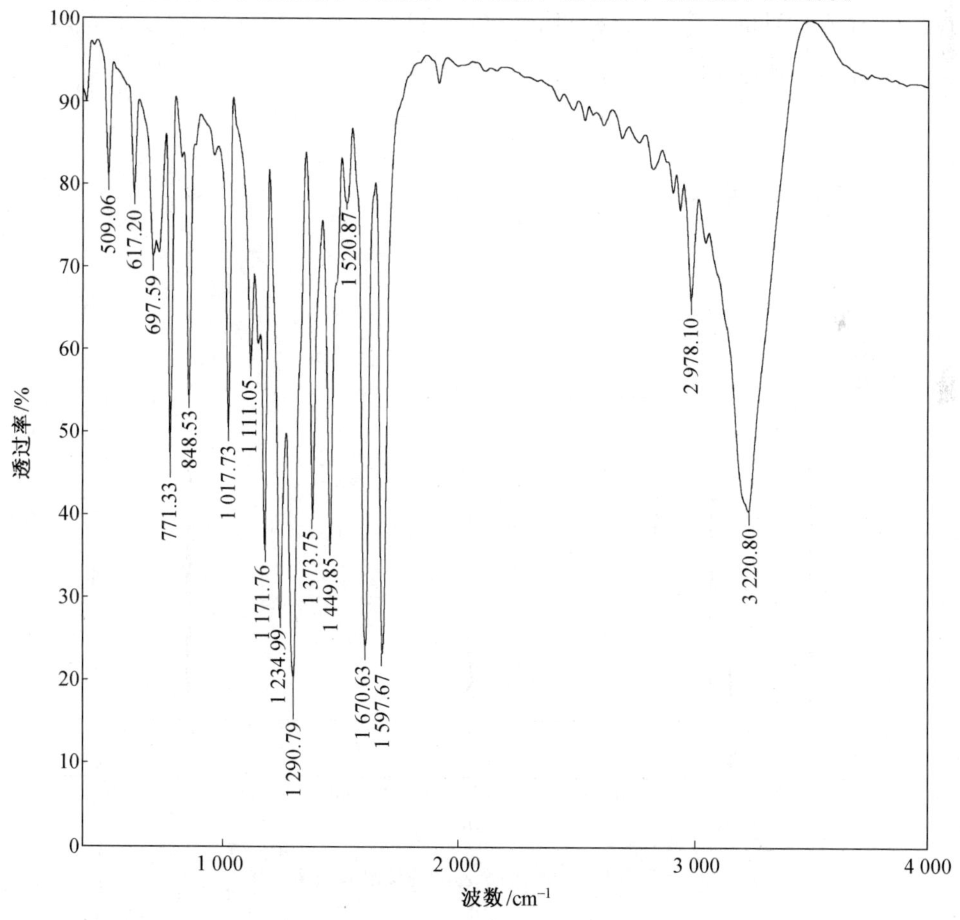

图 5.3　所得产物尼泊金乙酯的红外光谱图

其中，3 220.80 cm^{-1} 为酚羟基（OH）的伸缩振动吸收峰，1 670.63 cm^{-1} 为酯羰基（C══O）的伸缩振动吸收峰，1 290.79 cm^{-1} 和 1 234.99 cm^{-1} 为 C—O—C 的伸缩振动吸收峰。

再次，测定所得产物的核磁共振氢谱，如图 5.4 所示，^{1}H NMR（400 MHz，$CDCl_3$，10^{-6}）δ：7.97～7.93（m，2H）、7.09（s，1H）、6.91～6.88（m，2H）、4.36（q，J = 7.1 Hz，2 H）、1.39（t，J = 7.1 Hz，3H）。

其中，7.09（s，1H）为酚羟基上一个 H 原子的特征峰，7.97～7.93（m，2H）和 6.91～6.88（m，2H）为苯环上 4 个 H 原子的特征峰，4.36（q，J = 7.1 Hz，2H）为乙氧基上亚甲基的 2 个 H 原子的特征峰，1.39（t，J = 7.1 Hz，3H）为乙氧基上甲基 3 个 H 原子的特征峰。

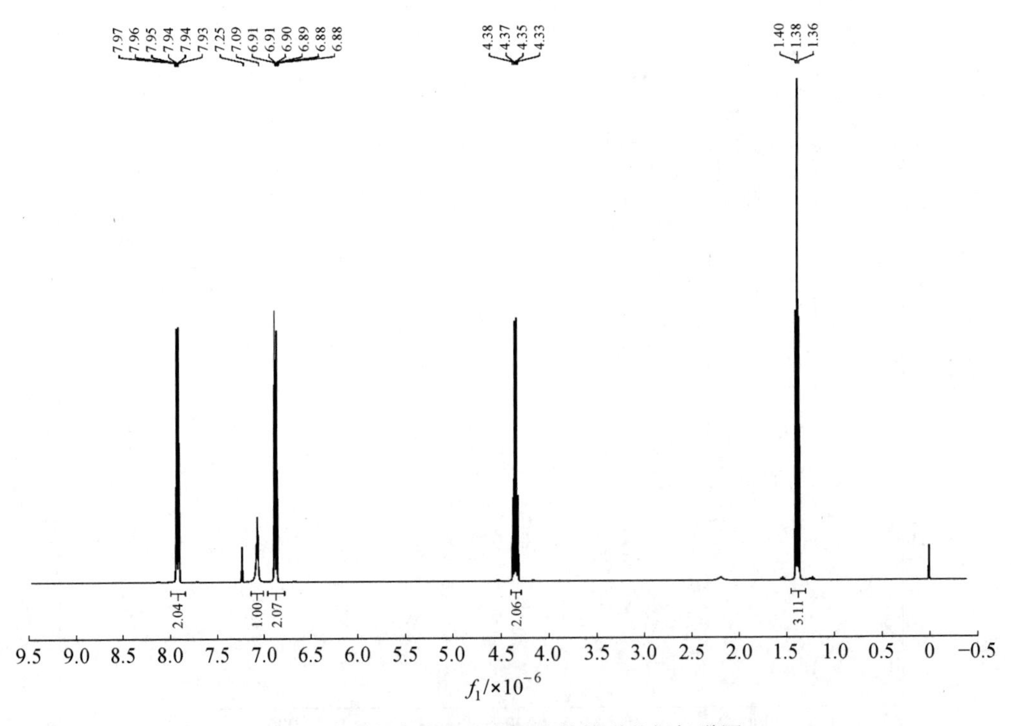

图 5.4　所得产物尼泊金乙酯的核磁共振氢谱图

通过上述红外光谱和核磁共振氢谱的综合分析与鉴定，可进一步确认所得产物即为预期的目标化合物尼泊金乙酯。

5.3.2　尼泊金乙酯合成的反应条件优化

利用单因素试验，分别考查低共熔溶剂氯化胆碱-三氟甲烷磺酸的用量、反应物对羟基苯甲酸和无水乙醇的摩尔比、回流反应时间等因素对尼泊金乙酯产率的影响，从而获得最佳的反应条件。

1. 低共熔溶剂氯化胆碱-三氟甲烷磺酸的用量对酯化收率的影响

控制对羟基苯甲酸恒定为 2.76 g（0.02 mol），无水乙醇恒定为 4.61 g（0.10 mol），加热回流反应时间恒定为 3.0 h，改变低共熔溶剂氯化胆碱-三氟甲烷磺酸的用量，探讨低共熔溶剂用量对酯化收率的影响，试验结果见表 5.4。

表 5.4　低共熔溶剂氯化胆碱-三氟甲烷磺酸的用量对酯化收率的影响

序号	低共熔溶剂的用量/g	收率/%
1	0.5	70
2	1.0	83
3	1.5	94
4	2.0	94
5	2.5	95

根据表 5.4 的试验数据绘制图 5.5，即为低共熔溶剂氯化胆碱-三氟甲烷磺酸的用量对酯化收率的影响曲线图。

根据图 5.5 可知，随着低共熔溶剂氯化胆碱-三氟甲烷磺酸用量的增加，尼泊金乙酯的收率逐渐提高并趋于稳定。鉴于节约成本的考虑，低共熔溶剂氯化胆碱-三氟甲烷磺酸的适宜用量为 1.5 g。

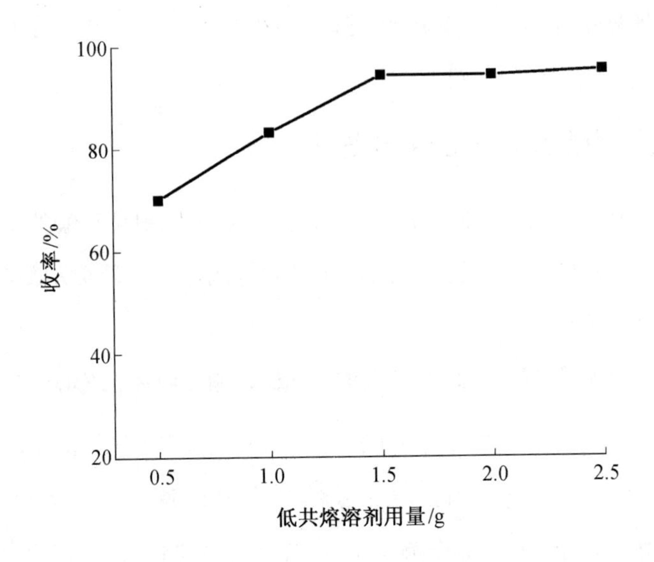

图 5.5　低共熔溶剂氯化胆碱-三氟甲烷磺酸的用量对酯化收率的影响曲线图

2. 反应物对羟基苯甲酸和无水乙醇的摩尔比对酯化收率的影响

控制对羟基苯甲酸恒定为 2.76 g（0.02 mol），低共熔溶剂氯化胆碱-三氟甲烷磺酸的用量恒定为 1.5 g，加热回流反应时间恒定为 3.0 h，改变无水乙醇的用量，探讨反应物摩尔比对酯化收率的影响，试验结果见表 5.5。

表 5.5　反应物对羟基苯甲酸和无水乙醇的摩尔比对酯化收率的影响

序号	*n*（对羟基苯甲酸）∶*n*（无水乙醇）	收率/%
1	1∶2	60
2	1∶3	82
3	1∶4	89
4	1∶5	94
5	1∶6	92
6	1∶7	90

根据表 5.5 的试验数据绘制图 5.6，即为反应物对羟基苯甲酸和无水乙醇的摩尔比对酯化收率的影响曲线图。

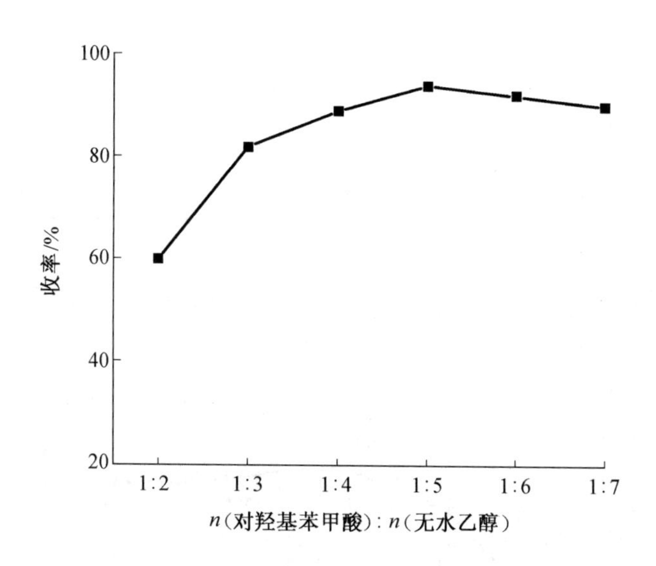

图 5.6　反应物对羟基苯甲酸和无水乙醇的摩尔比对酯化收率的影响曲线图

根据图 5.6 可知，随着无水乙醇用量的增加，尼泊金乙酯的收率逐渐升高。当对硝基苯甲酸与无水乙醇的摩尔比为 1∶5 时，酯化收率达到最大。随后，进一步增加无水乙醇的用量，产物的收率有所下降。这可能是由于乙醇过量太多，降低了对羟基苯甲酸的浓度，进而减慢反应速率。因而，对羟基苯甲酸与无水乙醇的适宜摩尔比为 1∶5。

3. 回流反应时间对酯化收率的影响

控制对羟基苯甲酸恒定为 2.76 g（0.02 mol），无水乙醇恒定为 4.61 g（0.10 mol），低共熔溶剂氯化胆碱-三氟甲烷磺酸的用量恒定为 1.5 g，改变回流反应时间，探讨回流反应时间对酯化收率的影响，试验结果见表 5.6。

表 5.6　回流反应时间对酯化收率的影响

序号	时间/h	收率/%
1	1.0	63
2	2.0	85
3	3.0	94
4	4.0	91
5	5.0	90

根据表 5.6 的试验数据绘制图 5.7，即为回流反应时间对酯化收率的影响曲线图。

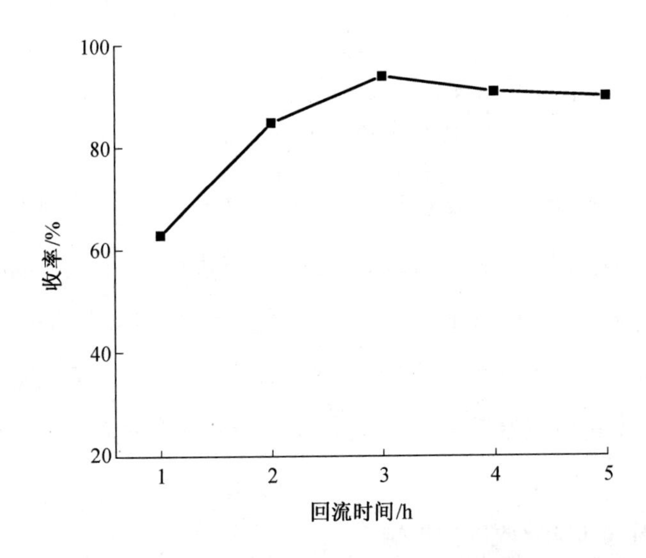

图 5.7　回流反应时间对酯化收率的影响曲线图

根据图 5.7 可知，随着回流反应时间的延长，尼泊金乙酯的收率呈现先升高后降低的趋势。其原因可能是酯化反应为可逆反应，反应时间过长，酯化产物部分水解，导致收率下降。当回流反应时间为 3.0 h 时，酯化反应的收率最大。因此，适宜的回流时间为 3.0 h。

4. 小结

通过上述不同反应条件对尼泊金乙酯产率影响的研究，获得了低共熔溶剂氯化胆碱-三氟甲烷磺酸中尼泊金乙酯的较佳合成工艺条件：以 0.02 mol 对羟基苯甲酸为准，对硝基苯甲酸与无水乙醇的摩尔比为 1∶5，低共熔溶剂氯化胆碱-三氟甲烷磺酸的用量为 1.5 g，回流反应时间为 3.0 h。在此条件下，尼泊金乙酯的产率可达 94%。

5.3.3　低共熔溶剂氯化胆碱–三氟甲烷磺酸的重复使用性

在较佳反应条件下，探讨低共熔溶剂重复使用次数对酯化收率的影响，试验结果见表 5.7。反应完毕以后，将含低共熔溶剂氯化胆碱–三氟甲烷磺酸的水相，先减压蒸馏除水，再真空干燥，即可用于随后的循环使用试验。

表 5.7　低共熔溶剂氯化胆碱–三氟甲烷磺酸重复使用次数对酯化收率的影响　%

次数	收率
1	94
2	92
3	91
4	90
5	88

根据表 5.7 的试验数据绘制图 5.8，即为低共熔溶剂氯化胆碱–三氟甲烷磺酸重复使用次数对酯化收率的影响曲线图。

根据图 5.8 可知，低共熔溶剂氯化胆碱–三氟甲烷磺酸至少可回收使用 5 次，尼泊金乙酯的收率没有显著降低。

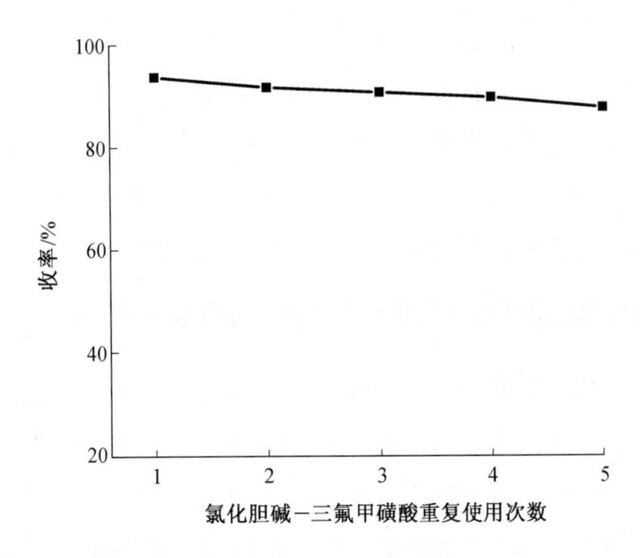

图 5.8　低共熔溶剂氯化胆碱-三氟甲烷磺酸重复使用次数对酯化收率的影响

5.4　本章小结

在尼泊金乙酯的合成中，当低共熔溶剂氯化胆碱-三氟甲烷磺酸用量为 1.5 g、对羟基苯甲酸与无水乙醇的摩尔比为 1∶5、回流反应时间为 3.0 h 时，酯化产物的收率可达 94%。该方法具有低共熔溶剂制备简便、催化效率高、易分离和回收利用等优点，符合绿色化学的发展趋势，为更多食品添加剂等精细化学品的绿色生产提供一种新思路，具有一定的工业应用前景。

本章参考文献

[1] 刘颖, 孙永波, 张丽英. 对羟基苯甲酸酯类防腐剂应用现状与展望[J]. 中国饲料, 2021, 7: 13-16.

[2] 杨寿清. 对羟基苯甲酸酯衍生物的理化性质及其在食品中的应用[J]. 冷饮与速冻食品工业, 2003, 9(3): 30-31.

[3] 张显久，苏得俏，沈健，等. 尼泊金酯与苯甲酸钠在酱油、食醋中应用的探讨[J]. 中国酿造, 2007(2): 54-56.

[4] 武兆发，刘启经. 尼泊金酯在啤酒保鲜技术中的研究进展[J]. 啤酒科技, 2009(1): 34-35.

[5] 石金娥，刘静秋，尚淑霞，等. 对羟基苯甲酸酯类防腐剂在酱油、食醋中应用状况分析[J]. 中国调味品, 2011, 36(7): 11-12.

[6] 李晓莉，张乃茹，张永宏，等. 尼泊金酯类防腐剂的研究进展[J]. 河北轻化工学院学报, 1995, 16(1): 58-62.

[7] 俞善信，文瑞明，熊文高. 对羟基苯甲酸酯合成研究进展[J]. 精细石油化工进展, 2002, 3(1): 42-45.

[8] 杨水金，张丽华. 合成尼泊金乙酯的催化剂研究[J]. 化工科技, 2002, 10(4): 46-49.

[9] 许文苑，林海禄，熊国宣，等. 尼泊金酯催化合成研究进展[J]. 食品科技, 2002(3): 44-46.

[10] 邓旭忠，杨辉荣，周家华，等. 尼泊金酯合成研究进展[J]. 应用科技, 2003, 30(2): 51-55.

[11] 曾育才，刘小玲. 对羟基苯甲酸酯的合成及其友好催化剂研究进展[J]. 广州化工, 2005, 33(6): 13-17.

[12] 俞善信，管仕斌，刘美艳. 对羟基苯甲酸乙酯合成催化剂的研究进展[J]. 湘南学院学报, 2007, 28(2): 58-62.

[13] 刘玉婷，陈煦，尹大伟，等. 尼泊金酯合成的研究进展[J]. 中国调味品, 2009, 34(8): 33-36, 39.

[14] 任丽磊，边延江，张爽. 对羟基苯甲酸酯合成研究的新进展[J]. 廊坊师范学院学报(自然科学版), 2009, 9(6): 75-77.

[15] 叶天旭，刘京燕，张斌. 对羟基苯甲酸酯的研究进展[J]. 应用化工, 2009, 38(2): 293-295, 299.

[16] 王冬梅, 秦国旭. 绿色合成尼泊金酯的研究进展[J]. 滁州学院学报, 2011, 13(5): 67-70.

[17] 陈都, 杨水金. 绿色合成对羟基苯甲酸乙酯催化剂研究进展[J]. 精细石油化工进展, 2015, 16(4): 44-47.

[18] 李玲珍, 赵淑桂, 易杨柳. 对羟基苯甲酸乙酯合成方法的改进[J]. 化学通报, 1988(4): 33.

[19] 李晓莉, 张乃茹, 张永宏, 等. 尼泊金乙酯合成的研究[J]. 长春师范学院学报, 1994(6): 25-27.

[20] 冯薇. 防腐抗菌剂尼泊金乙酯合成方法的改进[J]. 河北化工, 1994(3): 22-24.

[21] 郑学忠, 单颖. 硫酸催化合成对羟基苯甲酸乙酯及丁酯的工艺改进[J]. 日用化学工业, 1996(2): 18-19.

[22] 郑学忠, 单颖. 尼泊金乙酯、丁酯合成工艺的改进[J]. 化学世界, 1996(7): 363-364.

[23] 曹秀格, 倪棠棣, 刘筱虹, 等. 对甲苯磺酸催化合成尼泊金乙酯[J]. 河北科技大学学报, 2000, 21(2): 70-72.

[24] 唐明明, 刘葵, 梁敏. 对甲苯磺酸催化合成对羟基苯甲酸乙酯的研究[J]. 天津化工, 2003, 17(5): 22-24.

[25] 罗冬冬, 周小旭. 超声条件下合成对羟基苯甲酸乙酯[J]. 中南民族大学学报(自然科学版), 2007, 26(3): 8-9.

[26] 邓斌, 龙石红. 对甲苯磺酸铜催化合成对羟基苯甲酸乙酯的研究[J]. 化工中间体, 2007(3): 15-17, 21.

[27] 邓斌, 龙石红. 对甲苯磺酸铜催化合成对羟基苯甲酸乙酯的研究[J]. 商丘师范学院学报, 2008, 24(3): 77-79.

[28] 李夏蕾. 对羟基苯甲酸乙酯合成方法的改进[J]. 石化技术, 2015, 22(10): 121, 172.

[29] 刘静, 王云芳. 对羟基苯甲酸乙酯的合成[J]. 渭南师范学院学报, 2005, 20(5):

5-7.

[30] 徐凡. 对羟基苯甲酸乙酯的合成[J]. 化工设计通讯, 2019, 45(2):136.

[31] 赖雅平, 刘汝锋, 郭仕衡, 等. 原甲酸三乙酯脱水法合成尼泊金乙酯[J]. 食品科技, 2008(7): 154-156.

[32] 李晓湘, 唐冬秀, 王丽球. 硫酸铜催化合成对羟基苯甲酸乙酯[J]. 湘潭师范学院学报(社会科学版), 1997, 18(6): 13-15.

[33] 王明星, 宋溪明, 常晓红, 等. 对羟基苯甲酸乙酯合成的新方法[J]. 辽宁大学学报(自然科学版), 2000, 27(1): 16-18, 29.

[34] 张玉霞, 薛灵芬. 氯化高锡催化尼泊金乙酯的合成[J]. 化学世界, 2001(9): 482-483.

[35] 黄涛. 硅胶固载硫酸钛催化合成对羟基苯甲酸乙酯[J]. 化学工程师, 2002(6): 17-18.

[36] 照那斯图, 吴卫平, 周灯学, 等. 硫酸氢钠催化合成对羟基苯甲酸乙酯[J]. 化学研究, 2003, 14(2): 53-54.

[37] 隆金桥, 何燕英, 冯露, 等. 高压微波催化合成对羟基苯甲酸乙酯[J]. 化工技术与开发, 2005, 34(3): 14-15.

[38] 陈会新, 唐忠科, 熊兴泉. 微波辐射 $SnCl_4$/C 催化对羟基苯甲酸乙酯的合成与表征[J]. 华侨大学学报(自然科学版), 2014, 35(4): 409-412.

[39] 刘国华. 磷钨酸催化合成对羟基苯甲酸乙酯的研究[J]. 江苏化工, 1997, 25(2): 16-17.

[40] 周建伟, 周勇. 催化合成对羟基苯甲酸乙酯的研究[J]. 化学工程师, 1998(4): 9, 13.

[41] 梁永光, 杨水金, 吕宝兰, 等. $TiSiW_{12}O_{40}/TiO_2$ 催化合成对羟基苯甲酸乙酯[J]. 湖北师范学院学报(自然科学版), 1999, 19(4): 66-68, 74.

[42] 杨水金, 梁永光, 余新武, 等. $TiSiW_{12}O_{40}/TiO_2$ 催化合成尼泊金酯的研究[J]. 日用化学工业, 2000(4): 20-21.

[43] 杨水金, 梁永光, 孙聚堂. 对羟基苯甲酸酯的合成[J]. 稀有金属材料与工程, 2003, 32(12): 1033-1036.

[44] 杨东伟, 王芬. 壳聚糖磷钨酸盐催化合成尼泊金乙酯[J]. 化工时刊, 2008, 22(10): 45-47.

[45] 叶天旭, 刘京燕, 张斌, 等. 磷钨酸-拟薄水铝石负载催化剂合成对羟基苯甲酸乙酯[J]. 应用化学, 2009, 26(9): 1114-1116.

[46] 梁久来, 杨淑臣. 对羟基苯甲酸乙酯合成新法[J]. 现代化工, 1997(2): 33-34.

[47] 谭晓军. 固体超强酸 SO_4^{2-}/ZrO_2 催化合成对羟基苯甲酸乙酯[J]. 江苏化工, 1997, 25(6): 14-15.

[48] 秦正龙, 孟庆华, 梁燕波. 固体超强酸催化合成对羟基苯甲酸乙酯的研究[J]. 精细化工, 1997, 14(6): 23-25.

[49] 郭海福, 秦海莉, 樊宏伟, 等. 尼泊金酯的合成及催化剂选择[J]. 精细石油化工, 1999(1): 34-37.

[50] 林棋, 吕吓强, 柯志超, 等. 固体超强酸 $S_2O_8^{2-}/ZrO_2-Al_2O_3$ 催化合成对羟基苯甲酸乙酯[J]. 湖北民族学院学报(自然科学版), 2001, 19(2): 60-62.

[51] 周建平, 田志高, 李淑琴. 特殊固体超强酸 $SO_4^{2-}/\alpha\text{-}Fe_2O_3$ 催化合成对羟基苯甲酸乙酯[J]. 广州化工, 2005, 33(2): 21-22.

[52] 高文艺, 任立国, 张晓丽. 固体超强酸 $S_2O_8^{2-}/ZrO_2-Al_2O_3$ 催化合成对羟基苯甲酸乙酯[J]. 辽宁石油化工大学学报, 2006, 26(3): 34-37.

[53] 钱运华, 金叶玲, 陈静, 等. 固体超强酸 SO_4^{2-}/TiO_2-凹凸棒土催化合成尼泊金乙酯的研究[J]. 食品科技, 2007(12): 147-149.

[54] 徐威, 汤雪松. 对羟基苯甲酸乙酯的合成[J]. 化学工程与装备, 2010(6): 61-62.

[55] 舒华, 汤进, 周曾艳, 等. 铈改性固体超强酸 SO_4^{2-}/Sb_2O_3 催化合成尼泊金乙酯[J]. 食品科技, 2013, 38(6): 274-277.

[56] 蒋培华, 黄慧. 用大孔阳离子交换树脂催化合成尼泊金乙酯[J]. 精细化工, 1990(2): 59-60, 76.

[57] 朱志庆, 周聪颖, 吕自红. 离子交换树脂催化对羟基苯甲酸酯化反应的研究[J]. 离子交换与吸附, 2000, 16(4): 362-366.

[58] 谭丰, 胡蓉, 杨学军, 等. 新型酸功能化离子液体中合成对羟基苯甲酸乙酯的研究[J]. 西南民族大学学报(自然科学版), 2008, 2: 330-332.

[59] 未本美, 张智勇, 戴志群, 等. Brønsted 酸性离子液体催化合成尼泊金酯[J]. 中国酿造, 2010, 5: 122-123.

[60] 谢辉, 陈卓, 何树林, 等. 离子液体催化合成对羟基苯甲酸乙酯[J]. 化学研究与应用, 2011, 23(8): 1048-1050.

[61] 谢辉, 陈卓, 王永芹, 等. 室温离子液体催化对羟基苯甲酸乙酯的合成研究[J]. 安徽农业科学, 2011, 39(15): 9129-9130.

[62] 丁祥祥, 柴文, 康达莲. 反应控制相转移离子液体催化合成尼泊金酯[J]. 精细石油化工, 2011, 28(5): 49-53.

[63] 柴文, 周虞峰, 孙乐花, 等. 4-甲基吡啶杂多酸盐的合成及其酯化催化性能研究[J]. 常熟理工学院学报, 2012, 26(4): 10-15.

[64] 汤小芳, 冯雷, 祁贵国. 硅胶固载[HSO_3-Pmim]HSO_4 催化合成对羟基苯甲酸乙酯[J]. 日用化学工业, 2013,43(6): 441-444.

[65] 庄凰龙, 王强, 郭涓. 一种新型离子液体在尼泊金乙酯合成中的应用[J]. 广东化工, 2014, 41(21): 31-32.

[66] 张乃茹, 李晓莉, 胡家文, 等. 三氧化二铵催化制备尼泊金乙酯[J]. 精细化工, 1997, 14(1): 22-23.

[67] 钱运华, 金叶玲. 壳聚糖硫酸盐催化尼泊金乙酯的合成[J]. 化工时刊, 2004, 18(11): 57-58.

[68] 庄凰龙, 王强, 郭涓. 固体酸催化剂 SSA 催化合成尼泊金乙酯[J]. 广州化工, 2015, 43(4): 85-86, 155.

第6章　低共熔溶剂在水杨酸乙酯合成中的应用

6.1　概　　述

水杨酸乙酯，别名邻羟基苯甲酸乙酯（或柳酸乙酯），是一类重要的酯类化合物，具有类似冬青特殊芳香气味，无色液体，见光或久置逐渐变成黄棕色，不溶于水，易溶于乙醇和乙醚[1]。水杨酸乙酯的化学式如图 6.1 所示。

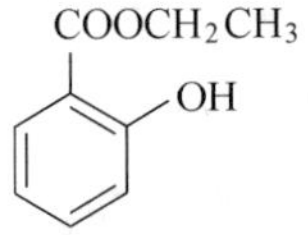

$COOCH_2CH_3$
OH

图 6.1　水杨酸乙酯的化学式

水杨酸乙酯的用途非常广泛。水杨酸乙酯贴皮剂（巴布剂）的原型始于 1949 年，它是用药物与高岭土、甘油、水等混合成泥状的制剂[2-3]。制备时把药物延展在毛纺布上制成膏药型的制剂以方便使用。水杨酸乙酯贴皮时，局部皮肤能保持一定的湿度，不粘毛发，能使水杨酸乙酯均匀释放，被皮肤吸收，在皮下转化为水杨酸。水杨酸乙酯冷感贴剂含有水杨酸乙酯、薄荷、薄荷油、樟脑、维生素 E 和山茶车花酊等成分。由于薄荷对皮肤冷感点的刺激和水分蒸发的吸热作用，能使贴用部位及附近的皮肤温度下降 1 ℃，从而收缩血管，减少炎症渗出，可用于局部急性炎症性疼痛。水杨酸乙酯温感贴剂含有水杨酸乙酯、薄荷、薄荷油、樟脑、维生素 E 和辣椒提取物，能使贴用部位及附近的皮肤温度上升 1 ℃，从而舒张血管，增加炎症渗出的吸收，提高局部的温度，改善局部循环，缓解慢性疼痛。

水杨酸乙酯具有柔和的冬青香气及金合欢的香韵，可用于金合欢、刺槐、依兰、铃兰及其他甜花香型的日用香精的定香剂[4-5]。可少量用于丁香皂香精中，如在香薇型中作增甜剂。在牙膏和口腔用品中可代替或修饰其甲酯香气与香味。国外也用于食用香精，如欧黑莓、圆醋栗、黑茶蔗子、悬钩子、草莓及其他果香和沙土型等香精中。

水杨酸乙酯还可用于制造有机中间体，如乙酰水杨酸乙酯、硫代水杨酸乙酯、硝基水杨酸乙酯等。

此外，水杨酸乙酯也可用作工业溶剂，如硝基纤维素的溶剂等[6-8]。

水杨酸乙酯的传统制备方法是以浓硫酸为催化剂，通过水杨酸（化学名称为邻羟基苯甲酸）和乙醇的酯化反应而制得。但是，浓硫酸具有强氧化性、脱水性和强腐蚀性，在生产过程中副产物多，产品精制和原料回收难度大，产物变色且后处理工艺复杂，腐蚀设备，污染环境，增加生产成本。因而，研究与开发水杨酸乙酯的绿色、高效催化剂一直是有机合成领域的重点研究课题。

近年来，在众多科技工作者的不断努力下，很多新型催化剂被相继研发和应用于水杨酸乙酯及其他水杨酸酯的合成[9-14]。目前已经用于水杨酸乙酯合成的催化剂主要包括以下几类。

1. 硫酸

2004 年，梁敏等[15]以浓硫酸作为催化剂，以水杨酸和乙醇作为原料，在微波辐射下合成了水杨酸乙酯。通过正交试验和单因素试验，对影响反应转化率的诸因素进行了考查，获得了最佳的反应条件。以水杨酸的用量 0.1 mol 为准，当醇酸摩尔比为 3∶1、浓硫酸用量为 0.20 mol、微波辐射时间为 30 min、微波辐射功率为 400 W 时，水杨酸的转化率达 89.1%。该方法具有反应时间短、转化率高等优点。

2022 年，刘艳平等[16]以水杨酸和乙醇为反应底物，硫酸为催化剂，在反应体系中匀速加入高浓度的乙醇，边蒸馏边回收乙醇和水的混合物。用水和碳酸钠溶液清洗反应产物后，通过减压蒸馏精制得到高纯度的水杨酸乙酯。当起始投料质量比为

m（水杨酸）∶*m*（乙醇）∶*m*（硫酸）=50∶15∶1，乙醇体积分数为95%，反应温度为110 ℃，乙醇回流比为55%～65%时，酯化收率大于90%，所得水杨酸乙酯的纯度高于99%，此为最佳反应条件。该工艺催化活性高、选择性好，合成产物杂质少，符合药用级水杨酸乙酯的要求，而且反应系统简单耐用，生产快速、高效，适合推广应用于硫酸催化合成水杨酸乙酯的工业化大规模生产。

2. 磺酸类

2003年，唐明明等[17]以对甲基苯磺酸为催化剂、水杨酸和乙醇为原料，合成了水杨酸乙酯。通过正交试验，考查了酸醇摩尔比、催化剂用量、反应时间、反应温度对酯化转化率的影响，获得了最适宜的反应条件。以水杨酸用量0.003 mol为准，当水杨酸与乙醇的摩尔比为1∶2、催化剂用量为酸醇质量的12%、反应温度为95 ℃、反应时间为5 h时，酯化转化率为52.6%。该方法具有成本低廉、副反应少、操作简便、污染少、对设备腐蚀小、产物后处理方便等特点。

2012年，刘琳琪等[18]以活性炭负载对甲苯磺酸为催化剂、水杨酸和无水乙醇为原料，合成了水杨酸乙酯。通过单因素试验和正交试验，考查了反应时间、醇酸摩尔比、催化剂的用量对水杨酸乙酯收率的影响，获得了最佳的工艺条件。在醇酸摩尔比为4、催化剂的用量为反应物总质量的8%、回流温度为90～95 ℃、反应时间为4 h时，水杨酸乙酯的收率可达34.9%。该方法操作简单便利，产物后处理方便，所得产品纯度高，催化剂可重复使用，而且对设备的腐蚀小、污染少，适合推广应用。

3. 无机盐

2006年，于大勇等[19]以硫酸氢钠为催化剂，以水杨酸和乙醇为原料，合成了水杨酸乙酯。通过单因素试验，考查了醇酸摩尔比、催化剂用量、反应时间以及反应温度对酯化率的影响，获得了最佳的反应条件：当*n*（乙醇）∶*n*（水杨酸）=10∶1、催化剂用量为2.0 g（以0.1 mol水杨酸为准）、反应温度为75～80 ℃、反应时间为6 h时，酯化率可达80.1%～88.2%。该方法具有产品处理简单、无污染、不腐蚀设备等优点。

2008 年，乔艳辉等[20]以硫酸氢钠为催化剂，以水杨酸和乙醇为原料，在高压釜中合成了水杨酸乙酯。采用单因素试验，研究了醇酸摩尔比、温度、时间、催化剂用量等因素对反应的影响，获得了比较适宜的反应条件：当 *n*（乙醇）∶*n*（水杨酸）=5∶1、催化剂用量为反应物总质量的 4%、反应压力为 171 kPa、反应温度为 140 ℃、反应时间为 4 h 时，产品收率可达 85%，产品纯度大于 99%。该方法以加压法代替常压反应工艺，减小了醇酸比，缩短了反应时间，提高了收率。

2009 年，乔艳辉等[21]以硫酸氢钠为催化剂，以水杨酸和乙醇为原料，在高压釜中合成了水杨酸乙酯。采用正交试验，研究了醇酸摩尔比、温度、时间等因素对反应的影响，获得了最适宜的反应条件：当 *n*（乙醇）∶*n*（水杨酸）=5∶1、催化剂用量为反应物总质量的 4%、反应压力为 171 kPa、反应温度为 140 ℃、反应时间为 5 h 时，产品收率达 87%，产品经气相色谱检测纯度大于 99%。硫酸氢钠作为催化剂，具有催化活性高、选择性好、对设备的腐蚀较轻、无氧化性、无炭化作用等优点，工业前景看好。

2014 年，李启东等[22]在一水合硫酸氢钠与浓硫酸复合催化剂的条件下，由乙醇和水杨酸为原料，合成了水杨酸乙酯。通过单因素试验，研究了复合催化剂用量、乙醇使用量、反应时间、带水剂的选择等因素对水杨酸乙酯收率的影响，获得了最佳的反应条件：以 0.5 mol 水杨酸为准，当乙醇与水杨酸的摩尔比为 5.5∶1、一水合硫酸氢钠用量为 1.8 g、助催化剂浓硫酸用量为 0.9 g、带水剂环己烷用量为 6 mL、回流反应时间为 240～300 min 时，酯化率达 92.07%。硫酸氢钠复合催化剂完全可替换硫酸，对合成水杨酸乙酯有良好的催化效果，并减少了环境污染和设备腐蚀，反应速度加快、反应时间缩短，优于单用硫酸氢钠，而且酯的产率也有提高。

4. 碘

2011 年，赵卫星等[23]以碘为催化剂，由水杨酸和乙醇反应合成了水杨酸乙酯。通过单因素试验，考查了酸醇摩尔比、催化剂用量、反应温度和反应时间对产品产率的影响，获得了最佳的反应条件：在醇酸摩尔比为 6∶1、催化剂用量为水杨酸的物质的量的 25%、反应温度为 75～85 ℃、反应时间为 6.0 h 时，水杨酸乙酯的产率为 34.62%。碘单质为中性物质，因而尤其适用于催化对酸敏感物质的化学反应，碘单质催化有机反应具有催化活性高、用量少、反应条件温和、选择性好、操作简便、反应时间短等特点。但是，碘单质催化有机反应还存在着某些不足之处，其主要缺点是碘单质不能回收重复使用。

5. 固体超强酸

1995 年，郭海福等[24]以固体超强酸 TiO_2/SO_4^{2-} 为催化剂、水杨酸和乙醇为原料，合成了水杨酸乙酯。通过单因素试验，考查了醇酸比、催化剂用量、反应时间、反应温度对酯化产率的影响，获得了最适宜的反应条件：以水杨酸用量 0.1 mol 为准，当乙醇与水杨酸的摩尔比为 3∶1 或 4∶1、催化剂用量为 1.0 g、反应温度为 95～100 ℃、反应时间为 5 h 时，酯化产率达 89%。该催化剂是一种良好的催化剂，催化酯化活性高，后处理方便，不产生三废污染，在工业上有一定的应用价值。

随后，郭海福等[25]又进一步报道了固体超强酸 TiO_2/SO_4^{2-} 在水杨酸乙酯合成中的应用。

2001 年，刘淑萍等[26]制备了固体超强酸 $SO_4^{2-}/TiO_2-Al_2O_3$，并将其作为催化剂应用于水杨酸与乙醇的直接酯化反应，合成了水杨酸乙酯。通过单因素试验，考查了催化剂用量、反应时间、反应温度、醇酸比对酯化率的影响，获得了最佳的反应条件：以水杨酸用量 10 g（0.072 4 mol）为准，当醇酸摩尔比为 10∶1、固体超强酸用量为 1 g、反应温度为 78～80 ℃、反应时间为 5 h 时，酯化率可达 84.6%。该催化剂具有催化活性高、后处理方便、无三废污染等优点，在工业上有一定的应用价值。

2022 年，井含蕾等[27]以稀土改性纳米固体超强酸 $SO_4^{2-}/ZrO_2-La_2O_3$ 为催化剂，以水杨酸和乙醇为原料，通过酯化反应合成了水杨酸乙酯。利用单因素试验，考查了酯化反应时间、温度、醇酸比以及催化剂用量对水杨酸乙酯产率的影响，获得了最佳的反应条件：当反应物酸醇摩尔比为 1∶4、催化剂用量为水杨酸质量的 10%、酯化反应温度为 90 ℃、酯化反应时间为 4 h 时，反应的酯化率最高可达到 91.3%。该催化剂制备方法简单，催化活性好，而且能回收再生，可以重复使用，具有一定的耐水性。与目前工业上用浓硫酸做催化剂的方法相比，该方法具有不腐蚀设备、不产生大量的酸性工业废水，环境污染少，化学反应条件简单，酯化反应温度低，时间相对较短，产率高，产品容易分离提纯，产品质量高，催化剂可重复使用等优点，具有实际应用价值。

6. 树脂

2014 年，蒋卫华等[28]采用强酸性阳离子树脂 D732 负载磷钨酸作为催化剂，以水杨酸和正丁醇为原料，合成了水杨酸正丁酯。通过单因素试验，考查了醇/酸的摩尔比、反应时间、反应温度、催化剂的用量等因素对反应酯化率的影响，获得了最佳的反应条件。当酸醇摩尔比为 1∶3、催化剂质量占水杨酸总质量的 20%、反应温度为 110 ℃、反应时间为 3 h 时，水杨酸正丁酯的酯化率达 93.2%。催化剂不经处理重复使用 4 次，其酯化率均在 83%以上。将该最佳反应条件应用于水杨酸与其他醇的反应，所得水杨酸甲酯、水杨酸乙酯、水杨酸异丙酯、水杨酸异戊酯、水杨酸苄酯的产率分别为 83.9%、82.3%、85.2%、87.4%、92.5%。树脂 D732 负载磷钨酸具有协同催化作用，其催化活性比单独用树脂 D732 或磷钨酸的催化效果好，且催化剂易回收，能够循环使用多次，无污染、无腐蚀，是一种更为清洁、环保的绿色催化剂。该方法简化了生产工艺，避免了设备腐蚀和环境污染等问题，具有实际的使用价值。

7. 离子液体

2009 年，周先波等[29]以 Brønsted 酸性离子液体 *N*-甲基咪唑硫酸氢盐（[Hmim]HSO_4）、氯化 *N*-甲基咪唑（[Hmim]Cl）和 *N*-甲基咪唑磷酸二氢盐（[Hmim]H_2PO_4）作为催化剂，以水杨酸和乙醇为原料，合成了水杨酸乙酯。通过单因素试验，考查了反应温度、反应时间、催化剂用量、醇/酸摩尔比对水杨酸乙酯产率的影响，得到了合成水杨酸乙酯的最佳反应条件：以水杨酸用量 3.50 g（0.025 mol）为准，当 n（醇）∶n（酸）=10∶1、液体酸性离子液体用量为 3 mL（固体酸性离子液体用量为 2 g）、反应温度为 80～85 ℃、反应时间为 5 h 时，

[Hmim]Cl 作催化剂的酯化产率为 78.39%，[Hmim]HSO_4 作催化剂的酯化产率为 80.43%，[Hmim]H_2PO_4 作催化剂的酯化产率为 81.52%。该方法具有不污染环境、不腐蚀设备、可循环利用、产品成本低等优点，还可以达到理想的效果。

2011 年，郝二军等[30]研究了 1-正丁基-3-甲基咪唑四氟硼酸盐（[bmim]BF_4）、*N*-乙基吡啶四氟硼酸盐（[EPy]BF_4）、1-正丁基-3-甲基咪唑六氟磷酸盐（[bmim]PF_6）3 种离子液体在水杨酸酯合成中的应用。以水杨酸乙酯的合成为例，考查了反应时间、醇的用量、不同离子液体及离子液体循环次数对产率的影响。研究发现，以 20 mL 离子液体[bmim]BF_4 作溶剂和催化剂，在微波辐射功率为 250 W、反应时间为 25 min 的条件下，水杨酸（0.1 mol）分别与甲醇（0.15 mol）、乙醇（0.15 mol）、丙醇（0.16 mol）、异丙醇（0.18 mol）、叔丁醇（0.19 mol）顺利发生酯化反应，得到了水杨酸甲酯、水杨酸乙酯、水杨酸丙酯、水杨酸异丙酯、水杨酸叔丁酯，收率分别为 95.37%、95.35%、92.25%、89.14%、85.31%。该方法具有操作简单、反应条件温和、产物易于分离纯化、反应时间短、产物收率及纯度高、对环境友好、经济性高、催化剂可重复使用等优点，其有关物质及有机溶剂残留量很低，符合药用标准。离子液体具有很好的溶解性能，并且可以非常好地吸收微波，同时离子液体又起催化剂作用，该法为药用级水杨酸酯提供了一条绿色有效的合成新途径。

随后，郝二军等[31]又进一步报道了微波辅助下离子液体中水杨酸酯的合成。

2011 年，李金娜等[32]制备了 6 种 Brønsted 酸性离子液体（[HSO_3-pmim][HSO_4]、[HSO_3-pmim][OTf]、[HSO_3-TEA][HSO_4]、[HSO_3-TEA][OTf]、[C_3SO_3Hnem][HSO_4]、[C_3SO_3Hnem][OTf]），并将其作为催化剂应用于水杨酸酯的合成。研究发现，所选离子液体对水杨酸乙酯的合成都具有较高的催化活性，其中[HSO_3-pmim][OTf]的催化效果最好。以[HSO_3-pmim][OTf]为催化剂，通过单因素试验，考查酸醇摩尔比、反应时间、反应温度及离子液体的用量对酯化率的影响，获得了最佳的反应条件：当 *n*（水杨酸）∶*n*（乙醇）=1∶3、离子液体催化剂用量为 5 mmol（以 0.01 mol 水杨酸为准）、反应温度为 100 ℃、反应时间为 5 h 时，水杨酸乙酯的酯化率可达 85.2%。该方法具有产品处理简单、无污染、不腐蚀设备、离子液体可重复循环使用等优点，并且可拓展到水杨酸与其他一级醇（如丙醇、丁醇、己醇、辛醇）的酯化反应中，并取得较好的效果。

虽然上述水杨酸乙酯的合成方法各有其自身的特色，但依然或多或少的存在催化剂价格昂贵、制备过程烦琐或不能回收使用等弊端，从而限制其在工业化生产中的推广应用。因而，研究与开发水杨酸乙酯的绿色、高效合成方法仍然具有重要的理论研究意义和实用价值。

低共熔溶剂氯化胆碱-三氯化铬（$ChCl-CrCl_3·6H_2O$）具有原料成本低廉、制备方法简便、易分离和回收利用等优势，是一种具有广泛应用前景的新型绿色溶剂和催化剂。

本章以低共熔溶剂氯化胆碱-三氯化铬作为催化剂和溶剂，以水杨酸和无水乙醇作为原料，通过酯化反应合成水杨酸乙酯，其反应方程式如图 6.2 所示。

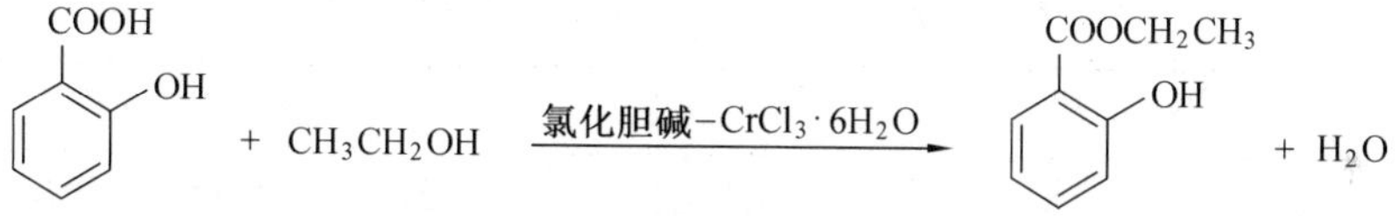

$$\text{C}_6\text{H}_4(\text{COOH})(\text{OH}) + CH_3CH_2OH \xrightarrow{\text{氯化胆碱}-CrCl_3 \cdot 6H_2O} \text{C}_6\text{H}_4(\text{COOCH}_2\text{CH}_3)(\text{OH}) + H_2O$$

图 6.2　低共熔溶剂氯化胆碱-三氯化铬中水杨酸乙酯合成的反应方程式

6.2　试验部分

6.2.1　试验仪器和试剂

本试验所用主要仪器的名称、型号和生产厂家见表 6.1。

表 6.1　试验主要仪器的名称、型号和生产厂家

仪器名称	仪器型号	生产厂家
分析天平	JA2003	上海舜宇恒平科学仪器有限公司
集热式恒温加热磁力搅拌器	DF-101D	巩义市予华仪器有限责任公司
电热恒温鼓风干燥箱	DHG-9146A	上海精宏试验设备有限公司
真空干燥箱	DZF-6020	巩义市予华仪器有限责任公司
旋转蒸发器	YRE-5299	巩义市予华仪器有限责任公司
循环水式真空泵	SHZ-D（Ⅲ）	巩义市予华仪器有限责任公司
阿贝折射仪	WYA-2WAJ	上海光学仪器一厂
核磁共振仪	AVANCE	瑞士 Bruker 公司
红外光谱仪	Nicolet 6700	美国赛默飞世尔科技公司

本试验所用主要试剂的名称、纯度和生产厂家见表 6.2。

表 6.2　试验主要试剂的名称、纯度和生产厂家

试剂名称	试剂纯度	生产厂家
氯化胆碱	分析纯	上海国药集团化学试剂有限公司
六水合三氯化铬	分析纯	上海国药集团化学试剂有限公司
水杨酸	分析纯	天津市科密欧化学试剂有限公司
无水乙醇	分析纯	上海国药集团化学试剂有限公司
无水碳酸钠	分析纯	天津市科密欧化学试剂有限公司
无水硫酸钠	分析纯	天津市科密欧化学试剂有限公司

6.2.2　低共熔溶剂氯化胆碱-三氯化铬的制备

将氯化胆碱（14.0 g，0.1 mol）和六水合三氯化铬（53.3 g，0.2 mol）置于 250 mL 圆底烧瓶中，80 ℃加热搅拌反应 0.5 h。反应完毕之后，将所得混合物缓慢冷却至室温，真空干燥，便可得无色透明的低共熔溶剂氯化胆碱-三氯化铬（$ChCl-CrCl_3·6H_2O$）。

6.2.3　低共熔溶剂氯化胆碱-三氯化铬中水杨酸乙酯的合成

在 100 mL 圆底烧瓶中加入水杨酸 4.14 g（0.03 mol）、一定量的乙醇和一定量的低共熔溶剂氯化胆碱-三氯化铬，安装球形冷凝管，磁力加热搅拌回流一定时间。

反应完毕后，常压蒸馏蒸出未反应的乙醇，加入蒸馏水（10 mL），用乙酸乙酯萃取（10 mL×3），然后依次用蒸馏水（10 mL）、饱和碳酸钠溶液（10 mL）、蒸馏水（10 mL）洗涤，有机相用无水硫酸钠干燥，接着通过常压蒸馏除去乙酸乙酯，最后通过减压蒸馏，即可得到淡黄色油状液体水杨酸乙酯。

酯化反应结束后，后处理的水相中含有低共熔溶剂，将其用旋转蒸发器在 60 ℃减压蒸馏除水，再真空干燥，即可回收低共熔溶剂氯化胆碱-三氯化铬。然后，加入原料水杨酸和无水乙醇，即可再次用于水杨酸乙酯的合成试验，进而考查低共熔溶剂氯化胆碱-三氯化铬的重复使用性能。

6.3　结果与讨论

6.3.1　水杨酸乙酯的结构表征与分析

本试验所合成的水杨酸乙酯为无色透明油状液体，带有冬青油香气。

首先，测定所得产物的折光率为 1.521 0，与文献[18]报道的数值相符。

其次，测定所得产物的红外光谱，如图 6.3 所示，FT-IR（cm^{-1}）v：3 147.75、2 982.14、1 667.57、1 599.00、1 478.47、1 404.60、1 373.23、1 326.61、1 295.80、1 249.21、1 204.99、1 156.89、1 086.34、1 021.49、864.17、814.07、754.98、725.58、694.38、663.87、521.39、446.61。

其中，3 147.75 cm^{-1} 推断为苯环上酚羟基的伸缩振动吸收峰，1 667.57 cm^{-1} 推断为酯羰基（C═O）的伸缩振动吸收峰，1 204.99 cm^{-1} 推断为酯中的—O—伸缩振动吸收峰。

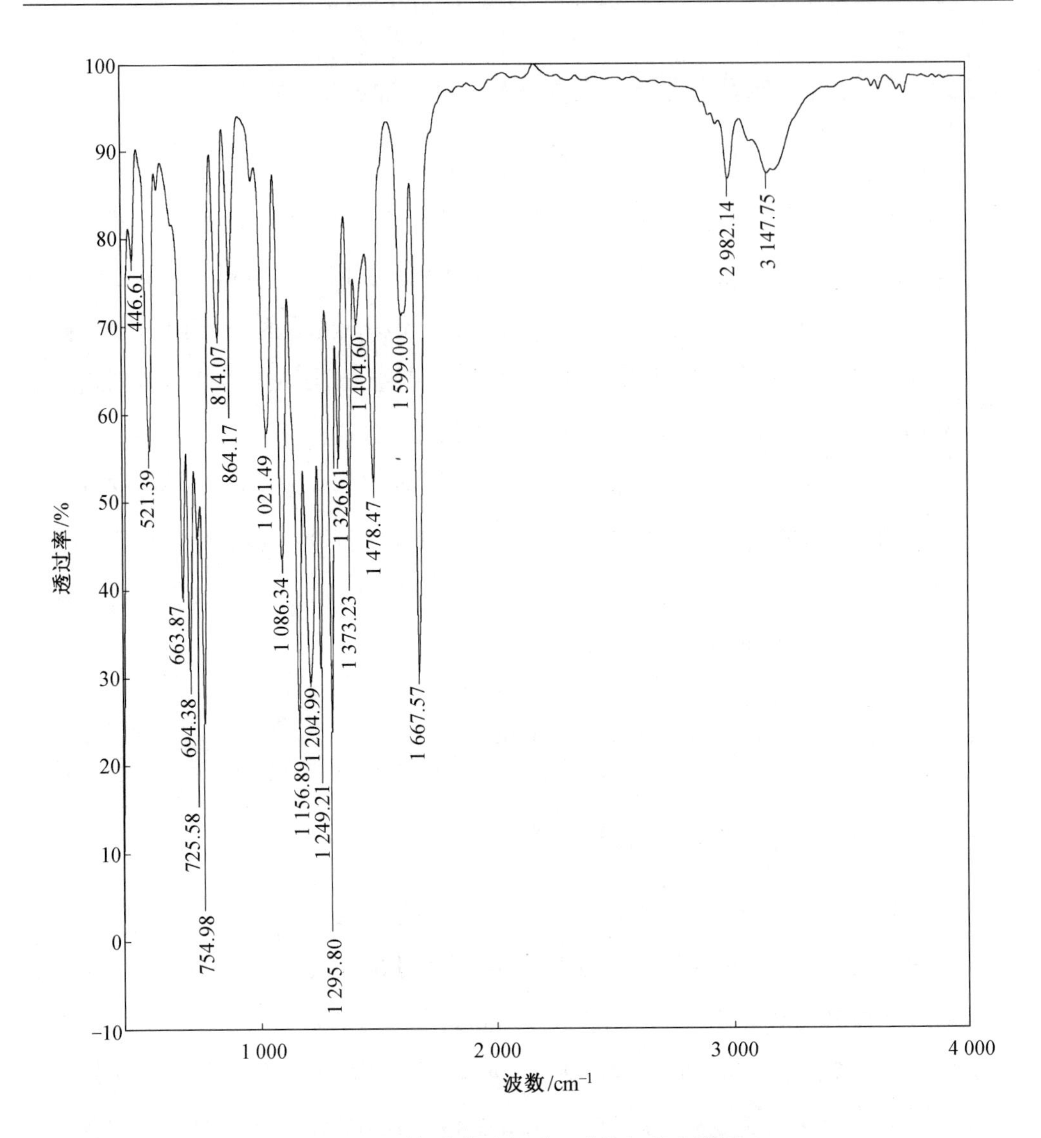

图 6.3　所得产物水杨酸乙酯的红外光谱图

再次，测定所得产物的核磁共振氢谱，如图 6.4 所示，^{1}H NMR（400 MHz，$CDCl_3$，10^{-6}）δ：10.84（s，1 H）、7.84（dd，J=8.0，1.7 Hz，1 H）、7.48～7.37（m，1 H）、7.01～6.92（m，1 H）、6.90～6.81（m，1 H）、4.39（q，J=7.1 Hz，2 H）、1.40（t，J=7.1 Hz，3 H）。

其中，10.84（s，1 H）是苯环上酚羟基的特征峰；7.84（dd，J=8.0，1.7 Hz，

1 H），7.48～7.37（m，1 H），7.01～6.92（m，1 H），6.90～6.81（m，1 H）为苯环上的 4 个氢原子的特征峰；4.39（q，J=7.1 Hz，2 H）是亚甲基上 2 个氢原子的特征峰；1.40（t，J=7.1 Hz，3 H）是甲基上 3 个氢原子的特征峰。

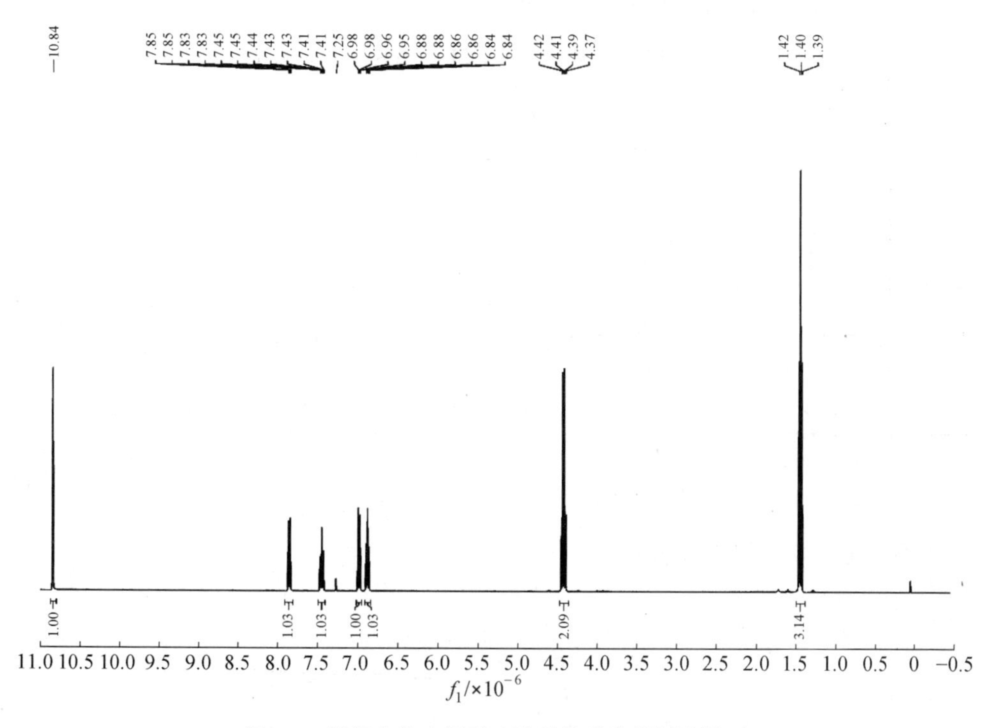

图 6.4　所得产物水杨酸乙酯的核磁共振氢谱图

通过上述对所得产物的红外光谱和核磁共振氢谱的综合分析与鉴定，可进一步确定所得产物即为目标化合物水杨酸乙酯。

6. 3. 2　水杨酸乙酯合成的反应条件优化

本试验将通过单因素试验，从低共熔溶剂氯化胆碱–三氯化铬的用量、反应物水杨酸与无水乙醇的摩尔比、回流反应时间 3 个方面来优化反应条件，从而确定水杨酸乙酯合成的最佳反应条件。

1. 低共熔溶剂氯化胆碱-三氯化铬用量对水杨酸乙酯收率的影响

固定水杨酸的用量为 2.76 g（0.02 mol）、无水乙醇的用量为 4.61 g（0.10 mol）、回流反应时间为 5.0 h，改变低共熔溶剂氯化胆碱-三氯化铬的用量，探究低共熔溶剂用量对水杨酸乙酯收率的影响，试验结果见表 6.3。

表 6.3　低共熔溶剂氯化胆碱-三氯化铬用量对水杨酸乙酯收率的影响

序号	氯化胆碱-三氯化铬用量/g	收率/%
1	0.5	61
2	1.0	75
3	1.5	86
4	2.0	90
5	2.5	90
6	3.0	91

根据表 6.3 的试验数据绘制图 6.5，即为低共熔溶剂氯化胆碱-三氯化铬用量对水杨酸乙酯收率的影响曲线图。

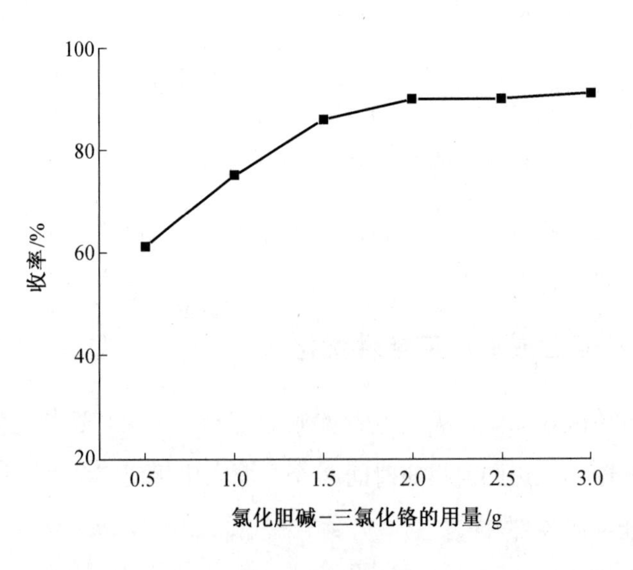

图 6.5　低共熔溶剂氯化胆碱-三氯化铬用量对水杨酸乙酯收率的影响曲线图

根据图 6.5 可知，随着低共熔溶剂氯化胆碱-三氯化铬用量从 0.5 g 增加到 2.0 g，水杨酸乙酯的收率从 61%升高到 90%。此后，继续增加低共熔溶剂的用量，产物的收率基本保持不变。出于经济成本的考虑，低共熔溶剂氯化胆碱-三氯化铬的适宜用量确定为 2.0 g。

2. 酸醇物质的量之比对水杨酸乙酯收率的影响

固定水杨酸的用量为 2.76 g（0.02 mol）、低共熔溶剂氯化胆碱-三氯化铬的用量为 2.0 g、回流反应时间为 5.0 h，改变无水乙醇的用量，探究水杨酸与无水乙醇的物质的量之比对水杨酸乙酯收率的影响，试验结果见表 6.4。

表 6.4　酸醇物质的量之比对水杨酸乙酯收率的影响

序号	n（水杨酸）∶n（无水乙醇）	收率/%
1	1∶3	63
2	1∶4	81
3	1∶5	90
4	1∶6	89
5	1∶7	87

根据表 6.4 的试验数据绘制图 6.6，即为反应物水杨酸与无水乙醇的物质的量之比对水杨酸乙酯收率的影响曲线图。

根据图 6.6 可知，随着水杨酸与无水乙醇的摩尔比从 1∶3 增加到 1∶5，水杨酸乙酯的收率逐渐升高。当酸醇摩尔比为 1∶5 时，酯化收率达到最大。随后，进一步增加乙醇的用量，产物收率有所下降。这可能是由于乙醇过量太多，会降低水杨酸的浓度，进而使反应速率减慢。因而，水杨酸与无水乙醇的适宜摩尔比确定为 1∶5。

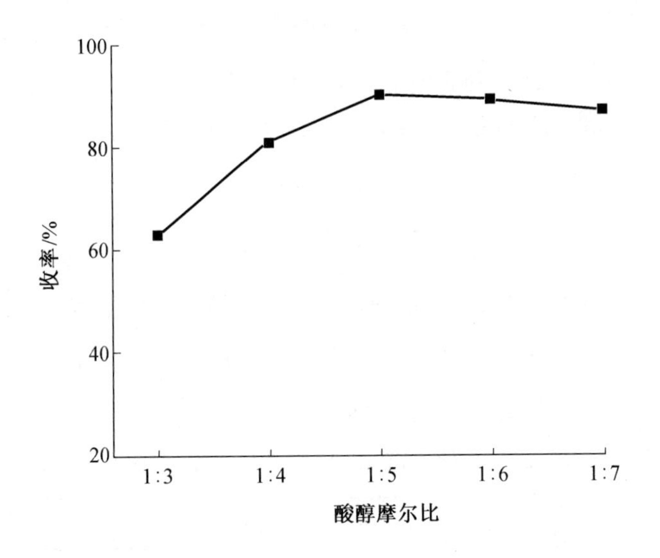

图 6.6　酸醇物质的量之比对水杨酸乙酯收率的影响曲线图

3. 回流反应时间对水杨酸乙酯收率的影响

固定水杨酸的用量为 2.76 g（0.02 mol）、无水乙醇的用量为 4.61 g（0.10 mol）、低共熔溶剂氯化胆碱-三氯化铬的用量为 2.0 g，改变回流反应时间，探究回流反应时间对水杨酸乙酯收率的影响，试验结果见表 6.5。

表 6.5　回流反应时间对水杨酸乙酯收率的影响

序号	回流反应时间/h	收率/%
1	2.0	59
2	3.0	73
3	4.0	85
4	5.0	90
5	6.0	88
6	7.0	86

根据表 6.5 的试验数据绘制图 6.7，即为回流反应时间对水杨酸乙酯收率的影响曲线图。

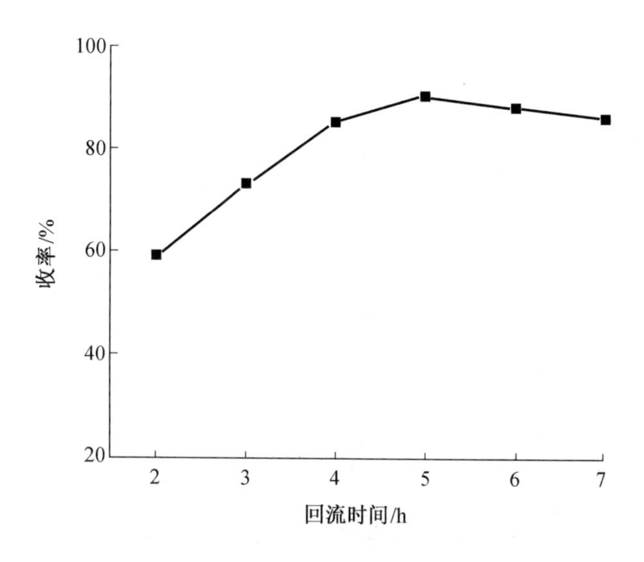

图 6.7　回流反应时间对水杨酸乙酯收率的影响曲线图

根据图 6.7 可知，随着反应时间从 2.0 h 延长到 5.0 h，水杨酸乙酯的收率逐渐增加。然后，当反应时间从 5.0 h 继续延长到 7.0 h，产物的收率却出现下降。其原因可能是酯化反应为可逆反应，反应时间过长，酯化产物部分水解，导致收率下降。因此，适宜的回流反应时间确定为 5.0 h。

4. 小结

通过上述不同反应条件对水杨酸乙酯产率影响的研究，获得了低共熔溶剂氯化胆碱–三氯化铬中水杨酸乙酯的适宜合成工艺条件：以 0.02 mol 水杨酸为准，水杨酸与无水乙醇的摩尔比为 1∶5，低共熔溶剂氯化胆碱–三氯化铬的用量为 2.0 g，回流反应时间为 5.0 h。在此条件下，水杨酸乙酯的产率可达 90%。

6.3.3　低共熔溶剂氯化胆碱–三氯化铬的重复使用性

在水杨酸的用量为 2.76 g（0.02 mol）、无水乙醇的用量为 4.61 g（0.10 mol）、低

共熔溶剂氯化胆碱-三氯化铬的用量为 2.0 g、回流反应时间为 5.0 h 的条件下，研究低共熔溶剂重复使用次数对水杨酸乙酯收率的影响，试验结果见表 6.6。反应完毕以后，将含低共熔溶剂氯化胆碱-三氯化铬的水相，先减压蒸馏除水，再真空干燥，即可用于随后的循环使用试验。

表 6.6　低共熔溶剂氯化胆碱-三氯化铬重复使用次数对水杨酸乙酯收率的影响　　%

次数	收率
1	90
2	88
3	86
4	83
5	81

根据表 6.6 的试验数据绘制图 6.8，即为低共熔溶剂氯化胆碱-三氯化铬重复使用次数对水杨酸乙酯收率的影响曲线图。

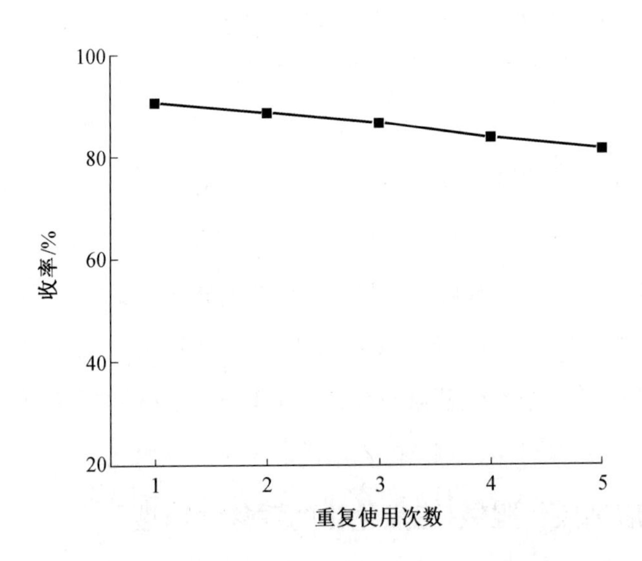

图 6.8　低共熔溶剂氯化胆碱-三氯化铬重复使用次数对水杨酸乙酯收率的影响

根据图 6.8 可知，低共熔溶剂氯化胆碱-三氯化铬至少可回收使用 5 次，水杨酸乙酯的收率没有显著降低。

6.4　本章小结

在水杨酸乙酯的合成中，当低共熔溶剂氯化胆碱-三氯化铬用量为 2.0 g、水杨酸与乙醇的摩尔比为 1∶5、回流反应时间为 5.0 h 时，酯化产物的收率可达 90%。该方法所用低共熔溶剂具有成本低廉、制备简便、易分离和回收利用、对环境友好等优势，符合绿色化学的发展理念，为更多水杨酸酯类化合物的绿色合成提供了一种新思路。

本章参考文献

[1] 李瑞, 谢伟, 王雪. 水杨酸乙酯的合成及应用[J]. 辽宁化工, 2009, 38(11): 831-833.

[2] 黄守坚. 透皮吸收的药物——水杨酸乙酯贴皮剂的药理与临床[J]. 新医学, 2003(5): 324-325.

[3] 雷璐平. 透皮吸收新剂型——水杨酸乙酯巴布剂[J]. 中国处方药, 2004(3): 73-76.

[4] LAPCZYNSKI A, MCGINTY D, JONES L, et al. Fragrance material review on ethyl salicylate[J]. Food and Chemical Toxicology, 2007, 45(S1): 397-401.

[5] 陈晓玲, 裴海龙, 王希楠, 等. 水杨酸乙酯体外抗菌活性的测定[J]. 安徽农业科学, 2009, 37(2): 455-456.

[6] 王小花, 廖青. 丁二酰亚胺、水杨酸乙酯、对羟基苯甲酸乙酯与六亚甲基二异氰酸酯的封闭反应研究[J]. 北京服装学院学报, 2003, 23(1): 6-10.

[7] 朱园勤, 廖青, 李立平. 水杨酸乙酯双封端异氰酸酯产物的合成及鉴定[J]. 精细化工, 2004, 21(7): 532-536.

[8] 裴海龙, 赵帆, 王希楠, 等. 乙酰水杨酸乙酯的合成及其体外抗菌效果的测定

[J]. 云南大学学报(自然科学版), 2009, 31(S1): 318-321.
[9] SOLOMON S, HUR C, LEE A, et al. Synthesis of ethyl salicylate using household chemicals [J]. Journal of Chemical Education, 1996, 73(2): 173.
[10] 黄雪萍, 寿建平. 水杨酸酯类产品的开发与应用[J]. 精细与专用化学品, 1996(4): 5-6.
[11] 方小牛, 李新发, 许亚平. 合成水杨酸酯的催化剂研究进展[J]. 应用化工, 2004, 33(5): 4-7.
[12] 陈丹云, 张锋. 水杨酸酯的催化合成与应用[J]. 安徽化工, 2004(3): 22-24.
[13] 季丹丹, 刘艳红, 祝钧. 化妆品用水杨酸酯类衍生物的制备及应用进展[J]. 日用化学工业, 2015, 45(11): 648-652.
[14] 吴相川, 任雪云. 水杨酸酯的合成与应用[J]. 西部皮革, 2016, 38(14): 30.
[15] 梁敏, 唐明明, 刘葵, 等. 微波法合成水杨酸乙酯[J]. 应用化工, 2004, 33(3): 49-50.
[16] 刘艳平, 万安凤, 陈滔彬. 水杨酸乙酯的硫酸催化合成工艺优化[J]. 今日药学, 2022, 32(11): 848-850, 858.
[17] 唐明明, 赖庆庭, 刘葵, 等. 对甲基苯磺酸催化合成水杨酸乙酯[J]. 化工技术与开发, 2003, 32(5): 6-7.
[18] 刘琳琪, 彭霞辉, 禹逸君. 活性炭固载对甲苯磺酸催化合成水杨酸乙酯[J]. 化工技术与开发, 2012, 41(8): 4-6.
[19] 于大勇, 任铁强, 马覃志. 硫酸氢钠催化合成水杨酸乙酯[J]. 工业催化, 2006, 14(5): 42-44.
[20] 乔艳辉, 滕俊江. 硫酸氢钠催化加压合成水杨酸乙酯[J]. 茂名学院学报, 2008, 18(6): 24-26.
[21] 乔艳辉, 滕俊江. 水杨酸乙酯的加压催化合成工艺研究[J]. 广州化工, 2009, 37(6): 89-90, 96.
[22] 李启东, 袁旭宏, 叶余原, 等. 水杨酸乙酯的绿色催化合成[J]. 化学工程师,

2014(8): 12-13, 57.

[23] 赵卫星, 姜红波, 王宏社, 等. 碘催化合成水杨酸乙酯的研究[J]. 化学工程师, 2011, 25(5): 3-4.

[24] 郭海福, 孙智明, 赵薇. 固体超强酸 TiO_2/SO_4^{2-} 催化合成水杨酸乙酯[J]. 内蒙古石油化工, 1995(3): 21-24.

[25] 郭海福, 梁永福, 孙智明, 等. 固体超强酸 TiO_2/SO_4^{2-} 催化合成水杨酸乙酯 [J]. 精细石油化工, 1997(3):41-43.

[26] 刘淑萍, 郝东升, 林长青, 等. 固体超强酸 $SO_4^{2-}/TiO_2-Al_2O_3$ 的制备及在合成水杨酸乙酯反应中的初步应用[J]. 内蒙古石油化工, 2001, 27(1): 37-38.

[27] 井含蕾, 刘永根, 黄宇轩, 等. 固体超强酸 $SO_4^{2-}/ZrO_2-La_2O_3$ 催化合成水杨酸乙酯[J]. 广东化工, 2022, 49(18): 35-36, 27.

[28] 蒋卫华, 崔爱军. 树脂D732负载磷钨酸催化合成水杨酸酯[J]. 离子交换与吸附, 2014, 30(1): 63-69.

[29] 周先波, 王永红, 魏旻晖, 等. 酸性离子液体促进水杨酸乙酯的合成[J]. 科技信息, 2009(16): 80, 82.

[30] 郝二军, 陈粤华, 姜玉钦, 等. 离子液体中微波辅助水杨酸酯的合成[J]. 精细石油化工, 2011, 28(3): 21-23.

[31] 郝二军, 徐桂清, 姜玉钦, 等. 微波辅助下离子液体中水杨酸酯的合成[J]. 化学试剂, 2012, 34(1): 27-30.

[32] 李金娜, 韩相恩, 张立著, 等. 磺酸基功能化离子液体中水杨酸系列酯的合成研究[J]. 化工新型材料, 2011, 39(10): 63-65, 121.

第7章　低共熔溶剂中肉桂酸乙酯的合成

7.1　概　　述

肉桂酸乙酯又称β-苯基丙烯酸乙酯，存在于沙枣花挥发油等天然植物中，具有令人愉快的水果、花香气味，是香精的主要配料，也是一种重要的合成香料[1-5]。肉桂酸乙酯适于调制玫瑰、茉莉、水仙、香薇、古龙、素心兰、柑橘型等日用香精，和调配樱桃、桃子、草莓、葡萄等食用香精，还可应用于配制香水香精、皂用香精，做香精的定香剂[6-18]。肉桂酸乙酯的化学式如图7.1所示。

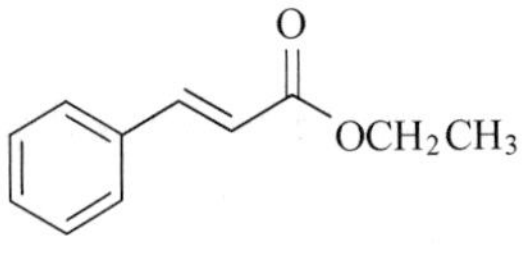

O

OCH_2CH_3

图7.1　肉桂酸乙酯的化学式

肉桂酸乙酯在工业上的合成方法主要有两种：第一种是在金属钠作用下，由乙酸乙酯和苯甲醛发生Claisen缩合而制得；第二种是在浓硫酸催化下，由肉桂酸（化学名称为3-苯基丙烯酸）和乙醇的酯化反应而制得。然而，前者用到金属钠，操作不安全，同时苯甲醛也不稳定；后者硫酸具有强腐蚀性，且易引起副反应（如磺化、氧化、加成、炭化），而且污染环境、影响产品的产量和质量。随着生活水平的提高，人们对香料及食品的要求越来越高，寻求高效、绿色的新型催化剂用于肉桂酸乙酯的合成已成为当代合成化学的研究热点之一。

近年来，随着催化学科的深入发展，广大科技工作者将许多新型催化剂应用于肉桂酸乙酯的合成[19-20]。目前已经用于肉桂酸乙酯合成的催化剂主要包括以下几类。

1. 磺酸类

1997 年，彭安顺等[21]以氨基磺酸为催化剂，由肉桂酸和乙醇合成了肉桂酸乙酯。通过单因素试验，考查了反应时间、原料配比和催化剂用量等因素对反应的影响，获得了最佳的反应条件：在原料的摩尔配比 n（肉桂酸）∶n（乙醇）=1∶3.5、催化剂用量为 1 g（以 0.05 mol 肉桂酸为准）、回流反应时间为 4 h 的条件下，产品收率为 95.4%。该方法具有产品收率高，催化剂稳定性好、可重复使用多次等优点。

2004 年，刘桂荣等[22]在微波辐射下，用对甲苯磺酸作催化剂，由肉桂酸与乙醇反应合成了肉桂酸乙酯。通过单因素试验，探讨了影响反应的相关因素，获得了最佳的反应条件：当酸醇质量比为 2.0∶15.6、对甲苯磺酸用量为 2.0 g（以 2.0 g 肉桂酸为准）、微波反应时间为 20 min、微波功率为 P−50 时，酯化率可达到 90.0%。该方法与传统加热方法相比，大大缩短了反应时间，提高了反应速率。

2005 年，刘桂荣[23]以对甲苯磺酸作为催化剂，肉桂酸与乙醇作为原料，合成了肉桂酸乙酯。通过单因素试验，探讨了影响反应的相关因素对酯化率的影响，获得了最佳的反应条件：当酸醇质量比为 2.0∶15.6、催化剂用量为 2.0 g（以 2.0 g 肉桂酸为准）、回流反应时间为 2.0 h 时，酯化率可达到 91.0%。对甲苯磺酸作为催化剂，反应条件温和，相溶性好，反应温度低，活性高，选择性好，对设备几乎无腐蚀，不污染环境，产品色相符合要求，产品纯度高，对工业化生产具有较好的参考价值。

随后，王彦美[24]也报道了对甲苯磺酸在肉桂酸乙酯合成中的应用。

2. 无机盐

1996 年，俞善信等[25]以六水合三氯化铁作为催化剂，由肉桂酸和无水乙醇反应合成了肉桂酸乙酯。通过单因素试验，对催化剂用量、醇用量和反应时间等因素进行了优化，获得了较佳的反应条件。以 0.02 mol 肉桂酸为准，当酸醇摩尔比为 1∶5、催化剂用量为 0.5 g、回流反应时间为 8.0 h 时，产品收率达 94.3%。氯化铁作为合成肉桂酸乙酯的催化剂，具有催化活性良好、工艺简单等优点。

2000 年，俞善信等[26]以十二水合硫酸铁铵作为催化剂，由肉桂酸和乙醇发生酯化反应合成了肉桂酸乙酯。通过单因素试验，研究了不同反应条件对酯收率的影响，获得了较佳的反应条件：当肉桂酸用量为 0.02 mol、乙醇用量为 0.20 mol、催化剂用量为 0.01 mol、回流反应时间为 7.0 h 时，产品收率达 94.3%。

2002 年，李家其等[27]采用一水硫酸氢钠作为催化剂，以肉桂酸和乙醇为原料，合成了肉桂酸乙酯。通过单因素试验，探讨了不同反应条件对酯化产率的影响。当醇酸摩尔比为 5∶1、催化剂用量占肉桂酸质量的 20%、反应温度为 140 ℃、回流反应时间为 2 h 时，产率可达 91.1%。该方法具有工艺简单、无环境污染、催化剂用量少、活性大、反应时间短、酯收率高、催化剂容易从反应体系分离、可多次使用且价格低廉，易于储运的特点。

2003 年，邓再辉等[28]以五水四氯化锡作为催化剂，以肉桂酸和乙醇为原料，合成了肉桂酸乙酯。通过单因素试验，研究了不同反应条件对酯收率的影响，获得了最佳的反应条件：当 n（肉桂酸）∶n（乙醇）∶n（四氯化锡）=1∶7.5∶0.22、回流反应时间为 3 h，酯收率达 91.4%。五水四氯化锡是一种较稳定的无机晶体，价廉易得，易于保管、运输和使用，腐蚀性小、反应温和、反应时间短和产品收率高，是催化合成肉桂酸乙酯的良好催化剂。

随后，俞善信等[29]又报道了五水四氯化锡在肉桂酸乙酯合成中的应用，并与六水三氯化铁、十二水合硫酸铁铵和一水硫酸氢钠的催化效果进行对比，确认五水四氯化锡具有一定的优势。

2003 年，文瑞明等[30]以一水硫酸氢钠作为催化剂，由乙醇与肉桂酸的酯化反应合成了肉桂酸乙酯。通过单因素试验，考查了肉桂酸/乙醇摩尔比、催化剂用量及反应时间对酯产率的影响，获得了最佳的反应条件：当肉桂酸、乙醇、硫酸氢钠的摩尔比为 1∶19∶0.51、回流反应时间为 3 h 时，所得肉桂酸乙酯的产率为 97.1%。硫酸氢钠具有廉价易得的优势，易于回收且可重复使用。

2004 年，胡浩斌等[31]用三水高氯酸锂（$LiClO_4·3H_2O$）作催化剂，由自制肉桂酸和乙醇的酯化反应合成了肉桂酸乙酯。通过单因素试验，考查了各种因素对酯化率的影响，得到了反应的最佳条件。当醇和酸的摩尔比为 2.3∶1、三水高氯酸锂的用量为反应液质量的 1.40%、反应温度为 65 ℃、反应时间为 2.5 h、带水剂环己烷的用量为 1.2 mL 时，酯化率可达到 92.9%，酯的纯度大于 98.2%。该方法具有工艺简单、操作方便、催化剂价廉易得、催化活性高、反应条件温和、酯化率高、设备腐蚀小、无污染等优点。

2006 年，张应桂[32]用硅胶负载硫酸氢钠作为催化剂，以肉桂酸和乙醇为原料，合成了肉桂酸乙酯。通过单因素试验和正交试验，考查了催化剂用量、醇酸摩尔比、反应时间等因素对酯化率的影响，获得了最佳的反应条件：当 3–苯基丙烯酸用量为 0.2 mol、乙醇用量为 0.6 mol（即醇酸摩尔比为 3∶1）、催化剂用量为 0.75 g、回流反应时间为 75 min，酯的收率为 91.43%。该方法具有反应时间短、酯的收率高、后处理简单、无废液排出等优势，具有广阔的工业化前景。

2013 年，李凌云等[33]以硫酸氢钠作为催化剂，由肉桂酸与乙醇反应合成了肉桂酸乙酯。通过单因素试验，探讨了不同反应条件对酯的收率的影响，获得了最佳的反应条件：当 n（肉桂酸）∶n（乙醇）∶n（硫酸氢钠）=1.00∶14.39∶0.66、90 ℃回流反应 11.5 h 时，肉桂酸乙酯的收率达到 96.70%。该方法工艺简单，反应温度低，产物收率高，有望用于工业生产。

2019 年，郝利娜等[34]采用无水硫酸钙作为催化剂，以肉桂酸和乙醇为原料，合成了肉桂酸乙酯。通过单因素试验，考查了肉桂酸乙酯酯化工艺中乙醇加入量、硫酸钙加入量、反应时间对肉桂酸乙酯收率的影响，在此基础上，利用 Box-Behnken 响应面法进行工艺优化，获得了最佳的工艺条件：当 n（肉桂酸）∶n（乙醇）=1∶6.36、硫酸钙加入量为 12.86%、反应时间为 14.55 h 时，肉桂酸乙酯收率可达到 89.42%。该方法具有产物收率高、催化剂价格便宜且可以重复使用等优点，适合工业化生产。

3. 杂多酸

2002 年，李家其[35]采用磷钨酸作为催化剂，以肉桂酸和乙醇为原料，合成了肉桂酸乙酯。通过单因素试验，考查了不同反应条件对酯的收率的影响，获得了最佳的反应条件：当醇酸摩尔比为 12∶1、催化剂用量占反应物总质量的 2.8%、反应温度为 100～110 ℃、反应时间为 2.0 h 时，产物收率可达 95.3%。该方法具有催化剂用量少、反应收率高等特点，工艺简单，经扩大试验后可应用于工业化生产。

2003 年，杨水金等[36]以固载杂多酸盐 $TiSiW_{12}O_{40}/TiO_2$ 作为催化剂，以肉桂酸和乙醇为原料，合成了肉桂酸乙酯。通过单因素试验，研究了不同反应条件对酯的收率的影响，获得了最佳的反应条件：当醇酸摩尔比为 9∶1、催化剂的用量为反应物料总量的 2.0%、回流反应时间为 3.0 h 时，肉桂酸乙酯的产率为 58.7%。该方法具有工艺操作简单、催化剂可重复利用等优点。

2003 年，李静等[37]在微波辐射下，以硅钨酸作为催化剂，由肉桂酸与乙醇反应合成了肉桂酸乙酯。通过单因素试验，探讨了各种因素对产品收率的影响，获得了最佳的反应条件：当肉桂酸与乙醇摩尔比为 1∶7、硅钨酸用量为 3.75 g（以 0.02 mol 肉桂酸为准）、微波辐射时间为 20 min、微波辐射功率为 340 W 时，肉桂酸的转化率达到 93%。该方法的反应时间短，转化率高，操作简便，而且使用 4A 分子筛作为脱水剂，消除了使用有机带水剂的污染，对工业化生产具有参考价值。

2004 年，李静等[38]在微波辐射下，以磷钨酸作为催化剂，由肉桂酸与乙醇反应合成了肉桂酸乙酯。通过单因素试验，探讨了各种因素对转化率的影响，得到了最佳的反应条件：当肉桂酸与乙醇摩尔比为 1∶7、肉桂酸与磷钨酸的摩尔比为 1∶0.04、微波辐射时间为 20 min、微波辐射功率为 285 W 时，肉桂酸的转化率达到 95%。该方法的反应时间短，酸醇摩尔比较小，转化率高，而且用 4A 分子筛作脱水剂，避免使用毒性较大的有机带水剂，分子筛可反复使用，有利于环保。

2005 年，黄锁义等[39]以硫酸氢钾作为催化剂，由肉桂酸与乙醇的酯化反应合成了肉桂酸乙酯。通过单因素试验，考查了肉桂酸/乙醇摩尔比、催化剂用量、反应时间对酯产率的影响，获得了最佳的反应条件：肉桂酸、乙醇、硫酸氢钾的摩尔比为 1∶19∶0.74，回流反应时间为 3 h。在此条件下，所得肉桂酸乙酯的产率为 97.1%。该方法反应时间较短，催化剂用量少、易于回收且可重复使用，是快速合成肉桂酸乙酯的有效方法。

2007 年，唐斯萍等[40]以六水硫酸镍（$NiSO_4 \cdot 6H_2O$）作为催化剂，以肉桂酸和乙醇为原料，合成了肉桂酸乙酯。通过单因素试验，考查了酸醇摩尔比、催化剂用量、反应时间和反应温度等条件对肉桂酸乙酯产率的影响，获得了最佳的反应条件：当酸、醇、催化剂的摩尔比为 1∶6∶0.3、反应温度为 90 ℃、反应时间为 4 h 时，肉桂酸乙酯的产率达 85.7%。该方法的反应条件温和，活性高，选择性好，对设备几乎无腐蚀，不污染环境，产品色相符合要求，产品纯度高。

2015 年，李恩博等[41]利用自制的硫酸镓/凹凸棒固体酸作为催化剂，由自制的肉桂酸和无水乙醇反应，合成了肉桂酸乙酯。通过单因素试验，对不同的反应条件进行工艺优化，获得了较优的反应条件：当肉桂酸为 7.5 g、无水乙醇为 18 mL（即醇与酸的摩尔比为 6∶1）、催化剂用量为 3.0 g，反应温度为 120 ℃、反应时间为 3.0 h 时，肉桂酸乙酯的酯化率不低于 85%。所制得的催化剂经 7 次重复使用，肉桂酸乙酯的酯化率仍达 42.3%。该方法避免了浓硫酸的使用，有效降低了试验操作的危险性及对环境的污染。

2016 年，刘可[42]用磷钨酸作为催化剂，加入无水硫酸镁作为吸水剂，采用脱水法来合成肉桂酸乙酯。通过单因素试验，考查了各种因素对酯收率的影响，得到了反应的最佳条件：当醇酸的摩尔比为 13∶1、催化剂用量占反应物总质量的 2.7%、吸水剂用量占反应物总质量的 27%、回流反应时间为 3 h 时，酯的收率最高达 84.0%。该方法利用脱水法来合成肉桂酸乙酯，大大地提高了酯的收率，从而最大限度地利用了反应原料，符合了以最小的成本获得最大收益原则，并且加入吸水剂使得合成的产品纯度更高。同时，磷钨酸具有相当高的催化活性，特别是在酯化反应中，它具有其他催化剂不具有的特殊优点即用量少、反应温度低、对设备无腐蚀性、对环境无污染等，因而可作为合成肉桂酸乙酯的高效催化剂，并且经扩大试验后可应用于工业化生产。

4. 树脂

2008 年，骆雪萍等[43]用强酸性大孔树脂 CAT601 作为催化剂，以肉桂酸和乙醇作原料，合成了肉桂酸乙酯。通过单因素试验和正交试验，研究了影响反应的主要因素，确定了最佳的合成工艺条件：当酸醇摩尔比为 1∶7、催化剂用量为 30%、回流反应时间为 6 h，转化率达 90%以上。同时，大孔树脂重复使用 8 次后，仍能保持较高的活性，转化率保持在 85%～91%，去除了烦杂的处理工作，节省时间，减少了处理用化学药品对环境的污染，符合绿色生产的要求。

5. 固体超强酸

2003 年，龙德清等[44]以固体超强酸 SO_4^{2-}/TiO_2 作为催化剂，由肉桂酸和无水乙醇的酯化反应合成了肉桂酸乙酯。通过单因素试验，考查了催化剂用量、酸醇摩尔比、反应时间对酯化率的影响，获得了最佳的反应条件：当肉桂酸用量为 0.02 mol、无水乙醇用量为 0.10 mol、催化剂用量为 1.20 g、回流反应时间为 4 h 时，产品收率可达 89.3%。该方法具有产物收率高，催化剂制备方法简便、用量少、活性高可多次重复等优点，值得推广。

2007 年，兰翠玲[45]在微波辐射下，以固体超强酸 $AlCl_3·CuSO_4$ 为催化剂，以肉桂酸和乙醇为原料，合成了肉桂酸乙酯。通过单因素试验，考查了微波输出功率、反应时间、催化剂用量、酸醇的摩尔比等因素对反应的影响，获得了最佳的反应条件：当 3-苯基丙烯酸和乙醇的摩尔比为 1∶5.0、催化剂用量为 1.50 g 无水硫酸铜和 1.25 g 无水三氯化铝的混合物（以 0.12 mol 肉桂酸为准）、微波输出功率 729 W、反应时间为 18 min 时，3-苯基丙烯酸的酯化率为 96.8%。该法不仅大大缩短了反应时间，而且操作简便，产品后处理过程大大简化，无污染环境，不腐蚀设备，催化剂用量少，制备容易，易回收处理和重复使用，具有广阔的工业化前景。

6. 离子液体

2011 年，黄艳仙等[46]利用溴化 1-丁基-3-甲基咪唑（[Bmim]Br）、1-丁基-3-甲基咪唑四氟硼酸盐（$[Bmim]BF_4$）、1-丁基-3-甲基咪唑六氟磷酸盐（$[Bmim]PF_6$）、1-丁基-3-甲基咪唑硫酸氢盐（$[Bmim]HSO_4$）、*N*-甲基咪唑硫酸氢盐（$[Hmim]HSO_4$）和 *N*-甲基咪唑对甲苯磺酸盐（[Hmim]TSO）6 种室温离子液体作为催化剂，以肉桂酸和乙醇为原料，合成了肉桂酸乙酯。通过单因素试验，考查了催化剂种类、酸醇摩尔比、反应时间、室温离子液体用量等对反应的影响，确定了最佳的反应条件。以室温离子液体[Bmim]BF_4作为催化剂，以肉桂酸用量 1.48 g（0.01 mol）为准，当酸醇摩尔比为 1∶7、催化剂用量为 2 mL、回流反应时间为 4 h 时，肉桂酸乙酯收率达 90.3%。室温离子液体催化剂重复使用 5 次后，其催化活性基本不变。该方法的合成过程中无须加入带水剂和安装分水装置，操作简单，具有产率高、对设备腐蚀小、对环境友好、催化剂可循环使用等优点，符合绿色化学发展的方向。

7. 生物酶

2013 年，Jakovetic 等[47]研究两种固定化酶生物反应器（间歇式反应器和流化床反应器）在肉桂酸乙酯合成中的应用。两种体系中酯化的最佳条件均为肉桂酸与乙醇的摩尔比为 1∶3，脂肪酶质量浓度为 7.5 g/cm^3，反应温度为 55 ℃，间歇式反应器的搅拌速度为 200 r/min，流化床反应的流速为 1.82 cm^3/min。

2016 年，Wang 等[48]以脂肪酶 TLIM 作为催化剂，由肉桂酸与无水乙醇的酯化反应合成了肉桂酸乙酯。通过工艺优化，获得了最佳的反应条件：以异戊烷作为反应介质，当肉桂酸与乙醇的摩尔比为 1∶3、生物酶用量为 30 mg/mL、反应温度为 40 ℃、水活度为 0.43、摇动速率为 170 r/min 时，24 h 的最高产率达到 99%。该方法具有广阔的工业发展前景。

虽然前述的肉桂酸乙酯合成方法各有千秋，但仍然或多或少地存在催化剂制备过程烦琐或回收利用困难，以及需要使用特殊仪器设备等弊病，制约其在工业化生产中的应用。因而，研制与开发绿色、高效的肉桂酸乙酯合成方法仍然具有非常重要的研究意义。

低共熔溶剂氯化胆碱-三氯化铁（$ChCl\text{-}FeCl_3\cdot 6H_2O$）具有原料成本低廉、制备方法简便、易分离和回收利用等优势，是现代有机合成中一种具有良好应用前景的新型绿色溶剂和催化剂。

本章利用氯化胆碱-三氯化铁作为催化剂和溶剂，由反式肉桂酸和无水乙醇的酯化反应来制备肉桂酸乙酯，其反应方程式如图 7.2 所示。

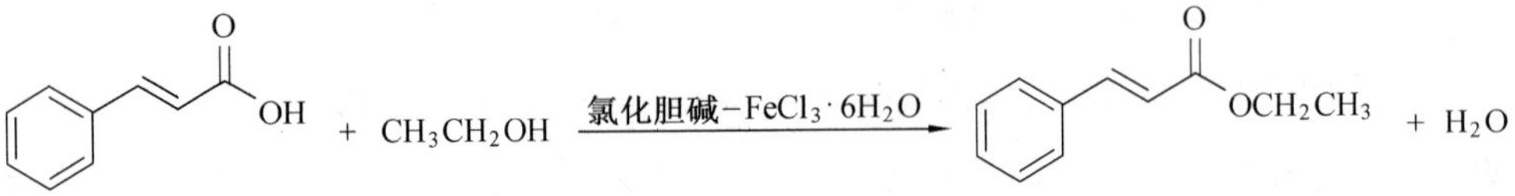

$$\text{PhCH=CHCOOH} + CH_3CH_2OH \xrightarrow{\text{氯化胆碱}-FeCl_3\cdot 6H_2O} \text{PhCH=CHCOOCH}_2CH_3 + H_2O$$

图 7.2　低共熔溶剂氯化胆碱-三氯化铁中肉桂酸乙酯的合成反应方程式

7.2　试验部分

7.2.1　试验仪器和试剂

表 7.1 列出了本试验所用主要仪器的名称、型号和生产厂家。

表 7.1　试验主要仪器的名称、型号和生产厂家

仪器名称	仪器型号	生产厂家
分析天平	JA2003	上海舜宇恒平科学仪器有限公司
集热式恒温加热磁力搅拌器	DF-101D	巩义市予华仪器有限责任公司
电热恒温鼓风干燥箱	DHG-9146A	上海精宏试验设备有限公司
真空干燥箱	DZF-6020	巩义市予华仪器有限责任公司
旋转蒸发器	YRE-5299	巩义市予华仪器有限责任公司
循环水式真空泵	SHZ-D（III）	巩义市予华仪器有限责任公司
阿贝折射仪	WYA-2WAJ	上海光学仪器一厂
核磁共振仪	AVANCE	瑞士 Bruker 公司
红外光谱仪	Nicolet 6700	美国赛默飞世尔科技公司

表 7.2 列出了本试验所用主要试剂的名称、纯度和生产厂家。

表 7.2　试验主要试剂的名称、纯度和生产厂家

试剂名称	试剂纯度	生产厂家
氯化胆碱	分析纯	上海国药集团化学试剂有限公司
六水合三氯化铁	分析纯	上海国药集团化学试剂有限公司
反式肉桂酸	分析纯	上海阿拉丁生化科技股份有限公司
无水乙醇	分析纯	上海国药集团化学试剂有限公司
乙酸乙酯	分析纯	天津市科密欧化学试剂有限公司
无水碳酸钠	分析纯	天津市科密欧化学试剂有限公司
无水硫酸钠	分析纯	天津市科密欧化学试剂有限公司

7.2.2　低共熔溶剂氯化胆碱-三氯化铁的制备

将氯化胆碱（14.0 g，0.1 mol）和六水合三氯化铁（54.1 g，0.2 mol）置于 250 mL 圆底烧瓶中，80 ℃加热搅拌反应 1.0 h。反应完毕之后，将所得混合物缓慢冷却至室温，真空干燥，便可得无色透明的低共熔溶剂氯化胆碱-三氯化铁（$ChCl\text{-}FeCl_3{\cdot}6H_2O$）。

7.2.3　低共熔溶剂氯化胆碱-三氯化铁中肉桂酸乙酯的合成

在 100 mL 圆底烧瓶中加入肉桂酸 7.41 g（0.05 mol）、一定量的乙醇和一定量的低共熔溶剂氯化胆碱-三氯化铁，磁力加热搅拌回流一定时间。

反应完毕后，常压蒸馏蒸出未反应的乙醇，加入蒸馏水（10 mL），用乙酸乙酯萃取（10 mL×3），然后依次用蒸馏水（10 mL）、饱和碳酸钠溶液（10 mL）、蒸馏水（10 mL）洗涤，有机相用无水硫酸钠干燥，接着通过常压蒸馏除去乙酸乙酯，最后通过减压蒸馏收集（132～134）℃/1.33 kPa 的馏分，得到淡黄色油状液体是肉桂酸乙酯。

酯化反应结束后，后处理的水相中含有低共熔溶剂，将其用旋转蒸发器减压蒸馏除水，再真空干燥，即可回收低共熔溶剂氯化胆碱-三氯化铁，再次加入原料肉桂酸和无水乙醇，即可再次用于肉桂酸乙酯的合成试验。

7.3 结果与讨论

7.3.1 肉桂酸乙酯的结构表征与分析

本试验所得产物为淡黄色油状液体，带有香甜气味，分别测定其折光率、红外光谱和核磁共振氢谱，对其进行结构表征与分析。

首先，测定所得产物的折光率为1.557 9，与文献[46]报道的数值基本相符。

其次，测定所得产物的红外光谱，如图7.3所示，FT-IR（cm^{-1}）ν：2 978.25、1 710.40、1 635.19、1 573.59、1 495.94、1 450.59、1 377.05、1 311.79、1 265.85、1 163.45、1 095.87、1 033.98、976.46、864.66、770.05、709.35、678.99、571.73、508.46、478.67、419.54。

其中，2 978.25 cm^{-1}处为ν（═C—H）的吸收峰；1 710.40 cm^{-1}处为ν（C═O）的吸收峰，C═O吸收因与C═C共轭移向低波数方向；1 635.19 cm^{-1}处为ν(C═C）的吸收峰；1 573.59 cm^{-1}、1 495.94 cm^{-1}、1 450.95 cm^{-1}、1 377.05 cm^{-1}处为苯环骨架的吸收峰；1 311.79 cm^{-1}、1 033.98 cm^{-1}处为ν（C—O—C）的吸收峰；770.05 cm^{-1}、709.35 cm^{-1}处为苯环取代的特征吸收峰。

再次，测定所得产物的核磁共振氢谱，如图7.4所示，^{1}H NMR（400 MHz，$CDCl_3$，10^{-6}）δ：7.68（d，J=16.0 Hz，1 H）、7.50（dd，J=6.7，2.8 Hz，2 H）、7.41～7.30（m，3 H）、6.43（d，J =16.0 Hz，1 H）、4.26（q，J=7.1 Hz，2 H）、1.33（t，J=7.1 Hz，3 H）。

其中，7.68（d，J=16.0 Hz，1 H）和6.43（d，J =16.0 Hz，1 H）是双键上的两个氢原子的特征峰；7.50（dd，J=6.7，2.8 Hz，2 H），7.41～7.30（m，3 H）为苯环上的5个氢原子的特征峰；4.26（q，J=7.1 Hz，2 H）是亚甲基上两个氢原子上的特征峰；1.33（t，J=7.1 Hz，3 H）是甲基上3个氢原子的特征峰。

通过上述红外光谱和核磁共振氢谱的特征峰分析，证实所制得的产物就是预期的目标化合物肉桂酸乙酯。

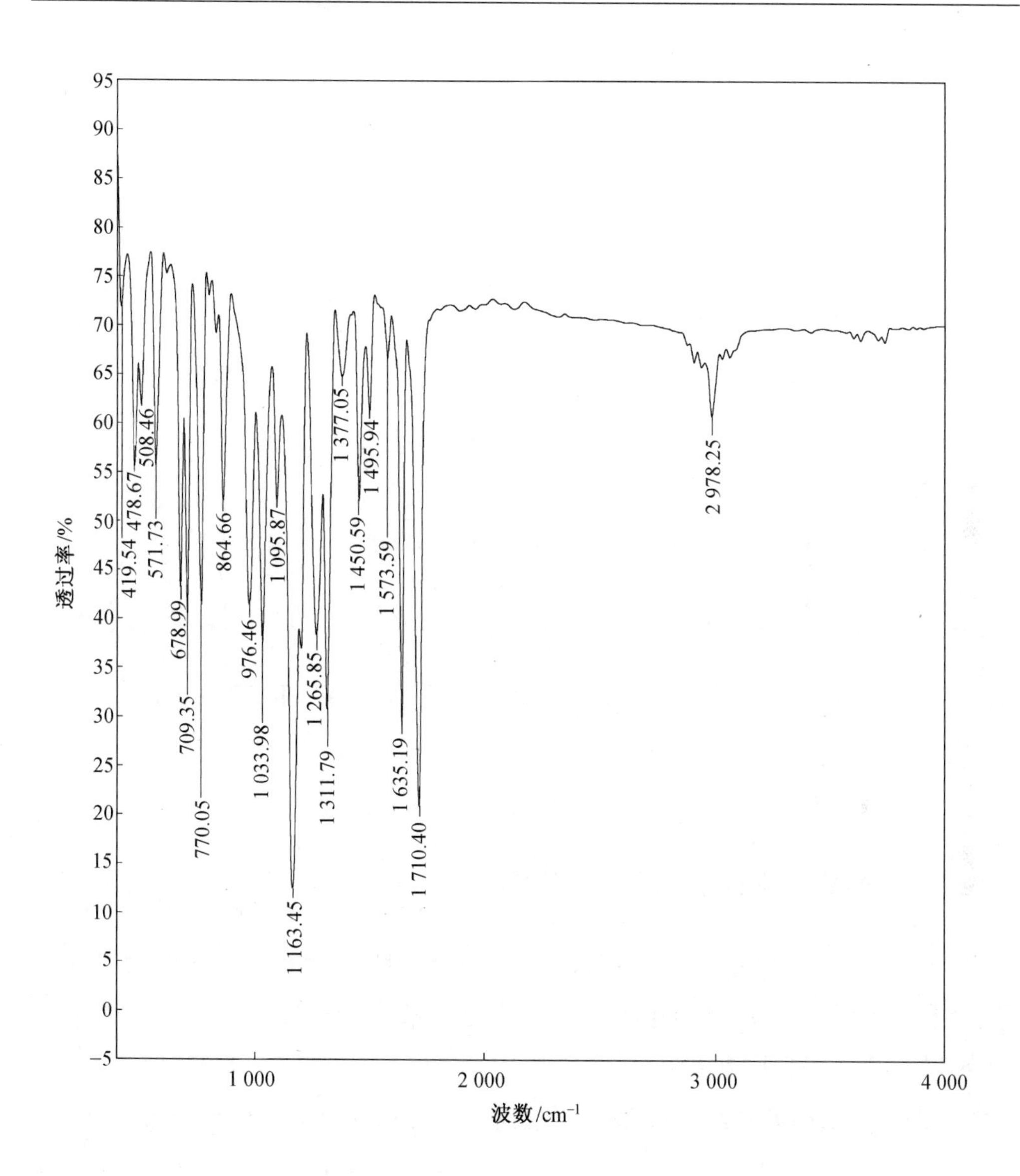

图 7.3　所得产物肉桂酸乙酯的红外光谱图

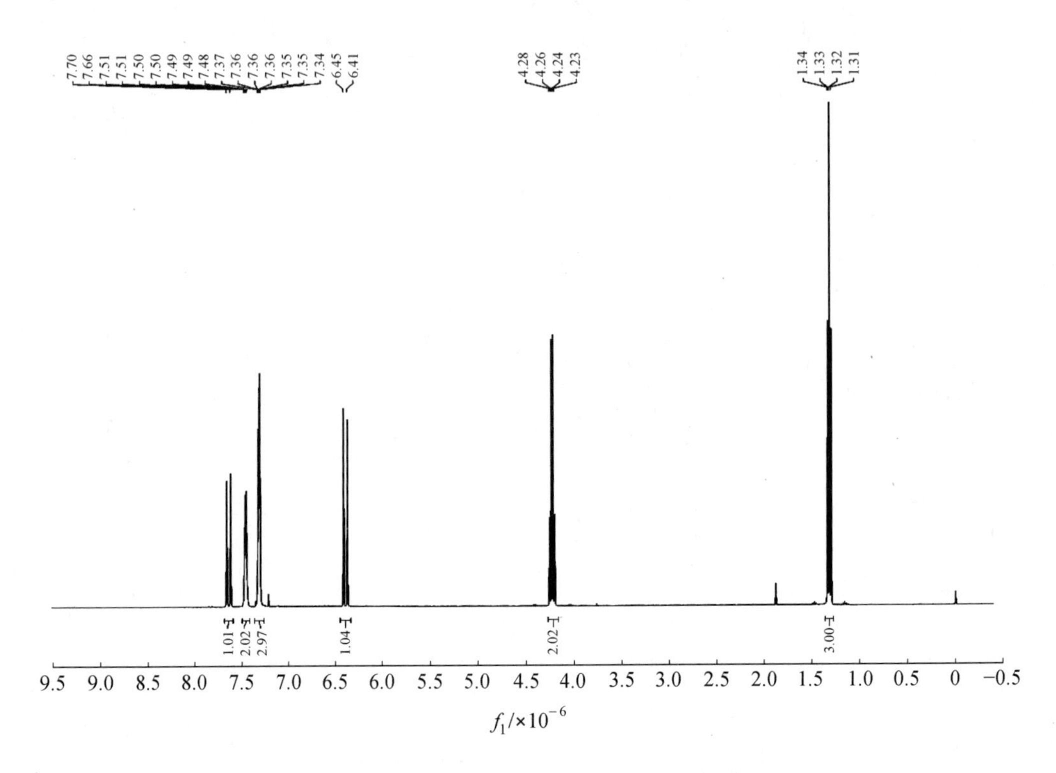

图 7.4　所得产物肉桂酸乙酯的核磁共振氢谱图

7.3.2　肉桂酸乙酯合成的反应条件优化

本试验通过单因素试验，考查低共熔溶剂氯化胆碱-三氯化铁的用量、原料反式肉桂酸和无水乙醇的摩尔比以及回流反应时间对酯化反应收率的影响，从而确定合成肉桂酸乙酯的最佳反应条件。

1. 低共熔溶剂氯化胆碱-三氯化铁用量对肉桂酸乙酯收率的影响

在肉桂酸的用量为 2.96 g（0.02 mol）、无水乙醇的用量为 5.52 g（0.12 mol）、回流反应时间为 3.0 h 的条件下，改变低共熔溶剂氯化胆碱-三氯化铁的用量，考查低共熔溶剂的用量对肉桂酸乙酯收率的影响，表 7.3 列出了该组单因素试验的试验结果。

表 7.3　低共熔溶剂氯化胆碱-三氯化铁用量对肉桂酸乙酯收率的影响

序号	低共熔溶剂用量/g	收率/%
1	0.5	68
2	1.0	79
3	1.5	87
4	2.0	92
5	2.5	92
6	3.0	91

根据表 7.3 的试验数据绘制图 7.5，即为低共熔溶剂氯化胆碱-三氯化铁的用量对肉桂酸乙酯收率的影响曲线图。

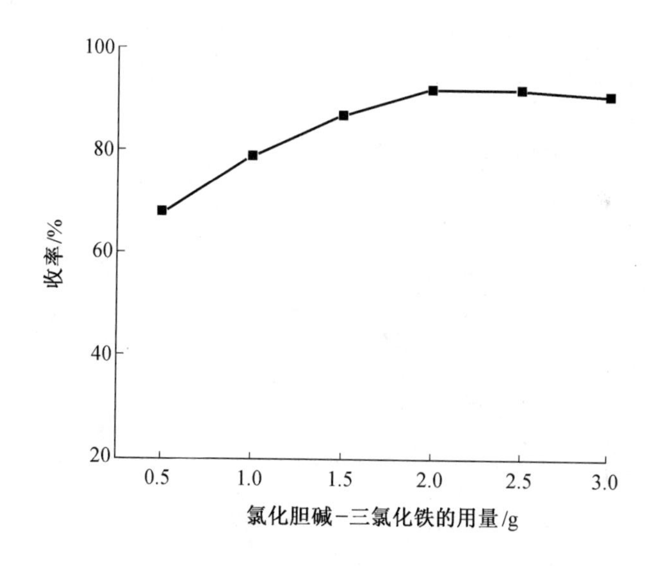

图 7.5　低共熔溶剂氯化胆碱-三氯化铁用量对肉桂酸乙酯收率的影响曲线图

根据图 7.5 可知，随着低共熔溶剂氯化胆碱-三氯化铁的用量逐渐增加，肉桂酸乙酯的收率逐渐提高并趋于稳定。当低共熔溶剂氯化胆碱-三氯化铁的用量为 0.5 g 时，肉桂酸乙酯的收率即可达到最大。从节约成本的角度考虑，低共熔溶剂氯化胆碱-三氯化铁的较佳用量选择为 2.0 g。

2. 原料酸醇摩尔比对肉桂酸乙酯收率的影响

在肉桂酸的用量为 2.96 g（0.02 mol）、低共熔溶剂氯化胆碱-三氯化铁的用量为 2.0 g、回流反应时间为 3.0 h 的条件下，改变无水乙醇的用量，考查酸醇摩尔比对肉桂酸乙酯收率的影响，表 7.4 列出了该组单因素试验的试验结果。

表 7.4　原料酸醇摩尔比对肉桂酸乙酯收率的影响

序号	*n*（反式肉桂酸）∶*n*（无水乙醇）	收率/%
1	1∶3	61
2	1∶4	75
3	1∶5	87
4	1∶6	92
5	1∶7	90
6	1∶8	88

根据表 7.4 的试验数据绘制图 7.6，即为原料反式肉桂酸和无水乙醇摩尔比对肉桂酸乙酯收率的影响曲线图。

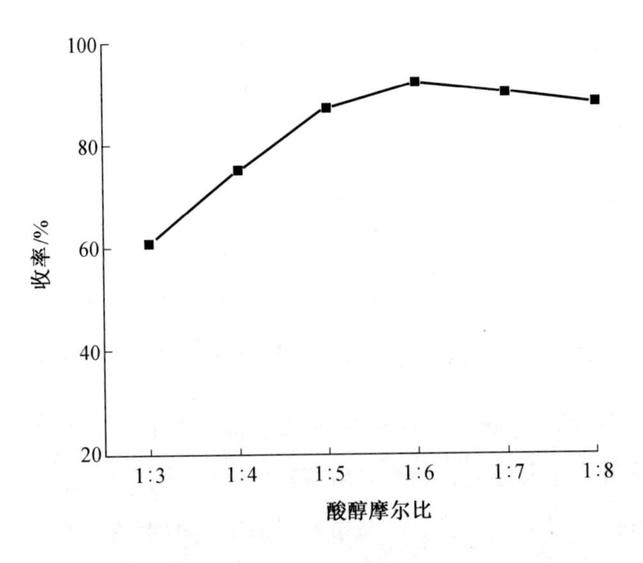

图 7.6　原料酸醇摩尔比对肉桂酸乙酯收率的影响曲线图

根据图 7.6 可知，随着无水乙醇用量的增加，肉桂酸乙酯的收率逐渐升高。当原料反式肉桂酸与无水乙醇的摩尔比为 1∶6 时，酯化收率达到最高。随后，进一步增加无水乙醇的用量，产物肉桂酸乙酯的收率有所下降。推测其原因，可能是由于乙醇过量太多，会降低肉桂酸的浓度，低共熔溶剂也被稀释，催化能力有所下降，进而使产物收率降低。因而，原料反式肉桂酸与无水乙醇的较佳摩尔比选择为 1∶6。

3. 回流反应时间对肉桂酸乙酯收率的影响

再次，在肉桂酸的用量为 2.96 g（0.02 mol）、无水乙醇的用量为 5.52 g（0.12 mol）、低共熔溶剂氯化胆碱-三氯化铁的用量为 2.0 g 的条件下，改变回流反应时间，考查回流反应时间对肉桂酸乙酯收率的影响，表 7.5 列出了该组单因素试验的试验结果。

表 7.5　回流反应时间对肉桂酸乙酯收率的影响

序号	时间/h	收率/%
1	1.0	73
2	2.0	84
3	3.0	92
4	4.0	89
5	5.0	83

根据表 7.5 的试验数据绘制图 7.7，即为回流反应时间对肉桂酸乙酯收率的影响曲线图。

根据图 7.7 可知，随着回流反应时间的延长，肉桂酸乙酯的收率呈现先升高后降低的趋势。当回流反应时间为 3 h 时，肉桂酸乙酯的产率达到最高。分析其其原因，这可能是由于酯化反应为可逆反应，反应一定时间即可达到平衡，反应时间过长，酯化产物部分水解，从而收率下降。因此，较佳回流时间选择为 3.0 h。

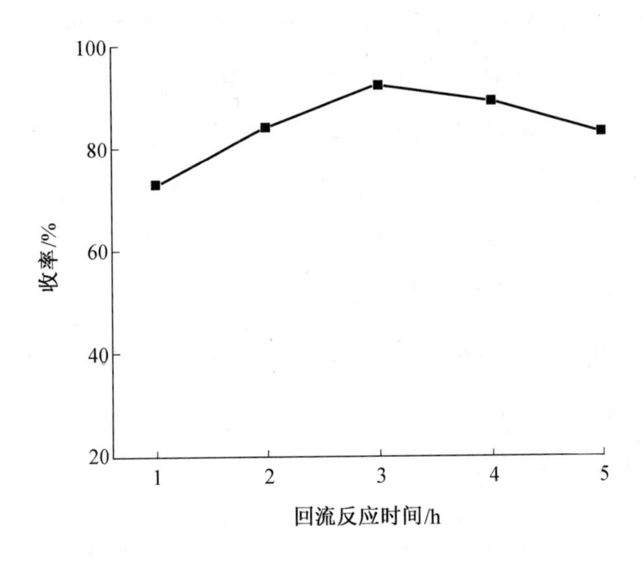

图 7.7 回流反应时间对肉桂酸乙酯收率的影响曲线图

4. 小结

通过上述不同反应条件对肉桂酸乙酯收率影响的研究，获得了低共熔溶剂氯化胆碱-三氯化铁中肉桂酸乙酯的较佳合成工艺条件：以 0.02 mol 肉桂酸为准，反式肉桂酸与无水乙醇的摩尔比为 1∶6，低共熔溶剂氯化胆碱-三氯化铁的用量为 2.0 g，回流反应时间为 3.0 h。在此条件下，肉桂酸乙酯的产率可达 92%。

7.3.3 低共熔溶剂氯化胆碱-三氯化铁的重复使用性

在肉桂酸的用量为 2.96 g（0.02 mol）、无水乙醇的用量为 5.52 g（0.12 mol）、低共熔溶剂氯化胆碱-三氯化铁的用量为 2.0 g、回流反应时间为 2.0 h 的条件下，考查低共熔溶剂氯化胆碱-三氯化铁的重复使用次数对肉桂酸乙酯收率的影响，表 7.6 列出了该组试验的试验结果。反应完毕以后，将含低共熔溶剂氯化胆碱-三氯化铁的水相，先减压蒸馏除水，再真空干燥，即可用于随后的低共熔溶剂重复使用试验。

表 7.6　低共熔溶剂氯化胆碱-三氯化铁重复使用次数对肉桂酸乙酯收率的影响　%

次数	收率
1	92
2	91
3	89
4	87
5	86

根据表 7.6 的试验数据绘制图 7.8，即为低共熔溶剂氯化胆碱-三氯化铁重复使用次数对肉桂酸乙酯收率的影响曲线图。

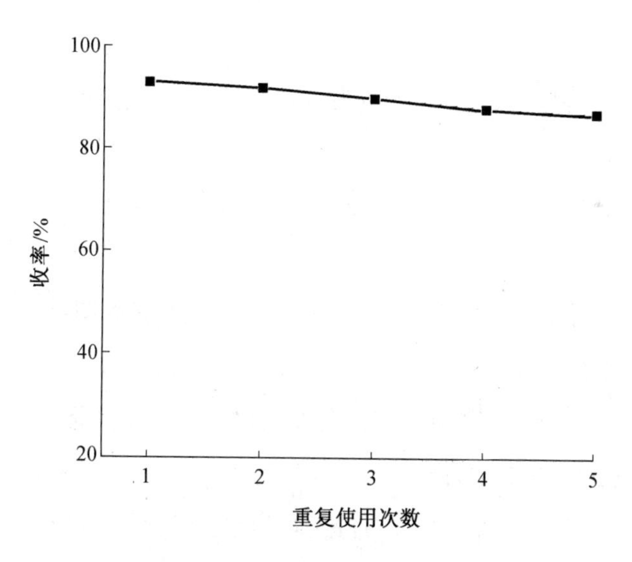

图 7.8　低共熔溶剂氯化胆碱-三氯化铁重复使用次数对肉桂酸乙酯收率的影响

根据图 7.8 可知，低共熔溶剂氯化胆碱-三氯化铁至少可回收使用 5 次，仍能保持较好的催化活性，肉桂酸乙酯的收率仅从 92%降低至 86%，没有显著降低。

7.4 本章小结

在肉桂酸乙酯的合成中，当原料反式肉桂酸与无水乙醇的摩尔比为 1∶6、低共熔溶剂氯化胆碱-三氯化铁的用量为 2.0 g、回流反应时间为 3.0 h 时，酯化产物肉桂酸乙酯的收率可达 92%。该方法所用低共熔溶剂具有成本低廉、制备简便、易分离和回收利用、对环境友好等优势，符合绿色化学与清洁生产的发展理念，具有潜在的工业应用价值。

本章参考文献

[1] 刘铸晋, 吴厚铭, 徐永珍, 等. 沙枣花净油化学成份的研究[J]. 有机化学, 1986, 6(4): 301-304.
[2] 阎鸿建, 王青, 韦风英. 沙地沙枣花挥发油和净油化学成份的研究[J]. 有机化学, 1988, 8(4): 346-351.
[3] 李兆琳, 陈宁, 薛敦渊, 等. 沙枣花挥发油化学成分的研究[J]. 高等学校化学学报, 1989, 10(8): 804-808.
[4] 刘晔玮, 邸多隆, 王勤. 沙枣花挥发油的化学成分及其指纹图谱的研究[J]. 食品科学, 2003(7): 111-113.
[5] 刘晔玮, 邸多隆, 王勤, 等. 沙枣花挥发油的化学成分及其指纹图谱的研究[J]. 香料香精化妆品, 2003(3): 11-13.
[6] 王妍, 巨涛, 王立新, 等. 超临界 CO_2 流体萃取及气质联用研究宁夏沙枣花的芳香成分[J]. 香料香精化妆品, 2007, 102(3): 1-4.
[7] 吕金顺. 沙枣花挥发性和半挥发性成分的分析[J]. 林业科学, 2007, 43(3): 122-126.
[8] 黄馨瑶, 马晖, 王小明, 等. 沙枣花香气的人气调查及化学成分分析[J]. 天然产物研究与开发, 2009, 21(3): 480-488, 464.

[9] 廉宜君, 李元元, 李敏, 等. 超临界 CO_2 萃取和水蒸气蒸馏法萃取沙枣花挥发油工艺的比较研究[J]. 中国中医药信息杂志, 2010, 17(1): 51-53.

[10] 乔海军, 杨继涛, 杨晰, 等. 沙枣花挥发油化学成分的 GC-MS 分析[J]. 食品科学, 2011, 32(16): 233-235.

[11] 杨虎, 高国强. 超临界 CO_2 萃取及气质联用分析沙枣花精油成分[J]. 食品科学, 2013, 34(14): 152-156.

[12] 丁嘉文, 刘强, 朱耿平, 等. 红缘天牛对沙枣花中 8 种化合物的 EAG 及行为反应[J]. 天津师范大学学报(自然科学版), 2014, 34(2): 71-75.

[13] 阿衣努尔·热合曼, 努尔买买提·艾买提, 麦合素木·艾克木, 等. 沙枣花挥发油及其超临界 CO_2 萃取物的 GC−MS 分析[J]. 西北药学杂志, 2015, 30(1): 9-14.

[14] 丁嘉文, 陈易彤, 谢晓, 等. 四种不同方法提取沙枣花挥发物的成分分析[J]. 植物科学学报, 2015, 33(1): 116-125.

[15] 黄英, 冀婉妮, 李雅雯, 等. 超临界 CO_2 萃取温度对沙枣花精油组分的影响[J]. 北方园艺, 2017, 389(14): 124-129.

[16] 吕虹霞. 沙枣花及沙枣叶挥发性成分的对比研究[J]. 粮食与油脂, 2018, 31(9): 73-76.

[17] 张瑜, 代晨曦, 史学伟, 等. 沙枣花挥发性物质的分析及特征香气成分的鉴定[J]. 食品工业科技, 2018, 39(24): 273-280.

[18] 张瑜, 程卫东. GC-MS 分析使用不同提取工艺获得的沙枣花挥发性成分[J]. 现代食品科技, 2018, 34(7): 241-250.

[19] 俞善信, 管仕斌. 固体酸催化合成肉桂酸乙酯进展[J]. 香料香精化妆品, 2004(6): 40-42.

[20] 俞善信, 文瑞明, 游沛清. 合成肉桂酸乙酯的研究进展[J]. 湖南文理学院学报(自然科学版), 2011, 23(1): 48-51.

[21] 彭安顺, 陈常兴, 付广云. 氨基磺酸催化合成肉桂酸乙酯[J]. 化学工程师, 1997(6): 6-7.

[22] 刘桂荣, 肖承俊, 王科军. 微波辐射对甲苯磺酸催化合成肉桂酸乙酯[J]. 宜春学院学报, 2004, 26(6): 34-35.

[23] 刘桂荣. 对甲苯磺酸催化合成肉桂酸乙酯的研究[J]. 江西化工, 2005(1): 82-84.

[24] 王彦美. 肉桂酸乙酯的制备：绿色化学在基础有机化学试验中的应用[J]. 实验室科学, 2007, 39(1): 59-60.

[25] 俞善信, 俞超源. 氯化铁催化合成肉桂酸乙酯[J]. 化学试剂, 1996, 18(4): 251-252.

[26] 俞善信, 张鲁西, 曾佑林. 硫酸铁铵催化合成肉桂酸乙酯[J]. 湖南教育学院学报, 2000, 18(2): 52-54.

[27] 李家其, 申湘忠. 硫酸氢钠催化合成肉桂酸乙酯研究[J]. 应用化工, 2002, 31(6): 15-17.

[28] 邓再辉, 龙立平, 俞善信. 四氯化锡催化合成肉桂酸乙酯[J]. 娄底师专学报, 2003(2): 21-22.

[29] 俞善信, 文瑞明. 无机固体酸催化合成肉桂酸乙酯[J]. 工业催化, 2003, 11(10): 30-32.

[30] 文瑞明, 罗新湘, 游沛清, 等. 硫酸氢钠催化合成肉桂酸乙酯(英文) [J]. 常德师范学院学报(自然科学版), 2003, 15(1): 33-35.

[31] 胡浩斌, 郑旭东. $LiClO_4 \cdot 3H_2O$ 催化合成肉桂酸乙酯的研究[J]. 宝鸡文理学院学报(自然科学版), 2004, 24(2): 116-119.

[32] 张应桂. 固载硫酸氢钠催化合成肉桂酸乙酯的研究[J]. 应用化工,2006, 35(11): 844-845, 848.

[33] 李凌云, 胡汪焱, 钟光祥. 肉桂酸乙酯的合成工艺研究[J]. 浙江化工, 2013, 44(3): 23-25.

[34] 郝利娜, 张立光. 硫酸钙催化合成肉桂酸乙酯工艺研究[J]. 当代化工, 2019, 48(10): 2223-2226.

[35] 李家其. 磷钨酸催化合成肉桂酸乙酯[J]. 锦州师范学院学报(自然科学版), 2002,

23(4): 4-5.

[36] 杨水金, 余协卿, 许娄金, 等. 肉桂酸乙酯的合成研究(英文)[J]. 信阳师范学院学报(自然科学版), 2003, 16(1): 73-75+79.

[37] 李静, 王淑敏. 微波辐射硅钨酸催化合成肉桂酸乙酯[J]. 河南师范大学学报(自然科学版), 2003, 31(3): 111-113.

[38] 李静, 王淑敏. 微波辐射磷钨酸催化合成肉桂酸乙酯[J]. 化学试剂, 2004, 26(1): 43-44.

[39] 黄锁义, 黄翠萍, 练进勇. 硫酸氢钾催化合成肉桂酸乙酯[J]. 化工中间体, 2005 (7): 24-26.

[40] 唐斯萍, 王美华, 张复兴. $NiSO_4 \cdot 6H_2O$ 催化合成肉桂酸乙酯的研究[J]. 衡阳师范学院学报, 2007, 28(6), 93-95.

[41] 李恩博, 姬永丰, 毛微曦. 以硫酸镓/凹凸棒固体酸为催化剂的肉桂酸乙酯合成综合制备试验设计[J]. 化学教育, 2015, 36(16): 26-29.

[42] 刘可. 磷钨酸催化脱水法合成肉桂酸乙酯[J]. 广东化工, 2016, 43(5), 95-96, 92.

[43] 骆雪萍, 薛萍, 曹快乐, 等. 基于大孔树脂催化的肉桂酸乙酯绿色合成新工艺[J]. 中药材, 2008, 31(12): 1901-1902.

[44] 龙德清, 宋秀坤. 固体超强酸 SO_4^{2-}/TiO_2 催化合成肉桂酸乙酯的研究[J]. 化学世界, 2003(5): 250-251, 256.

[45] 兰翠玲. 微波辐射固体超强酸 $AlCl_3 \cdot CuSO_4$ 催化合成肉桂酸乙酯的研究[J]. 化工中间体, 2007(9): 12-14, 27.

[46] 黄艳仙, 曾霞, 黄敏, 等. 室温离子液体催化合成肉桂酸乙酯[J]. 化学与生物工程, 2011, 28(10): 39-42.

[47] JAKOVETIC S M, LUKOVIC N D, BOSKOVIC-VRAGOLOVIC N M. Comparative study of batch and fluidized bed bioreactors for lipase-catalyzed ethyl cinnamate synthesis[J]. Industrial & Engineering Chemistry Research, 2013, 52(47): 16689-16697.

[48] WANG Y, ZHANG D H, ZHANG J Y, et al. High-yield synthesis of bioactive ethyl cinnamate by enzymatic esterification of cinnamic acid[J]. Food Chemistry, 2016, 190: 629-633.

第 8 章　低共熔溶剂中邻苯二甲酸二丁酯的合成

8.1　概　　述

塑化剂，又称增塑剂，是一种高分子材料助剂，将其加入高分子材料中，会削弱聚合物链间的应力，从而增加聚合物分子链的移动性，使聚合物的柔韧性增强，便于加工。塑化剂的种类繁多，其中应用最广泛的一类是邻苯二甲酸酯类，约占全部增塑剂消费量的 70% 左右。其中，较为常见的有邻苯二甲酸二（2-乙基）己酯（DEHP）、邻苯二甲酸二丁酯（DBP）、邻苯二甲酸二异丁酯（DIBP）、邻苯二甲酸丁基苄基酯（BBP）、邻苯二甲酸二正辛酯（DNOP）、邻苯二甲酸二异壬酯（DINP）、邻苯二甲酸二异癸酯（DIDP）等[1-2]。

邻苯类增塑剂有毒性，且由于邻苯类增塑剂与塑料等材料仅为物理混合，很容易被油脂等溶出，迁移进入人们赖以生存的环境中，造成污染并危害人类健康[3-4]。虽然到目前为止，科学界对于邻苯类增塑剂的危害程度还未达成共识，但国内外已出台多项标准或法规限制邻苯类增塑剂的使用，美国、欧盟、世界卫生组织、日本、中国等都将邻苯类增塑剂列入“优先控制污染物名单”。

随着人们对邻苯类增塑剂认知的加深，以及近些年增塑剂所造成的食品安全事件的发生，越来越多的国家和团体更加关注增塑剂的安全使用问题，并出台了限制邻苯类增塑剂的法规和标准，其中主要限制领域集中在儿童用品和食品包装材料方面；另外，塑料家具、医疗用品、护肤化妆品等其他塑料制品也有涉及[5-7]。

DBP 是一种良好的增塑剂，其化学式如图 8.1 所示。

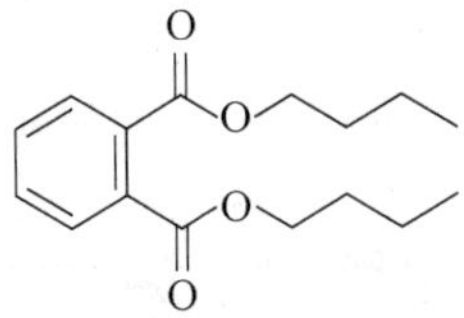

图 8.1　邻苯二甲酸二丁酯的化学式

邻苯二甲酸二丁酯对于多种树脂具有很强的溶解能力，主要用于聚氯乙烯的加工，使产品柔软性良好；也是硝酸纤维素的优良增塑剂，凝胶能力强；对于硝酸纤维素涂料，有良好的软化作用和优良的稳定性、耐挠曲性、粘着性、防水性；还可用作醋酸乙烯、醇酸树脂、乙基纤维素和氯丁橡胶的增塑剂；也用于制造油漆、粘接剂、人造革、印刷油墨、安全玻璃、赛璐珞、染料、杀虫剂、香料的溶剂和织物的润滑剂等，用途非常广泛，需求量大，是目前常用的增塑剂之一[8-9]。

目前，国内外常用的邻苯二甲酸二丁酯合成方法是由邻苯二甲酸酐（简称为苯酐）与正丁醇在硫酸作用下酯化而制得。此外，也可以采用邻苯二甲酸和正丁醇为原料。虽然硫酸价廉、工艺成熟、产品收率较高，但易引起副反应，腐蚀严重，存在三废污染和产品质量难以控制等缺点。

随着时代的进步、科学技术的发展和环境意识的加强，人们广泛开展了新型催化剂的研究，先后筛选出一批比硫酸腐蚀小、污染少、易于分离和操作的合成邻苯二甲酸二丁酯的方法[10-11]。目前已经用于邻苯二甲酸二丁酯合成的催化剂主要包括以下几类。

1. 硫酸

2001 年，王淑敏等[12]用硫酸作催化剂，以邻苯二甲酸酐和正丁醇为原料，采用微波辐射技术，直接合成了邻苯二甲酸二丁酯。通过单因素试验，考查了微波辐射功率、微波辐射时间、催化剂用量、正丁醇用量等因素对邻苯二甲酸酐转化率的影响，获得了最佳的反应条件：邻苯二甲酸酐与正丁醇的摩尔比为 1∶2.75，苯酐与催化剂的摩尔比为 1∶0.000 18，微波功率为 285 W，微波辐射时间为 35 min。在此条件下，转化率为 98.1%。该工艺的反应条件温和，反应速度快，催化剂用量少，产率高，因此具有潜在的工业应用前景。

2. 磺酸类

2000 年，王玉琴等[13]以固体酸氨基磺酸作为催化剂，以正丁醇作为带水剂，通过邻苯二甲酸酐和正丁醇的反应，合成了邻苯二甲酸二丁酯。通过单因素试验，考查不同反应条件对产物收率的影响，获得了较佳的反应条件：当酸醇摩尔比为 1∶1.1、催化剂用量为 1 g、回流反应时间为 4 h 时，产物收率达 99%。该方法的回流反应时间较短，酯的收率较高，操作简便，不需要后处理，直接减压蒸馏即可得到产品，是一种有推广前途的新方法。

2000 年，熊文高等[14]用对甲苯磺酸作催化剂，由邻苯二甲酸酐和正丁醇反应合成了邻苯二甲酸二丁酯。通过单因素试验，考查了不同反应条件对产物收率的影响，获得了最佳的反应条件：当邻苯二甲酸酐、正丁醇和对甲苯磺酸的摩尔比为 1∶4∶0.05、回流分水 3 h 时，酯的收率达 98%。对甲苯磺酸是一种价廉易得的有机强酸，其副反应和腐蚀性比硫酸小。

2002 年，黄忠京[15]以硅胶担载对甲苯磺酸作催化剂，采用微波技术，由邻苯二甲酸酐和正丁醇直接酯化合成了邻苯二甲酸二丁酯。通过单因素试验，主要考查了催化剂用量、正丁醇用量、微波功率和微波辐射时间等因素对产率的影响，获得了最佳的反应条件：苯酐和正丁醇的摩尔比为 0.02∶0.05、对甲苯磺酸担载质量分数为 16.2%的催化剂用量为 1.2 g（以 0.02 mol 苯酐为准）、微波辐射功率为 560 W、微波辐射时间为 280 s。在此条件下，产物的产率可达 98%。该方法具有反应条件温和、时间短、产率高以及催化剂易分离且可重复使用等优点。

2004 年，李继忠[16]以对甲苯磺酸为酯化催化剂，以邻苯二甲酸和正丁醇为原料，合成了邻苯二甲酸二丁酯。通过单因素试验，考查了影响酯化反应的各因素，得到了最优的反应条件：当邻苯二甲酸与正丁醇的摩尔比为 1∶2.2、催化剂用量为 1.5 g（以 0.05 mol 邻苯二甲酸为准）、反应时间为 70 min、不加带水剂时，产物的收率可达 99.64%。对甲苯磺酸是催化合成邻苯二甲酸二丁酯的良好催化剂，反应时间短，产物收率高，反应条件温和，便于操作，污染少，不腐蚀设备，是一种颇有工业应用前途的酯化反应催化剂。

此外，崔海波[17]也报道了对甲苯磺酸在邻苯二甲酸二丁酯合成中的应用。

2007 年，龙石红等[18]以对甲苯磺酸铜作为催化剂，由邻苯二甲酸酐和正丁醇反应合成了邻苯二甲酸二丁酯。通过单因素试验，考查了醇酸摩尔比、催化剂用量和反应时间对酯化率的影响，获得了较优的反应条件：以 0.05 mol 邻苯二甲酸酐为准，醇酸摩尔比为 2.0∶1，催化剂用量为原料邻苯二甲酸酐的 1.5%，回流反应时间为 2.5 h。在此条件下，酯化率可达 98.5%。反应后对甲苯磺酸铜经过简单的相分离就可重复使用，无须再生，兼有均相和多相催化剂的优点。该方法的反应时间短，催化剂用量少，酯化率高，不污染环境，符合绿色化学原则，颇具应用开发前景。

2022 年，白文科[19]以甲磺酸为催化剂、邻苯二甲酸酐和正丁醇为原料，制备了邻苯二甲酸二丁酯。通过单因素试验，考查了不同的反应条件对产物收率的影响，获得了最佳的反应条件：邻苯二甲酸酐、正丁醇与甲磺酸的摩尔比为 1∶4∶0.16，反应温度为 128 ℃、反应时间为 3 h。甲磺酸是催化合成高品质邻苯二甲酸二丁酯的良好催化剂，反应条件温和，对设备腐蚀小，使用成本低、产率高，且其反应的后处理简单，是具有工业化应用前途的催化剂。

3. 无机盐

1992 年，罗庆涛等[20]报道了金属硫酸盐（硫酸铝、硫酸铁、硫酸铜、硫酸镍、硫酸锰）及其复合物在邻苯二甲酸二丁酯合成（以苯酐和正丁醇为原料）中催化作用的规律，并对其可能机理作了探讨。研究表明，经过热处理脱水的硫酸盐的催化活性大于含结晶水的硫酸盐；二元复合硫酸盐均具有协同催化作用，但最适宜的催化活性既依赖于体系中组分的搭配，又依赖于其组分的配比。适宜的二元复合硫酸盐的催化活性与浓硫酸的催化活性相近，但不会产生氧化、脱水等副反应，并可重复使用。

1999 年，曾庆乐[21]以四氯化锡作为催化剂，由邻苯二甲酸酐和正丁醇反应合成了邻苯二甲酸二丁酯。研究表明，当酸酐与醇的摩尔比为 1∶2.4、催化剂为醇酸总量的质量分数为 2.021%、反应时间为 90 min 时，酯化率可达 99.54%。四氯化锡是均相催化剂，其活性点多，催化活性也比浓硫酸高，而腐蚀性比浓硫酸小得多，因而有希望取代硫酸用作工业酯化催化剂。

2000 年，俞善信等[22]以硫酸氢钠为催化剂，由邻苯二甲酸酐和正丁醇反应合成了邻苯二甲酸二丁酯。通过单因素试验，考查不同反应条件对酯化反应的影响，获得了最佳的反应条件：当邻苯二甲酸酐、正丁醇与硫酸氢钠的摩尔比为 1∶4∶0.22、回流分水反应 2 h 时，产品的收率达 92%。硫酸氢钠是一种常见的无机盐，价廉易得，又是结晶固体，保管使用方便，对设备腐蚀和环境污染比硫酸小。该方法的操作方便，反应温和，后处理方便，是合成邻苯二甲酸二丁酯的良好方法。

2003 年，李继忠[23]采用硫酸氢钠作催化剂，以邻苯二甲酸和正丁醇为原料，合成了邻苯二甲酸二丁酯。通过单因素试验，考查了影响反应的因素，获得了酯化反应的最佳反应条件：邻苯二甲酸、正丁醇、硫酸氢钠摩尔比为 1∶2.6∶0.22，回流反应时间为 1.5 h。在此条件下，产物的产率可达 94.24%。硫酸氢钠作为催化剂具有廉价易得、催化效果好、用量少、不溶于反应体系、易分离等优点，简化了后处理工艺，也减轻了设备的腐蚀和环境的污染。

2003 年，陈丹云等[24]以硫酸氢钠为催化剂、邻苯二甲酸酐与正丁醇为原料，合成了邻苯二甲酸二丁酯。通过单因素试验，研究了不同反应条件对产物收率的影响，获得了最佳的合成条件：以 0.05 mol 邻苯二甲酸酐为基准，当醇酸摩尔比为 4、催化剂用量为 2.0 g、带水剂甲苯用量为 15 mL、回流反应时间为 1.5 h 时，酯收率达 94.2%。该催化剂具有价廉易得、催化活性好、反应时间短、使用方便等优点，有一定的重复使用性。

2004 年，王海南等[25]以硫酸氢钠为催化剂，采用微波合成技术，由邻苯二甲酸酐和正丁醇的反应合成了邻苯二甲酸二丁酯。通过单因素试验，研究了不同反应条件对产物收率的影响，获得了最佳的反应条件：邻苯二甲酸酐、正丁醇与硫酸氢钠的摩尔比为 1∶4∶0.22、微波功率为 650 W（微波输出功率为 30%）、微波辐射时间为 35 min。在此条件下，产物的产率为 98.0%。

2011 年，赵素粉等[26]以苯酐和正丁醇为原料，用催化剂 JY−0719（由 2 种无机盐复配而得）催化合成邻苯二甲酸二丁酯。通过单因素试验，探讨了催化剂用量、醇酸摩尔比及反应时间对反应产率的影响，获得了最佳的反应条件。在醇酸摩尔比为1∶3、催化剂质量分数为0.8%、回流反应时间为270 min时，酯化反应收率达到94%以上。

2014年，柴凤兰等[27]以一水合硫酸氢钠为催化剂，由邻苯二甲酸酐和正丁醇的酯化反应合成了邻苯二甲酸二丁酯。利用单因素试验，考查了影响产物收率主要因素，获得了最佳的反应条件：正丁醇与苯酐的摩尔比为2.5∶1，催化剂与苯酐的摩尔比为1∶500，反应温度为195 ℃，反应时间为2 h。在此条件下，酯化率达到98.5%，邻苯二甲酸二丁酯的产率达到96%，纯度不低于99.8%。同时，原料的消耗量较小，苯酐消耗定额小于0.6，正丁醇消耗定额小于0.7。催化剂一水合硫酸氢钠不仅使用安全而且经济，不污染环境，对设备无腐蚀，原料消耗小，反应的酯化率高，产品纯度高，符合绿色合成化学原则，容易实施大规模工业化生产。

2018年，张军科[28]以硫酸氢钠为催化剂，邻苯二甲酸酐与正丁醇为原料，加入二甲苯做带水剂，合成了邻苯二甲酸二丁酯。通过单因素试验，探讨了正丁醇用量、二甲苯用量及分水时间对产品的影响，确定了最佳的合成条件：邻苯二甲酸酐30 g，正丁醇60 mL，硫酸氢钠0.6 g，二甲苯25 mL，在200 ℃回流分水反应2 h，产品的收率可达95%。

此外，范凤艳等[29]也报道了硫酸氢钠在邻苯二甲酸二丁酯合成中的应用。

4. 杂多酸

1996年，杨水金等[30]以$TiSiW_{12}O_{40}/TiO_2$为催化剂，由邻苯二甲酸酐和正丁醇反应合成了邻苯二甲酸二丁酯。通过单因素试验，考查了醇酸比、催化剂用量、带水剂等因素对酯收率的影响，获得了最佳的反应条件：当醇酸摩尔比为3.5∶1、催化剂的用量为总反应物质量的1.1%、回流反应时间为2.5 h时，以苯为带水剂，邻苯二甲酸二丁酯的收率达98.8%。所得酯产品外观接近无色，质量好，催化剂用量少，且可较好地回收循环利用，无废酸排放，工艺流程简便，故钨系杂多酸（盐）配合物是一类较有前途的催化剂。

随后，杨水金等[31]又进一步报道了催化剂 $TiSiW_{12}O_{40}/TiO_2$ 在邻苯二甲酸二丁酯合成中的应用。

2002 年，张良等[32]以钨硅酸作为催化剂，用邻苯二甲酸酐与正丁醇反应合成了邻苯二甲酸二丁酯。通过正交试验，研究了邻苯二甲酸酐和正丁醇摩尔比、催化剂用量、反应时间、带水剂对反应的影响，获得了最佳的反应工艺条件：在邻苯二甲酸酐与正丁醇的摩尔比为 1∶3、催化剂用量为反应物总质量的 2.6%、带水剂苯的用量为反应物总质量的 42.8%、回流反应时间为 2.5 h 时，产物的产率可达 99.22%。该方法的工艺简单、原料价廉易得、产品质量好、产率高且无三废污染。

2009 年，郭虹等[33]以磷钼钒杂多酸为催化剂，由邻苯二甲酸酐和正丁醇反应合成了邻苯二甲酸二丁酯。通过单因素试验和正交试验，探讨反应过程中各影响因素，得出了最佳的合成条件：邻苯二甲酸酐和正丁醇摩尔比为 1∶2.4、催化剂用量为邻苯二甲酸酐质量的 3%、反应温度为 120 ℃、反应时间为 2 h。在此条件下，邻苯二甲酸二丁酯产率可达 94.20%。

2009 年，刘俊峰等[34]以磷钨酸为催化剂、邻苯二甲酸酐和正丁醇为原料、苯为带水剂，合成了邻苯二甲酸二丁酯。通过正交试验法，探索邻苯二甲酸酐和正丁醇摩尔比、催化剂用量、反应时间、带水剂对反应的影响，获得了最佳的反应条件：在邻苯二甲酸酐与正丁醇的摩尔比为 1∶3、催化剂用量为反应物总质量的 3.0%、反应时间为 3.0 h、带水剂用量为反应物总质量的 40.9%时，产物的产率可达 99.0%。

2015 年，侯英杰等[35]以磷钨酸/硅胶为催化剂，以苯酐和正丁醇为原料，以石油醚为带水剂，合成了邻苯二甲酸二丁酯。通过单因素试验，考查了醇酐摩尔比、磷钨酸/硅胶催化剂的用量、反应时间等因素对合成邻苯二甲酸二丁酯产率的影响，获得了最佳的反应条件：正丁醇与苯酐的摩尔比为 3.0∶1、磷钨酸/硅胶用量为反应物总质量的 2.5%、反应时间为 3.0 h。在此条件下，产物的产率达 94.4%以上。该催化剂具有催化活性高、用量少、可多次重复使用、反应温度低、副产物少和对设备的腐蚀性小等特点，可望代替浓硫酸催化剂应用于邻苯二甲酸二丁酯的合成。

此外，王恩波等[36]也报道了杂多酸（盐）在邻苯二甲酸二丁酯合成中的应用。

5. 固体超强酸

1990 年，唐康敏等[37]制备了 $TiO_2-SO_4^{2-}$ 型固体超强酸，并将其作为催化剂用于苯酐和正丁醇的反应合成了邻苯二甲酸二丁酯。通过单因素试验，考查了催化剂用量、原料醇酐摩尔比、酯化温度对产品邻苯二甲酸二丁酯收率的影响。醇酐酯化反应随催化剂用量、醇酐摩尔比和酯化温度的增加，邻苯二甲酸二丁酯收率随之增加，但醇酐摩尔比为 2.5、催化剂用量为 3.0%～3.5%、酯化温度为 155 ℃、回流反应时间为 5 h 时，邻苯二甲酸二丁酯的收率可达 100%。

1998 年，黄颖等[38]将强酸中心 $SO_4^{2-}-Fe_2O_3$ 引入膨润土表面，制备了具有增强酸性的 $SO_4^{2-}-Fe_2O_3$/膨润土固体酸催化剂，并将其用于苯酐和正丁醇的酯化反应合成了邻苯二甲酸二丁酯。通过单因素试验，讨论不同氧化物改性、硫酸浓度、pH 值、酐醇比及焙烧温度等对合成邻苯二甲酸二丁酯反应的影响，获得了最佳的反应条件：在酐醇比为 1∶2.5、催化剂用量为 4.2%（以苯酐为准）、反应温度为 160～170 ℃、反应时间为 2 h 时，苯酐的转化率达 86.7%。该方法所用催化剂具有价廉、易得、无毒的特点，制备方法简单，热稳定性及重复使用性好，是一种新型的、有望开发利用的固体酸催化剂。

2005 年，曹艳萍等[39]以稀土固体超强酸 $SO_4^{2-}/TiO_2/La^{3+}$ 为催化剂、邻苯二甲酸酐和正丁醇为原料，合成了邻苯二甲酸二丁酯。通单因素试验，考查了影响反应的因素，获得了适宜的反应条件：当醇与苯酐摩尔比为 4.5∶1、催化剂用量为苯酐用量的 1.6%、带水剂体积为正丁醇体积的 3/5、反应时间为 2.5 h 时，酯化率可达 93.6%。该催化剂的催化活性高，后处理方便，可重复使用多次，对环境产生三废极少，有良好的工业实用价值。

2005 年，成战胜等[40]以硅锆交联粘土固体超强酸（SO_4^{2-}/Si-Zr-CLR）为催化剂，以丁醇和苯酐为原料，合成了邻苯二甲酸二丁酯。通过单因素试验，考查了不同反应条件对产物收率的影响，获得了最佳的反应条件：丁醇与邻苯二甲酸酐的摩尔比为 3∶1、催化剂用量为反应物总质量的 1.0%、反应温度为 155 ℃、反应时间为 2.5 h。在此条件下，苯酐的转化率达 97.2%。该催化剂的重复使用性能和催化活性较好、产品易于分离，解决了合成过程中催化剂的分离问题，降低了催化剂的使用成本。

2005 年，姚晓华等[41]采用甘氨酸-硝酸盐法（GNP）制备稀土复合氧化物粉体 Nd_2O_3-Fe_2O_3，用不同浓度的硫酸浸渍，经焙烧、活化，制得了固体超强酸 Nd_2O_3-Fe_2O_3/SO_4^{2-}，并将其作为催化剂用于正丁醇和苯酐的反应合成了邻苯二甲酸二丁酯。通过正交试验，研究不同的反应条件对酯的收率的影响，获得了最优的反应条件：当正丁醇与邻苯二甲酸酐的摩尔比为 2.5∶1、催化剂用量为邻苯二甲酸酐质量的 0.83%、酯化温度为 140 ℃、酯化时间为 1 h 时，酯的收率达 98.8%。该催化剂具有制备时间短、无环境污染、催化活性高、重复使用性能好的特点。

2006 年，张庆等[42]以稀土固体超强酸 SO_4^{2-}/TiO_2/Ce(Ⅳ)为催化剂、苯酐和正丁醇为原料，合成了邻苯二甲酸二丁酯。通过单因素试验，考查了影响反应的因素，获得了最佳的反应条件：当醇∶苯酐的摩尔比为 2.4∶1、催化剂用量占总反应物总质量的 4%、反应温度为 190 ℃、反应时间为 5 h 时，酯收率可达 95%以上。该催化剂反应活性高，重复使用性好。

2006 年，陈玉成等[43]以 SO_4^{2-}/SnO_2 为催化剂、苯酐和正丁醇为原料，合成了邻苯二甲酸二丁酯。通过正交试验，研究了浸渍硫酸浓度、活化温度、活化时间、粒度等对催化剂的催化性能的影响。研究表明，在浸渍酸浓度为 1.0 mol/L、颗粒度为 110 目、活化温度为 525 ℃、活化时间为 4 h、催化剂用量为 1.5 g 时，邻苯二甲酸二丁酯的产率可达 94%以上。该方法所用催化剂具有催化活性高、可多次重复使用、产品色泽浅、产物易于分离纯化、不腐蚀设备等优点，可望代替传统的浓硫酸催化剂。

2009 年，陈玉成等[44]用自制的 SO_4^{2-}/SiO_2、SO_4^{2-}/Fe_2O_3、SO_4^{2-}/SnO_2 及固体铁系为催化剂，以苯酐和正丁醇为原料，合成了邻苯二甲酸二丁酯。通过单因素试验，分别考查了固体酸催化剂的种类、固体酸催化剂的用量、醇酐摩尔比和反应时间等因素对合成邻苯二甲酸二丁酯产率的影响，获得了最佳的反应条件：以 SO_4^{2-}/SnO_2 为催化剂，以苯酐 0.1 mol 为准，在醇酐摩尔比为 2.5、*m*（催化剂）/*n*（苯酐）为 16（g/mol）、带水剂二甲苯用量为 200 mL/mol（苯酐）、反应时间为 4.0 h 的条件下，邻苯二甲酸二丁酯的产率达 94.0%以上。该催化剂具有较高的催化活性、产品色泽较浅、副产物少、不腐蚀设备，且可多次重复使用等优点，可望代替传统浓硫酸作催化剂应用于邻苯二甲酸二丁酯的合成。

2009 年，万玉保[45]采用 $ZrOCl_2·8H_2O$ 和 $La(NO_3)_3·9H_2O$ 共沉淀法制备了固体超强酸 $SO_4^{2-}/ZrO_2-La_2O_3$，并将其作为催化剂用于邻苯二甲酸酐和正丁醇的酯化反应合成了邻苯二甲酸二丁酯。通过单因素试验，考查了正丁醇和邻苯二甲酸酐的摩尔比、催化剂用量、反应时间、反应温度对酯化反应的影响，获得了最佳的反应条件：在醇酐的摩尔比为 3.5∶1、催化剂用量为所用邻苯二甲酸酐质量的 2.7%、反应温度为 160 ℃、反应时间为 3 h 的条件下，酯化收率达 91.6%。该方法所用催化剂的催化效率较高，易回收，寿命长，对环境无污染，得到产品色泽浅，具有潜在工业应用价值。

2011 年，张云良等[46]采用超声浸渍法制备了负载金属氧化物固体超强酸 WO_3/ZrO_2，并将其作为催化剂用于邻苯二甲酸酐和正丁醇的反应合成了邻苯二甲酸二丁酯。利用单因素试验，考查了不同反应条件对酯化反应的影响，获得了适宜的反应条件：酐醇摩尔比为 1∶3.0，催化剂用量占反应物总质量的 2.0%，反应温度为 150 ℃，反应时间为 3 h。在此条件下，酯的收率达 95.75%以上；经过后处理，产品纯度可达 99.65%。该催化剂不仅具有反应活性高，而且重复使用性好，具有较好的工业应用前景。

6. 树脂

1989 年，阎道亮等[47]利用磺酸型阳离子交换树脂作为催化剂，通过邻苯二甲酸酐与正丁醇的反应，合成了邻苯二甲酸二丁酯，产品收率达 94%以上。树脂通过抽滤即可回收利用，连续使用 7 次，产品收率不降低。该方法减少了工艺流程，简化了操作程序，无设备腐蚀现象。

1998 年，杨志成等[48]以功能树脂 DOOX 作为催化剂，以邻苯二甲酸酐和正丁醇为原料，合成了邻苯二甲酸二丁酯。通过单因素试验，获得了最佳的工艺条件：当醇酐摩尔比为 4∶1、催化剂用量为 2.0%、反应温度为 140～150 ℃、反应时间为

4 h 时，产物产率可达 90%以上。该催化剂具有活性高、选择性好、工艺流程简单、催化剂易回收并可重复使用等优点。该方法无环境污染，易于工业化生产。

2004 年，陆建新[49]以普通树脂和耐高温树脂作为催化剂，以邻苯二甲酸酐和正丁醇为原料，合成了邻苯二甲酸二丁酯。通过与浓硫酸作催化剂的对照，比较不同催化剂催化合成邻苯二甲酸二丁酯的活性。研究发现，用浓硫酸作催化剂反应时间长，转化率较低；用普通树脂作催化剂，反应时间较长，转化率低于 90%；用耐高温树脂作催化剂，反应时间较短，转化率可达 99%以上。耐高温树脂重复使用 10 次，催化活性略有下降。

7. 分子筛

1999 年，戴志晖等[50]将 Y 沸石分子筛经适当改性处理后用作载体，再与一定量的稀土氧化物负载组分混合、焙烧后，即可制得稀土沸石分子筛 DZH 系列固体酸催化剂，在釜式反应器内对苯酐和正丁醇的酯化反应合成邻苯二甲酸酐进行了研究，考查了催化剂的活性、选择性和稳定性。研究表明，在组成适宜的催化剂和适当的反应条件下，苯酐转化率可达 98%，邻苯二甲酸二丁酯选择性可达 100%，且催化剂可重复多次使用。该类催化剂具有适宜的酸强度和酸量，从而抑制了副反应，提高了邻苯二甲酸二丁酯的选择性。

2001 年，王运等[51]用复合稀土 Al_2O_3/沸石分子筛为催化剂，由苯酐与正丁醇反应合成了邻苯二甲酸二丁酯。通过正交试验，研究了催化剂用量、邻苯二甲酸酐用量、反应时间、反应温度对酯化反应的影响，获得了最佳的反应条件：以 0.2 mol 正丁醇为准，当邻苯二甲酸酐用量为 0.08 mol、催化剂用量为 0.2 g、反应时间为 7 h、反应温度为 423 K 时，产物的平均收率为 96.6%。该催化剂的活性高、选择性好，克服了浓硫酸作催化剂的诸多弊端，是该酯化反应的一类新型且比较理想的催化剂。

2016 年，王志玲等[52]以磺化分子筛为催化剂、邻苯二甲酸酐和正丁醇为原料，合成了邻苯二甲酸二丁酯。通过单因素试验，对邻苯二甲酸酐和正丁醇的摩尔比、催化剂用量、带水剂用量和反应时间等反应条件进行优化，获得了反应的最佳条件：n（丁醇）∶n（苯酐）=3，催化剂用量为 15%（与邻苯二甲酸酐的质量比），带水剂甲苯用量为 15 mL，回流反应 8 h。在此条件下，产品的收率可以达到 92%，且催化剂可以方便回收并使用 4 次。该方法具有不腐蚀反应容器、产品易分离、减少三废污染，同时催化剂可以重复利用等优点。

2023 年，高会奇等[53]以 HZSM−5 分子筛固体酸为催化剂、邻苯二甲酸酐和正丁醇为原料，通过酯化反应合成邻苯二甲酸二丁酯。通过单因素试验，探究了醇酐摩尔比、反应温度、反应时间、HZSM−5 分子筛固体酸催化剂的用量对邻苯二甲酸二丁酯产率的影响，确定了最佳的合成条件：以 0.04 mol 邻苯二甲酸酐为准，醇酐摩尔比为 3.75∶1、催化剂的用量为 0.4 g、反应温度为 140 ℃、反应时间为 1.5 h。在此条件下，产物的产率最高为 74.10%。该催化剂稳定性好，重复使用 4 次，催化产率仍高达 67.90%。HZSM−5 分子筛固体酸代替浓硫酸作催化剂具有产物易纯化分离、副产物少、污染少而且催化剂可以重复使用等优点，符合绿色化学的理念，在工业生产上有良好的发展前景。

8. 其他催化剂

1992 年，李鹏飞等[54]用自己研制的 HAR 固体酸作为催化剂，由苯酐与正丁醇反应合成了邻苯二甲酸二丁酯。通过单因素试验，研究了不同反应条件对酯化率的影响，获得了最佳的反应条件：在酐醇摩尔比为 1.0∶3.5、催化剂用量为 8.0%、反应温度为 150 ℃、反应时间为 12 h 的条件下，酯化率达 95.3%。该方法所得产物色泽浅，分离催化剂后可直接精馏得到成品，省去了中和、水洗工序，简化了生产工艺，消除了中和过程大量废水的产生。

1996 年，曹国安等[55]在无水条件下，由苯酐与正丁醇反应生成单丁酯，经碱中和后，再与正溴丁烷在相转移催化剂三乙基苄基氯化铵（TEBAC）存在下，发生酯化反应生成邻苯二甲酸二丁酯。在使用的三种碱碳酸钠、碳酸钾和氢氧化钾中，碳酸钾的效果最满意，产率达 95%。在少量水存在下，此酯化反应不受影响，产率基本不变。

1998 年，顾生玖等[56]在亚硫酰氯存在下，由邻苯二甲酸与丁醇反应，高产率生成了邻苯二甲酸二丁酯。与其他方法相比，该法具有操作简便、反应时间短、产率高等优点。

1999 年，高文华等[57]用瓷土附载复合固体酸为催化剂，由邻苯二甲酸酐与正丁醇反应合成了增塑剂邻苯二甲酸二丁酯。通过单因素试验，考查了反应条件对酯化率的影响，获得了最佳的反应条件：在酐醇摩尔比为 1∶3.0、催化剂用量为苯酐的 2%～4%、反应时间为 10 h 时，酯化率可达 92%～94%。该方法具有催化剂合成简单、价格低廉、催化活性较好、后处理方便、污染较少的优点，具有一定的应用价值。

1999 年，马志波[58]将混合稀土水合物 $RECl_3 \cdot 7H_2O$ 及 $AlCl_3 \cdot 6H_2O$ 以合理的方法转化为活性 Al_2O_3、RE_2O_3，并选择适当的担体，作为邻苯二甲酸酐与正丁醇反应合成邻苯二甲酸二丁酯的催化剂。研究表明，在醇酐比为 2.5∶1、催化剂的用量为苯酐质量的 1.2%、反应温度为 150 ℃、反应时间为 5 h 时，酯的收率可达 96.5%。该方法酐的转化率与浓硫酸作催化剂接近，酯的收率高，反应时间短，产品质量好，但反应温度稍高，该方法克服了浓硫酸作催化剂的其他弊端，是浓硫酸催化剂比较理想的替代品。

2008 年，田孟魁等[59]以非质子酸三氧化二铝为催化剂，由邻苯二甲酸酐和正丁醇合成了增塑剂邻苯二甲酸二丁酯。通过单因素试验，研究了不同反应条件对酐的转化率的影响，获得了最佳的工艺条件：在醇酐摩尔比为 3∶1、催化剂用量为体系总质量的 0.7%、反应温度为 180～210 ℃、反应时间为 3～4 h 的条件下，产物的产率可达 98%以上。该方法省去了碱洗工序，减少了废水排放，缩短了生产时间，从而降低了成本。

2010 年，李科等[60]利用共价型（Cl）化物为催化剂，用邻苯二甲酸酐与丁醇反应合成了邻苯二甲酸二丁酯增塑剂。通过单因素试验，考查了带水剂、催化剂用量、醇用量、反应温度、反应时间等因素的影响，获得了最佳的反应条件：在醇酐摩尔比为 2.6∶1、催化剂用量为 2.5%、125 ℃反应 2.5 h 的条件下，产物的产率可达 90%左右。在本工业共价催化剂存在的条件下，无须使用对人体有严重危害的甲苯、二甲苯做带水剂。

尽管上述邻苯二甲酸二丁酯的合成方法各有其自身的优势，但依然或多或少的存在催化剂制备复杂或难以回收使用，以及需要使用特殊仪器设备等劣势，制约其在工业化生产中的应用。因而，研究合成邻苯二甲酸二丁酯的绿色、高效方法仍然具有十分重要的研究意义。

低共熔溶剂氯化胆碱-甲磺酸（$ChCl-CH_3SO_3H$）具有原料成本低廉、制备方法简便、易分离和回收利用等优势，是一种具有广泛应用前景的新型绿色溶剂和催化剂。

本章采用低共熔溶剂氯化胆碱-甲磺酸为催化剂和溶剂，通过邻苯二甲酸酐和正丁醇的酯化反应来制备邻苯二甲酸二丁酯，其反应方程式如图 8.2 所示。

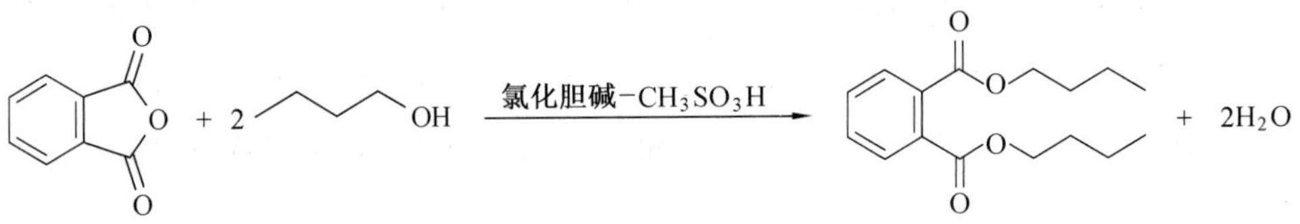

图 8.2　低共熔溶剂氯化胆碱-甲磺酸中邻苯二甲酸二丁酯的合成反应方程式

8.2　试验部分

8.2.1　试验仪器和试剂

本试验所用主要仪器的名称、型号和生产厂家见表 8.1。

表 8.1　试验主要仪器的名称、型号和生产厂家

仪器名称	仪器型号	生产厂家
分析天平	JA2003	上海舜宇恒平科学仪器有限公司
集热式恒温加热磁力搅拌器	DF-101D	巩义市予华仪器有限责任公司
电热恒温鼓风干燥箱	DHG-9146A	上海精宏试验设备有限公司
真空干燥箱	DZF-6020	巩义市予华仪器有限责任公司
旋转蒸发器	YRE-5299	巩义市予华仪器有限责任公司
循环水式真空泵	SHZ-D（Ⅲ）	巩义市予华仪器有限责任公司
阿贝折射仪	2WAJ	上海光学仪器一厂
核磁共振仪	AVANCE	瑞士 Bruker 公司
红外光谱仪	Nicolet 6700	美国赛默飞世尔科技公司

本试验所用主要试剂的名称、纯度和生产厂家见表 8.2。

表 8.2　试验主要试剂的名称、纯度和生产厂家

试剂名称	试剂纯度	生产厂家
氯化胆碱	分析纯	上海国药集团化学试剂有限公司
甲磺酸	分析纯	上海阿拉丁生化科技股份有限公司
邻苯二甲酸酐	分析纯	上海国药集团化学试剂有限公司
正丁醇	分析纯	上海国药集团化学试剂有限公司
乙酸乙酯	分析纯	天津市科密欧化学试剂有限公司
无水碳酸钠	分析纯	天津市科密欧化学试剂有限公司

8.2.2　低共熔溶剂氯化胆碱-甲磺酸的制备

将 14.0 g 氯化胆碱（0.1 mol）和 19.2 g 甲磺酸（0.2 mol）置于 250 mL 圆底烧瓶中，80 ℃加热搅拌反应 1.0 h。反应完毕之后，将所得混合物缓慢冷却至室温，真空干燥，便可得无色透明的低共熔溶剂氯化胆碱-甲磺酸（$ChCl-CH_3SO_3H$）。

8.2.3 低共熔溶剂氯化胆碱-甲磺酸中邻苯二甲酸二丁酯的合成

将 2.96 g 邻苯二甲酸酐（0.02 mol）、7.41 g 正丁醇（0.10 mol）和 2.0 g 低共熔溶剂氯化胆碱-甲磺酸置于 100 mL 圆底烧瓶中，加热回流反应 2.5 h。

反应结束后，将反应体系冷却至室温，再加入 30 mL 石油醚萃取，将有机相分别用 30 mL 去离子水、30 mL 饱和碳酸钠溶液和 30 mL 饱和氯化钠溶液洗涤，最后加入适量的无水硫酸钠干燥。接着用水泵减压蒸馏除去没有反应的正丁醇等低沸点物，然后再用油泵减压蒸馏收集 180～190 ℃馏分，即可得最终产品邻苯二甲酸二丁酯。称重，计算收率。

石油醚萃取以后的水相中含有低共熔溶剂氯化胆碱-甲磺酸，经减压蒸馏除水，真空干燥，即可用于低共熔溶剂的重复使用试验。

8.3 结果与讨论

8.3.1 邻苯二甲酸二丁酯的结构表征与分析

本试验所制得的邻苯二甲酸二丁酯为无色透明液体。

首先，测定其折光率为 1.490 4，与文献[52]报道的数值一致。

接着，测定所制得产物的红外光谱，如图 8.3 所示，FT-IR（cm^{-1}）v：3 070.86、2 960.85、2 874.26、1 852.8、1 732.76、1 599.9、1 580.0、1 487.9、1 465.6、1 384.4、1 286.9、1 122.71、1 074.9、1 039.5、1 017.0、992.0、962.6、941.7、902.5、842.3、744.7、705.7、651.2、567.5、502.0。

其中，3 070.86 cm^{-1} 为苯环 C—H 的伸缩振动吸收峰，2 960.85 cm^{-1} 和 2 874.26 cm^{-1} 处分别为饱和 C—H 的不对称伸缩振动及伸缩振动吸收峰；1 732.76 cm^{-1} 为酯 C═O 特征吸收峰；1 599.9 cm^{-1}、1 580.0 cm^{-1}、1 487.9 cm^{-1} 和 1 465.6 cm^{-1} 为苯环的特征吸收峰；1 384.4 cm^{-1} 为甲基的特征吸收峰；1 286.9 cm^{-1} 和 1 122.71 cm^{-1} 分别为 C—O—C 不对称伸缩振动和对称伸缩振动特征吸收峰；744.7 cm^{-1} 处邻二取代苯

C—H 面内弯曲振动吸收峰。

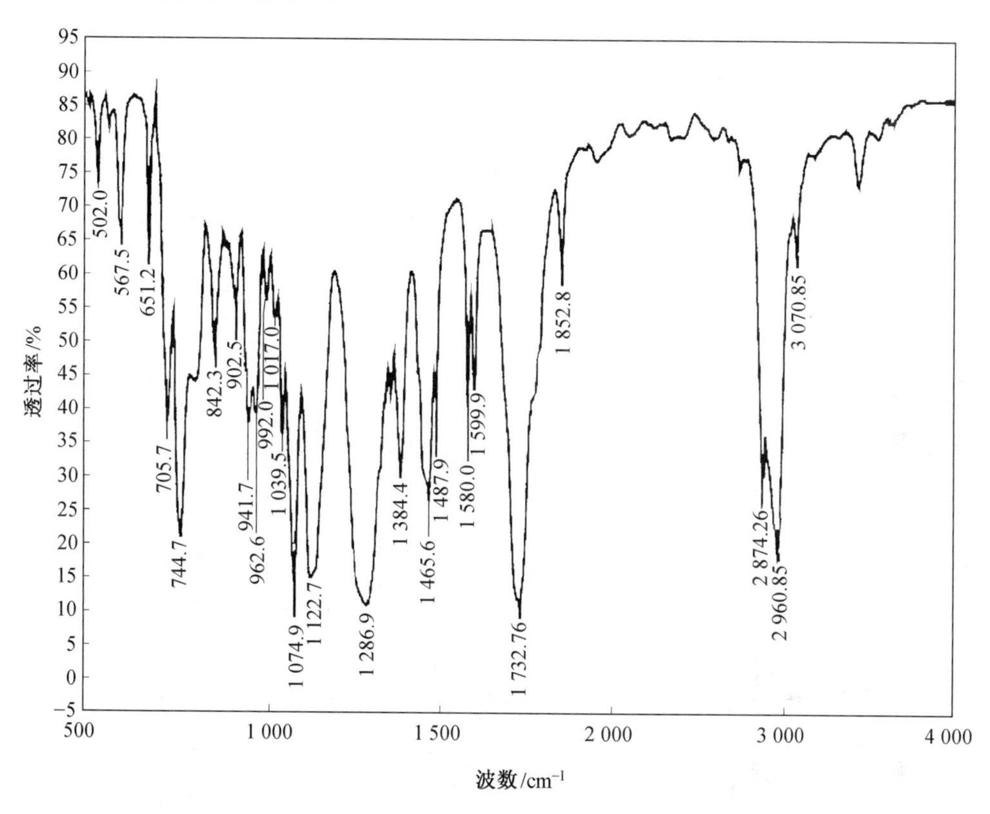

图 8.3　试验制得的邻苯二甲酸二丁酯的红外光谱图

然后，测定所制得产物的核磁共振氢谱，如图 8.4 所示，^{1}H NMR（400 MHz，DMSO-d_6，10^{-6}）δ：7.67（dd，2 H，J = 8.7，3.2 Hz），7.57（dd，2 H，J = 8.7，3.2 Hz），4.18（t，4 H），1.58 ~ 1.55（m，4 H），1.32～1.28（m，4 H），0.82（t，6 H）。

其中，7.67（dd，2 H，J = 8.7，3.2 Hz）和 7.57（dd，2 H，J = 8.7，3.2 Hz）为苯环上 4 个 H 原子的特征峰，4.18（t，4 H）为 2 个丁氧基上靠近氧原子的亚甲基的 4 个 H 原子的特征峰，1.58～1.55（m，4 H）和 1.32～1.28（m，4 H）为 2 个丁氧基上另外两个亚甲基的 8 个 H 原子的特征峰，0.82（t，6 H）为 2 个丁氧基上甲基的 6 个 H 原子的特征峰。

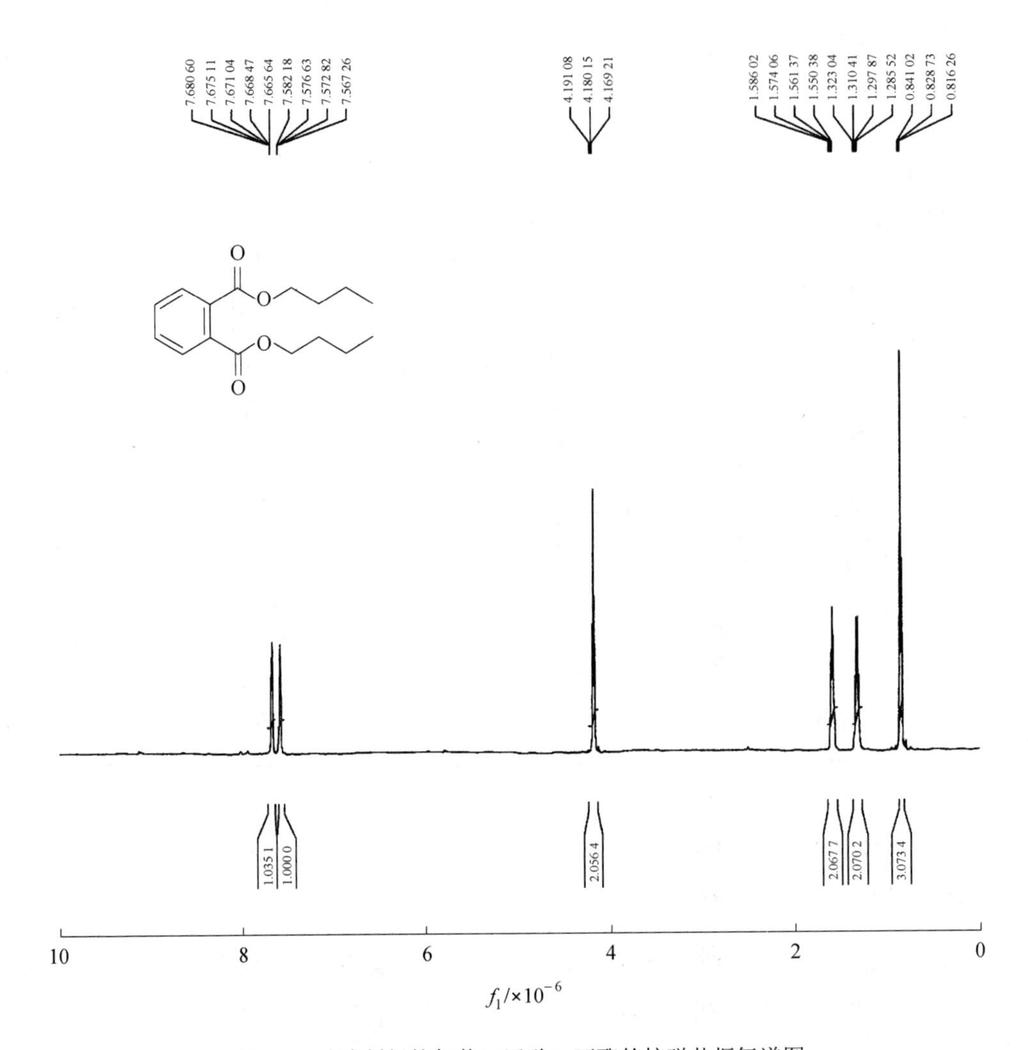

图 8.4　试验制得的邻苯二甲酸二丁酯的核磁共振氢谱图

最后，测定所制得产物的核磁共振碳谱，如图 8.5 所示，^{13}C NMR（100 MHz，DMSO-d_6，10^{-6}）δ：166.97、131.94、131.27、128.63、64.96、30.13、18.74、13.37。

其中，166.97 为羰基碳原子的特征峰，131.94、131.27 和 128.63 为苯环上碳原子的特征峰，64.96 为丁氧基上靠近氧原子的碳原子的特征峰，30.13 和 18.74 为丁氧基上两个亚甲基的碳原子的特征峰，13.37 为丁氧基上甲基碳原子的特征峰。

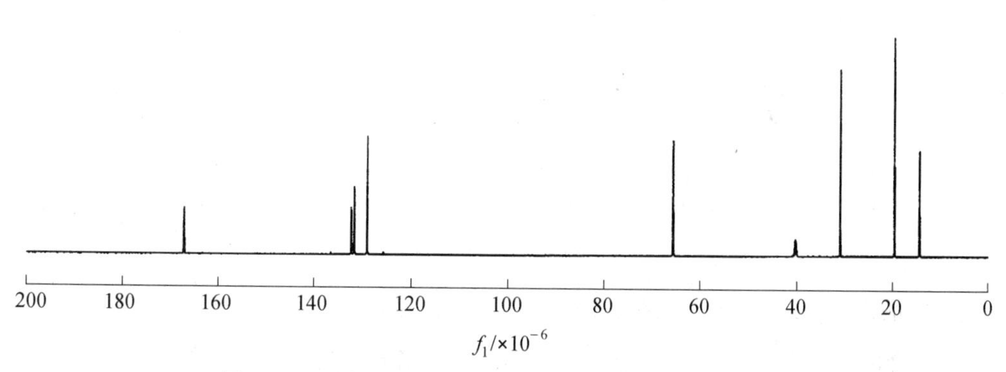

图 8.5　试验制得的邻苯二甲酸二丁酯的核磁共振碳谱图

通过上述红外光谱、核磁共振氢谱和碳谱的综合分析，可以进一步断定所制得产物即为预期目标化合物邻苯二甲酸二丁酯。

8.3.2　邻苯二甲酸二丁酯合成的反应条件优化

1. 低共熔溶剂氯化胆碱-甲磺酸的用量对酯化收率的影响

在邻苯二甲酸酐的用量为 2.96 g（0.02 mol）、正丁醇的用量为 7.41 g（0.10 mol）、加热回流反应时间为 2.5 h 时，选择不同用量的低共熔溶剂氯化胆碱-甲磺酸，探讨低共熔溶剂用量对酯化收率的影响，试验结果见表 8.3。

表 8.3 低共熔溶剂氯化胆碱-甲磺酸的用量对酯化收率的影响

序号	氯化胆碱-甲磺酸用量/g	收率/%
1	0.5	68
2	1.0	75
3	1.5	86
4	2.0	95
5	2.5	95
6	3.0	96

根据表 8.3 的试验数据绘制图 8.6，即为低共熔溶剂氯化胆碱-甲磺酸的用量对酯化收率的影响曲线图。

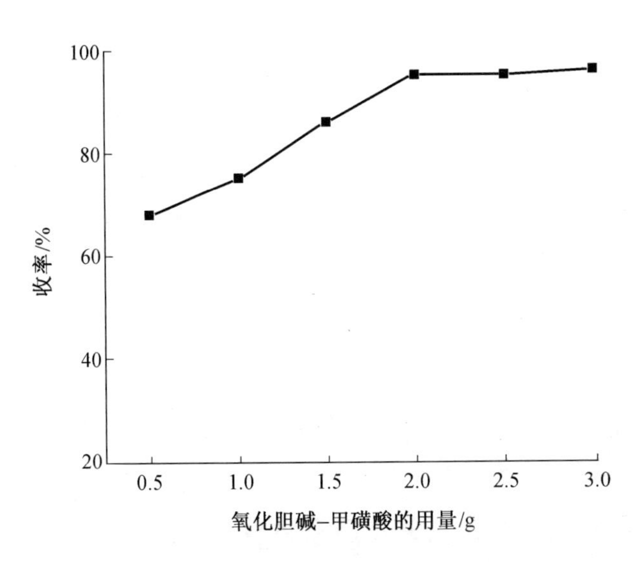

图 8.6 低共熔溶剂氯化胆碱-甲磺酸的用量对酯化收率的影响曲线图

根据图 8.6 可知，随着氯化胆碱-甲磺酸用量的增加，邻苯二甲酸二丁酯的收率逐渐提高并趋于稳定。考虑到节约成本等因素，低共熔溶剂氯化胆碱-甲磺酸的适宜用量选择为 2.0 g。

2. 酐醇摩尔比对酯化收率的影响

在邻苯二甲酸酐的用量为 2.96 g（0.02 mol）、低共熔溶剂氯化胆碱-甲磺酸的用量为 2.0 g、加热回流反应时间为 2.5 h 时，选择不同物质的量的正丁醇，探讨反应物酐醇摩尔比对酯化收率的影响，试验结果见表 8.4。

表 8.4　反应物酐醇摩尔比对酯化收率的影响　　%

序号	*n*（邻苯二甲酸酐）∶*n*（正丁醇）	收率
1	1∶3	63
2	1∶4	82
3	1∶5	95
4	1∶6	92
5	1∶7	90

根据表 8.4 的试验数据绘制图 8.7，即为反应物邻苯二甲酸酐和正丁醇摩尔比对酯化收率的影响曲线图。

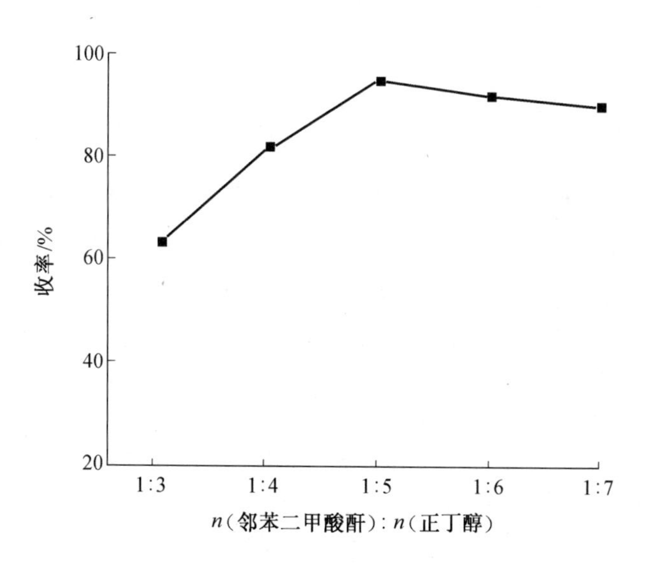

图 8.7　反应物配比对酯化收率的影响曲线图

根据图 8.7 可知，随着正丁醇用量的增加，邻苯二甲酸二丁酯的收率逐渐升高。当邻苯二甲酸酐和正丁醇的摩尔比为 1∶5 时，酯化收率达到最高。随后，进一步增加正丁醇的用量，产物收率有所下降。这可能是由于正丁醇过量太多，会降低邻苯二甲酸酐的浓度，进而使反应速率减慢。因而，邻苯二甲酸酐和正丁醇的适宜摩尔比选择为 1∶5。

3. 回流反应时间对酯化收率的影响

在邻苯二甲酸酐的用量为 2.96 g（0.02 mol）、正丁醇的用量为 7.41 g（0.10 mol）、低共熔溶剂氯化胆碱-甲磺酸的用量为 2.0 g 时，选择不同的回流反应时间，探讨回流反应时间对酯化收率的影响，试验结果见表 8.5。

表 8.5　回流反应时间对酯化收率的影响

序号	时间/h	收率/%
1	1.0	65
2	1.5	84
3	2.0	90
4	2.5	95
5	3.0	93
6	3.5	91

根据表 8.5 的试验数据绘制图 8.8，即为回流反应时间对酯化收率的影响曲线图。

根据图 8.8 可知，随着反应时间的延长，邻苯二甲酸二丁酯的收率呈现先升高后降低的趋势。当回流反应时间为 2.5 h 时，产物的收率达到最高。分析其原因，可能是因为酯化反应为可逆反应，反应时间过长，酯化产物部分水解，导致收率下降。因此，该酯化反应的适宜回流时间选择为 2.5 h。

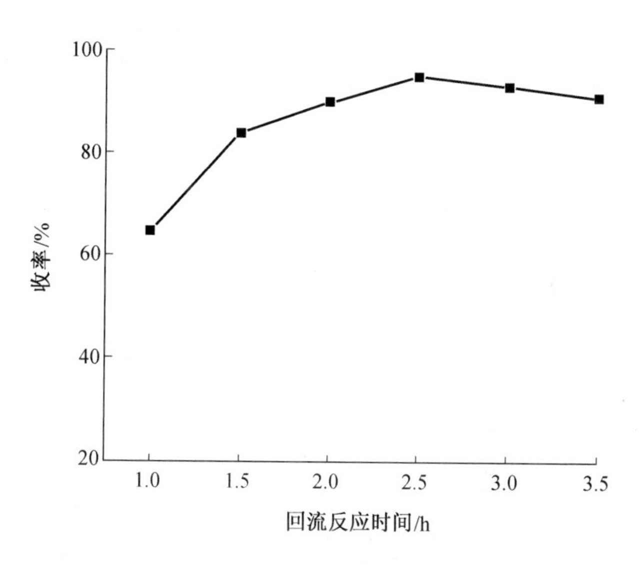

图 8.8　回流反应时间对酯化收率的影响曲线图

4. 小结

通过上述不同反应条件对邻苯二甲酸二丁酯收率影响的研究，获得了低共熔溶剂氯化胆碱-甲磺酸中邻苯二甲酸二丁酯的较佳合成工艺条件：以 0.02 mol 邻苯二甲酸酐为准，邻苯二甲酸酐和正丁醇的摩尔比为 1∶5，低共熔溶剂氯化胆碱-甲磺酸的用量为 2.0 g，回流反应时间为 2.5 h。在此条件下，邻苯二甲酸二丁酯的收率可达 95%。

8.3.3　低共熔溶剂氯化胆碱-甲磺酸的重复使用性

在较佳反应条件下，探讨低共熔溶剂氯化胆碱-甲磺酸的重复使用次数对酯化收率的影响，试验结果见表 8.6。

反应完毕以后，将含低共熔溶剂氯化胆碱-甲磺酸的水相，先减压蒸馏除水，再真空干燥，即可用于随后的低共熔溶剂循环使用试验。

表 8.6　低共熔溶剂氯化胆碱-甲磺酸重复使用次数对酯化收率的影响　　%

次数	收率
1	95
2	94
3	93
4	91
5	89

根据表 8.6 的试验数据绘制图 8.9，即为低共熔溶剂氯化胆碱-甲磺酸重复使用次数对酯化收率的影响曲线图。

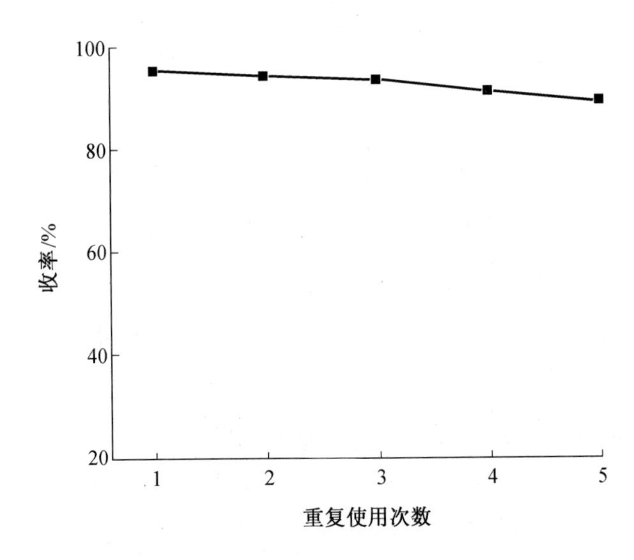

图 8.9　低共熔溶剂氯化胆碱-甲磺酸的重复使用次数对酯化收率的影响

根据图 8.9 可知，低共熔溶剂氯化胆碱-甲磺酸至少可回收使用 5 次，邻苯二甲酸二丁酯的收率没有显著降低。

8.4　本章小结

在邻苯二甲酸二丁酯的合成中，当低共熔溶剂氯化胆碱-甲磺酸用量为 2.0 g、邻苯二甲酸酐与正丁醇的摩尔比为 1∶5、回流反应时间为 2.5 h 时，酯化产物的收率可达 95%。该方法具有低共熔溶剂制备简便、催化效率高、易分离和回收利用等优点，符合绿色化工和清洁生产的发展要求，为更多邻苯二甲酸类增塑剂的合成提供一种新思路，具有一定的工业应用前景。

本章参考文献

[1] 李钟宝, 蔡晨露, 刘秀梅. 邻苯二甲酸酯类增塑剂合成与应用研究进展[J]. 塑料助剂, 2010, 82(4): 8-15.

[2] 孙思颖, 崔升淼. 中药中邻苯二甲酸酯类塑化剂应用概述[J]. 亚太传统医药, 2014, 10(5): 50-52.

[3] 巩玉红. 邻苯二甲酸酯类增塑剂的应用及危害[J]. 山东化工, 2011, 40(5): 93-95.

[4] 巩玉红. 邻苯二甲酸酯类增塑剂替代品及现状分析[J]. 山东化工, 2011, 40(3): 75-77.

[5] 高崇婧, 贾璐璐, 吴鹏冉, 等. 中国居民对邻苯二甲酸酯类增塑剂暴露的现状分析[J]. 暨南大学学报(自然科学与医学版), 2017, 38(2): 93-103, 90.

[6] 王笑妍, 薛燕波, 者东梅, 等. 邻苯二甲酸酯类增塑剂概况及法规标准现状[J]. 中国塑料, 2019, 33(6): 95-105.

[7] 胡红美, 李铁军, 朱颖杰, 等. 邻苯二甲酸酯类化合物的污染现状及检测方法研究进展[J]. 食品安全质量检测学报, 2021, 12(21): 8573-8581.

[8] 王莹莹, 郭长青, 周海平, 等. 邻苯二甲酸酯类增塑剂的应用研究进展[J]. 塑料包装, 2011, 21(3): 22-25.

[9] 谢文佳. 邻苯二甲酸酯类增塑剂的研究现状[J]. 食品工程, 2014, 131(2): 12-14.

[10] 俞善信, 文瑞明, 龙立平. 邻苯二甲酸二丁酯合成的研究进展[J]. 应用化工, 2001, 30(2): 7-9.

[11] 管仕斌, 俞善信. 我国合成邻苯二甲酸二丁酯用催化剂研究现状[J]. 塑料助剂, 2005(6): 10-13.

[12] 王淑敏, 李静, 赵艳茹. 微波辐射硫酸催化合成邻苯二甲酸二丁酯[J]. 河南师范大学学报(自然科学版), 2001, 29(3): 49-51.

[13] 王玉琴, 徐建光. 固体酸催化合成邻苯二甲酸二丁酯[J]. 安徽化工, 2000(1): 25.

[14] 熊文高, 俞善信, 刘淑云. 对甲苯磺酸催化合成邻苯二甲酸二丁酯[J]. 甘肃教育学院学报(自然科学版), 2000, 14(4): 37-39.

[15] 黄忠京. 微波辐射固体酸催化合成邻苯二甲酸二丁酯的研究[J]. 广西化工, 2002, 31(2): 6-8.

[16] 李继忠. 邻苯二甲酸二丁酯和草酸二乙酯的合成[J]. 精细石油化工进展, 2004, 5(5): 46-48.

[17] 崔海波. 增塑剂邻苯二甲酸二丁酯的合成及性能测试[J]. 化工中间体, 2015, 11(3): 46-47.

[18] 龙石红, 邓斌. 对甲苯磺酸铜催化合成邻苯二甲酸二丁酯[J]. 工业催化, 2007, 103(4): 42-44.

[19] 白文科. 甲磺酸催化合成邻苯二甲酸二丁酯工艺优化研究[J]. 化学工程师, 2022, 36(12): 101-103.

[20] 罗庆涛, 郑玖玲, 陈忠汉. 金属硫酸盐及其复合物在 DBP 合成中催化作用的研究[J]. 汕头大学学报(自然科学版), 1992, 7(1): 17-21.

[21] 曾庆乐. $SnCl_4$催化合成邻苯二甲酸二丁酯[J]. 应用化学, 1999, 16(3): 84-86.

[22] 俞善信, 文瑞明, 丁亮中. 硫酸氢钠催化合成邻苯二甲酸二丁酯[J]. 精细石油化工进展, 2000, 1(11): 10-12.

[23] 李继忠. 硫酸氢钠催化合成邻苯二甲酸二丁酯[J]. 化学推进剂与高分子材料, 2003, 1(4): 9-10.

[24] 陈丹云, 李杰. 邻苯二甲酸二丁酯的催化合成[J]. 四川化工与腐蚀控制, 2003, 6(6): 4-6.

[25] 王海南, 袁庆林. 微波辐射硫酸氢钠催化合成邻苯二甲酸二丁酯[J]. 化学与生物工程, 2004(5): 36-37.

[26] 赵素粉, 陈云斌, 王世伟, 等. 邻苯二甲酸二丁酯的合成及其动力学研究[J]. 现代化工, 2011, 31(S2): 89-91.

[27] 柴凤兰, 徐海云, 杨诗佳. 增塑剂邻苯二甲酸二丁酯的绿色合成[J]. 应用化工, 2014, 43(3): 465-467.

[28] 张军科. 一种催化合成邻苯二甲酸二丁酯的方法[J]. 合成材料老化与应用, 2018, 47(4): 69-71.

[29] 范凤艳, 黄艳. 增塑剂邻苯二甲酸二丁酯的合成研究[J]. 广州化工, 2016, 44(7): 96-98.

[30] 杨水金, 余新武, 陆江林, 等. $TiSiW_{12}O_{40}/TiO_2$ 催化合成邻苯二甲酸二丁酯[J]. 陕西化工, 1996(4): 23-25.

[31] 杨水金, 熊璐, 罗峥嵘. $TiSiW_{12}O_{40}/TiO_2$ 催化合成邻苯二甲酸二丁酯[J]. 黄淮学刊(自然科学版), 1996, 12(4): 55-57.

[32] 张良, 郭家明, 魏利, 等. 钨硅酸催化合成邻苯二甲酸二丁酯[J]. 安徽农业大学学报, 2002, 29(2): 210-212.

[33] 郭虹, 郭红永, 李建霞, 等. 磷钼钒杂多酸催化合成邻苯二甲酸二丁酯[J]. 沈阳化工学院学报, 2009, 23(2): 101-105.

[34] 刘俊峰, 王象清, 彭良富. 磷钨酸催化合成邻苯二甲酸二丁酯[J]. 湖南科技大学学报(自然科学版), 2009, 24(4): 96-98.

[35] 侯英杰, 李思俊, 赵利启, 等. 磷钨酸/硅胶催化合成邻苯二甲酸二丁酯的研究[J]. 化工设计通讯, 2015, 41(6): 9-10, 16.

[36] 王恩波, 李恩民, 段颖波, 等. 以杂多酸(盐)为催化剂合成邻苯二甲酸二丁酯[J]. 石油化工, 1992(7): 470-473.

[37] 唐康敏, 黄仲涛. 用于邻苯二甲酸二丁酯（DBP）合成的 TiO_2-SO_4^{2-} 型固体超强酸催化剂的研究[J]. 塑料工业, 1990, (6): 46-48, 38.

[38] 黄颖, 林深, 戴玉梅, 等. 膨润土负载 SO_4^{2-}-Fe_2O_3 催化剂上邻苯二甲酸二丁酯的合成[J]. 福建化工, 1998(3): 21-23.

[39] 曹艳萍, 杨秀利. 稀土固体超强酸 SO_4^{2-}/TiO_2/La^{3+}催化合成邻苯二甲酸二丁酯[J]. 西安科技大学学报, 2005, 25(1): 132-134.

[40] 成战胜, 行春丽, 田京城, 等. SO_4^{2-}/Si-Zr-CLR 固体超强酸催化合成 DBP[J]. 焦作大学学报, 2005(1): 87-88, 112.

[41] 姚晓华, 孙金余. 稀土固体超强酸 Nd_2O_3-Fe_2O_3/SO_4^{2-} 的制备、表征及催化合成邻苯二甲酸二丁酯的研究[J]. 化学工程师, 2005(4): 61-64.

[42] 张庆, 梁红冬, 黄展, 等. 稀土固体超强酸 SO_4^{2-}/TiO_2/Ce(Ⅳ)催化合成邻苯二甲酸二丁酯[J]. 广东化工, 2006(8): 23-25.

[43] 陈玉成, 罗志敏, 郭清林. 固体酸 SO_4^{2-}/SnO_2 催化合成邻苯二甲酸二丁酯的研究[J]. 应用化工, 2006, 35(10): 770-773.

[44] 陈玉成, 周雪琴, 刘东志. 固体酸催化合成邻苯二甲酸二丁酯的研究[J]. 化学工业与工程, 2009, 26(3): 212-215.

[45] 万玉保. SO_4^{2-}/ZrO_2-La_2O_3 固体超强酸催化合成邻苯二甲酸二丁酯[J]. 应用化工, 2009, 38(5): 662-665.

[46] 张云良, 吴永忠. 负载金属氧化物 WO_3/ZrO_2 固体超强酸催化合成邻苯二甲酸二丁酯[J]. 山东化工, 2011, 40(11): 13-15, 23.

[47] 阎道亮, 周涛. 阳离子交换树脂催化的邻苯二甲酸二丁酯(DBP)合成[J]. 信阳师范学院学报(自然科学版), 1989, 2(1): 37-39.

[48] 杨志成, 章小芬. 大孔树脂催化合成增塑剂 DBP 的研究[J]. 华东地质学院学报, 1998, 21(2): 72-78.

[49] 陆建新. 树脂催化合成 DBP 的研究[J]. 河南化工, 2004(1): 27-29.

[50] 戴志晖, 杨春, 胡小勇, 等. 固体酸催化剂催化合成邻苯二甲酸二丁酯[J]. 南京

师大学报(自然科学版), 1999, 22(3): 39-42.

[51] 王运, 刘绪峰. 复合稀土 Al_2O_3/沸石分子筛催化合成邻苯二甲酸二丁酯[J]. 湖北农学院学报, 2001, 21(3): 242-243.

[52] 王志玲, 李永, 杨玉峰. 磺化分子筛催化的邻苯二甲酸二丁酯合成[J]. 化学工程与装备, 2016, 237(10): 26-28.

[53] 高会奇, 蔺志平, 刘恺, 等. HZSM-5 分子筛固体酸催化合成邻苯二甲酸二丁酯的研究[J]. 当代化工研究, 2023, 136(11): 184-187.

[54] 李鹏飞, 庞先燊. 用 HAR 固体酸催化剂合成 DBP[J]. 广东化工, 1992, (2): 43-45+50.

[55] 曹国安, 郭锡坤, 庄庆明. 相转移催化合成邻苯二甲酸二丁酯的研究[J]. 精细石油化工, 1996(1): 25-27.

[56] 顾生玖, 魏太保, 高黎明. 邻苯二甲酸二丁酯的简便合成方法[J]. 西北师范大学学报(自然科学版), 1998, 34(2): 119-120.

[57] 高文华, 郭锡坤, 张海丹. 瓷土附载复合固体酸催化剂催化合成增塑剂 DBP[J]. 化学与粘合, 1999, (3): 29-30, 47.

[58] 马志波. 混合稀土氧化物催化合成邻苯二甲酸二丁酯[J]. 石家庄师范专科学校学报, 1999, 1(4): 42-44.

[59] 田孟魁, 冯喜兰, 滕海鸽. 非质子酸催化合成增塑剂 DBP[J]. 河南科学, 2008, 26(1): 25-27.

[60] 李科, 李翔宇, 聂小安, 等. 共价型催化剂合成邻苯二甲酸二丁酯[J]. 常熟理工学院学报, 2010, 24(4): 86-89.

第 9 章　低共熔溶剂中柠檬酸三丁酯的合成

9.1　概　　述

增塑剂，或称塑化剂、可塑剂，是一种可以增加材料的柔软性或使材料液化的添加剂，其作用原理主要是降低聚合物分子间的范德瓦耳斯力，从而增加聚合物的可塑性，使聚合物的硬度、软化温度下降。增塑剂的种类很多，目前，应用较为广泛的以邻苯二甲酸酯为主，占商品增塑剂市场的 88%。其中，具有代表性的是邻苯二甲酸二辛脂（DOP）和邻苯二甲酸二丁酯（DBP），因其能够改善产品性能且价格低廉，广泛应用于医药制品助剂、食品包装材料、儿童玩具等领域。但通过近几年来的深入调查研究，发现邻苯二甲酸酯类增塑剂可致癌，国外对其使用已严格控制，对此我国也做出了相关规定，使得邻苯二甲酸酯类增塑剂的市场份额大大降低。与此同时，开发和研制高效、无害的环保增塑剂引起了人们的广泛关注，成为塑胶制品行业发展的关键环节。

柠檬酸三丁酯（tributyl citrate，TBC）作为新一代环保型增塑剂之一，已被世界各国所瞩目。美国食品和药品管理局（FDA）已批准将其用于医疗器具、食品包装材料、儿童玩具和个人卫生用品等方面。柠檬酸三丁酯是一种生物可降解增塑剂，具有相容性好、挥发性小、增塑效率高等优点。另外，还具有优良的耐寒性、耐光性、耐水性和抗霉性[1-3]。柠檬酸三丁酯的化学式如图 9.1 所示。

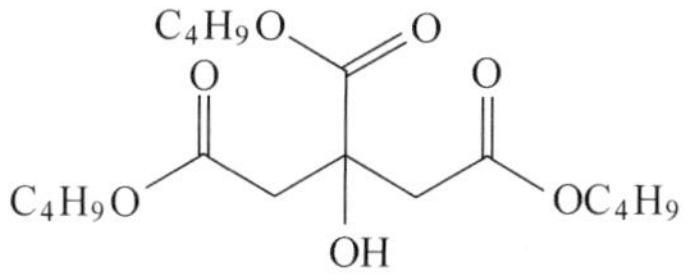

图 9.1　柠檬酸三丁酯的化学式

柠檬酸三丁酯应用十分广泛，在食品、药物及仪器包装方面，由于柠檬酸三丁酯具有与聚氯乙烯（PVC）相容性好和增塑效率高的优点，采用柠檬酸三丁酯增塑的 PVC 薄膜具有很好的透气性和透水性，可使肉类保鲜，延长蔬菜保鲜期；在医药行业，将柠檬酸三丁酯作为载体加入药物中可使药剂外表面弹性强，不易破碎，而且它的存在可使药物在一定时间内按照一定的速率在体内缓慢释放，保持药物在血液中的有效浓度，达到有效治疗的目的；在生物降解方面，在降解高分子材料中加入适当的柠檬酸三丁酯可使聚合物由刚性链变为柔性链，并且赋予其可加工性。另外，柠檬酸三丁酯还可作为生产另一种环保增塑剂乙酰柠檬酸三丁酯（ATBC）的原料[4-5]。

柠檬酸三丁酯作为一种新型“绿色”的环保增塑剂，具有相容性好，增塑效率高、挥发性小、耐寒、耐光、耐水等优良特性，将其加入聚氯乙烯（PVC）中后，增塑效果与邻苯二甲酸二辛酯（DOP）和邻苯二甲酸二丁酯（DBP）等增塑剂相当。基于无毒、抗霉的特点，柠檬酸三丁酯已被推荐用于医疗卫生制品和食品包装塑料制品中。

传统的柠檬酸三丁酯生产工艺是以柠檬酸与正丁醇为原料，以浓硫酸为催化剂，通过酯化反应而合成。该法所得柠檬酸三丁酯纯度不高，副反应多，且对设备腐蚀严重。鉴于浓硫酸催化酯化的各种弊端，开发新型催化剂，使得工艺简单、减少污染成为柠檬酸三丁酯合成技术的焦点。随着人们对研究工作的深入开展，发现多种催化剂对酯化反应具有良好的催化活性。

近年来，通过科技工作者的不懈努力，大量新型催化剂相继开发并应用于柠檬酸三丁酯的合成 [6-24]。目前已经用于柠檬酸三丁酯合成的催化剂主要包括以下几类。

1. 硫酸

2014 年，黄润均等[25]分别以浓硫酸、三聚磷酸二氢铝和阳离子交换树脂 D072 为催化剂，以柠檬酸和正丁醇为原料，合成了柠檬酸三丁酯。通过单因素试验，研究不同反应条件对酯化率的影响，获得了最佳的合成条件。以 0.05 mol 柠檬酸为准，在酸醇摩尔比为 1∶4、反应温度为 120 ℃、反应时间为 3.5 h、搅拌速度为 120 r/min 的条件下，以浓硫酸为催化剂，加入量为 0.8 mL，柠檬酸的酯化率为 95.42%；以 D072 型树脂为催化剂，加入量为 1.2 g，酯化率为 81.23%；以三聚磷酸二氢铝为催化剂，加入量为 2.5 g，酯化率为 74.78%。从催化酯化率看，浓硫酸效果较好，用量较小，但是其具有腐蚀性，重复使用、催化剂分离都没有显著优势；阳离子交换树脂 D072 虽然催化酯化率低于浓硫酸，但使用性能好，可以重复使用，加入量不大，是一种绿色催化剂；三聚磷酸二氢铝加入量较大，酯化率最低，但重复使用性能好，绿色环保，应该对其进行改性，以完善其性能。

2. 磺酸类

（1）对甲苯磺酸。

2000 年，沙耀武等[26]以对甲苯磺酸作催化剂，在微波辐射下，由柠檬酸和正丁醇直接酯化生成了柠檬酸三丁酯。通过单因素试验，主要考查了催化剂用量、微波辐射时间、微波功率、正丁醇用量等因素对收率的影响，获得了最佳的反应条件：柠檬酸 5.0 g，正丁醇 20 ml，催化剂 0.3 g，微波功率为中高火，辐射时间为 30 min。在此条件下，酯化收率为 91.2%。利用微波技术合成柠檬酸三丁酯时间短、操作简单、节约能源，具有潜在的工业应用前景。

2001 年，邢凤兰等[27]以对甲苯磺酸为酯化催化剂，以柠檬酸、正丁醇为原料，经酯化反应合成了柠檬酸三丁酯。通过单因素试验，考查了催化剂、原料配比、反应时间等对合成反应的影响，确立了最佳的合成工艺条件：柠檬酸与正丁醇的摩尔比为 1∶5.5，催化剂对甲苯磺酸用量为 0.7%，反应温度为 100～160 ℃，反应时间为 3 h。在此条件下，产物的产率达 95.51%。

2002 年，孟平蕊等[28]以对甲苯磺酸为酯化催化剂，柠檬酸和正丁醇为原料，合成了柠檬酸三丁酯。通过单因素试验，考查了不同反应条件对酯化反应的影响，获得了最佳的反应条件：柠檬酸、正丁醇的摩尔比为 1∶5，催化剂用量为 1.0 g（以 0.2 mol 柠檬酸为准），带水剂苯的用量为 25 mL。在此条件下，酯化率大于 98%，产品纯度大于 98%。

2002 年，李成尊等[29]采用对甲苯磺酸作催化剂，以柠檬酸和正丁醇为原料，合成了柠檬酸三丁酯。通过正交试验，研究不同反应条件对酯化反应的影响，获得了最佳的反应条件：酸醇摩尔比为 1∶6，催化剂用量为酸的 1%，反应时间为 6 h。在此条件下，产物的收率达 92%。用对甲苯磺酸作催化剂具有无氧化、无炭化等特点，产品纯度高。

2003 年，韩运华等[30]以对甲苯磺酸为催化剂，以柠檬酸、正丁醇为原料，经酯化反应合成了柠檬酸三丁酯。通过单因素试验，考查了催化剂用量、原料配比、反应温度、反应时间等因素对酯化反应的影响，确定了较佳的合成条件：当醇酸摩尔比为（5.0～5.5）∶1、催化剂用量为原料质量的 1.5%、反应温度上限为 140 ℃、反应时间为 3.5 h 时，产品收率在 97.0%以上，纯度大于 97.0%。该方法具有反应条件温和、产品收率高、产品色泽浅等特点。

2007 年，吴端斗等[31]以对甲苯磺酸和硫酸氢钾的混合物为催化剂，以柠檬酸和正丁醇为原料，合成了柠檬酸三丁酯。通过单因素试验，考查了催化剂配比、催化剂用量、原料配比、反应温度和反应时间等因素对合成反应的影响，确定了最佳的反应条件：当酸醇摩尔比为 1∶4.5、催化剂用量为 3.0%（占原料的质量分数）、对甲苯磺酸和硫酸氢钾质量比为 1∶3、反应温度为 140～150 ℃、反应时间为 3 h 时，柠檬酸三丁酯的酯化率可达到 96.9%。硫酸氢钾和对甲苯磺酸廉价易得，性质稳定安全，使用方便，不污染环境，将两者混合作催化剂有一定的工业应用价值。该方法的生产工艺简单，反应时间短，耗能低，不腐蚀设备，基本上无三废排放，易于工业化生产。

2010年，罗炜等[32]以对甲苯磺酸为催化剂、柠檬酸和正丁醇为原料，合成了无毒增塑剂柠檬酸三丁酯。通过单因素试验和正交试验，探讨了酸醇摩尔比、催化剂用量、反应时间、反应温度、带水剂等对反应的影响，确定了最佳的工艺条件为：酸醇摩尔比为1∶4，催化剂用量为柠檬酸质量的3%，回流反应时间为4 h。在此条件下，产物的产率达 96.3%。催化剂对甲苯磺酸可重复利用，有利于降低成本，减少污水排放和保护环境。该方法的副反应少，产率高，产物易纯化分离，产品质量好，生产工艺简单，易产业化。

2012年，程骞等[33]以对甲苯磺酸为催化剂，柠檬酸、正丁醇为原料，酯化合成了柠檬酸三丁酯。通过单因素试验，探讨了催化剂用量、反应温度、柠檬酸与正丁醇摩尔比和反应时间等因素对反应的影响，确定了最佳的反应条件为：正丁醇与柠檬酸摩尔比为 5∶1，催化剂的用量为柠檬酸质量的 2%，反应温度为 140 ℃，反应时间为4.0 h。在此条件下，柠檬酸三丁酯的酯化率为98.9%。反应初产物经先中和碱洗后，再减压脱醇，产品外观色泽符合质量要求。该方法的副反应少，酯化率高，产品易于分离，且质量好。

此外，颜连学等[34]、王树元等[35]、丁斌等[36]也报道了对甲苯磺酸在檬酸三丁酯合成中的应用。

（2）负载对甲苯磺酸。

2004年，施新宇等[37]用活性炭固载对甲苯磺酸作催化剂，以柠檬酸和正丁醇为原料，在微波辐射下，快速合成了柠檬酸三丁酯。通过单因素试验，考查了不同反应条件对产物收率的影响，确定了最佳的合成条件：n（醇）∶n（酸）=3.6∶1，催化剂用量为1.4 g，微波功率为250 W，反应时间为40 min。在此条件下，酯化率达到 93.0%。该方法缩短了反应时间，缓解了腐蚀作用，减少了环境污染，后处理方便，催化剂容易分离，降低了制备成本，具有一定的应用前景。

2004年，黄红生等[38]以活性炭固载对甲苯磺酸为催化剂，用柠檬酸和正丁醇合成了增塑剂柠檬酸三丁酯。通过单因素试验，考查了反应时间、酸醇摩尔比、催化剂用量对酯化率的影响，确定了最佳的工艺条件：以0.3 mol的柠檬酸为基准，当n

（柠檬酸）∶n（正丁醇）为 1∶4、催化剂用量为 1.0 g、反应温度为 110～140 ℃、反应时间为 3 h 时，酯化率在 99%以上。该催化剂制备简单、易于储存、易与产物分离、可回收重复使用，是一种较为理想的催化剂。

2005 年，行春丽等[39]利用颗粒状活性炭固载对甲苯磺酸作催化剂，采用微波辐射技术，由柠檬酸和正丁醇直接酯化合成了柠檬酸三丁酯。通过单因素试验，考查了不同反应条件对酯化反应的影响，获得了最佳的反应条件：当醇酸物质摩尔比为 3.9∶1、催化剂用量为反应物总投料量的 4%、微波辐射功率为 550 W、反应时间为 50 min 时，柠檬酸的转化率达 95.2%。该方法缩短了反应时间，后处理方便，催化剂容易分离，可重复使用，减少了环境污染，具有较好的实际应用价值。

2007 年，侯小娟等[40]采用活性炭负载对甲苯磺酸为催化剂，以柠檬酸和正丁醇为原料，合成了柠檬酸三丁酯。通过单因素试验，考查了不同反应条件对酯化率的影响，确定了最佳的合成条件：以 0.1 mol 柠檬酸为基准，酸醇摩尔比为 1∶4.1，催化剂用量为 0.6 g，反应时间为 3 h。在此条件下，酯化率可达 96.7%。活性炭负载对甲苯磺酸是催化合成柠檬酸三丁酯的良好催化剂，催化剂制作容易且活性炭回收方便，反应时间短，酯化率高，是一种具有开发前途的酯化反应催化剂。该工艺简单、易操作，反应污染少，对设备腐蚀小，明显优于现行的硫酸催化工艺，在工业上有一定的应用前景。

此外，彭炳华等[41]也报道了活性炭负载对甲苯磺酸在柠檬酸三丁酯合成中的应用。

2012 年，王百军等[42]采用活性炭固载对甲苯磺酸为催化剂，以柠檬酸和正丁醇为原料，合成了环保增塑剂柠檬酸三丁酯。通过单因素试验，考查了酸醇摩尔比、催化剂用量、反应时间、反应温度等工艺条件的变化对柠檬酸三丁酯合成的影响，获得了制备柠檬酸三丁酯最佳的工艺条件：酸醇摩尔比为 1∶4.0，催化剂质量分数为 2.2%，催化剂负载量为 21.0%，反应温度为 120 ℃，反应时间为 3.0 h。在以上条件下，酯化率可达到 98.3%。该催化剂的制作容易，回收方便，酯化率高，无腐蚀设备问题，产物易纯化分离，是一种具有开发前途的酯化反应催化剂。

（3）氨基磺酸。

2005 年，毛立新等[43]以氨基磺酸为均相催化剂，以柠檬酸和正丁醇为原料，合成了柠檬酸三丁酯。通过单因素试验，考查了不同反应条件对酯化率的影响，确定了最佳的酯化反应条件：在柠檬酸 0.1 mol、丁醇 0.55 mol、催化剂 6.0%（以柠檬酸为基数的质量分数）、反应温度为 100～150 ℃、反应时间为 90 min 的条件下，柠檬酸的酯化率达到 98.6%以上。

2007 年，吴广文等[44]以氨基磺酸为固体催化剂，以柠檬酸和正丁醇为原料，合成了柠檬酸三正丁酯。通过单因素试验和正交试验，讨论了原料配比、催化剂用量、反应时间和反应温度等因素对酯化反应的影响，获得了最佳的反应条件：酸与醇的摩尔比为 1∶3.8，催化剂用量为反应物总质量的 2.53%，反应温度为 116～160 ℃，反应时间为 1.5 h。在此条件下，酯化率高达 98%。

2009 年，魏猛等[45]将四水合硫酸铈/氨基磺酸复配催化剂应用于柠檬酸与正丁醇的反应合成了柠檬酸三丁酯。通过单因素试验，考查了不同反应条件对产物收率的影响，获得了最佳的反应条件：醇酸摩尔比为 4.0∶1，催化剂用量为 1.5%（以柠檬酸质量计），m（四水合硫酸铈）∶m（氨基磺酸）=2∶1，反应温度为 150 ℃，反应时间为 7 h。在此条件下，酯化率大于 98.5%，精制后产品纯度大于 99.5%。该方法将二者复配后，催化剂成本降低，产品颜色浅，后处理简单，不腐蚀设备，具有良好的工业化应用前景，对于稀土作为酯化催化剂的推广也有积极的意义。

2012 年，许紫薇[46]以浓硫酸、硫酸氢钾、氨基磺酸为催化剂，以柠檬酸和正丁醇为原料，合成了柠檬酸三丁酯。通过正交试验，研究了催化剂、醇酸比、反应温度、反应时间对反应的影响，获得了最佳的反应条件：以氨基磺酸作为催化剂，在醇酸比为 3.5∶1、反应温度为 130 ℃、酯化反应时间为 80 min 的条件下，柠檬酸三丁酯的转化率可达到 98.34%。

（4）其他磺酸类催化剂。

2008 年，杜晓晗等[47]以甲基磺酸亚铈为催化剂，以柠檬酸和正丁醇为原料，合成了无毒增塑剂柠檬酸三丁酯。通过正交试验，考查了催化剂用量、醇酸摩尔比、反应温度等因素对反应结果的影响，获得了最佳的反应条件：n（正丁醇）∶n（柠檬酸）=4.50∶1，催化剂用量为 0.25%（以酸的物质的量计），反应温度为 120～130 ℃。在最佳反应条件下，柠檬酸三丁酯的收率可达 98.6%。反应结束后，催化剂通过简单的相分离即可重复使用。甲基磺酸亚铈重复使用 5 次后，其催化活性无明显下降，产品收率仍可达到 90%以上。甲基磺酸亚铈作为合成柠檬酸三丁酯的催化剂，具有耗醇量少、催化剂用量少、易分离、重复使用性高和对环境友好等优点，符合绿色化学原则，具有良好的工业化前景和进一步开发价值。

2009 年，杜晓晗等[48]以甲基磺酸镧为催化剂，以柠檬酸和正丁醇为原料，合成了无毒增塑剂柠檬酸三丁酯。通过正交试验，考查了催化剂用量、醇酸摩尔比、反应温度等因素对反应的影响，获得了最佳的反应条件：n 正丁醇）∶n(柠檬酸)=4.50∶1，催化剂用量为 0.25%（以酸的物质的量计），反应温度为 120～130 ℃。在最佳反应条件下，柠檬酸三丁酯收率在 98.5%以上。反应结束后，催化剂通过简单的相分离即可重复使用。甲基磺酸镧重复使用 5 次后，其催化活性无明显下降，产品收率仍可达到 90%以上。甲基磺酸镧作为合成柠檬酸三丁酯的催化剂，具有耗醇量少、催化剂用量少、易分离、重复使用性高和对环境友好等优点，符合绿色化学原则，具有良好的工业化前景和进一步开发价值。

2016 年，李攀等[49]将甲基磺酸混合催化剂（甲基磺酸 40%、甲苯磺酸和氨基磺酸各占 30%）应用于柠檬酸三丁酯的合成。研究表明，当柠檬酸与正丁醇的摩尔比为 4.5∶1、催化剂用量为柠檬酸质量的 1.5%、酯化温度为 100～130 ℃、反应时间为 5.0 h 时进行反应；反应结束后，控制体系温度维持在 125 ℃下，脱醇 20 min，得到的柠檬酸三丁酯收率和纯度均在 99%以上，并且可直接用于乙酰柠檬酸三丁酯（ATBC）的合成。

2017 年，杜晓晗[50]以十二烷基磺酸镧为催化剂，以柠檬酸和正丁醇为原料，合成了无毒增塑剂柠檬酸三丁酯。通过正交试验，考查了正丁醇和柠檬酸摩尔比、反应时间和催化剂十二烷基磺酸镧用量等因素对反应的影响，获得了最佳的反应条件：n（正丁醇）∶n（柠檬酸）=4.20∶1，催化剂十二烷基磺酸镧用量为 0.25%（以柠檬酸的物质的量计），反应温度为 140～145 ℃。在此反应条件下，柠檬酸三丁酯收率为 95.5%。反应结束后，催化剂十二烷基磺酸镧通过简单的相分离即可重复使用。十二烷基磺酸镧重复使用 5 次后，其催化活性无明显下降，柠檬酸三丁酯收率仍可达到 90%。十二烷基磺酸镧作为合成柠檬酸三丁酯的催化剂，具有耗醇量少、催化剂用量少、易分离、重复使用性高和对环境友好等优点。

3. 无机盐类

（1）三氯化铝。

1997 年，乐治平等[51]以水溶性的六水合三氯化铝为催化剂，以柠檬酸和正丁醇为原料，合成了无毒增塑剂拧檬酸三丁酯。通过单因素试验，考查了影响酯化反应的因素，确定了最佳的反应条件：柠檬酸与正丁醇的摩尔比为 1∶5，催化剂的浓度为 1.4%。

1997 年，蒋月秀等[52]以无水三氯化铝为催化剂，以柠檬酸和正丁醇为原料，合成了柠檬酸三正丁酯。通过单因素试验，研究了酸醇摩尔比、反应时间及催化剂用量等对柠檬酸三正丁酯产率的影响，获得了适宜的反应条件：酸醇摩尔比为 1∶5.5，催化剂用量为 0.8%，反应温度为 114～130 ℃，反应时间为 6 h。在此工艺条件下，产物的产率可达 89.6%。该方法的特点是催化剂易从反应系统中分离，不腐蚀设备，不污染环境。

2006 年，佘鸿燕等[53]分别选用了浓硫酸、固体超强酸 SO_4^{2-}/Fe_2O_3、活性炭固载三氯化铁、活性炭固载三氯化铝和对氨基苯磺酸为催化剂，以柠檬酸和正丁醇为原料，合成了柠檬酸三丁酯。通过单因素试验，研究不同反应条件对酯化反应的影响，获得了最佳的反应条件：以活性炭固载三氯化铝作为催化剂，醇酸摩尔比为 3.8∶1（柠檬酸 0.1 mol），催化剂用量为 3.0 g，反应温度为 120～155 ℃，反应时间为 2.5 h。在此条件下，柠檬酸的转化率可达 83.7%。该方法所制得的产品无色、后处理简单、催化剂回收方便、可循环使用。

2012 年，隆金桥等[54]利用微波固相法合成了 MCM-41 固定三氯化铝固体酸催化剂，并将其用于合成柠檬酸三丁酯。通过单因素试验，考查了诸因素对酯化率的影响，获得了最佳的反应条件：在醇酸摩尔比为 4∶1、催化剂用量为 0.5 g、微波辐射功率为 700 W、反应时间为 10 min 的条件下，酯化率可达到 93.4%。该方法具有反应快、转化率高、产品纯度好等优点。

（2）三氯化铁。

1999 年，王彩荣等[55]研究了六水合氯化铁、氯化聚氯乙稀、三氯化铁和聚氯乙稀-三氯化铁在柠檬酸三丁酯合成中的应用。研究表明，氯化铁及载铁催化剂是合成柠檬酸三丁酯的良好催化剂，这些催化剂易得、价廉，反应活性高，不腐蚀化工设备，具有良好的应用前景。

1999 年，李秀瑜[56]采用 4 种固体酸（磷钨酸、六水合三氯化铁、十二水合硫酸铁铵、SO_4^{2-}/ZrO_2）作催化剂，以柠檬酸和正丁醇为原料，合成了柠檬酸三丁酯（2-羟基-1,2,3-丙烷三羧酸三丁酯）。通过单因素试验，考查了催化剂品种、原料配比和反应时间等因素对反应的影响，获得了最佳的反应条件：以氯化铁为催化剂，醇酸摩尔比为 4.0∶1，氯化铁用量为 3%（以酸质量为基准），反应温度为 110～160 ℃，反应时间为 3.0～3.5 h。在此条件下，转化率达 95%以上，产品纯度大于 99%。氯化铁是一种无污染、催化活性较高且廉价易得的催化剂，便于推广应用。

2000 年，崔励等[57]以三氯化铁为催化剂，由柠檬酸与正丁醇经酯化反应合成了柠檬酸三丁酯。通过单因素试验，探讨了催化剂用量、酸醇摩尔比、反应时间、反应温度等因素对反应的影响，确立了最佳的合成条件：当柠檬酸与正丁醇的摩尔比为 1∶5.5、催化剂用量为柠檬酸质量的 3%、反应温度为 115～150 ℃、反应时间为 3 h 时，产品的一次收率可达 90%以上。该方法的催化剂活性高，工艺条件及后处理简单。

2000 年，童乃成等[58]研究了 3 种催化剂 SO_4^{2-}/ZrO_2、六水合三氯化铁、十二水合硫酸铁铵在柠檬酸三丁酯合成中的催化性能。通过单因素试验，考查了不同反应条件对酯化反应的影响，获得了最佳的反应条件：以六水合三氯化铁为催化剂，当酸醇摩尔比为 1∶12.5、催化剂用量为 3%、反应温度为 125 ℃、反应时间为 3 h，酯化率可达 95%以上。该方法的工艺简单、反应时间短、酯化率高。

2001 年，訾俊峰等[59]以活性炭固载氯化铁为催化剂，柠檬酸和正丁醇为原料，合成了柠檬酸三丁酯。通过正交试验和单因素检验，确定了最佳合成条件：当柠檬酸用量为 0.1 mol 时，正丁醇用量为 0.5 mol，催化剂用量为 4 g，在回流温度控制反应时间为 2 h，其酯化率可达 95.7%。该催化剂对柠檬酸三丁酯的合成具有较高的催化活性，且易于与产品分离并可重复使用，对设备无腐蚀等优点。

2005 年，刘素平等[60]以氯化铁作催化剂、柠檬酸与正丁醇为原料，采用微波辐射法合成了柠檬酸三正丁酯。通过单因素试验，考查了微波辐射功率、辐射时间、催化剂的用量以及酸醇摩尔比等对酯化率的影响，确定了最佳的反应条件：酸醇摩尔比为 1∶6，氯化铁用量为 3%（以酸的摩尔量计），微波功率为 140 W，辐射时间为 5 min。在此条件下，酯化率可达 95.5%。该方法的工艺特点是：催化剂易从反应系统中分离、不腐蚀设备、环境污染小，同时反应时间短、酯化率高、后处理简单等。

（3）四氯化锡。

2000 年，张复兴[61]以活性炭负载氯化高锡为催化剂，以柠檬酸和正丁醇为原料，合成了柠檬酸三丁酯。通过正交试验，考查了催化剂的用量、正丁醇的用量、反应时间、反应温度对酯化反应的影响，获得了最佳的反应条件：柠檬酸的用量为 0.1 mol，正丁醇的用量为 0.45 mol，催化剂的用量为 3 g，反应温度为 150 ℃，反应时间为 3 h。在此条件下，酯化率可达 99.2%。催化剂重复使用 6 次后，仍保持了较高的反应活性。

2001 年，黄志伟等[62]以四氯化锡五水合物作催化剂，以柠檬酸和正丁醇为原料，合成了柠檬酸三丁酯。通过单因素试验，考查了不同反应条件对酯化反应的影响，确定了最佳的酯化反应条件：在醇酸摩尔比为 4∶1、柠檬酸用量为 0.2 mo1 的情况下，催化剂用量为反应物质量的 2.5%，带水剂甲苯为 15 mL，反应时间为 80 mim，反应温度为 108～148 ℃时，酸的酯化率达到 96.23%。该方法的工艺简便，酯化反应时间短，不易腐蚀设备，无三废污染。

2002 年，李芳良等[63]以五水合四氯化锡为催化剂，以柠檬酸和正丁醇为原料，在微波辐射下，合成了柠檬酸三丁酯。通过正交试验，研究不同反应条件对酯化反应的影响，获得了最佳的反应条件：酸醇摩尔配比为 1∶3.5，催化剂用量为 1.2 g（以 0.1 mol 柠檬酸为准），微波功率为 360 W，微波辐射时间为 20 min。在此条件下，产物的产率为 92%。该方法的反应速度快，产率高，操作简便，腐蚀性小，具有潜在的应用前景。

（4）硫酸氢钠。

1999 年，王建平[64]以一水合硫酸氢钠和十二水合硫酸铁铵为催化剂，由柠檬酸与正丁醇直接酯化合成了柠檬酸三正丁酯。通过单因素试验，研究不同反应条件对酯化反应的影响，获得了最佳的反应条件：酸、醇、催化剂的摩尔比为 1∶6.0～7.0∶0.1，反应温度为 110～135 ℃，反应时间为 1.5 h。在此条件下，转化率达到 95%以上，产品纯度达 99%。

2002 年，陈丹云等[65]以硫酸氢钠为催化剂，柠檬酸和正丁醇为原料，合成了柠檬酸三丁酯。通过单因素试验，考查了影响产品收率的各种因素，确定了最佳的反应条件：以 0.1 mol 柠檬酸为准，醇酸摩尔比为 4.5，催化剂用量为 3.5 g，反应时间为 2 h。在此条件下，产物的收率达 95.6%以上。硫酸氢钠是合成柠檬酸三丁酯的优良催化剂，既克服了硫酸、杂多酸等均相催化剂难以回收、后处理工艺复杂等缺点，也避免了固体超强酸和其他固载化非均相催化剂的制备以及使用后的活化问题，虽然硫酸氢钠极易吸潮，但并不影响其催化效果，因而具有工业化开发应用价值。

2002 年，周惠良等[66]以固体酸硫酸氢钠为催化剂，柠檬酸和正丁醇为原料，合成了檬酸三丁酯。通过单因素试验，考查了催化剂、原料配比和反应时间等因素对反应的影响，获得了最佳的反应条件：以硫酸氢钠作催化剂，当酸醇摩尔比为 1∶4、催化剂用量为 4.0%、反应温度为 110～140 ℃、反应时间为 3.5 h 时，檬酸三丁酯的产率可以达到 95%。硫酸氢钠是一种无污染、催化活性高且廉价易得的催化剂。

2003 年，李天略等[67]以硫酸氢钠作催化剂，以柠檬酸和正丁醇为原料，合成了柠檬酸三丁酯。通过单因素试验，研究了不同反应条件对酯化反应的影响，确定了酯化反应的最佳条件：以柠檬酸用量 0.1 mol 为准，醇酸摩尔比为 5.5∶1，催化剂用量为 1 g，反应温度为 116～126 ℃，反应时间为 3 h。在此最佳反应条件下，产物的收率达 95.5%。一水合硫酸氢钠的来源广泛，价格低廉，性质稳定，低毒，不溶于反应体系，具有对环境污染小，反应后处理简便等优点。

2003 年，邓斌等[68]以硫酸氢钠为催化剂，柠檬酸、正丁醇为原料，合成了柠檬酸三丁酯。通过单因素试验，考查了影响收率的多种因素，确定了最佳的反应条件：以 0.1 mol 柠檬酸为基准，当醇酸摩尔比为 4.2∶1、催化剂用量为 1.5 g、回流反应时间为 2.5 h 时，柠檬酸的酯化率达 98.47%。由于该催化剂来源广泛、价廉易得、活性高、操作方便、能耗低、反应条件温和、不腐蚀设备、无环境污染、可重复使用、酯化率高、所得产品纯度高，是一种非常有应用前途的酯催化剂。

2004 年，于兵川等[69]以一水合硫酸氢钠作为催化剂，以柠檬酸和正丁醇为原料，合成了柠檬酸三丁酯。通过单因素试验，考查了不同反应条件对酯化反应的影响，获得了最佳的工艺条件：柠檬酸与正丁醇加料比为 1∶4.5～5.0，催化剂用量为总加料量的 4.0%～4.5%，反应终点温度为 145～150 ℃。所得产品可达到国家优级品标准，酯化率达 99%以上。催化剂价廉易得，可重复使用 4 次，再生容易，无腐蚀，环境污染小。

2005 年，邓斌等[70]以硫酸氢钠为催化剂，柠檬酸、正丁醇为原料，合成了柠檬酸三丁酯。通过单因素试验，考查了影响产率的多种因素，确定了最佳的反应条件：以 0.1 mol 柠檬酸为基准，当醇酸摩尔比为 4.2、催化剂用量为 1.5 g、反应时间为 2.5 h 时，柠檬酸的酯化率达 98.47%。由于该催化剂来源广泛、价廉易得、活性高、操作方便、能耗低、反应条件温和、不腐蚀设备、无环境污染、可重复使用、酯化率高、所得产品纯度高，因而是一种非常有应用前途的酯催化剂。

2007 年，吴英华[71]以硫酸氢钠为催化剂，由柠檬酸与正丁醇的酯化反应合成了柠檬酸三丁酯。通过单因素试验，考查了反应时间、催化剂用量、醇酸摩尔比等因素对柠檬酸三丁酯酯化率的影响，获得了最佳的反应条件：以 0.1 mol 柠檬酸为基准，当醇酸摩尔比为 4.1、催化剂用量为 3.5 g、回流反应时间为 2 h 时，酯化率可达 96.7%。一水合硫酸氢钠是合成柠檬酸三丁酯的优良催化剂，它既克服了硫酸、杂多酸等均相催化剂难以回收、后处理工艺复杂等缺点，也避免了固体超强酸和其他固载化非均相催化剂的制备以及使用后的活化问题，尽管硫酸氢钠极易吸潮，但并不影响其催化效果，因而是一种很有开发应用前景的催化剂。

2008 年，邓斌等[72]以一水合硫酸氢钠+六水合氯化铁为复合催化剂，柠檬酸、正丁醇为原料，合成了柠檬酸三丁酯。通过单因素试验和正交试验，着重考查各因素对柠檬酸转化率的影响，确定了最佳的反应条件：当柠檬酸用量控制为 0.1 mol 时，醇酸摩尔比为 4.0∶1，复合催化剂配料的摩尔比为 n（一水合硫酸氢钠）∶n（六水合氯化铁)=1.5∶1，催化剂用量为反应物总质量的 2.0%，反应温度为 135～145 ℃，反应时间为 2.0 h。在此条件下，柠檬酸的转化率可达 98.8%以上。该合成方法具有原料来源广泛、价格低廉、选择性好、催化剂用量少、后处理工艺简单、催化剂可反复多次使用、无污染、产率高、产品品质好等优点。

2009 年，傅明连等[73]采用柠檬酸和正丁醇为原料，研究了 3 种催化剂一水合硫酸氢钠、氨基磺酸、六水合氯化铁在柠檬酸三丁酯合成中的催化性能。通过正交试验，考查了催化剂种类、醇酸摩尔比、反应时间及反应温度对酯化率的影响，确定了最佳的合成工艺条件：采用一水合硫酸氢钠为催化剂，醇酸摩尔比为 4∶1，反应温度为 115 ℃，反应时间为 2.5 h。在此条件下，柠檬酸三丁酯的酯化率可达 96.94%。

2010 年，邓斌等[74]以一水合硫酸氢钠与六水合氯化铁为复合催化剂、柠檬酸、正丁醇为原料，合成了柠檬酸三丁酯。通过正交试验，着重考查各因素对柠檬酸转化率的影响，确定了最佳的反应条件：当柠檬酸用量控制为 0.1 mol 时，醇酸摩尔比为 4.0∶1，复合催化剂配料的摩尔比为 n（一水合硫酸氢钠）∶n（六水合氯化铁）= 1.5∶1，催化剂用量为反应物总质量的 2.0%，反应温度为 135～145 ℃，反应时间为 2.0 h。在此条件下，柠檬酸的转化率可达 98.8%以上。该合成方法具有原料来源广泛、价格低廉、选择性好、催化剂用量少、后处理工艺简单、催化剂可反复多次使用、无污染、产率高、产品品质好等优点。

2012 年，冯迪等[75]将一水合硫酸氢钠和助催化剂以一定配比作为催化剂，以柠檬酸、正丁醇为原料，合成了柠檬酸三丁酯。通过单因素试验，重点讨论了催化剂的配比、用量、酸醇摩尔比和反应温度及反应时间等因素对酯化反应的影响，获得了最佳的工艺条件：催化剂用量为总加料量的 4.0%～4.5%，其中一水合硫酸氢钠和助催化剂的摩尔比为 1.0∶0.1，醇酸摩尔比为 0.46∶0.1，反应终点温度为 145～150 ℃，反应时间 t=1.5 h。在此条件下，酯化率达 97%以上。该催化剂廉价易得，活性高，操作方便，催化剂固体成分可重复使用 5 次，再生容易，酯化率高，腐蚀性小，环境污染小。

2012 年，李耀仓等[76]以一水合硫酸氢钠为催化剂、柠檬酸和正丁醇为原料，合成了柠檬酸三丁酯。通过单因素试验，考查了影响其酯化率的因素，确定了最佳的反应条件：以 0.1 mol 柠檬酸为准，醇酸摩尔比为 4.8∶1，催化剂一水合硫酸氢钠的用量为 4.5 g，反应温度为 110～120 ℃，反应时间为 2.5 h。在此条件下，酯化率达到 88.1%。该催化剂的活性高、稳定性好、价格低廉、重复使用效果好、后处理简单易行、无毒、无腐蚀性，因而硫酸氢钠是一种经济适用的催化剂。

2013 年，何林等[77]制备了 11 种活性炭负载的固体酸催化剂，并将其用于柠檬酸三丁酯的合成。通过单因素试验，考查了催化剂种类及用量、反应时间、醇酸摩尔比和反应温度等因素对酯化反应的影响，得出了最佳的反应条件：以负载型固体酸 $NaHSO_4/C$ 为催化剂，催化剂用量为 5%（摩尔分数），酸醇摩尔比为 4.5∶1，反应温度为 140 ℃，反应时间为 3.0 h。在此条件下，酯化率可达到 98%以上。催化剂重复使用 5 次，仍可保持较高的催化活性，通过喷洒补加硫酸氢钠，即可使催化剂恢复催化活性，实现再生。

（5）硫酸氢钾。

2009 年，章慧芳等[78]采用硫酸氢钾作催化剂，由柠檬酸与正丁醇的酯化反应合成了柠檬酸三丁酯。通过单因素试验，考查了催化剂用量和醇酸摩尔比对柠檬酸三丁酯酯化率的影响，获得了最佳的反应条件：以 0.02 mol 柠檬酸为基准，当醇酸摩尔比为 7∶1、催化剂的用量为 1.5%（质量分数）、回流反应时间为 2 h 时，酯化率可达 94.54%。硫酸氢钾是一种常温下不溶于有机反应体系的稳定晶体，价廉易得，对设备的腐蚀程度比硫酸等催化剂小。与传统工艺相比，本方法生产成本低，操作简便，产品收率高，经济效益好，改进后可以用于工业化生产。

2009 年，蔡新安等[79]以一水合硫酸氢钾为催化剂，在微波辐射条件下，由柠檬酸与正丁醇的酯化合成了柠檬酸三丁酯。通过单因素试验，考查了微波辐射（功率 700W）占空周期、催化剂用量和醇酸摩尔比对柠檬酸三丁酯转化率的影响，获得了最佳的反应条件：当醇酸摩尔比为 4∶1、催化剂用量为反应物总质量的 1.5%（质量分数）、微波反应时间为 25 min 时，酯化率可达 94.54%。该方法具有催化剂价格低、来源广、活性高、且不腐蚀设备等优点。

2014 年，姜奇杭等[80]用硫酸氢钾和助催化剂（浓硫酸）以适宜配比作为催化剂，以柠檬酸与正丁醇为原料，制备了柠檬酸三丁酯。通过单因素试验，主要讨论了催化剂的配比、用量、酸醇摩尔比、反应温度与反应时间等因素对酯化反应的影响，获得了最佳的工艺条件：催化剂用量为总加料量的 4.1%～4.6%，其中硫酸氢钾和助催化剂的摩尔比为 1.0∶8，醇酸摩尔比为 0.48∶0.1，反应终点温度为 150～155 ℃，反应时间为 1.6 h。此时，酯化率达 97%以上。该催化剂廉价易得，活性较高，操作简便，催化剂固体成分可重复使用多次，再生容易，酯化率高，腐蚀性小，环境污染小。

（6）三氯化钛。

1999 年，周文富等[81]以三氯化钛为催化剂，以柠檬酸和正丁醇为原料，合成了柠檬酸三丁酯。研究表明，当醇酸摩尔比为 4∶1、催化剂用量为柠檬酸的 4%（摩尔分数）、反应初期 2.0～2.5 h 时间内温度在 135 ℃及以下，后期逐渐升温至 156 ℃进行反应时，产物的收率最高。三氯化钛的操作简单、效率高、价廉、易再生，是一种具有实用价值的新型催化剂。

随后，周文富等[82]又进一步报道了三氯化钛在柠檬酸三丁酯合成中的应用。

（7）硫酸钛。

2002 年，何节玉等[83]以 $Ti(SO_4)_2/SiO_2$ 为催化剂，以柠檬酸和正丁醇为原料，合成了柠檬酸三丁酯。通过单因素试验，考查了影响酯化反应的各种因素，确定了最佳的合成工艺条件：硫酸钛负载量为 10%，柠檬酸为 0.1 mol，正丁醇为 0.39 mol，催化剂为 1.2 g，反应温度为 145 ℃，反应时间为 2.5 h。在此条件下，柠檬酸的转化率达 96.5%，产品收率 99%。该催化剂活性高，选择性好，易分离，反应时间短，是一种环境友好催化剂。

2003 年，谷亚昕等[84]以硫酸钛为催化剂，以柠檬酸和正丁醇为原料，合成了柠檬酸三正丁酯。通过单因素试验，考查了醇酸摩尔比、催化剂用量及反应时间等因素对酯化反应的影响，并确定了最佳的反应条件：醇酸摩尔比为 5.0∶1，硫酸钛用量为 5%，反应温度为 114～130 ℃，反应时间为 3 h。在此条件下，酯化率达 93%以上，产品纯度大于 99%。硫酸钛为新型酯化催化剂，操作简单，效率高，易再生，是一种具有使用价值的新型催化剂。

（8）硫酸铝。

2001 年，唐定兴等[85]使用不同温度下处理的硫酸铝为催化剂，以柠檬酸和正丁醇为原料，合成了柠檬酸三正丁酯。通过单因素试验，考查了催化剂、原料配比、反应时间对酯化率的影响。研究表明，在 600 ℃时处理的硫酸铝具有较高的催化活性，在醇酸摩尔比为 5∶1、催化剂用量为 3%（以酸的质量为准）、反应时间为 5 h 时，酯化率达 75.5%。

2014 年，王翠艳等[86]以硫酸铝为催化剂、柠檬酸和正丁醇为原料，在超声催化条件下合成了柠檬酸三丁酯。通过单因素试验，考查了不同反应条件对酯化率的影响，确定了最佳的反应条件：以柠檬酸用量为基准，酸醇摩尔比为 1∶4.0，催化剂用量为 4%，在超声波振荡温度为 0 ℃、振荡时间为 20 min 条件下，柠檬酸三丁酯的酯化率为 92.6%。

（9）硫酸铁铵。

2001 年，李月珍等[87]以十二水合硫酸铁铵为催化剂，以柠檬酸和正丁醇为原料，采用单纯型搜索法，优化了柠檬酸三丁酯的合成工艺条件。研究表明，在固定柠檬酸用量为 0.1 mol 条件下，正丁醇用量为 31.1 g（0.42 mol），催化剂用量为 2.0 g（0.004 1 mol），反应时间为 146 min（约 2.5 h）时，产物的产率达到 97.18%。该工艺具有反应时间短、催化效率高、方法简单、不腐蚀、无污染等优点。

2002 年，陈为健等[88]以硫酸铁（III）铵作催化剂，以柠檬酸（2-羟基丙烷三羧酸）与正丁醇为原料，采用微波辐射合成了柠檬檬酸三正丁酯（2-羟基-1,2,3-丙烷三羧酸三正丁酯）。通过单因素试验，考查了微波辐射功率、反应时间以及催化剂、原料配比等对反应的影响，确定了最佳的反应条件：醇酸摩尔比为 4∶1，硫酸铁(III)铵用量为 2.5%（以酸的量为基准），微波辐射功率为 240 W，反应时间为 11 min。在此条件下，产率可达 90.3%。该方法具有反应时间短、能耗低、后处理简单、产率高等优点，具有潜在的生产应用价值。

（10）其他无机盐。

1997 年，乐治平等[89]以水溶性的十二水合硫酸铝钾为催化剂，以柠檬酸和正丁醇为原料，合成了无毒增塑剂柠檬酸三丁酯。通过单因素试验，考查了影响酯化反应的因素，确定了最佳反应条件：柠檬酸与正丁醇的摩尔比为 1∶5，催化剂的质量分数为 2.0%。该方法的催化剂易与产物分离，产品的颜色浅。

1997 年，孙立明等[90]以柠檬酸和正丁醇为原料，将自制的 MS 催化剂应用于柠檬酸三丁酯的合成。通过单因素试验和正交试验，研究了原料配比、反应温度、催化剂种类及用量、反应时间对酯化反应的影响，找到了最佳的工艺条件：原料柠檬酸与正丁醇的摩尔比为 1∶（6～7.5），催化剂加入量为 0.2%，反应温度为 120～130 ℃，反应时间为 5～7 h。在此条件下，产物的收率大于 95%，产品的纯度可达 98%以上。

1999 年，李秀瑜[91]以柠檬酸和正丁醇为原料，在固体酸（氯化物 A、十二水合硫酸铁铵、SO_4^{2-}/ZrO^2）催化作用下合成了柠檬酸三丁酯。通过单因素试验，研究了不同反应条件对酯化反应的影响，获得了最佳的反应条件：以无机氯化物作催化剂，醇酸摩尔为 4.0∶1，氯化物用量为 3%（以酸质量为基准），反应温度为 110～160 ℃，反应时间为 3.0～3.5 h。在此条件下，转化率达 95%以上，产品纯度大于 99%。该催化剂廉价易得、无污染且催化活性较高。

1999 年，刘桂华等[92]以氯化稀土为催化剂，由柠檬酸与正丁醇的酯化反应合成了柠檬酸三丁酯。通过单因素试验，考查了不同反应条件对酯化反应的影响，获得了最佳的反应条件：以混合氯化稀土为催化剂，n（柠檬酸）∶n（正丁醇）=1∶13，催化剂用量为0.6%。混合氯化稀土是酯化反应的优良催化剂，催化活性好、速度快，转化率高，产品颜色浅，腐蚀小，无废酸排放污染环境的缺点，催化剂可直接抽滤分离，便于循环使用。

1999年，刘桂华等[93]以三氯化镧（$LaCl_3$）为催化剂，由柠檬酸与正丁醇的酯化反应合成了柠檬酸三丁酯。通过单因素试验，考查了不同反应条件对酯化反应的影响，获得了最佳的反应条件：当柠檬酸与正丁醇的摩尔比为1∶13、催化剂用量为0.6%，在回流温度下反应2 h，转化率达93%以上。该方法具有催化活性好，速度快，转化率高，对设备腐蚀小，产品颜色浅，后处理工艺简单，废水排放量小等特点。

2001年，刘桂华等[94]采用硫酸高铈为催化剂，由柠檬酸和正丁醇的酯化反应合成了柠檬酸三丁酯。经正交试验，考查了反应物物料比、催化剂用量和反应时间对反应的影响，确定了最佳的合成条件：柠檬酸用量为0.05 mol，正丁醇用量为50 mL，硫酸高铈用量为0.6 g，回流反应时间为2 h。硫酸高铈是酯化反应较好的催化剂，具有催化剂用量小、催化活性好、反应条件温和、速度快、转化率高、产品色泽浅、后处理简便、催化剂可再生利用等特点，是合成柠檬酸三丁酯的较为有效的催化剂。

2002年，张军贞等[95]用固体氯化物为催化剂，以柠檬酸和正丁醇为原料，合成了柠檬酸三丁酯。通过单因素试验，研究了催化剂的用量、原料配比、反应温度、反应时间对酯化反应的影响，确定了最佳的工艺条件：当醇酸摩尔比为3.5∶1、催化剂用量为0.7%、反应温度为130 ℃、反应时间为5 h时，酯化收率大于96%。固体氯化物对设备腐蚀小，可以重复使用。

2004年，曹晓群等[96]以柠檬酸和正丁醇为原料，将催化剂NS-1用于合成柠檬酸三丁酯。通过单因素试验，探讨酯化反应的影响因素，获得了最佳的反应条件：当正丁醇、柠檬酸的摩尔比为4.5∶1、催化剂用量占反应物料总质量的0.9%、反应时间为3.5 h时，酯的收率达到95.9%。该方法具有反应条件温和、时间短、对设备腐蚀轻、操作方便、三废少、收率高、能重复使用等优点。

2007 年，徐国生等[97]以柠檬酸和正丁醇为原料，用催化剂 JY-0611 催化合成无毒增塑剂柠檬酸三丁酯。通过单因素试验，探讨了催化剂用量、醇酸摩尔比、反应时间对反应结果的影响，获得了最佳的反应条件：当醇酸摩尔比为 4.5∶1、催化剂用量为 1.15%（占反应物料总质量的百分数）、反应在回流温度下进行 5 h 时，酯化率达到 99%以上。该催化剂催化效果好，且可重复使用。

随后，徐国生等[98]进一步报道了催化剂 JY-0611 在柠檬酸三丁酯合成中的应用。

2013 年，何林等[99]以路易斯酸四水合三氟磺酸铋（$Bi(OTf)_3 \cdot 4H_2O$）为催化剂，由一水合柠檬酸与正丁醇通过分子间酯化合成了绿色增塑剂柠檬酸三丁酯。通过单因素试验，考查了催化剂用量、反应时间、酸醇摩尔比和反应温度等因素对反应的影响；进一步通过正交试验，综合考查了各因素对酯化率的影响，确定了最佳的反应条件：酸醇摩尔比为 1∶4，催化剂用量为 2%，反应温度为 140 ℃，反应时间为 3.5 h。此时，酯化率可达到 98%以上。另外，催化剂可以循环利用多次，酯化率仍保持在较高水平。该催化方法具有催化效率高、无腐蚀、环境友好、催化剂可重复使用等优点。

2013 年，何林等[100]采用四水三氯化铟为催化剂，以柠檬酸和正丁醇为原料，制备了柠檬酸三丁酯。通过研究各因素与酯化率的关系，确定了最佳的反应条件：以一水合柠檬酸用量 0.05 mol 为准，当酸醇摩尔比为 1∶5、四水三氯化铟用量为 5%、反应温度为 140 ℃、反应时间为 4 h 时，反应酯化率均能达到 98%以上。产品经过减压蒸馏后用气质联用仪检测，纯度可达 99%以上。与其他 Lewis 酸催化剂相比，四水三氯化铟具有良好的耐水性能，性质稳定，不会因为水的生成而降低催化活性等优点，且该反应中操作简单，所需催化剂用量少，反应时间较短，收率高，不会腐蚀设备，对环境污染小，产品纯度高，易于分离。

2014 年，骈继鑫等[101]以六水合溴化镁为催化剂，由一水合柠檬酸与正丁醇的酯化反应合成了绿色增塑剂柠檬酸三丁酯。通过单因素试验，考查了催化剂用量、反应温度、酸醇摩尔比、反应时间等因素对反应的影响，确定了最佳反应条件：以 0.025 mol 一水合柠檬酸为准，酸醇摩尔比为 1∶5.5，催化剂用量为 10%，反应温度为 140 ℃，反应时间为 4 h。此时，酯化率可达到 98%以上。该方法具有反应时间短、副反应少、酯化率高、价廉易得等优点。

2015 年，黄润均等[102]以三聚磷酸二氢铝/载硫硅藻土为催化剂，以柠檬酸和正丁醇为原料，合成了柠檬酸三丁酯。采用单因素试验、正交设计试验，考查其催化反应中各试验因素对酯化率的影响，并获得了较佳的反应条件：以 0.05 mol 柠檬酸为准，当醇酸摩尔比为 5、催化剂用量为 13%、反应温度为 130～150 ℃、反应时间为 5 h 时，其酯化率达 97.0%。该催化剂的催化效果好，产品色泽浅，本身无毒无害对环境无污染，易于从反应体系中分离，是合成柠檬酸三丁酯的一种绿色高效的催化剂。

2017 年，黄润均等[103]以 $Na_2S_2O_8$ 改性活性炭负载三聚磷酸二氢铝为催化剂，以柠檬酸和正丁醇为原料，合成了柠檬酸三丁酯。通过单因素试验、响应面试验，考查该催化反应中各试验因素对酯化率的影响，并获得较佳的反应条件。当醇酸摩尔比为 4.02∶1、三聚磷酸二氢铝在活性炭上的负载量为 60%、催化剂加入量占总反应物质量的 8%、反应温度为 148 ℃、反应时间为 4.7 h 时，其酯化率达到 97.01%。重复使用 6 次，酯化率仍可达 96.0%。该催化剂具有催化性能稳定、催化效果突出、产品色泽浅、无毒无害、无污染、易于分离等一系列优点，是一种合成柠檬酸三丁酯的绿色高效催化剂。

2019 年，周喜等[104]以磷钨酸、碳酸铵和金属盐溶液为原料，制备了系列金属离子与 NH_4^+ 复合掺杂磷钨酸盐的催化剂，并将其应用于柠檬酸和正丁醇的酯化反应合成了柠檬酸三丁酯。研究表明，$(NH_4)_{1/2}Al_{2/3}H_{1/2}PW_{12}O_{40}$ 的催化活性较高，且成本相对较低。在正丁醇与柠檬酸的摩尔比为 4∶1、催化剂用量为 1.5%（以柠檬酸的质量为基准）、反应温度为 150 ℃、反应时间为 3 h 的条件下，柠檬酸三丁酯的收率达到 97.1%。同时，催化剂重复使用 2 次，催化活性没有明显下降。该催化剂具有催化性能高、易分离与低成本等特点，其在酸催化反应中具有较好的应用前景。

4. 杂多酸

1996 年，王炜等[105]以杂多酸-12-钨磷酸为催化剂，以柠檬酸和正丁醇为原料，合成了柠檬酸三丁酯。通过单因素试验，对试验条件如酯化时间、原料比、催化剂用量等进行了探索，获得了合适的酯化反应条件：柠檬酸 30 g，正丁醇 40 g，即柠檬酸和正丁醇摩尔比为 1∶3.45，杂多酸 0.2 g，反应时间为 3 h，在此条件下，酯化率接近 100%，收率达 97%。由于杂多酸催化活性好，选择性高，酯化效果好，易于后处理，所以用这类化合物做催化剂催化合成酯类，具有广阔的应用前景。

1997 年，余新武等[106]制备了 $TiSiW_{12}O_{40}/TiO_2$ 催化剂，并将其用于柠檬酸和正丁醇的反应合成了柠檬酸三丁酯。通过单因素试验，讨论了原料配比、反应时间、温度、催化剂用量对酯化率的影响，找出了最佳的反应条件：酸醇摩尔比为 1∶3.8，催化剂投放量为总物料量的 1%，反应温度为 90～115 ℃，反应时间为 2 h。催化剂重复使用 10 次，活性仅降低 1%左右，而选择性仍保持不变。

1999 年，李秀瑜等[107]以固体酸（磷钨酸、六水合三氯化铁、十二水合硫酸铁铵、SO_4^{2-}/ZrO_2）为催化剂，以柠檬酸和正丁醇为原料，合成了柠檬酸三正丁酯。通过单因素试验，考查了不同反应条件对酯化反应的影响，确定了最佳的反应条件：以磷钨酸（HPW）为催化剂，当醇酸摩尔比为 5.0∶1，磷钨酸用量为 3%（以酸质量为基准），反应温度为 110～160 ℃，反应时间为 4～5 h。在此条件下，转化率达 98%以上，产品纯度大于 99%。该方法的工艺简单、反应时间短、酯化率高。

1999 年，吴茂祥等[108]以硅钨酸为催化剂，以柠檬酸和正丁醇为原料，合成了柠檬酸三丁酯。通过单因素试验，考查了催化剂用量、酸醇摩尔比、反应时间、反应温度对酯化合成柠檬酸三丁酯反应的影响，获得了最佳的反应条件：在柠檬酸用量为 21 g，正丁醇用量为 55 mL，催化剂量为 0.3 g，反应温度为 145 ℃，反应时间为 2.5 h 的优化条件下，柠檬酸三丁酯的收率为 98.3%。该方法的酯化温度低，产率高，选择性好，而且工艺条件简单，废水量少，后处理简单，能够减少对环境的污染，具有实际应用价值。

1999 年，吴茂祥等[109]用自制的活性炭固载杂多酸为催化剂，由柠檬酸与正丁醇的酯化反应合成了柠檬酸三丁酯。通过单因素试验，探讨了催化剂用量、反应时间、反应温度、酸醇摩尔比等因素对酯化反应的影响，获得了最佳的反应条件：在酸醇的摩尔比为 1∶6.5、催化剂的用量为柠檬酸质量的 1%、反应温度为 145 ℃、反应时间为 3 h 的条件下，柠檬酸的酯化率可达 97.4%。该方法的反应温度低，酯化率高，工艺条件与后处理简单，对环境的污染小，而且催化剂可以重复使用，将大大降低生产成本，是一种较有应用前景的催化剂。

同年，吴茂祥[110]又进一步报道了活性炭固载杂多酸在柠檬酸三丁酯合成中的应用。

2000 年，袁晓燕[111]采用 HPW_{12} 杂多酸为催化剂，以柠檬酸和正丁醇为原料，合成柠檬酸三正丁酯。研究表明，当酸醇摩尔比为 1∶4、催化剂用量为 0.3 g 时，在 125 ℃反应 4 h，酯化率可达 90%以上。该催化剂与浓硫酸相比副反应少，产品色泽浅，后处理方便，对设备腐蚀性小。

2001 年，左阳芳[112]用自制的 Al_2O_3 微球附载杂多酸为催化剂，由柠檬酸与正丁醇的酯化反应合成了柠檬酸三丁酯。通过正交试验，考查了影响收率的多种因素，确定了最佳的反应条件：柠檬酸与正丁醇的摩尔比为 1∶4.5，催化剂用量为 0.8%，反应温度在 100～160 ℃之间，反应时间为 3.5 h。该方法的工艺简单，反应温度低，对环境污染小，而且催化剂可重复使用，大大降低了生产成本，是一种有应用前景的催化剂。

2002 年，董玉环等[113]制备了钨硅酸三乙醇铵盐，并将其用于柠檬酸和正丁醇的反应合成了柠檬酸三丁酯。通过单因素试验，考查了催化剂用量、醇酸的摩尔比、反应时间对酯化率的影响，获得了最佳的工艺条件：醇酸摩尔比为 6∶1，催化剂用量为酸质量的 1%，回流反应时间为 3 h。在此条件下，柠檬酸的转化率高达 96.9%。该催化剂具有较高的催化活性，易回收，可重复使用 5 次以上。

2002 年，刘春涛等[114]用杂多酸磷钨酸（$H_3PW_{12}O_{40}\cdot xH_2O$，记为 HPW）为催化剂，由柠檬酸和正丁醇的酯化反应合成了柠檬酸三丁酯。通过单因素试验，对试验条件如原料比、催化剂用量、酯化时间、反应温度等进行了探索，获得了适宜的酯化反应条件。在柠檬酸 3.0 g、酸醇摩尔比为 1∶3.4、杂多酸 0.2 g、反应温度为 145～150 ℃、反应时间为 3 h 的条件下，酯化率可达到 97.04%。用杂多酸作为催化剂不仅反应时间短、活性高、酯化率高，而且产品纯度高、质量好，反应后处理简单，催化剂还可以重复使用，从而开拓了柠檬酸三丁酯酯化催化剂的新领域。

2003 年，欧知义等[115]以 Sol-gel 固定化磷钨酸为催化剂，由柠檬酸和正丁醇的酯化反应合成了柠檬酸三丁酯。通过单因素试验，考查了不同反应条件对酯化反应的影响，获得了最佳的反应条件：酸醇摩尔比为 1∶4，催化剂用量为 2.5%（磷钨酸与柠檬酸质量比），反应温度为 140～145 ℃，反应时间为 3.5 h。在此条件下，柠檬酸三丁酯的产率大于 95%。催化剂重复使用 7 次，产率仍达 87%以上。该方法具有反应条件温和，反应时间适中，操作简单，产率较高，产品质量较好，无污染等优点，催化剂与产品易分离，且可以重复使用，具有一定的应用价值。

2004 年，宋艳芬等[116]制备了负载 $H_3PW_{12}O_{40}$（PW）杂多酸的 PW/MCM41 催化剂，并将其用于柠檬酸和正丁醇的反应合成了柠檬酸三丁酯。通过单因素试验，重点讨论了不同负载质量分数、催化剂的活化温度、酸醇摩尔比和反应温度等因素对酯化反应的影响，获得了最佳的反应条件：负载杂多酸催化剂的磷钨酸最佳负载质量分数为 40%、催化剂焙烧温度为 300 ℃、酸醇摩尔比为 1∶4、反应温度为 140 ℃、反应时间为 6～7 h。该固体酸催化剂的稳定性较好，产品后处理简单，固液容易分离。

2004 年，农兰平[117]以活性炭负载磷钨酸铝（AlPW/C）为催化剂，在微波辐射下，由柠檬酸和正丁醇反应合成了柠檬酸三丁酯。利用均匀设计法，考查了催化剂的用量、酸与醇的摩尔投料比、反应时间等对酯化反应的影响，获得了最佳的工艺条件：以 0.1 mol 柠檬酸为基准，酸与醇的摩尔比为 1∶3.5，催化剂用量约为反应物总量的 2.0%（质量分数），微波功率为 360 W，微波辐射时间为 20 min。在此条件下，酯化率达到 93.2%，产品纯度大于 97%。该催化剂的活性高，后处理简单、经济，能方便回收继续重复利用。

2005 年，余新武等[118]制备了混合金属氧化物固载杂多酸催化剂 HPA/TiO_2-WO_3，并将其用于柠檬酸和正丁醇反应合成了柠檬酸三丁酯。通过单因素试验，系统研究了合成柠檬酸三丁酯的反应条件，获得了最佳的反应条件：当醇酸摩尔比为 3.75∶1、催化剂用量为 1.0%（占反应物的质量分数）、回流反应时间为 1.5 h 时，柠檬酸三丁酯的收率达到 92.4%。该方法所用催化剂具有较好的催化活性，用量少，可以较好的回收与循环使用，是一种优良的催化剂，同时反应时间短，不使用带水剂。

2005 年，郭松林[119]以活性炭负载磷钨酸作为催化剂，以柠檬酸和正丁醇为原料，合成了柠檬酸三丁酯。通过单因素试验，探讨了不同反应条件对酯化率的影响，确定了最佳的反应条件：醇酸摩尔比为 5.0∶1、催化剂负载量为 21%、催化剂用量为柠檬酸质量的 3%、回流反应时间为 3 h。在此条件下，酯化率达 97.5%，产品纯度达 98%以上。该催化剂可以重复使用多次，无腐蚀设备及“三废”处理问题，是一种很好的酯化反应催化剂。

2006 年，胡婉男等[120]用自制的固载磷钨酸为催化剂，以柠檬酸和正丁醇为原料，合成了柠檬酸三丁酯。通过单因素试验和正交试验，探讨了催化剂用量、催化剂固载量、酸醇摩尔比、反应时间等因素对酯化率的影响，获得了反应的合适条件：在固载量为 34%、n（柠檬酸）∶n（正丁醇）为 1∶4、固载催化剂用量为 2.5 g（以 10.5 g 柠檬酸为准）、反应时间为 2.5 h 和油浴温度为 140 ℃的优化条件下，转化率达到 91.7%。该方法的反应温度低，副反应少，酯化率高，工艺条件及后处理简单，对环境污染少，且催化剂可重复使用，降低了成本，是一种有工业前景的催化剂。

2007 年，陈平等[121]以磷钨酸和结晶三氯化铝为原料合成磷钨酸铝，并以此为催化剂，由柠檬酸与正丁醇的反应合成了柠檬酸三丁酯。通过单因素试验，考查了醇酸摩尔比、催化剂用量、反应时间和反应温度对酯化反应的影响，获得了最佳的反应条件：醇酸摩尔比为 4.5∶1，催化剂用量为柠檬酸质量的 2.5%，反应温度为 150 ℃，反应时间为 4 h。在此条件，产品的收率达 93.5%。催化剂虽经多次重复使用，仍具有较高的催化活性，可回收再利用。

2008 年，刘春丽等[122]以分子筛 SBA-15 为载体，采用浸渍法负载磷钨酸作催化剂，由柠檬酸和正丁醇反应合成了柠檬酸三丁酯。通过单因素试验，考查了醇酸比、反应温度、催化剂用量、反应时间等因素对酯化率的影响，获得了适宜的反应条件：醇酸摩尔比为 4∶1，磷钨酸负载质量分数为 27%，催化剂用量为反应物总质量的

1.3%，反应时间为 7 h，酯化率最高可达 96%。催化剂重复使用 10 次，酯化率几乎不下降，显示了良好的稳定性。

2008 年，常玥等[123]利用回流蒸发吸附法制备了坡缕石负载的十二磷钨杂多酸，并将其作为催化剂用于柠檬酸和正丁醇的反应合成了柠檬酸三丁酯。采用正交试验，研究了影响酯化反应的因素，获得了最佳的工艺条件：在 *n*（柠檬酸）∶*n*（正丁醇）=1∶4、催化剂用量为 1.0 g（以 10.5 g 柠檬酸为准）、反应温度为 145 ℃、反应时间为 3.0 h 时，酯化率可达 86.4%。该催化剂具有反应温度低、副反应少、可重复使用、对环境污染小等优势，是有工业前景的催化剂。

2010 年，袁霖等[124]用活性炭负载硅钨酸作催化剂，由柠檬酸与正丁醇的酯化反应合成了柠檬酸三丁酯。通过单因素试验，对柠檬酸与正丁醇的酯化反应条件进行优化，获得了最佳的反应条件：在酸醇的摩尔比为 1∶6.0、催化剂的负载量为 18%、催化剂用量为柠檬酸质量的 1.2%、反应温度为 150 ℃、反应时间为 4 h 时，柠檬酸的酯化率达 92.3%。该反应具有催化剂用量少、催化剂易回收并可重复利用、反应速率快、产率较高等特点。

2010 年，胡兵等[125]采用浸渍法制备了磷钼钒杂多酸催化剂，并将其用于柠檬酸和正丁醇的反应合成了柠檬酸三丁酯。通过单因素试验，考查了催化剂用量、反应时间、醇酸摩尔比、反应温度对柠檬酸三丁酯合成的影响，得出了适宜的反应条件：*n*（正丁醇）∶*n*（柠檬酸）=5∶1，*m*（催化剂）∶*m*（柠檬酸）=1.5∶100，反应温度为 130 ℃，反应时间为 3 h。杂多酸作为催化剂，其催化活性高，操作简便，酯化条件温和，副反应少，易于分离回收与重复利用，对环境无污染，对设备无腐蚀作用，具有广阔的应用前景。

2010 年，李丹娜[126]用自制的固载杂多酸为催化剂，由柠檬酸与正丁醇的反应合成了柠檬酸三丁酯。通过单因素试验，探讨了催化剂负载量、反应时间、酸醇摩尔比等因素对酯化反应的影响，得到了最佳的反应条件：酸醇摩尔比为 1∶5，催化剂加入量为柠檬酸质量的 3%，反应温度为 117～123 ℃，反应时间为 3 h。在此条件下，酯化率可达到 94.7%。该方法的反应温度低，酯化率高，工艺条件与后处理简单，对环境的污染小，对设备无腐蚀，而且催化剂可以重复使用，将大大降低生产成本，是一种较有应用前景的催化剂。

2012 年，李洪超等[127]以磷钨杂多酸为催化剂，由柠檬酸与正丁醇的酯化反应合成了柠檬酸三丁酯。通过单因素试验，考查了不同反应条件对酯化反应的影响，获得了最佳的反应条件：当醇酸摩尔比为 4.0∶1、催化剂用量占醇酸总质量的 3%、反应温度为 150 ℃、反应时间为 3.5 h 时，产物的收率达到 97.96%。磷钨酸的催化活性和选择性都较高，且不挥发、污染少、不腐蚀设备、后处理简单，是较为理想的酯化催化剂。

2012 年，聂丽娟等[128]用 3-氨丙基三甲氧基硅烷对硅胶进行改性，然后负载磷钨酸，制备了改性硅胶负载磷钨酸催化剂，并将其用于柠檬酸和正丁醇的反应合成了柠檬酸三丁酯。通过正交试验，探索酸醇物质的量的比例、反应时间以及催化剂用量 3 个因素对整个反应的影响，得到了最佳的反应条件：以 10.5 g 柠檬酸为准，当 n（柠檬酸）∶n（正丁醇）为 1∶4、改性硅胶负载磷钨酸催化剂为 2.5 g（负载量为 43.5%），反应温度为 140 ℃，反应时间为 4 h 时，产物的产率为 92.1%。改性硅胶负载磷钨酸与活化硅胶负载磷钨酸催化合成柠檬酸三丁酯相比较，改性硅胶负载磷钨酸的负载量大、重复利用性好。改性硅胶负载磷钨酸催化剂相对于传统的硫酸催化剂，产率高，环境污染小，是一种具有工业前景的催化剂。

2014 年，周华锋等[129]以硅酸钠为硅源，十六烷基三甲基溴化铵为模板剂，采用溶胶-凝胶法合成了负载型硅钨酸/二氧化硅催化剂，并将其用于柠檬酸和正丁醇的反应合成了柠檬酸三丁酯。研究表明，在制备催化剂时，溶液 pH 为 9、硅钨酸负载量为 50%时，制备的硅钨酸/二氧化硅具有较好的催化活性和重复使用性。该催化剂初次使用时，柠檬酸的转化率在 300 min 可达到 89.09%，重复使用 6 次，柠檬酸的转化率在 300 min 仍可达到 86.86%。

2016 年，周杰等[130]采用超声波浸渍法制备了活性炭负载 12-磷钨酸催化剂，并将其用于柠檬酸和正丁醇的反应合成了柠檬酸三丁酯。通过单因素试验，考查不同反应条件对酯化反应的影响，获得了最佳的反应条件：在 n（柠檬酸）∶n（正丁醇）=

1∶4、磷钨酸负载量为 25%、催化剂占酸醇总质量的 7%、回流时间为 4 h 的条件下，酯化率可达 97.6%。催化剂重复使用 5 次，仍具有较高的活性，酯化率仍高达 80.5%。

2017 年，王少鹏等[131]采用浸渍法将硅钨酸负载于分子筛 SBA-15 上，制备了负载型硅钨酸催化剂，并将其用于柠檬酸和正丁醇的反应合成了柠檬酸三丁酯。利用正交试验，对反应的影响因素（醇酸摩尔配比、硅钨酸负载量、催化剂用量、反应温度和反应时间）进行优化，获得了最佳的反应条件：醇酸摩尔比为 5∶1，硅钨酸负载量为 27%，催化剂用量为 3.0%，反应温度为 140 ℃，反应时间为 5 h。此时，酯化率达到 96.9%。催化剂重复使用 5 次，催化性能稳定，具有很好的工业应用价值。

2017 年，李丹娜[132]以二氧化钛为载体，采用溶胶-凝胶法合成负载型硅钨酸（$H_4SiW_{12}O_{40}/TiO_2$），并将其作为催化剂用于柠檬酸和正丁醇的酯化反应合成了柠檬酸三丁酯。通过单因素试验，考查不同反应条件对酯化反应的影响，确定了反应的适宜条件：柠檬酸与正丁醇摩尔比为 1∶5，硅钨酸在二氧化钛上的负载量为 40%，催化剂用量为柠檬酸质量的 5%，带水剂甲苯加入量为正丁醇体积的 10%，反应时间为 3 h，反应温度为保持回流温度。在此条件下，柠檬酸三丁酯的收率可达 95.8%。催化剂重复使用 6 次后，转化率明显下降。该方法的反应温度低，酯化率高，工艺条件与后处理简单，对环境的污染小，对设备无腐蚀，而且催化剂可以重复使用，将大大降低生产成本，是一种较有应用前景的催化剂。

2017 年，李泽贤等[133]采用沉淀法制备了 3 种磷钨酸银盐（$Ag_xH_{3-x}PW_{12}O_{40}$，x=1，2，3），并将其作为催化剂用于柠檬酸和正丁醇的酯化合成了柠檬酸三丁酯。研究表明，$Ag_1H_2PW_{12}O_{40}$ 的催化活性最高。通过单因素试验，考查了催化剂用量、酸醇摩尔比、反应温度和时间对合成柠檬酸三丁酯反应的影响，获得了最佳的反应条件：当正丁醇与柠檬酸摩尔比为 4∶1、催化剂用量为柠檬酸质量的 1.5%、反应温度为 150 ℃、反应时间为 3 h 时，酯化率可达到 95.3%。此外，催化剂易于分离，经过 4 次使用后，其催化活性没有发生显著变化。

2019 年，张圆圆等[134]通过离子交换法合成了一系列 Keggin 型杂多酸 $H_nXW_{12}O_{40}$

（$X=P^{5+}$、Si^{4+}、B^{3+}；n=3，4，5），并将其作为催化剂应用于柠檬酸和正丁醇的反应合成了柠檬酸三丁酯。通过单因素试验，考查了催化剂用量、酸醇摩尔比、反应时间和反应温度对催化合成柠檬酸三丁酯酯化率的影响，获得了合成柠檬酸三丁酯的最佳工艺条件：以 0.05 mol（10.5 g）柠檬酸为准，酸醇摩尔比为 1∶4，催化剂用量为 0.3 g，反应温度为 130 ℃，反应时间为 4 h。以硅钨酸为催化剂，柠檬酸三丁酯的酯化率可达 98.79%。该方法的工艺条件稳定，且产品后处理方便，减少了环境污染，为柠檬酸三丁酯的绿色合成提供了一类有应用前景的催化剂。

2020 年，王斌等[135]以 3−氨丙基三乙氧基硅烷改性的 SBA−15 为载体，以具有不同组成的 Keggin 型磷钨钼杂多酸 $H_3PW_nMo_{12-n}-O_{34}$（n=0，6，12）为固体酸催化剂，通过对 SBA−15 表面修饰获得一系列介孔分子筛/硅烷偶联剂@磷钨钼杂多酸复合催化剂 PWMo@SBA−15/Apts，并将其用于柠檬酸和正丁醇的反应合成了柠檬酸三丁酯。通过单因素试验，考查不同多酸组成、催化剂用量、酸醇摩尔比、反应时间、反应温度对催化合成柠檬酸三丁酯酯化率的影响，获得了最佳的反应条件：当柠檬酸与正丁醇的摩尔比为 1∶5、多酸固载量为 50%、催化剂用量为 0.4 g（以 10.5 g 柠檬酸为准）、反应温度为 130 ℃、反应时间为 7 h 时，平均酯化率可达 97.36%。催化剂重复使用 8 次后，酯化率仍可达 74.38%。表明该催化剂具有良好的结构稳定性及可重复使用性能，为柠檬酸三丁酯的催化合成提供了一类催化活性高、可重复使用的绿色催化剂。

2021 年，小梅等[136]以 3−(甲基丙烯酰氧)丙基三甲氧基硅烷（MEMO）表面改性的介孔分子筛 SBA−15 为载体，制备了一系列介孔分子筛/硅烷偶联剂@杂多酸复合催化剂 SBA−15/MEMO@$H_nXW_{12}O_{40}$（$X=P^{5+}$、Si^{4+}、B^{3+}；n=3，4，5），并将其用于柠檬酸和正丁醇的反应合成了柠檬酸三丁酯。通过单因素试验，分别考查了酸醇摩尔比、催化剂用量、反应温度、反应时间对催化合成柠檬酸三丁酯酯化率的影响，并获得了合成柠檬酸三丁酯的最佳工艺条件：当酸醇摩尔比为 1∶4、负载型硅钨酸催化剂的负载量为 50%、催化剂用量为 3.8%、反应温度为 140 ℃、反应时间为 6 h、带水剂环己烷用量为 5 mL 时，酯化率可达 97.56%。催化剂重复使用 7 次后，酯化率仍可达 62.67%。

2022 年，王志强等[137]以硅钨酸（$H_4SiW_{12}O_{40}$）为催化剂、介孔分子筛 SBA-15 为载体，将浸渍法与焙烧法相结合制备了一系列介孔分子筛固载硅钨酸复合催化剂 SiW_{12}/SBA-15，并将此催化剂用于催化合成柠檬酸三丁酯的酯化反应中。通过单因素试验，考查酸醇摩尔比、催化剂用量、反应温度、反应时间对催化合成柠檬酸三丁酯酯化率的影响，获得了最佳的反应条件：当柠檬酸与正丁醇的摩尔比为 1∶5、固载型催化剂用量为 0.5 g（以 10.5 g 柠檬酸为准）、反应温度为 130 ℃、反应时间为 5 h 时，柠檬酸三丁酯的酯化率最高可达 97.82%。在焙烧温度为 380 ℃所制备的固载型催化剂表现出较好的可重复使用性能，重复使用 4 次后，柠檬酸三丁酯的酯化率仍可达 73.28%。

5. 分子筛

2001 年，汪树清等[138]以分子筛和离子交换树脂为催化剂，合成了无毒增塑剂柠檬酸三丁酯。用分子筛和离子交换树脂作催化剂时，柠檬酸三丁酯的收率分别为 86.2%和 82.6%。但是，还有许多因素需进一步仔细考查，如酸醇的摩尔比、反应时间、反应温度、催化剂的用量、催化剂的套用及再生、不同规格的分子筛对该酯化反应的影响，以及离子交换树脂转型处理的好坏等因素都需要进一步的优化考查。以分子筛和离子交换树脂催化合成柠檬酸三丁酯的优点是后处理简单。

2003 年，刘汉文等[139]以脱铝超稳 Y（DUSY）沸石为催化剂，由柠檬酸与丁醇的酯化反应合成了柠檬酸三丁酯。通过单因素试验，考查了催化剂硅铝比、催化剂用量、反应物配比、反应温度、反应时间等因素对反应的影响，获得了适宜的反应条件：以 100 mmol 柠檬酸为准，n（酸）∶n（醇）＝1∶5.5、催化剂用量为 2.0 g，反应温度为 136 ℃，反应时间为 2.5 h。在此条件下，柠檬酸三丁酯的收率高达 91.5%。该催化剂对柠檬酸的直接酯化反应具有显著的催化作用，反应速率快、后处理简便、收率高、催化剂回收方便并可重复使用。

2004 年，武宝萍等[140]采用直接和间接合成法，将硼原子嵌入介孔分子筛 SBA15 骨架中，制备了催化剂介孔分子筛 B-SBA-15，并将其用于柠檬酸与正丁醇的酯化反应合成了柠檬酸三丁酯。间接和直接合成法合成的催化剂活性对比结果表明，间接合成法制备催化剂的活性高于直接合成催化剂。通过单因素试验，重点考查了催化剂中硅硼比、催化剂用量、反应温度和酸醇摩尔比等因素对间接合成催化剂酯化反应性能的影响，筛选出了催化剂的最佳硅硼摩尔比为 30∶1，最佳反应条件为：酸醇摩尔比为 1∶6，催化剂用量为原料质量的 1.5%，反应温度为 130 ℃。

2008 年，武宝萍等[141]将硅钨酸负载在纯硅介孔分子筛 SBA-15 的表面上，制备了负载型催化剂 SiW_{12}/SBA-15，并将其用于合成柠檬酸三丁酯的酯化反应。采用正交试验，考查了反应温度、催化剂用量、酸醇摩尔比对柠檬酸转化率的影响，获得了最佳的反应条件：酸醇摩尔比为 1∶4，催化剂用量为总物料质量的 1.5%，反应温度为 120 ℃。在此条件下反应 4 h，柠檬酸转化率可达到 91.5%，产物的纯度为 99.3%。

2009 年，李丽等[142]以纯硅 SBA-15 为载体，制备了具有纯硅 SBA-15 结构的介孔分子筛催化剂 ZrO_2/SBA-15，并将其用于合成柠檬酸三正丁酯。通过单因素试验，考查了催化剂中硅锆摩尔比、催化剂用量、反应时间、反应温度、酸醇摩尔比对酯化反应的影响，得出了合成柠檬酸正丁酯的最佳反应条件为：催化剂中硅锆摩尔比为 100∶3，正丁醇用量为 2 mol，酸醇摩尔比为 1∶6，催化剂用量为原料质量的 2%，反应温度为 130 ℃，反应时间为 5 h。在此条件下，柠檬酸的转化率为 88%。该介孔分子筛催化剂具有较高的稳定性，是合成柠檬酸三丁酯较为理想的分子筛催化剂。

2010 年，武宝萍等[143]采用后合成法制备了介孔分子筛催化剂 P-SBA-1，并将其作为固体酸催化剂用于合成柠檬酸三丁酯。通过单因素试验，重点考查了催化剂用量、酸醇摩尔比、反应温度、反应时间等因素，获得了最佳的反应条件：酸醇摩尔比为 1∶6，催化剂用量为反应物总质量的 1.5%，反应温度为 140 ℃，反应时间为 5 h。催化剂连续使用 5 次，酸转化率仍在 88.7%以上。

2011 年，查飞等[144]以正丁胺为模板剂，采用水热法制备了 NaY 型分子筛，用制备的分子筛分别负载 CuO-ZnO_2-Al_2O_3 及 $FeCl_3$，并将其用于柠檬酸三丁酯的合成。研究表明，在 n（柠檬酸）∶n（正丁醇）=1∶5、催化剂用量为反应物质的量的 5%、反应温度为 405 K、反应时间为 3 h 的条件下，酯化率超过 75%。

2011 年，何锡凤等[145]以苄基磺酸化 MCM-41 介孔分子筛（SBM）为催化剂，合成了柠檬酸三丁酯。通过正交试验，考查了不同反应条件对酯化反应的影响，获得了最佳的反应条件：当 *n*（酸）∶*n*（醇）为 1.0∶8.0、催化剂用量为柠檬酸质量的 3%、回流反应时间为 7 h 时，酯化率为 93%。催化剂重复 4 次后，酯化率还可以达到 76.3%。

2012 年，何锡凤等[146]以铈掺杂介孔分子筛 MCM-41 作为催化剂，合成了柠檬酸三丁酯。通过正交试验，研究了不同反应条件对酯化反应的影响，获得了最佳的反应条件：当 *n*（柠檬酸）∶*n*（正丁醇）=1∶5.0、催化剂用量为酸质量的 5%、反应温度为 140 ℃、反应时间为 7 h 时，酯化率为 91.2%。催化剂重复使用 4 次后，酯化率仍可达到 77%左右。

2012 年，张哲等[147]采用硫酸磺酸化苄基介孔分子筛 SBM 作为催化剂，合成了柠檬酸三丁酯。通过正交试验，研究了不同反应条件对酯化反应的影响，获得了最佳的反应条件：当 *n*（柠檬酸）∶*n*（正丁醇）=1.0∶9.0、催化剂用量为 5%、反应温度为 110 ℃、反应时间为 9 h 时，酯化率为 96.26%。催化剂重复使用 4 次后，酯化率仍可达到 85.09%左右。

2013 年，李冬燕等[148]对超稳 Y 沸石（USY）进行水蒸气和硝酸铵水溶液脱铝，并采用过量浸渍法制备了脱铝 USY 负载磷钨酸（PW）催化剂，将其用于柠檬酸与正丁醇的酯化反应合成了柠檬酸三丁酯。研究表明，催化剂的酸量和酸强度与 USY 脱铝程度相关，水蒸气脱铝后的 USY1 具有较大酸量和适宜的酸强度。USY1 催化剂具有最大的柠檬酸转化率（97.3%），柠檬酸正三丁酯的选择性为 98.8%，适宜的反应条件为：反应温度为 110 ℃，反应时间为 90 min。催化剂重复使用 4 次后，柠檬酸的转化率保持在 80%以上，产品选择性高于 98%。

2014 年，单佳慧等[149]采用液相离子交换法对 NaY 分子筛进行改性，制备了 CuY、CeY 和 FeY 分子筛催化剂，并将其用于柠檬酸三丁酯的合成。通过单因素试验，研究不同反应条件对酯化反应的影响，获得了最佳的反应条件：酸醇摩尔比为 1∶4，催化剂用量为柠檬酸质量的 3%，回流反应时间为 5 h。此时，酯化率达 97.3%。

该催化剂可回收、重复使用，其稳定性较高。

2018 年，朱庆娇等[150]通过草酸对 β 分子筛进行脱铝，再用硝酸氧锆对其进行改性制备了 Zr-β 分子筛，并将其作为催化剂应用于柠檬酸与正丁醇的反应制备了柠檬酸三丁酯。通过单因素试验，对改性分子筛的催化性能进行研究，获得了最佳的反应条件：柠檬酸与正丁醇摩尔比为 1∶4、Zr-β 分子筛占反应原料的质量分数为 3.6%。此时，反应 4 h，柠檬酸的转化率为 74.1%，高于浓硫酸的 71.5%。因而，Zr-β 分子筛可代替浓硫酸作为合成柠檬酸三丁酯的固体催化剂。

6. 树脂

2002 年，祝文存[151]用大孔径阳离子树脂为催化剂，以柠檬酸和正丁醇为原料，合成了柠檬酸三正丁酯。通过单因素试验，对催化剂用量、原料配比及带水剂用量等因素对反应的影响进行了研究，获得了最佳的反应条件：以 D72 离子交换树脂为催化剂，酸醇摩尔比为 1∶5，催化剂的用量为占体系总量的 4.5%～5.5%，带水剂苯的用量为 25～30 mL。大孔径强酸性离子交换树脂对该反应具有较高的催化活性，且可重复使用及再生，不污染环境。

2003 年，訾俊峰[152]以阳离子树脂负载氯化铁为催化剂，以柠檬酸和正丁醇为原料，合成了柠檬酸三丁酯。通过单因素试验，研究了反应时间、醇酸摩尔比、催化剂用量等因素对反应的影响，获得了最佳的反应条件：当柠檬酸用量为 0.1 mol，正丁醇用量为 0.5 mol，催化剂用量为 4 g，以 15 mL 甲苯作带水剂，在 105～130 ℃下，保持反应 5 h，平均酯收率可达 90%以上。该催化剂不仅具有较高的催化活性，而且还易于与产品分离，后处理简单，对设备无腐蚀。

2003 年，陈平等[153]以一种大孔耐温强酸性阳离子交换树脂为催化剂，由柠檬酸与正丁醇的酯化反应合成了柠檬酸三丁酯。通过单因素试验，考查了醇酸摩尔比、催化剂用量、反应时间、反应温度对酯化反应的影响，获得了合成柠檬酸三丁酯的最优化反应条件：醇酸摩尔比为 5∶1，催化剂用量为柠檬酸质量的 12%，反应温度为 150 ℃，反应时间为 4 h。在此条件下，产品的收率达 90%以上。该方法后处理简单，产物收率高，产品质量好。

2009 年，董玉环等[154]以废弃的全氟磺酸树脂为催化剂、柠檬酸和正丁醇为原料，在微波辐射条件下合成了柠檬酸三丁酯。通过单因素试验，对影响合成柠檬酸三丁酯的因素进行研究，获得了最佳的反应条件：当醇酸摩尔比为 6∶1、催化剂用量为 0.315 g（以 0.025 mol 柠檬酸为准）、微波辐射时间为 40 min、微波辐射功率为 500 W 时，柠檬酸三丁酯的最高产率可达 93.9%。该催化剂绿色环保且易于回收，重复使用 6 次以上，产率仍可达到 90%以上。该方法具有减少环境污染、易与反应物分离、产品后处理简单、易于回收再利用、产率高等优点。从环保角度来看，全氟磺酸树脂是一种具有良好发展前景和推广价值的绿色环保型固体酸催化剂。

2009 年，江涛等[155]以催化树脂为催化剂，以柠檬酸和正丁醇为原料，合成了柠檬酸三丁酯。通过单因素试验，探讨了催化剂用量、反应温度、酸醇摩尔比、反应时间和搅拌速度等因素对酯化反应的影响，确定了最佳的反应条件：酸醇摩尔比为 1∶3.5，催化剂用量为 8 g，反应温度不超过 140 ℃，反应时间为 4 h，搅拌速度为 400 r/min。在此条件下，柠檬酸三丁酯的酯化率达 96.32%以上。催化剂经多次使用后活性虽有所下降，但总体稳定性较好。

2010 年，郭鑫等[156]以大孔强酸性阳离子交换树脂为催化剂，以柠檬酸和正丁醇为原料，合成了环保型增塑剂柠檬酸三丁酯。通过单因素试验，对诸多反应影响因素进行考查，得到了最佳的反应条件：n（柠檬酸）∶n（正丁醇）=1∶4.5，催化剂用量为 20%（以柠檬酸计算），反应温度为 130 ℃。在此条件下，酯化率为 94.3%。用大孔强酸性阳离子交换树脂为催化剂，重复性好，而且催化活性高，易分离，不腐蚀设备，无废酸排放，催化剂易再生，是一种环境友好型催化剂。

2011 年，张萌萌等[157]以 $SnCl_4$ 改性阳离子交换树脂为催化剂、柠檬酸和正丁醇为原料，合成了柠檬酸三丁酯。通过单因素试验，考查了催化剂用量、反应物摩尔比、反应温度、反应时间对反应的影响，获得了最佳的工艺条件：n（正丁醇）∶n（柠檬酸）=4.1∶1，催化剂用量为反应物总质量的 4.5%，反应温度为 155 ℃，反应时间为 6 h。在此条件下，柠檬酸三丁酯的产率可达 97.3%。催化剂不经任何处理、重复使用 8 次后，产率仍为 96%。

2012 年，王金明等[158]采用负载双金属路易斯酸的 KC104 树脂作催化剂，以柠檬酸和正丁醇为原料，合成了增塑剂柠檬酸三丁酯。通过单因素试验，获得了最佳的反应条件：柠檬酸和正丁醇的酸醇摩尔比为 1∶4.5，催化剂用量为柠檬酸质量的 8%，反应温度为回流温度。在此条件下，产物的产率大于 95%，选择性可达 98%，增塑效果接近增塑剂邻苯二甲酸二辛酯。KC104 树脂催化剂，使用寿命长，稳定性好。

2012 年，王金明等[159]采用负载双金属路易斯酸的树脂催化剂，以柠檬酸和正丁醇为原料，合成了柠檬酸三丁酯（TBC），再经乙酰化生成乙酰柠檬酸三丁酯（ATBC）、油酰柠檬酸三丁酯（OTBC）、十八碳酰柠檬酸三丁酯（ETBC）。研究表明，催化剂 KC124 的催化效果最好，催化活性最强。催化剂 KC124 使用寿命长，稳定性好。该催化剂的活性强且价格便宜，无腐蚀性及“三废”产生，收率及纯度高，生产时间短，综合成本低，是当前柠檬酸三丁酯的理想又节能的合成方法，值得工业上快速推广应用。

2014 年，李敢等[160]以 D72 树脂为催化剂，以柠檬酸和正丁醇为原料，合成了柠檬酸三丁酯。通过单因素试验，对影响反应的因素进行研究，获得了反应的最佳条件：在 n（正丁醇）∶n（柠檬酸）=5∶1、催化剂用量为 20%（以柠檬酸质量计算）、回流反应时间为 6.5 h 的条件下，产物的收率可达 94.3%。催化剂重复使用 5 次，其收率基本能保持在较高的水平上。用 D72 树脂代替液体催化剂具有可循环使用，通过过滤很容易与产物分离，减少设备腐蚀，环境友好等优点，具有一定的应用前景。

2015 年，李敢等[161]以 NKC-9 酸性树脂为催化剂，以柠檬酸和正丁醇为原料，合成了柠檬酸三丁酯。通过单因素试验，考查了醇酸摩尔比、催化剂用量、反应时间和转速 4 个因素对收率的影响，获得了最佳的合成条件：n（正丁醇）∶n（一水合柠檬酸）=4.5∶1、催化剂用量为 15%（以一水合柠檬酸质量计），反应时间为 6 h，转速为 500 r/min。此时，收率可达 95.4%。该催化剂的活性高，催化剂可重复使用 5 次，易再生，环境污染小。

此外，蒋挺大[162]也报道了树脂在柠檬酸三丁酯合成中的应用。

7. 固体超强酸

1995 年，彭晟等[163]制备了固体酸 ZrO_2–TiO_2/SO_4^{2-} 催化剂，并将其用于柠檬酸三丁酯的合成。通过单因素试验，考查了不同反应条件对酯化反应的影响，确定了反应的最佳工艺条件：柠檬酸与正丁醇的摩尔比为 1∶3.8，催化剂用量为柠檬酸用量的 1%，反应温度为 150 ℃，反应时间为 3 h。在此条件下，酯化率可达 92%，收率接近 99%。该方法的工艺简单，酯化温度低，反应时间短，并且可减少废水排放。

1997 年，艾仕云[164]采用固体超强酸 SO_4^{2-}/TiO_2 为催化剂，以柠檬酸和正丁醇为原料，合成了柠檬酸三丁酯。通过单因素试验，研究了不同反应条件对酯化反应的影响，获得了最佳的反应条件：醇酸摩尔比为 5∶1，催化剂用量为 1.25%，反应温度为回流温度，反应时间为 4.5 h。在此条件下，酯的产率达 98%以上。该催化剂具有无腐蚀、无污染环境等优点，易于工业化生产。

1999 年，郭锡坤等[165]制备了固体酸催化剂 Al_2O_3–TiO_2/SO_4^{2-}，并将其用于柠檬酸三正丁酯的合成。通过正交试验，考查了反应时间、初始进料摩尔比、催化剂用量对反应产率的影响，获得了最佳的反应条件：柠檬酸与正丁醇摩尔比为 1∶3.5、催化剂的质量分数为 1.5%、回流反应时间为 3 h。在此条件下，产率可达 97%以上。该催化剂的稳定性也较好，重复使用 5 次反应产率仍高于 94%。同时，该催化剂与浓硫酸比，能使副反应少，产品色泽浅，后处理方便，设备腐蚀性小，因而可望取代浓硫酸催化剂。

1999 年，熊国宣等[166]以固体超强酸为催化剂，柠檬酸、正丁醇为原料，合成了柠檬酸三丁酯。通过单因素试验，考查了影响产率的多种因素，确定了最佳的反应条件：以 SO_4^{2-}/ZrO_2 为催化剂，柠檬酸与正丁醇的摩尔比为 1∶3.6，催化剂用量为 0.6%，回流反应时间为 2.5 h。该方法的反应速度快，产品收率高，操作简便，同时催化剂稳定性好，可多次重复使用。

1999 年，林绮纯等[167]将固体超强酸催化剂（ZrO_2–Dy_2O_3/SO_4^{2-}–沸石分子筛）用于合成柠檬酸三丁酯。通过单因素试验，对催化剂的制备条件和柠檬酸三丁酯的合成条件进行了研究。研究表明，催化剂的最佳制备条件是：以硫酸铵作浸渍液，SO_4^{2-} 浓度为 10%，在 823 K 下焙烧 3 h。合成柠檬酸三丁酯的最佳反应条件为：酸醇摩尔比为 1∶4，催化剂用量为总投料量的 1.5%，反应时间为 3 h，酯化率在 97% 以上。该方法具有较好的催化活性和稳定性，酯化时间短，酯化率较高，且工艺简单，制备方便，不腐蚀设备，无三废污染。

2000 年，王天舒等[168]制备了固体酸 TiO_2–SiO_2–Er/SO_4^{2-} 催化剂，并将其用于合成柠檬酸三丁酯。通过正交试验的方法，研究了反应因素对柠檬酸三丁酯酯化率的影响，获得了最佳的反应条件：酸醇摩尔比为 1∶3.8，催化剂用量为 1.2%，反应时间为 3 h。该方法所得产品的色泽浅，后处理方便，不污染环境。

2000 年，孙长勇等[169]将自制固体超强酸催化剂 SO_4^{2-}/TiO_2 应用于柠檬酸三丁酯的合成。通过单因素试验，对酸醇摩尔比、催化剂用量等酯化反应条件进行了优化，获得了最佳的反应条件：酸醇摩尔比为 1∶4，催化剂用量为总投料量的 1.5%，反应时间为 3.5 h。在此条件下，酯的产率达 90%以上。

2001 年，林绮纯等[170]制备了分子筛复合超强酸催化剂 ZrO_2–Dy_2O_3/SO_4^{2-}–HZSM-5（ZDSH），由柠檬酸和正丁醇的酯化反应合成了柠檬酸三丁酯。通过单因素试验，考查了制备条件对催化剂性能的影响。研究表明，当焙烧温度为 550 ℃、质量分数为 3%、以硫酸铵作促进剂且硫酸铵用量为 10%时，催化活性最好。催化剂 ZDSH 具有良好的催化活性和稳定性，能使柠檬酸的转化率达到 97.67%，反复使用 5 次后，催化活性只下降了 4.41%。

2001 年，夏淑梅等[171]以磁性固体酸 ZrO_2/Fe_3O_4 为催化剂，用柠檬酸和正丁醇合成了柠檬酸三丁酯。通过单因素试验，考查了反应时间、酸醇摩尔比、催化剂用量对酯化产生率的影响，确定了最佳的反应条件：当醇酸摩尔比为 1∶5、催化剂用量为 1 g（占总质量的 1.5%）、回流反应时间为 2.5 h 时，产物的产率可达 96.28%。该方法操作简单，产品收率高，催化剂稳定性好，易分离。

2001 年，姜业朝等[172]制备了固体酸催化剂 SO_4^{2-}–TiO_2–Fe_2O_3，并将其用于柠檬酸三正丁酯的合成。通过单因素试验，考查了反应时间、初始进料摩尔比、催化剂用量对反应产率的影响，获得了最佳的反应条件：醇酸摩尔比为 6∶1，催化剂用量为 2.0 g（相对于 0.1 mol 的柠檬酸），加热回流反应时间为 3 h。在此条件下，转化率达 94.5%，纯度大于 99.0%。该催化剂具有很高的催化活性，且可反复使用达 10 次，使用寿命长，反应工艺简单，不腐蚀设备，无三废排放，便于工业化生产。

2002 年，付丽华等[173]制备了 SO_4^{2-} 改性的锆交联黏土固体酸催化剂，并将其用于柠檬酸三丁酯的合成。通过单因素试验，考查了催化剂用量、酸醇摩尔比、反应时间、反应温度对其催化合成柠檬酸三丁酯的影响，获得了最佳的反应条件：*n*（柠檬酸）∶*n*（正丁醇）=1∶4、催化剂用量占反应投料总质量为 1.2%，反应温度为 150 ℃，反应时间为 3.5 h。在此条件下，柠檬酸的转化率达 96.60%，反应产物柠檬酸三丁酯的质量分数大于 99.00%。该催化剂具有产物质量分数高、后处理简单等优点，是具有实际应用价值的环境友好催化剂。

2002 年，赵菊仙等[174]制备了 WO_3-TiO_2-SO_4^{2-} 固体超强酸催化剂，并将其用于柠檬酸和正丁醇的酯化反应合成了柠檬酸三丁酯。通过单因素试验，考查了不同反应条件对酯化反应的影响，获得了最佳的反应条件：醇酸摩尔比为 3.9∶1，催化剂用量占总投料质量的 1.5%，反应温度为 155 ℃，反应时间为 4 h。在此条件下，柠檬酸的转化率达 98%。该方法的反应时间短，后处理工艺简单，反应转化率高，对设备的腐蚀较轻。

2003 年，孟宪昌等[175]制备了纳米固体超强酸 SO_4^{2-}/Fe_2O_3 催化剂，并将其用于柠檬酸三丁酯的合成。通过正交试验，对酯化反应的几种影响因素进行了研究，获得了最佳的反应条件：当 *n*（柠檬酸）∶*n*（正丁醇）=0.1∶0.45、催化剂用量为 1.5 g（柠檬酸为 0.1 mol 时）、回流反应时间为 120 min 时，酯化率可达 99.1%。该方法的反应时间短，所用催化剂量小，产品易于分离，酯化产率高，催化剂可重复使用多次，且催化剂易于制备，性能稳定、安全，使用方便，无毒副作用，不腐蚀设备，对环境无污染，具有一定的应用价值。

2003 年，孙长勇等[176]制备了固体超强酸催化剂 Tm-SO_4^{2-}/TiO_2，并将其应用于柠檬酸和正丁醇的酯化反应合成了柠檬酸三丁酯。通过单因素试验，对酸醇摩尔比、催化剂用量和反应时间等酯化反应条件进行了优化，获得了最佳的合成条件：*n*（柠檬酸）：*n*（正丁醇）=1：4，催化剂用量占总投料量质量的 1.5%，回流反应时间为 3.5 h。在此条件下，柠檬酸转化率达 94.4%，柠檬酸三丁酯选择性为 99.2%，产率达 93.6%，产品纯度大于 99%。催化剂重复使用 5 次后，催化活性仍高达 93.1%。

2003 年，杨秀利等[177]以固体超强酸 $SO_4^{2-}/TiO_2/La^{3+}$ 为催化剂、柠檬酸和正丁醇为原料，合成了柠檬酸三丁酯。通过单因素试验，考查了影响反应的因素，获得了最适宜的反应条件：醇酸摩尔比为 5.0：1，催化剂用量为柠檬酸用量的 0.6%，带水剂甲苯为正丁醇体积的 1/9，反应时间为 2.5 h。在此条件下，其酯化率可达 95.6%。该催化剂的催化活性高，后处理方便，可重复使用，对环境产生三废极少，有良好的工业实用价值。

2004 年，张小曼等[178]制备了磁性 SO_4^{2-}/ZrO_2 固体超强酸催化剂，并将其应用于合成柠檬酸三丁酯的反应。通过单因素试验，考查了不同反应条件对酯化反应的影响，获得了最佳的反应条件：固定柠檬酸用量为 0.1 mol，当醇酸摩尔比为 6.0：1.0、磁性催化剂用量为 1.4 g、回流反应时间为 2.5 h 时，酯化率可达 97.4%。利用其磁性即可将催化剂分离，回收率达 84%以上，并能重复使用。

2004 年，行春丽等[179]制备了磁性 $SO_4^{2-}/Fe^{2+}Fe_2^{3+}O_4-ZrO_2$ 固体超强酸催化剂，并将其用于柠檬酸三丁酯的合成。通过单因素试验，考查了不同反应条件对酯化率的影响，获得了最佳的反应条件：丁醇与柠檬酸的摩尔比为 3.7：1、催化剂用量为 1.2%、反应温度为 150 ℃、反应时间为 5 h。在此条件下，柠檬酸的转化率达 96%。可利用外加磁场将催化剂从产物中迅速分离，回收率达 83.2%，并且催化剂能重复使用。

2004 年，施磊等[180]用 $S_2O_8^{2-}$ 浸渍钛硅复合氧化物制得了固体超强酸 $S_2O_8^{2-}/TiO_2-SiO_2$，并将其用于柠檬酸与丁醇的酯化反应合成了檬酸三丁酯。通过单因素试验，考查制备催化剂的各因素对反应的影响。当反应时间为 6 h，以及制备催化剂的 *n*（Ti）：*n*（Si）为 1：1、过硫酸铵溶液的浓度为 0.3 mol/L、浸渍时间为 8 h、焙烧温度为 400 ℃及焙烧时间为 5 h 等情况下，制得的催化剂具有很高的催化活性。该催化剂的催化活性高，后处理方便，不产生三废污染，在工业上有较大的应用前景。

2004 年，丁欣宇等[181]以固体超强酸 $S_2O_8^{2-}$ /ZrO_2–SiO_2 作催化剂，由柠檬酸和正丁醇的反应合成了柠檬酸三丁酯。通过单因素试验，考查了影响酯化反应的主要因素，确定了反应的最佳条件：柠檬酸用量为 0.1 mol，正丁醇与柠檬酸的摩尔比为 4.8∶1，催化剂用量为 1.4%（以柠檬酸质量计），反应温度为 130～140 ℃，反应时间为 3.5 h。在此条件下，柠檬酸的酯化率为 95.1%。该催化剂具有较好的选择性与活性，后处理较为方便，对设备腐蚀及环境污染都较小，易与产物分离，再生后可重复使用，是一种较为理想的催化剂。

2004 年，丁欣宇等[182]以固体超强酸 $S_2O_8^{2-}$ /TiO_2–SiO_2 为催化剂，以柠檬酸和正丁醇为原料，合成了柠檬酸三丁酯。通过单因素试验，考查了醇酸摩尔比、催化剂用量、反应时间、反应温度对酯化反应的影响，获得了反应的最佳条件：酸醇摩尔比为 1∶5.4，催化剂用量为反应物总质量的 0.94%，反应温度为 130 ℃，反应时间为 6 h。在此条件下，酯化率可达 93.4%。该催化剂具有制备简便、与产品分离容易、不易腐蚀设备、重复使用后仍保留良好的活性等优点。

2004 年，金瑞娣等[183]以 $S_2O_8^{2-}$ /ZrO_2–SiO_2 固体酸为催化剂，以柠檬酸、正丁醇为原料，合成了柠檬酸三丁酯。通过单因素试验，考查了影响反应酯化率的各种因素，确定了最佳的反应条件：当 n（Zr）∶n（Si）=1∶13、醇酸摩尔比为 1∶4、催化剂用量为 0.75 g（以 0.1 mol 柠檬酸为准）、反应温度为 140 ℃、反应时间为 3.5 h 时，柠檬酸的转化率可达 98.3%。该方法的反应条件温和，不腐蚀设备，无环境污染，可重复使用，有一定的工业应用价值。

2005 年，金瑞娣等[184]采用共沉淀法制备了 $S_2O_8^{2-}$ /ZrO_2–SiO_2 固体酸催化剂，并将其用于柠檬酸三丁酯的合成反应。通过单因素试验，考查了制备条件对催化剂活性的影响，并对催化剂的稳定性进行分析。研究表明，当 n（Zr）∶n（Si）=1∶13 时，用 0.5 mol/L 的过硫酸铵溶液浸渍 2 h，550 ℃焙烧 3 h，催化剂用量为 0.75 g 时，柠檬酸的转化率可达 97.3%。而且催化剂具有较高的稳定性，可重复使用 5 次以上。

2005 年，汪显阳[185]以固体超强酸 $S_2O_8^{2-}$ /TiO_2–ZrO_2 为催化剂，以柠檬酸和正丁

醇为原料，合成了柠檬酸三丁酯。通过单因素试验，考查了催化剂制备条件对催化活性的影响，以及酸醇摩尔比、反应时间、催化剂用量诸因素对酯化率的影响。研究表明，在 0.5 mol/L 过硫酸铵溶液中浸渍 TiO_2–ZrO_2，过滤后于 500 ℃下焙烧 3 h，得到的催化剂活性最高；当酸醇摩尔比为 1∶4、催化剂用量为反应物总量的 1.5%、反应时间为 3 h 时，酯化率可达 98.5%以上。该方法具有良好的催化性能，酯化时间短，酯化率高，重现性好，而且操作方便，催化剂易于分离，对环境友好。

2007 年，吴燕妮等[186]采用固体超强酸 SO_4^{2-}/SnO_2 系列为催化剂，以柠檬酸和正丁醇为原料，合成了柠檬酸三丁酯。通过单因素试验，考查了不同稀土添加量、不同硫酸浸渍浓度、不同焙烧温度等制备催化剂条件对酯化反应的影响，获得了最适应的催化剂制备条件，使得柠檬酸正丁酯的酯化率可达 95.87%。

2008 年，张萍等[187]用 SiO_2 负载纳米级 SO_4^{2-}/TiO_2 固体超强酸为催化剂，以柠檬酸和正丁醇为原料，合成了柠檬酸三正丁酯。通过单因素试验，研究了不同反应条件对酯化反应的影响，获得了最佳的反应条件：当醇酸摩尔比为 3.5∶1、催化剂占反应物总质量的 2.66%、回流反应时间为 3.0 h 时，柠檬酸的转化率为 98.1%。催化剂重复使用 6 次后，转化率仍高达 90.5%。该催化剂选择性好，无副产物生成，具有较好的应用前景。

2008 年，吴燕妮等[188]采用溶胶–凝胶法制备了稀土固体超强酸催化剂 SO_4^{2-}/SnO_2–CeO_2，并将其用于柠檬酸和正丁醇的反应合成了柠檬酸三丁酯。通过单因素试验，着重考查了影响酯化反应的主要因素，获得了较适宜的酯化反应条件：正丁醇与柠檬酸的摩尔比为 4∶1，催化剂用量为 4.0%（投料总量的质量分数），回流反应时间为 3.5 h。在此条件下，柠檬酸的酯化率达到 95.87%。

2008 年，文瑞明等[189]采用浸渍法制备了负载稀土的固体超强酸 Ce(Ⅳ)–SO_4^{2-}/TiO_2 催化剂，并将其用于柠檬酸三丁酯的合成。通过单因素试验，考查不同反应条件对酯化率的影响，获得了最佳的反应条件：当四水合硫酸高铈的质量分数（占浸渍液）为 2.0%、硫酸浸渍液浓度为 0.6 mol/L、酸醇摩尔比 1∶4、催化剂用量为 1.2 g（以 0.1 mol 一水合柠檬酸为准）、反应时间为 3.0 h 时，酯化率为 86.5%。催化剂重复使用 5 次后，其酯化率仍达 78.7%。该催化剂具有制备简单、活性较高、对设备无腐蚀，后处理简单、污染环境小等优点。

2008 年，刘鑫等[190]以固体超强酸$SO_4^{2-}/TiO_2/La^{3+}$为催化剂、柠檬酸和正丁醇为原料，合成了增塑剂柠檬酸三丁酯。通过单因素试验，研究了不同反应条件对酯化产率的影响，获得了最佳的反应条件：醇酸摩尔比为 1∶3.6，催化剂固体超强酸用量为 0.6%（质量分数），适宜的回流反应时间为 2.0 h。在此条件下，酯化反应收率达 93.1%。该催化剂的反应快，产品收率高，操作简便，而且克服了硫酸腐蚀设备、污染环境的缺点，同时催化剂稳定性好，可多次重复使用，是一种有前途的酯化反应的催化剂。

2009 年，王富丽等[191]利用水热制备了介孔材料 MCM-41，以其为载体负载固体超强酸SO_4^{2-}/ZrO_2，从而制备了SO_4^{2-}/ZrO_2/MCM-41 催化剂，并将其应用于柠檬酸三丁酯的合成。研究表明，在固定床反应器中，以柠檬酸和正丁醇为原料，当醇酸摩尔比为 4.5、反应温度为 140 ℃、空速为 1.0 h^{-1}时，柠檬酸的酯化率最高可达 94.5%。

2009 年，常玥等[192]利用离子交换法制备了 Al 柱撑坡缕石，以SO_4^{2-}改性得到了SO_4^{2-}/Al-PGS 固体超强酸催化剂，并将其用于柠檬酸三丁酯的合成。通过单因素试验，考查了不同反应条件对酯化反应的影响，获得了最佳的反应条件：在柠檬酸和正丁醇的摩尔比为 1∶5、催化剂用量为柠檬酸质量的 9.5%、反应温度为 140 ℃、反应时间为 6 h 时，酯化率可达 93.0%。该方法具有制备简单、原料成本低、可重复使用及对环境污染小的优点。

2010 年，于兵川等[193]以复合固体超强酸SO_4^{2-}/ZrO_2-TiO_2为催化剂，以柠檬酸和正丁醇为原料，合成了柠檬酸三丁酯。通过单因素试验，考查了催化剂用量、投料比和反应终点温度对反应的影响，获得了最佳的反应条件：投料比 n（柠檬酸）∶n（正丁醇）=1∶（4.5～5.0），催化剂用量为 1.5%～2.0%（以总投料量质量计），反应终点温度为 140～145 ℃，反应时间为 3.5 h。此时，酯化率达 98.5%以上，产品质量达到或超过国家优级品标准。催化剂可重复使用 5 次，酯化率仍保持 98.5%左右，且无腐蚀、环境污染小、再生容易。

2010年，乔艳辉等[194]以固体超强酸$S_2O_8^{2-}$/SnO_2–SiO_2为催化剂，以柠檬酸和正丁醇为原料，合成了柠檬酸三丁酯。通过单因素试验，考查不同反应条件对酯化反应的影响，获得了最佳的工艺条件：*n*（柠檬酸）∶*n*（正丁醇）=1∶4，催化剂用量占柠檬酸质量的2%，回流温度为120 ℃，反应时间为4 h。在此条件下，酯化率为96.2%。催化剂经重复使用5次，活性未见明显降低。该催化剂活性高、稳定性好，是一种具有开发应用前景的合成柠檬酸三丁酯的优良催化剂。

2011年，冯喜兰等[195]以固体超强酸SO_4/ZnO–TiO_2作催化剂，柠檬酸、正丁醇为原料，合成了柠檬酸三丁酯。通过单因素试验，考查了反应条件对酯化率的影响，获得了最佳的反应条件：正丁醇和柠檬酸的摩尔比为4.0∶1，催化剂用量为柠檬酸质量的1.0%，反应温度为130～140 ℃，反应时间为2.5 h。在此条件下，酯化率达98%以上。

2015年，刘建平等[196]以稀土超强酸$S_2O_8^{2-}$/ZrO_2–La_2O_3为催化剂、柠檬酸和正丁醇为原料，合成了柠檬酸三丁酯。通过正交试验，优化了催化剂用量、酸醇摩尔比、反应时间等对酯化率的影响，获得了最优的催化合成条件：醇酸摩尔比为4.0∶1，催化剂用量为柠檬酸质量的2.0%，反应温度为175 ℃，反应时间为180 min。此时，酯化率可达98.27%。催化剂可循环使用5次，且不会明显降低活性。

8. 离子液体

2008年，资炎等[197]采用功能化酸性离子液体作催化剂，以柠檬酸和正丁醇为原料，合成了柠檬酸三丁酯。通过单因素试验，考查了不同反应条件对酯化反应的影响，获得了最佳的反应条件：以[TEA-PS][HSO_4]为催化剂，当酸醇摩尔比为1∶3.8、催化剂用量为柠檬酸质量的15%、反应温度为130 ℃、反应时间为3.5 h时，其酯化率达99%以上。催化剂经洗涤之后循环利用8次，催化活性无明显降低。该催化剂具有催化活性高、产品色泽浅、易于分离、后处理简单、循环利用效率好、再生容易等优点，是合成柠檬酸三丁酯的一种良好绿色催化剂。

2008年，雍靓等[198]制备了一系列酸功能化离子液体，并将其作为催化剂用于合成柠檬酸三丁酯。通过单因素试验，考查各种离子液体的催化活性，选定酸功能化离子液体 1-甲基-3-(丙基-3-磺酸基)咪唑硫酸氢盐（$[HSO_3\text{-}pmim]HSO_4$）为催化剂，研究了催化剂用量、醇酸摩尔比、反应时间等因素对酯化反应的影响，获得了较佳的工艺条件：醇酸摩尔比为 5.5∶1，催化剂用量为反应物总质量的 8.0%，反应温度为 110～150 ℃，反应时间为 3 h。在此条件下，酯化率达到 99.0%。分离出的离子液体未经任何处理重复使用 8 次后，酯化率仍为 95.2%。该酸性离子液体具有较强的 Brønsted 酸催化活性，且易与产物分离，很好地克服了现有工艺中存在的产物与催化剂分离困难，及催化剂不能重复使用或再生使用的缺点，是合成柠檬酸三丁酯的一种新而有效的环境友好的催化剂。

2008 年，王有菲等[199]制备了一系列磺酸根功能化的离子液体，并将其作为催化剂用于柠檬酸三丁酯的合成。通过单因素试验，系统考查了反应时间、酸与醇的配比、催化剂的用量、不同阳离子、不同阴离子等因素对反应的影响，获得了最佳的反应条件：以离子液体$[(C_2H_5)_3N(CH_2)_4SO_3H][HSO_4]$为催化剂，当酸与醇的摩尔比为 1∶4.5、催化剂用量为反应物总质量的 1%、反应时间为 4 h 时，酯化率可达 99%以上。研究表明，离子液体对柠檬酸三丁酯的合成具有较高的催化活性，其中阳离子对该反应的性能影响不大，不同阳离子的催化剂对该反应均具有很高的催化活性；阴离子对该反应的影响很大，不同酸根的催化剂的催化性能相差很大。

2008 年，谢毅等[200]以功能化离子液体 3-*N*,*N*,*N*-三甲铵基丙磺酸硫酸氢铵盐（$[TMPS][HSO_4]$）为催化剂，由柠檬酸和正丁醇的酯化反应合成了柠檬酸三丁酯。通过单因素试验，考查不同反应条件对酯化产率的影响，获得了最佳的反应条件：在 *n*（柠檬酸）∶*n*（正丁醇）=1∶3.5、催化剂用量为 6%（与柠檬酸的摩尔比）、反应温度为 125～130 ℃、反应时间为 3.0 h 的条件下，酯化率可达 99%。反应结束后，产物与催化体系分层，使得分离过程简化。离子液体可以循环使用 9 次，催化活性无明显变化。与传统工艺相比，该工艺的反应时间较短、反应温度较低、副反应少，且不使用有机溶剂作为带水剂。同时，该工艺的能耗低、效率高、环境友好，符合绿色化学的发展方向，具有潜在的工业化应用前景。

随后，谢毅[201]又进一步报道了功能化离子液体 3-*N*,*N*,*N*-三甲铵基丙磺酸硫酸氢铵盐（[TMPS][HSO_4]）在柠檬酸三丁酯合成中的应用。

2012 年，郁盛健等[202]以 1-(3-磺酸基)丙基-3-甲基咪唑磷钨酸盐（[MIMPS]$_3PW_{12}O_{40}$）为催化剂，以柠檬酸和正丁醇为原料，合成了柠檬酸三丁酯。通过单因素试验，考查了醇酸摩尔比、反应时间和催化剂用量对酯化反应的影响，获得了最佳的反应条件：在醇酸摩尔比为 4.0∶1、催化剂用量为柠檬酸质量的 2%、反应温度不高于 140 ℃、反应时间为 5 h 的条件下，酯化率高达 99.7%。离子液体具有良好重复使用效果，重复使用 5 次后，酯化率仍高于 90%。

2012 年，滕俊江等[203]以离子液体 *N*-甲基咪唑硫酸氢盐（$[Hmim]^+[HSO_4]^-$）为催化剂，以柠檬酸和正丁醇为原料，合成了无毒增塑剂柠檬酸三丁酯。通过单因素试验，考查了不同反应条件对酯化反应的影响，获得了最佳的工艺条件：*n*(柠檬酸)∶*n*（正丁醇）=1∶4.5，催化剂用量占反应物料总质量的 5%，回流反应时间为 3.5 h。在此条件下，产品的收率为 97.31%。催化剂重复使用 5 次，仍保持较好的催化活性。该催化剂的活性高，稳定性好，是一种具有开发应用前景的合成柠檬酸三丁酯的优良催化剂。

2012 年，杨兰[204]制备了 4 种离子液体，并将其作为催化剂用于柠檬酸三丁酯的合成。通过单因素试验，系统考查了酸与醇的配比、催化剂的种类等因素对反应的影响，获得了最佳的反应条件：以酸性功能化离子液体[HSO_3-bPydin][HSO_4]为催化剂，酸与醇的摩尔比为 1∶5，催化剂用量为反应物总质量的 15%，回流反应时间为 3 h。在此条件下，酯化率为 97%。反应后分离出的离子液体未经任何处理重复使用 10 次，酯化率仍为 96%。该酸功能化离子液体具有较强的催化酯化活性，易与产物分离，重复使用效果较好，是一种合成柠檬酸三丁酯的环境友好催化剂。

2013 年，李可可等[205]以酸功能化离子液体 1-(4-磺酸基)丁基-3-甲基咪唑磺酸盐（[$(CH_2)_4SO_3$Hmim]HSO_4）、1-(4-磺酸基)丁基吡啶硫酸氢盐（[$(CH_2)_4SO_3$HPy]HSO_4）及 1-(4-磺酸基)丁基三乙胺硫酸氢盐（[$(CH_2)_4SO_3$HTEA]HSO_4）为催化剂，合成了柠檬酸三丁酯。通过单因素试验，系统考查了反应时间、酸与醇的配比、催化剂的用量、不同阳离子、不同阴离子等因素对反应的影响，得到了较佳的工艺条件。当酸醇摩尔比为 1∶4.5、催化剂用量为反应物总质量的 2%、反应时间为 4 h 时，酯化率可达 99%以上。分离出的离子液体未经任何处理重复使用 5 次后，酯化率仍可达到 89.5%。

2013 年，尹延柏等[206]采用 *N*-甲基咪唑硫酸氢盐离子液体为催化剂，合成了柠檬酸三丁酯。通过单因素试验，在催化剂用量为反应物总质量 15%的条件下，考查了原料配比、反应时间对反应物酯化率的影响，得到了最佳的反应条件：丁醇与柠檬酸摩尔比为 6∶1，带水剂甲苯为 25 mL，反应温度为 110 ℃，反应时间为 7 h。在此条件下，柠檬酸的酯化率大于 97%。催化剂可重复使用 10 次以上，柠檬酸的酯化率仍然在 98%左右，之后逐渐下降。用离子液体合成的柠檬酸三丁酯增塑剂色度值远低于市售同类产品，酸值、水分两者相近，产品质量优于市售产品。

2014 年，郭剑桥等[207]制备了具有 Brønsted 酸性的单核叔铵盐离子液体 1-(丙酸基)高哌啶硫酸氢盐（$[HMILS]HSO_4$）和双核叔铵盐离子液体双-(1-高哌啶)亚丁基双硫酸氢盐（$HMIBL[HSO_4]_2$），并将其作为催化剂用于柠檬酸和正丁醇的酯化反应合成了柠檬酸三丁酯。通过单因素试验，研究不同反应条件对酯化反应的影响，获得了最佳的反应条件：以双核离子液体 $HMIBL[HSO_4]_2$ 为催化剂，当 n（正丁醇）∶n（柠檬酸）∶n（$HMIBL[HSO_4]_2$）=5∶1∶0.05、反应温度为 120 ℃、反应时间为 3 h 时，柠檬酸的转化率和柠檬酸三丁酯的选择性分别为 98.91%和 99.53%。反应后的酸性离子液体可以回收，稳定性好，重复使用 10 次后，仍有较高的催化活性。

2014 年，郭剑桥等[208]以高哌啶为主要原料，采用两步法制备了对甲苯磺酸叔铵盐离子液体 1-(丙酸基)高哌啶对甲苯磺酸盐（[HMILS]OTs）和双-(1-高哌啶)亚丁基双对甲苯磺酸盐（$HMIBL[OTs]_2$），并将其作为催化剂用于柠檬酸和正丁醇的酯化反应合成了柠檬酸三丁酯。通过单因素试验，研究不同反应条件对酯化反应的影响，获得了最佳的反应条件：以 $HMIBL[OTs]_2$ 为催化剂，在 n（正丁醇）∶n（柠檬酸）∶n（$HMIBL[OTs]_2$）=5∶1∶0.07、反应温度为 120 ℃、反应时间为 3.5 h 的条件下，柠檬酸的转化率和檬酸三丁酯的选择性分别为 98.2%和 98.6%。离子液体催化剂使用后可以回收，且重复使用 8 次后，催化活性无明显降低。研究表明，双核高哌啶为阳离子的离子液体明显比其单核离子液体的酸性和催化活性高，且原料易得，制备方法简单，可进一步拓宽在其他酸催化反应中的应用。

2014 年，夏海虹等[209]制备了咪唑类酸性离子液体（$[HSO_3\text{-}pmim]^+[HSO_4]^-$），并将其作为催化剂用于微波加热方式下柠檬酸三丁酯的合成。通过单因素试验，研究不同反应条件对酯化反应的影响，获得了最佳的反应条件：醇酸摩尔比为 6∶1，催化剂用量为柠檬酸质量的 15%，微波辐射功率为 650 W，反应时间为 0.5 h。此时，羧基转化率可达 99%。反应过的催化剂不经任何处理可重复使用 7 次，转化率仍在 96%以上。自制的咪唑类离子液体催化合成柠檬酸三丁酯时比常规催化剂反应时间短，且羧基转化率更高。微波加热能提高反应速率，由常规加热的 4 h 缩短至 0.5 h。

2014 年，贺进等[210]以离子液体 1-(3-磺酸基)丙基-3-甲基咪唑硫酸盐（$[PSmim][HSO_4]$）为催化剂，合成了柠檬酸三丁酯。研究表明，离子液体催化合成柠檬酸三丁酯的催化效率高于浓硫酸，柠檬酸三丁酯平均收率在 91.50%，浓硫酸催化合成柠檬酸三丁酯的平均收率为 86%。该酸性离子催化合成柠檬酸三丁酯具有清洁、重复利用、催化活性高及后处理简便等优点。

2016 年，李潇等[211]以氯化胆碱和一水合对甲苯磺酸为原料，制备了一种氯化胆碱类离子液体，并将其作为催化剂用于柠檬酸三丁酯的合成。通过单因素试验，考查了一水合柠檬酸与正丁醇摩尔比、催化剂用量、氯化胆碱与一水合对甲苯磺酸摩尔比、反应温度和反应时间对反应的影响，获得了较优的工艺条件：一水合柠檬酸与正丁醇摩尔比为 1.0∶4.0，催化剂用量为一水合柠檬酸质量的 5.0%，氯化胆碱与一水合对甲苯磺酸摩尔比为 1.0∶1.0，反应温度为 150 ℃，反应时间为 4.0 h。在此条件下，酯化率可达 98.41%。回收分离得到的离子液体重复使用 5 次后，酯化率仍达 93.13%。该方法具有良好的催化效果，制备和回收处理过程简单，能够重复多次使用，具有一定的工业应用价值。

2016 年，邵松雪等[212]以离子液体$[HSO_3\text{-}bmim]^+[HSO_4]^-$为溶剂与催化剂，在微波辅助下合成了柠檬酸三丁酯。研究表明，在醇酸摩尔比为 5、离子液体用量为 20%、反应温度为 120 ℃、微波辐射功率为 1 000 W、回流反应时间为 30 min 的条件下，酯化率达到 84.1%。微波技术的使用极大地缩短了酯化反应的时间。该方法具有污染小、反应时间短、催化剂与产物分离简单等优点，体现了绿色化学的理念。

2016 年，蒋广平等[213]制备了 1-(3-磺酸基)丙基-3-甲基咪唑磷钼酸盐（$[MIMPS]_3PMo_{12}O_{40}$）、1-(3-磺酸基)丙基-3-甲基咪唑磷钨酸盐（$[MIMPS]_3PW_{12}O_{40}$）和 1-(3-磺酸基)丙基-3-甲基吡啶磷钨酸盐（$[PyPS]_3PW_{12}O_{40}$）3 种杂多酸盐，并将其用于催化柠檬酸和正丁醇的反应合成了柠檬酸三丁酯。研究表明，$[MIMPS]_3PMo_{12}O_{40}$ 具有最好的催化效果，在其催化下，通过单因素试验，考查了反应条件对酯化率的影响，获得了最佳的反应条件。当醇酸摩尔比为 4.5∶1.0、催化剂用量为柠檬酸质量的 5%、反应温度为 130 ℃、反应时间为 3.5 h 时，酯化率可达 98.3%。而且，催化剂具有较好的重复使用性能，重复使用 5 次后，酯化率依然保持在 94%以上。

2019 年，杨铃等[214]采用离子液体 1-丁基-3-甲基咪唑硫酸氢盐作为催化剂，通过微波反应技术合成了柠檬酸三丁酯。通过单因素试验，考查了反应物料醇酸比、催化剂用量、反应时间对反应最终转化率的影响，并通过正交试验对微波合成的工艺条件进行优化设计，得出离子液体催化下微波合成的最佳条件：反应物料醇酸摩尔比 6.2∶1，催化剂用量为 15%（占柠檬酸的质量分数），反应温度为 118 ℃，微波反应时间为 4 h，微波功率为 600 W，羧基转化率为 71.78%。微波-离子液体合成法融合微波及离子液体两者优势，具有快速、高效、选择性好、产物易分离和对环境友好等特点。

2020 年，黄飞等[215]制备了绿色高效离子液体$[HSO_3\text{-}pmim]^+[HSO_4]^-$催化剂，采用微波协同离子液体催化柠檬酸和正丁醇合成了增塑剂柠檬酸三丁酯。通过单因素试验和正交试验，对催化剂种类、催化剂用量、柠檬酸与正丁醇摩尔比、微波功率、微波时间和反应温度进行探究，获得了最佳的反应条件：当柠檬酸和丁醇摩尔比为 1∶5、催化剂用量为 2.0 g（以 0.1 mol 柠檬酸为准）、微波功率为 600 W、微波时间为 30 min、反应温度为 130 ℃时，柠檬酸三丁酯产率可达 98.8%。该催化剂经过 8 次循环使用，柠檬酸三丁酯的产率仍可达到 91%以上，具有较好的催化活性和稳定性。该催化剂容易分离，可以多次循环使用，对环境无污染，生产成本较低，具有较高的实用价值和广阔的应用前景。

2020 年，黄飞等[216]制备了 7 种绿色高效离子液体催化剂，采用微波协同离子液体催化合成了增塑剂柠檬酸三丁酯。通过单因素试验和正交试验，对催化剂种类、催化剂用量、柠檬酸与正丁醇摩尔比、微波功率、微波时间和反应温度进行探究，获得了最佳的反应条件：以离子液体 1-(3-磺酸)丙基-3-甲基咪唑硫酸氢盐（$[HSO_3\text{-}pMIM]HSO_4$）为催化剂，其用量为柠檬酸质量的 3.5%，柠檬酸和丁醇摩尔比为 1∶4，微波功率为 450 W，微波时间为 5 min，反应温度为 120 ℃时，柠檬酸三丁酯产率可达 99.3%。该催化剂经过 10 次循环使用，柠檬酸三丁酯的产率仍可达到 97%以上，具有较好的催化活性和稳定性。该催化剂容易分离，可以多次循环使用，对环境无污染，符合绿色化学发展方向，具有较好的实用价值和工业化应用前景。

2022 年，王勤[217]以 L-谷氨酸与浓硫酸为原料，制备了$[L\text{-}Glu]HSO_4$离子液体，并将其应用到柠檬酸和正丁醇的酯化反应中。通过单因素试验，系统研究了正丁醇和柠檬酸摩尔比、离子液体用量、反应时间和反应温度等因素对反应的影响，获得了最佳的反应条件：*n*（正丁醇）∶*n*（柠檬酸）=5∶1，离子液体用量为 8%（以柠檬酸的物质的量计），反应温度为 120 ℃，反应时间为 3.5 h。此时，酯化率为 99.1%。催化剂重复使用 8 次，其酯化率仍可达到 94%以上。该离子液体是一种制备简单、成本低廉的离子液体，对设备无腐蚀、对环境无污染、可以多次重复使用，适合工业化生产的催化剂。

2022 年，向珏贻等[218]采用键合法以 *N*-甲基咪唑、三乙氧基氯硅烷及硫酸等为原料，堇青石、活性炭、蒙脱土及二氧化硅等为载体制备了 $MImHSO_4$/堇青石（$MImHSO_4/JQS$）、$MMImHSO_4$/活性炭（$MMImHSO_4/AC$）、$MImHSO_4$/蒙脱土（$MImHSO_4/MTT$）和 $MImHSO_4$/二氧化硅（$TMMImHSO_4/SiO_2$）催化剂，并用于催化柠檬酸和正丁醇的反应合成柠檬酸三丁酯中。通过单因素试验，研究了酯化反应的影响因素，获得了最佳的反应条件：以 $MImHSO_4/JQS$ 为催化剂，在酸醇摩尔比为 1∶3.5、催化剂用量为反应底物质量的 6%、反应温度为 145 ℃、反应时间为 9 h

的反应条件下，柠檬酸的转化率达到 91.1%。催化剂重复使用 7 次后，催化剂的活性基本保持不变，表明该功能化酸性离子液体是一种有潜力的新型酯化有机–无机杂化催化材料。

9. 金属氧化物

2005 年，赖文忠等[219]以纳米 CeO_2 为催化剂，以柠檬酸和正丁醇为原料，合成了无毒增塑剂柠檬酸三丁酯。通过单因素试验，探讨了催化剂用量、酸醇摩尔比、反应时间、反应温度对酯化反应的影响，获得了最佳的反应条件：n（柠檬酸）∶n（正丁醇）=1∶4.5，催化剂用量为柠檬酸质量的 2.0%，反应温度为 106～140℃，反应时间为 3.5 h。在此条件下，酯化率可达 93.47%，产品纯度大于 98.8%。该反应催化剂用量少、时间短、产品易于分离，产品颜色浅，酯化产率高，催化剂可重复使用，不腐蚀设备，对环境无污染，具有一定的应用价值。

2005 年，赖文忠等[220]以纳米 ZnO 为催化剂，以柠檬酸和正丁醇为原料，合成了无毒增塑剂柠檬酸三丁酯。通过单因素试验，探讨了催化剂用量、酸醇摩尔比、反应时间、反应温度对酯化反应的影响，获得了最佳的反应条件：n（柠檬酸）∶n（正丁醇）=1∶4.5，催化剂用量为柠檬酸质量的 1.5%，反应温度为 110～140 ℃，反应时间为 2.5 h。在此条件下，酯化率可达 97.23%，产品纯度大于 99%。纳米 ZnO 催化剂用于合成柠檬酸三丁酯，具有较好的催化活性和稳定性，酯化时间短，酯化率较高，且工艺简单，不腐蚀设备，无三废污染，是一种合成柠檬酸三丁酯的新型理想催化剂。

2007 年，赖文忠等[221]以纳米 Y_2O_3 为催化剂，以柠檬酸和正丁醇为原料，合成了无毒增塑剂柠檬酸三丁酯。通过单因素试验，探讨了催化剂用量、酸醇摩尔比、反应时间、反应温度对酯化率的影响，获得了最佳的反应条件：n（柠檬酸）∶n（正丁醇）=1∶4.5，催化剂用量为柠檬酸质量的 3.5%，反应温度为 114～153 ℃，反应时间为 2.5 h。在此条件下，酯化率可达 90.06%，产品纯度大于 98.88%。该催化剂具有较好的催化活性和稳定性，酯化时间短，酯化率较高，且工艺简单，不腐蚀设备，无三废污染，是一种合成柠檬酸三丁酯的新型理想催化剂。

2007 年，赖文忠等[222]以纳米 Nd_2O_3 为催化剂，以柠檬酸和正丁醇为原料，合成了无毒增塑剂柠檬酸三丁酯。通过单因素试验，探讨了催化剂用量、酸醇摩尔比、反应时间、反应温度对反应的影响，获得了最佳的反应条件：当 n（柠檬酸）∶n（正丁醇）=1∶4.5、催化剂用量为柠檬酸质量的 1.0%、反应温度为 114～158 ℃、反应时间为 3.0 h 时，酯化率为 88.9%，产品纯度为 98.92%。该催化剂的用量少，不腐蚀设备，不污染环境，有一定的应用价值。

2008 年，赖文忠等[223]以纳米 Sm_2O_3 为催化剂，以柠檬酸和正丁醇为原料，合成了无毒增塑剂柠檬酸三丁酯。通过单因素试验，探讨了催化剂用量、酸醇摩尔比、反应时间、反应温度对反应的影响，获得了最佳的反应条件：n（柠檬酸）∶n（正丁醇）=1∶5.0，催化剂用量为柠檬酸质量的 4.5%，反应温度为 114～147 ℃，反应时间为 3.0 h。在此条件下，酯化率可达 90.83%。该催化剂的用量少，不腐蚀设备，不污染环境，有一定的应用价值。

2008 年，裘小宁[224]采用 Fe_2O_3-TiO_2 复合氧化物为催化剂，以柠檬酸和丁醇为原料，合成了柠檬酸三丁酯。通过单因素试验，探讨了不同反应条件对酯化率的影响，获得了适宜的反应条件：n（TiO_2）∶n（Fe_2O_3）=3∶1，焙烧温度为 500 ℃，焙烧时间为 5 h，醇酸摩尔比为 5，催化剂用量为 0.20 g，酯化反应温度为 150 ℃，酯化反应时间为 4 h。在此条件下，酯化率可达 97.9%。该复合催化剂具有制备工艺简单、原料成本低、催化活性与稳定性高等优点。

2013 年，何林等[225]采用泥浆浸渍法制备了 6 种负载型 MoO_3 固体超强酸催化剂，并将其用于一水合柠檬酸与正丁醇的酯化反应合成了绿色增塑剂柠檬酸三丁酯。通过单因素试验，考查了催化剂载体、催化剂用量、反应时间、酸醇摩尔比和反应温度等对反应的影响，获得了最佳的反应条件：以 MoO_3/活性炭为催化剂，催化剂用量为 8%（质量分数），酸醇摩尔比为 1∶4，反应温度为 140 ℃，反应时间为 3.0 h。在此条件下，酯化率可达到 99%以上。另外，催化剂可以循环利用 5 次以上，酯化率仍保持在较高水平。该类催化剂制备方法简单，原料来源丰富廉价，催化剂的催化活性高，无腐蚀，环境友好，催化剂可重复使用多次，并能保持高的催化活性。

10. 其他催化剂

1997 年，陈河如等[226]以叔胺为催化剂，合成了无毒增塑剂柠檬酸三丁酯。通过单因素试验，探讨了投料比、反应时间对产率的影响，获得了较佳的反应条件：柠檬酸、正溴丁烷与叔胺的摩尔比为 1∶5∶6，回流反应时间为 2 h。在此条件下，酯的收率可达 97%。叔胺可等量回收，该合成路线可望用于工业生产。

2001 年，邹莉莉等[227]将自制的改性镍催化剂，应用于柠檬酸三正丁酯的合成。通过单因素试验，考查了不同反应条件对酯化反应的影响，获得了最佳的反应条件：当 n（柠檬酸）∶n（正丁醇）＝1∶5、催化剂用量为柠檬酸质量分数的 7%、反应体系温度为回流温度、反应时间为 5 h 时，酯的收率达 97%以上。该方法的工艺简单，反应时间短，催化剂重复使用重现性好。

2002 年，朱万仁[228]以黄铁矾固体酸为催化剂，合成了柠檬酸三丁酯。通过单因素试验，考查了不同反应条件对酯化反应的影响，获得了最佳的反应条件：当 n（柠檬酸）∶n（丁醇）＝1∶6、催化剂的用量（指铁元素）占柠檬酸质量的 5.5%、回流反应时间为 90 min 时，柠檬酸三丁酯的产率达到 97.8%。该方法具有速度快、催化效率高、产品分离提纯方便、对设备无腐蚀、无污染、易于回收循环使用等优点，值得在科研和生产中推广使用。

2002 年，李家贵等[229]采用复配非酸催化剂四水合硫酸铈+过硫酸钾+新洁尔灭，以柠檬酸、正丁醇为原料，合成了柠檬酸三丁酯。通过单因素试验，考查了影响产率的多种因素，确定了最佳的反应条件：以 0.03 mol 柠檬酸为准，当柠檬酸与正丁醇的摩尔比为 1∶4、催化剂四水合硫酸铈 0.8 g+过硫酸钾 0.2 g+新洁尔灭 1 mL、回流反应时间为 1.5 h、带水剂苯为 8 mL 时，酯的产率达 95%以上。该催化剂协同作用好，用量少，时间短，产率高，操作简便，是一种值得推广的催化剂。

2002 年，秦国平等[230]制备了锆交联累托土 Zr–CLR、SO_4^{2-}/Zr–CLR 催化剂，并将其用于柠檬酸三丁酯的合成。研究表明，SO_4^{2-}/Zr–CLR 显示出良好的催化活性和稳定性，转化率达到 95.63%，反复使用 5 次，活性仅下降了 4.17%。

2003 年，宋艳芬等[231]用磷铝固体酸作催化剂，以柠檬酸、正丁醇为原料，合成了柠檬酸三丁酯。当催化剂用量为固定床反应器体积的 1/3 时，考查了影响酯化率的各种因素，确定了最佳反应条件：酸醇摩尔比为 1∶5，反应温度为 160 ℃。该条件下的单程酯化率为 50%。采用自制磷铝固体酸催化剂在固定床反应器上合成柠檬酸三丁酯，操作简单，生产安全，减少对环境的污染，是比较理想的合成柠檬酸三丁酯的生产方法。

2003 年，刘静等[232]以自制的壳聚糖硫酸盐为催化剂，柠檬酸、正丁醇为原料，合成了柠檬酸三丁酯。通过单因素试验，探讨了酸醇的摩尔比、催化剂用量、反应时间、反应温度等因素对反应的影响，获得了最佳的反应条件：当酸醇的摩尔比为 1∶10、催化剂为柠檬酸用量的 21.4%、反应温度为 120 ℃、反应时间为 8 h 时，酯化率可达 97.26%，并且催化剂可重复使用多次。

2004 年，郑玉等[233]以钛酸四丁酯为催化剂，以柠檬酸和正丁醇为原料，合成了柠檬酸三丁酯。通过单因素试验，探讨了催化剂用量、反应温度、酸醇摩尔比和反应时间等因素对酯化反应的影响，确定了最佳的反应条件：酸醇摩尔比为 1∶4.1，催化剂用量为柠檬酸质量的 1.2%，反应温度为 150 ℃，反应时间为 4.5 h。在此条件下，柠檬酸三丁酯的酯化率达到 99%以上，产品纯度经色质联用仪（GC/MS）检测在 99.5%以上。钛酸四丁酯是合成柠檬酸三丁酯的优良催化剂，催化效率和酯化选择性较高，后处理简单，具有工业化开发价值。

同年，郑玉[234]又进一步报道了钛酸四丁酯在柠檬酸三丁酯合成中的应用。

2004 年，丁欣宇等[235]以钛酸四丁酯为催化剂、柠檬酸和正丁醇为原料，合成了柠檬酸三丁酯。利用单因素分析法，研究了醇酸摩尔比、催化剂用量、反应时间及反应温度对酯化反应的影响，获得了酯化反应的最佳条件：n（醇）∶n（酸）=3.6∶1.0，催化剂用量为柠檬酸质量的 0.40%，反应温度为 130～140 ℃，反应时间为 4 h。在此条件下，酯化率达到 94.51%，纯度大于 99.1%。该催化剂不腐蚀设备，对环境污染极小，用量少，不需要使用其他带水剂，使得后处理较简单，因而是一种较为理想的催化剂。

2005 年，毛立新等[236]以改性钛基固体酸为催化剂，合成了柠檬酸三丁酯。通过单因素试验，研究了不同反应条件对酯化反应的影响，确定了酯化反应的最佳条件：在柠檬酸 0.1 mol、丁醇 0.55 mol、催化剂 5.0%（以柠檬酸为基数的质量分数）、反应温度为 100～150 ℃、反应时间为 90 min 的条件下，柠檬酸的酯化率达到 99.2%以上。该催化剂性质稳定，不挥发，不吸湿，催化酯化反应温和，操作方便，不腐蚀设备，不污染环境，产品纯度高。

2005 年，陈志勇[237]以自制酸性膨润土为催化剂，以柠檬酸和正丁醇为原料，合成了柠檬酸三丁酯。通过单因素试验，不同反应条件对酯化反应的影响，获得了最佳的反应条件：当柠檬酸与正丁醇投料比为 1∶6、酸性膨润土加入量为柠檬酸投料量的 3.5%、反应温度为 125～130 ℃、反应时间为 4～5 h 时，产物的收率可达 93.50%。

2005 年，沈喜海等[238]以柠檬酸和正溴丁烷为原料，在水–氢氧化钾体系中，合成了柠檬酸三丁酯。通过单因素试验，考查了催化剂种类（聚乙二醇、三乙基苄基氯化铵、四丁基氯化铵、四丁基硫酸氢铵）、催化剂用量、原料配比以及反应时间等因素对柠檬酸三丁酯产率的影响，获得了最佳的反应条件：柠檬酸用量为 20 g，正溴丁烷用量为 66 mL，催化剂 PEG–400 用量为 3.0 g，回流反应时间为 1.5 h。在此条件下，酯收率达 82.6%。与传统方法相比，该方法反应条件温和，副反应少，缩短了反应时间，降低了反应成本。

2006 年，古绪鹏等[239]用粉煤灰与硫酸亚铁复合制备了固体酸催化剂，并将其用于合成柠檬酸三丁酯。通过对不同条件下制备的催化剂筛选发现，在 *w*（硫酸亚铁）∶*w*（粉煤灰）∶*w*（氧化钙）=1∶4∶1、焙烧温度为 550 ℃、焙烧时间为 5 h 的条件下，制备的催化剂（FSF–2g）具有较高催化活性。同时，通过单因素试验，考查了酯化反应条件对酯化率的影响，获得了最佳的反应条件：在原料酸醇摩尔比为 1∶3.5、催化剂用量为 2.0 g（为反应物柠檬酸质量的 12%）、反应温度为 100～120 ℃、反应时间为 3 h、带水剂甲苯为 5 mL 的条件下，酯化率可达 98%。该催化剂的性价比高，用于合成柠檬酸三丁酯具有对环境无污染、后处理简单等优点，具有广阔的应用前景。

2007 年，陈红等[240]通过咪唑基离子液体和蒙脱土在甲苯溶液中的离子交换反应，将热稳定性高的咪唑基有机阳离子$[C_{14}mim]^+$交换吸附进入蒙脱土片层间，制备了蒙脱土负载的有机阳离子固体催化剂$[C_{14}mim]^+$/MMT，并将其用于合成无毒增塑剂柠檬酸三丁酯的酯化反应。研究表明，该催化剂具有催化活性高、稳定性好和易分离的特点。

2007 年，宗封琦等[241]以柠檬酸和正丁醇为原料，将自制的固体酸催化剂 A104 用于合成无毒增塑剂柠檬酸三丁酯。通过单因素试验和正交试验，探讨了催化剂用量、酸醇摩尔比、反应时间、反应温度对酯化反应的影响，获得了最佳的反应条件：n（柠檬酸）∶n（正丁醇）=1∶4，催化剂用量为柠檬酸质量的 6%，带水剂苯的用量为 10 mL，回流反应时间为 1 h。在此条件下，转化率为 99.8%，产品纯度大于 98%。催化剂经重复使用 5 次，活性未见明显降低。

2008 年，喻红梅等[242]以钛酸异丙酯为催化剂，由柠檬酸与正丁醇的酯化反应合成了柠檬酸三丁酯。通过单因素试验和正交试验，考查了催化剂用量、酸醇摩尔比、反应时间、反应温度等因素对催化合成柠檬酸三丁酯的影响，确定了最佳的合成工艺条件：酸醇摩尔比为 1∶3.5，催化剂钛酸异丙酯用量为柠檬酸用量的 0.5%，反应时间为 6 h。在此条件下，柠檬酸转化率可达到 96%。该方法的催化效率和柠檬酸转化率较高，具有工业应用价值。

2008 年，王伟等[243]采用浓硫酸改性的活性炭作为催化剂，以柠檬酸和正丁醇为原料，合成了柠檬酸三丁酯。通过单因素试验，研究了影响酯化率的各因素，确定了最佳的合成条件：以 1 mmol 柠檬酸为基准，催化剂用量为 6.0 mg，回流反应时间为 3.5 h。在此条件下，酯化率可达 83.3%。该催化剂制备容易，且活性炭回收方便，反应时间短，酯化率较高，是一种具有开发前途的酯化反应催化剂。该工艺操作简单，反应污染少，对设备腐蚀小，在工业上有一定的应用前景。

2009 年，林裕等[244]利用水热法制备了钛柱撑膨润土，并以其作为催化剂用于合成柠檬酸三丁酯。通过单因素试验，主要考查了制备催化剂的钛/土比、焙烧温度、催化剂用量对该反应的影响。研究表明，在钛/土比例为 0.025 mol/g，焙烧温度为 673 K 条件下制得催化剂，催化剂用量为投料总质量的 1.2%时，催化剂的选择性达 98.60%，柠檬酸的转化率达 98.90%，柠檬酸三丁酯的纯度大于 99.00%。该催化剂具有良好的催化活性，而且后处理简单，产品质量好。

2009 年，邓斌等[245]以单质碘为催化剂，通过柠檬酸和正丁酯的酯化反应合成了柠檬酸三丁酯。通过正交试验，探讨了诸因素对酯化率的影响，确定了最优的合成工艺条件：当柠檬酸用量为 0.05 mol 时，醇酸摩尔比为 4.0∶1，催化剂用量为反应物料总质量的 1.0%，回流温度下反应 1.0 h，15 mL 甲苯作带水剂，酯化率可达 98.0%以上。该方法具有催化剂用量少、催化活性高，反应时间短，酯化率高的特点，而且工艺操作简单，基本无污染，是一种高效、经济、环保型的酯化反应催化剂，工业化应用前景较好。

2009 年，张宏等[246]以磺化硅胶为催化剂，以柠檬酸和正丁醇为原料，合成了柠檬酸三丁酯。通过单因素试验，考查了磺化硅胶催化剂用量、原料配比和回流时间对反应的影响，获得了最佳的工艺条件：n（柠檬酸）∶n（正丁醇）=1∶3.2，催化剂用量为柠檬酸质量的 1.30%，反应温度为 135～140 ℃，回流时间为 3 h。在此条件下，柠檬酸三丁酯的酯化率为 98.7%。该方法的催化剂制备简单、催化活性好、用量少，酯化率较高，可重复使用，无废酸排放，后处理简便，工艺流程简单，可降低生产成本。

2010 年，史高峰等[247]以自制固体酸为催化剂，以柠檬酸与正丁醇为原料，采用微波辐射法合成了柠檬酸三丁酯。通过单因素试验和正交试验，考查了微波辐射功率、辐射时间、催化剂的用量及酸醇摩尔比等对柠檬酸三丁酯产率的影响，确定了最佳的反应条件：当酸醇摩尔比为 1∶4、催化剂用量为柠檬酸质量的 3.0%、微波辐射功率为 500 W、辐射时间为 50 min 时，柠檬酸三丁酯的产率可达 96.5%。该方法具有产率高、不腐蚀设备、环境污染小，同时辐射时间短、后处理简单等特点，具有潜在的生产应用价值。

2011 年，杨秀群等[248]用 $WO_3/MoO_3/SiO_2$ 为催化剂、正丁醇和柠檬酸为原料，合成了柠檬酸三丁酯。通过单因素试验，考查醇与酸的摩尔比、反应温度和反应时间、催化剂用量和溶剂用量对酯化反应的影响，确定了合成柠檬酸三丁酯的最佳反应条件：*n*（正丁醇）∶*n*（柠檬酸）=4.5，催化剂用量为反应物柠檬酸质量的 6%，反应温度为 130～140 ℃，反应时间为 3.5 h，溶剂环己烷用量为 15 mL。在此条件下，酯化率最高达 98.5%，产率最高达 94.3%。该催化剂能重复利用，用量少，反应时间较短，产品后处理简单，对设备无腐蚀，是一个清洁催化合成工艺，具有一定的工业利用价值。

2013 年，胡仁国[249]以碳基固体酸为催化剂，由柠檬酸与正丁醇的酯化反应合成了绿色增塑剂柠檬酸三丁酯。通过单因素试验，考查了反应时间、酸醇的配比、碳基固体酸用量等因素对反应的影响，获得了最佳的反应条件：当柠檬酸与正丁醇摩尔比为 1∶4.5、催化剂用量为 3.0 g/mol 柠檬酸、反应时间为 4.0 h 时，转化率在 99%以上。

2014 年，王勤等[250]以可膨胀石墨为催化剂，柠檬酸和正丁醇为原料，合成了柠檬酸三丁酯。通过单因素试验，考查了酸醇摩尔比、催化剂用量和反应时间等因素对柠檬酸酯化率的影响，获得了最佳的反应条件：以柠檬酸 38.5 g（0.2 mol）为准，*n*（柠檬酸）∶*n*（正丁醇）=1∶4.5，催化剂用量为 1.0 g，反应时间为 4.5 h。此时，柠檬酸的酯化率达到 99.3%。而且，催化剂可连续使用 6 次，催化活性无明显降低。可膨胀石墨是合成柠檬酸三丁酯的一种较好的催化剂，具有产品色泽好、酯化率高、对设备无腐蚀、对环境无污染、可重复使用等优点，适合工业化生产使用。

2015 年，杜晓晗等[251]以锡粉和碘代正丁烷为原料，合成了氧化二正丁基锡，将其作为催化剂用于合成无毒增塑剂柠檬酸三丁酯。通过正交试验，考查了催化剂用量、醇酸摩尔比、反应温度等因素对酯化反应的影响，获得了最佳的反应条件：*n*（正丁醇）∶*n*（柠檬酸）=4.5∶1，催化剂用量为柠檬酸质量的 0.5%，反应温度为 120～130 ℃。在最佳反应条件下，柠檬酸三丁酯收率可达 98%以上。该方法具有醇耗量低、催化剂用量少、对环境友好等优点，符合绿色化学原则，具有良好的工业化前景和进一步开发价值。

2016 年，于清跃等[252]采用共沉淀法制备了复合催化剂 ZrO_2-TiO_2，并将其用于柠檬酸与正丁醇的酯化反应合成了柠檬酸三丁酯。研究表明，复合物中 ZrO_2 质量分数为 25%时，酯化反应催化效果最好，柠檬酸转化率最大为 96.6%，柠檬酸正三丁酯的选择性为 98.2%，适宜的反应条件为：反应温度为 115 ℃，反应时间为 90 min。反应 5 次后，柠檬酸转化率保持 80%以上，柠檬酸三丁酯选择性约为 98%。

2017 年，张晶等[253]以柠檬酸和正丁醇为原料，将自制的复合催化剂应用于无毒增塑剂柠檬酸三丁酯的合成。通过单因素试验，研究不同反应条件对产物收率的影响，获得了最佳的合成工艺条件：以 0.3 mol 柠檬酸为准，n（柠檬酸）∶n（正丁醇）=1∶4.5，催化剂用量为柠檬酸三丁酯质量的 2.5%，回流反应时间为 1.5 h。在上述条件下，产品收率为 98.48%，产品经气相色谱分析纯度大于 99.0%。该装置运行稳定，试验结果优良，具有较好的工业化前景。

2017 年，郭英雪等[254]应用一步水热碳化法制备了新型碳基固体酸催化剂，并将其用于合成增塑剂柠檬酸三丁酯。通过单因素试验，系统地考查了酸与醇的配比、反应时间、催化剂用量等因素对反应的影响，获得了最佳的反应条件：当酸与醇摩尔比为 1∶4.5、催化剂用量为 0.3 g/mol 酸、反应温度为 180 ℃、反应时间为 4 h 时，转化率可达 95%以上。该方法具有转化率高、重复使用性好、后处理简单等优点。

2019 年，张琪芳等[255]以对苯二甲醛与咔唑共聚形成的微孔有机骨架为前驱体，经高温水热碳化、氯磺酸磺化制备一种碳基固体酸催化剂，并将其用于柠檬酸与正丁醇的酯化反应合成了环保增塑剂柠檬酸三丁酯。通过单因素试验，对反应温度、催化剂质量、酸醇摩尔比等因素进行探究，获得了最适宜的反应条件：酸醇摩尔比为 1∶4，催化剂用量为 3 g/mol 酸，反应温度为 145 ℃。此时，柠檬酸转化率高达 99.57%，产物纯度为 99.30%。该催化剂具有较好的重复利用性，循环使用 5 次后，柠檬酸的转化率仍可达到 92.60%。

2019 年，路文娟等[256]以粉煤灰负载固体酸为催化剂，柠檬酸和正丁醇为原料，合成了柠檬酸三丁酯。通过单因素试验，考查了醇酸摩尔比、催化剂用量和反应时间对酯化收率的影响，获得了最佳的工艺条件：醇酸摩尔比为 4.5∶1，催化剂用量为 7%（占柠檬酸质量的百分比），回流反应时间为 4 h。此时，酯化收率可达 91.7%。该催化剂重复使用性能优良，对环境污染小。粉煤灰负载固体酸代替传统无机酸催化合成柠檬酸三丁酯，避免了水洗等工艺，减少了对环境的污染和对设备的腐蚀，催化剂可重复使用，同时也实现了粉煤灰的综合利用，具有广阔的应用前景。

虽然上述柠檬酸三丁酯的方法各有其自身的特色，但依然或多或少的存在催化剂制备复杂或难以回收使用，以及需要使用特殊仪器设备等缺陷，制约其在工业化生产中的应用。因而，探寻柠檬酸三丁酯的绿色合成方法仍然具有非常重要的研究意义。

低共熔溶剂甜菜碱盐酸盐-对甲苯磺酸（betaine HCl-PTSA）是一种新型绿色溶剂和催化剂，具有原料成本低廉、制备方法简便、易分离和回收利用等优势，符合绿色化学的基本原则，应用前景广泛。

本章采用低共熔溶剂甜菜碱盐酸盐-对甲苯磺酸为反应溶剂和催化剂，通过柠檬酸和正丁醇的酯化反应来制备柠檬酸三丁酯，其反应方程式如图 9.2 所示。

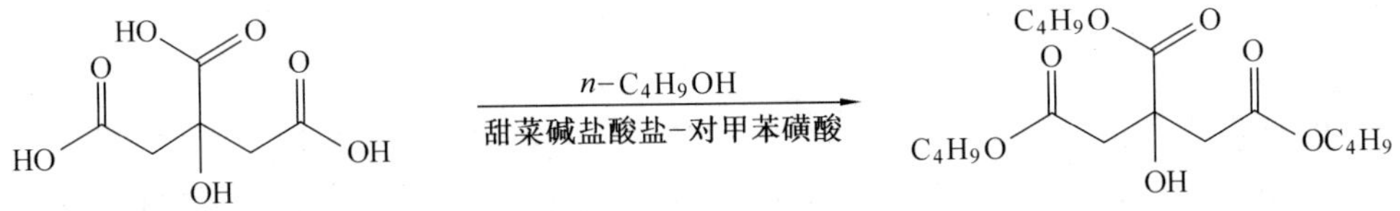

图 9.2　低共熔溶剂甜菜碱盐酸盐-对甲苯磺酸中柠檬酸三丁酯的合成反应方程式

9.2　试验部分

9.2.1　试验仪器和试剂

本试验所用主要仪器的名称、型号和生产厂家见表 9.1。

表 9.1　试验主要仪器的名称、型号和生产厂家

仪器名称	仪器型号	生产厂家
分析天平	JA2003	上海舜宇恒平科学仪器有限公司
集热式恒温加热磁力搅拌器	DF-101D	巩义市予华仪器有限责任公司
电热恒温鼓风干燥箱	DHG-9146A	上海精宏试验设备有限公司
真空干燥箱	DZF-6020	巩义市予华仪器有限责任公司
旋转蒸发器	YRE-5299	巩义市予华仪器有限责任公司
循环水式真空泵	SHZ-D（III）	巩义市予华仪器有限责任公司
阿贝折射仪	2WAJ	上海光学仪器一厂
核磁共振仪	AVANCE	瑞士 Bruker 公司
红外光谱仪	Nicolet 6700	美国赛默飞世尔科技公司

本试验所用主要试剂的名称、纯度和生产厂家见表 9.2。

表 9.2　试验主要试剂的名称、纯度和生产厂家

试剂名称	试剂纯度	生产厂家
甜菜碱盐酸盐	分析纯	上海国药集团化学试剂有限公司
对甲苯磺酸一水合物	分析纯	上海国药集团化学试剂有限公司
柠檬酸	分析纯	上海国药集团化学试剂有限公司
正丁醇	分析纯	上海国药集团化学试剂有限公司
乙酸乙酯	分析纯	天津市科密欧化学试剂有限公司
无水碳酸钠	分析纯	天津市科密欧化学试剂有限公司

9.2.2　低共熔溶剂甜菜碱盐酸盐-对甲苯磺酸的制备

将 15.36 g 甜菜碱盐酸盐（0.1 mol）和 19.02 g 对甲苯磺酸一水合物（0.1 mol）置于 250 mL 圆底烧瓶中，80 ℃加热搅拌反应 0.5 h。反应完毕之后，将所得混合物缓慢冷却至室温，真空干燥，便可得无色透明的低共熔溶剂甜菜碱盐酸盐-对甲苯磺

酸。

9.2.3 低共熔溶剂甜菜碱盐酸盐-对甲苯磺酸中柠檬酸三丁酯的合成

将 3.84 g 柠檬酸（0.02 mol）、4.45 g 正丁醇（0.12 mol）和 2.5 g 低共熔溶剂甜菜碱盐酸盐-对甲苯磺酸置于 100 mL 圆底烧瓶中，加热回流反应 3.0 h。

反应完毕之后，旋转蒸发回收过量正丁醇，再向所得剩余物中加入 10 mL 去离子水，然后用乙酸乙酯（10 mL×3）萃取产物。将有机相旋转蒸发回收乙酸乙酯，即可得到柠檬酸三丁酯粗产物，接着减压蒸馏即可获得柠檬酸三丁酯纯品。称重，计算收率。

含低共熔溶剂甜菜碱盐酸盐-对甲苯磺酸的水相经减压蒸馏除水，真空干燥，即可用于低共熔溶剂的重复使用试验。

9.3 结果与讨论

9.3.1 柠檬酸三丁酯的结构表征与分析

本试验所合成的柠檬酸三丁酯为无色透明液体，测定其折光率为 1.445 0，与参考文献[50]的数值报道一致。接着，通过红外光谱和核磁共振氢谱对其进行结构表征与分析。

首先，测定所合成产物的红外光谱，如图 9.3 所示，FT-IR（cm^{-1}）v：2 961.49、2 870.01、1 731.62、1 464.54、1 389.80、1 177.09、1 064.86、1 017.73、956.64、740.63、420.18。

其中，1 731.62 cm^{-1} 为酯羰基（C═O）的伸缩振动吸收峰，1 177.09 cm^{-1} 和 1 064.86 cm^{-1} 为 C—O—C 的伸缩振动吸收峰。

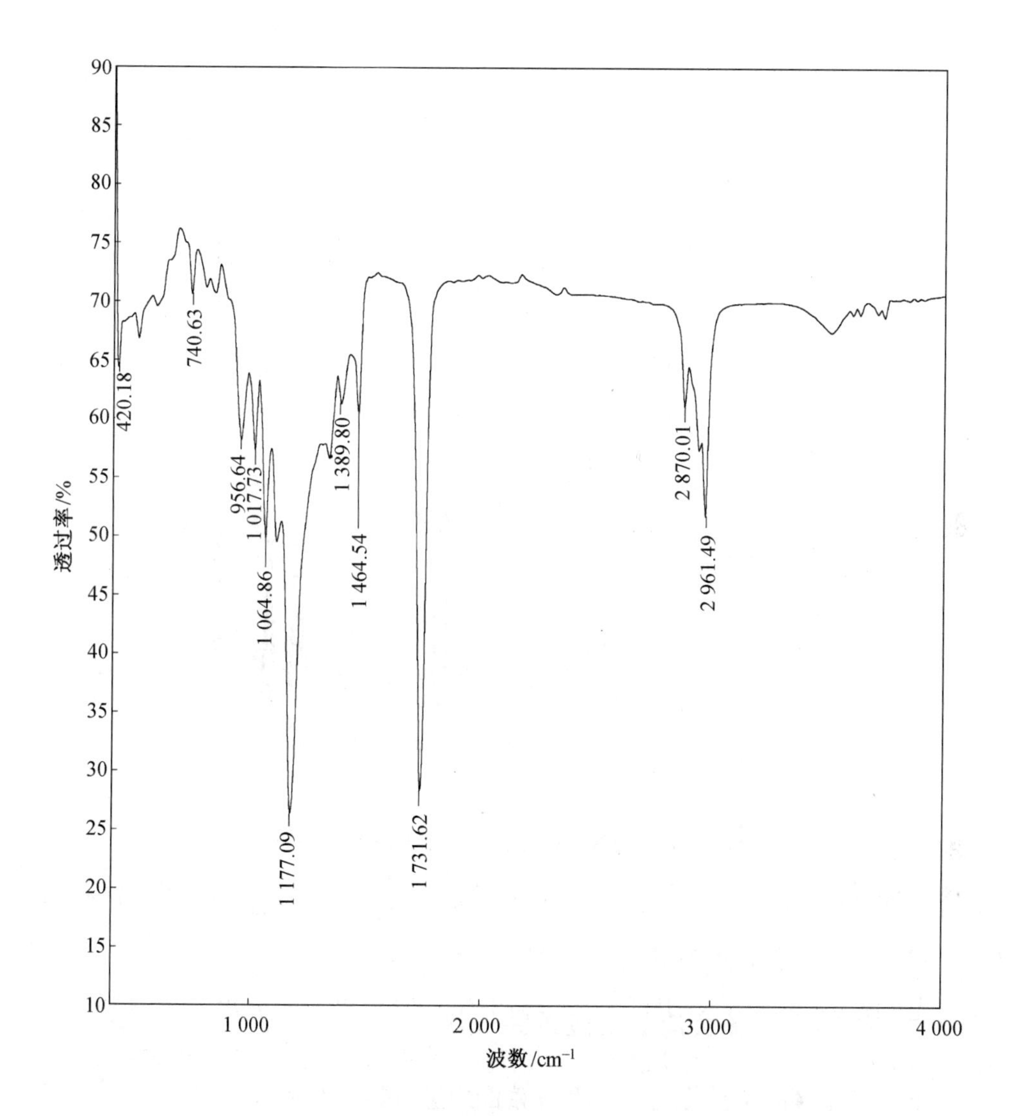

图 9.3　所得产物柠檬酸三丁酯的红外光谱图

其次，测定所合成产物的核磁共振氢谱，如图 9.4 所示，^{1}H NMR（400 MHz，$CDCl_3$，10^{-6}）δ：4.17（t，$J = 6.7$ Hz，2 H）、4.10（s，1 H）、4.05（t，$J = 6.7$ Hz，4 H）、2.80（dd，$J = 39.0$，15.5 Hz，4 H）、1.66 ~ 1.51（m，6 H）、1.40～1.27（m，6 H）、0.89（dt，$J = 13.6$，6.8 Hz，9 H）。

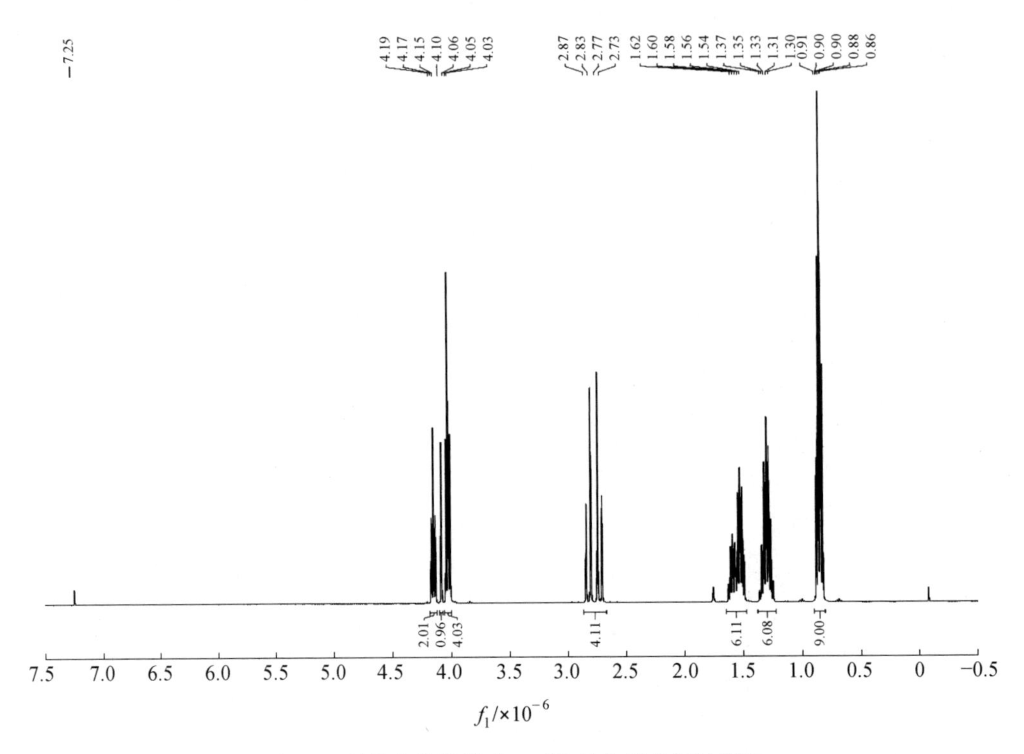

图 9.4 所得产物柠檬酸三丁酯的核磁共振氢谱图

通过上述红外光谱（IR）和核磁共振氢谱（^{1}H NMR）的综合分析，可以进一步推断所得产物即为预期的目标产物柠檬酸三丁酯。

9.3.2 柠檬酸三丁酯合成的反应条件优化

1. 低共熔溶剂甜菜碱盐酸盐-对甲苯磺酸用量对酯化收率的影响

控制柠檬酸的用量为 3.84 g（0.02 mol）、正丁醇的用量为 4.45 g（0.12 mol）、加热回流反应时间为 3.0 h，改变低共熔溶剂甜菜碱盐酸盐-对甲苯磺酸的用量，考查低共熔溶剂用量对酯化收率的影响，试验结果见表 9.3。

表 9.3　低共熔溶剂甜菜碱盐酸盐-对甲苯磺酸用量对酯化收率的影响

序号	甜菜碱盐酸盐-对甲苯磺酸用量/g	收率/%
1	0.5	69
2	1.0	77
3	1.5	88
4	2.0	96
5	2.5	96
6	3.0	95

根据表 9.3 的试验数据绘制图 9.5，即为低共熔溶剂甜菜碱盐酸盐-对甲苯磺酸的用量对酯化收率的影响曲线图。

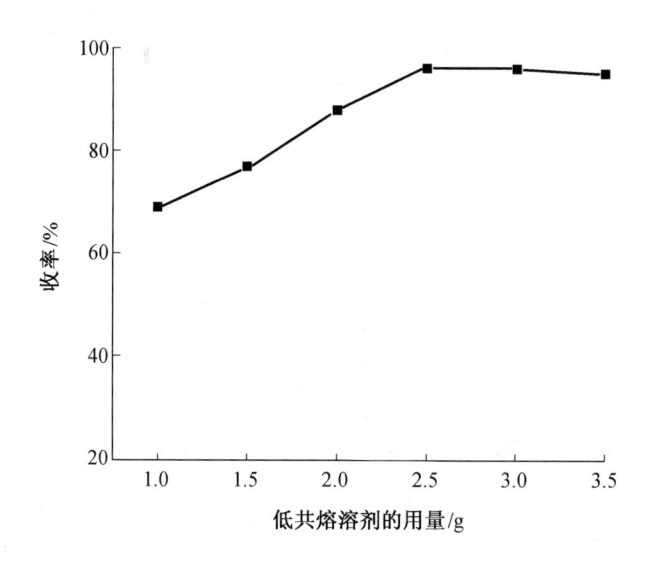

图 9.5　低共熔溶剂甜菜碱盐酸盐-对甲苯磺酸的用量对酯化收率的影响曲线图

由图 9.5 可知，随着低共熔溶剂甜菜碱盐酸盐-对甲苯磺酸用量的增加，柠檬酸三丁酯的收率逐渐提高并趋于稳定。当甜菜碱盐酸盐-对甲苯磺酸的用量为 2.0 g 时，产物的收率即可达到最高。为了节约成本，选择低共熔溶剂甜菜碱盐酸盐-对甲苯磺酸的较佳用量为 2.0 g。

2. 原料酸醇摩尔比对酯化收率的影响

控制柠檬酸的用量为 3.84 g（0.02 mol）、低共熔溶剂甜菜碱盐酸盐-对甲苯磺酸的用量为 2.0 g、加热回流反应时间为 3.0 h，改变乙醇的用量，即改变原料柠檬酸与正丁醇的摩尔比，考查原料酸醇摩尔比对酯化收率的影响，试验结果见表 9.4。

表 9.4　原料酸醇摩尔比对酯化收率的影响

序号	*n*（柠檬酸）∶*n*（正丁醇）	收率/%
1	1∶3	65
2	1∶4	76
3	1∶5	87
4	1∶6	96
5	1∶7	94
6	1∶8	91

根据表 9.4 的试验数据而绘制图 9.6，即为原料柠檬酸和正丁醇摩尔比对酯化收率的影响曲线图。

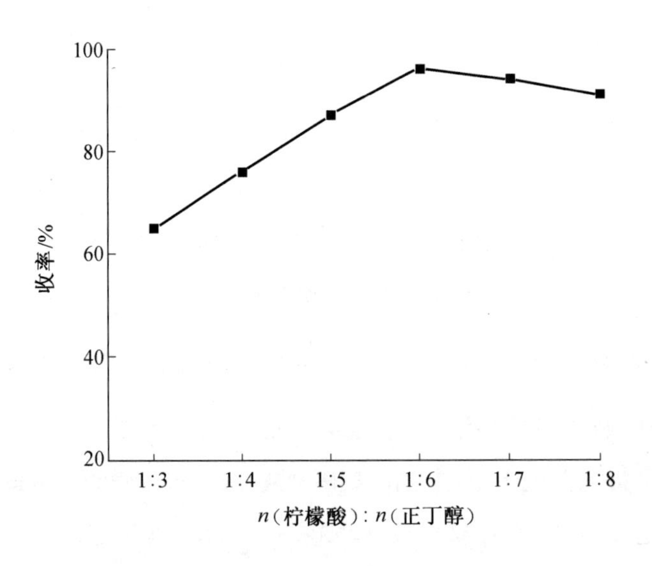

图 9.6　原料酸醇摩尔比对酯化收率的影响曲线图

由图 9.6 可知，随着正丁醇用量的增加，柠檬酸三丁酯的收率逐渐升高。当柠檬酸和正丁醇的摩尔比为 1∶6 时，酯化收率达到最大。随后，进一步增加正丁醇的用量，产物收率有所下降。这可能是由于正丁醇过量太多，会降低柠檬酸的浓度，进而使反应速率减慢。因而，选择柠檬酸和正丁醇的较佳摩尔比为 1∶6。

3. 回流反应时间对酯化收率的影响

控制柠檬酸的用量为 3.84 g（0.02 mol）、正丁醇的用量为 4.45 g（0.12 mol）、低共熔溶剂甜菜碱盐酸盐-对甲苯磺酸的用量为 2.0 g，改变回流反应时间，考查回流反应时间对酯化收率的影响，试验结果见表 9.5。

表 9.5　回流反应时间对酯化产率的影响

序号	时间/h	收率/%
1	1.0	72
2	2.0	85
3	3.0	96
4	4.0	94
5	5.0	90

根据表 9.5 的试验数据绘制图 9.7，即为回流反应时间对酯化收率的影响曲线图。

由图 9.7 可知，随着反应时间的延长，柠檬酸三丁酯的收率呈现先升高后降低的趋势。其原因可能是酯化反应为可逆反应，反应时间过长，酯化产物部分水解，导致收率下降。因此，选择较佳回流反应时间为 3.0 h。

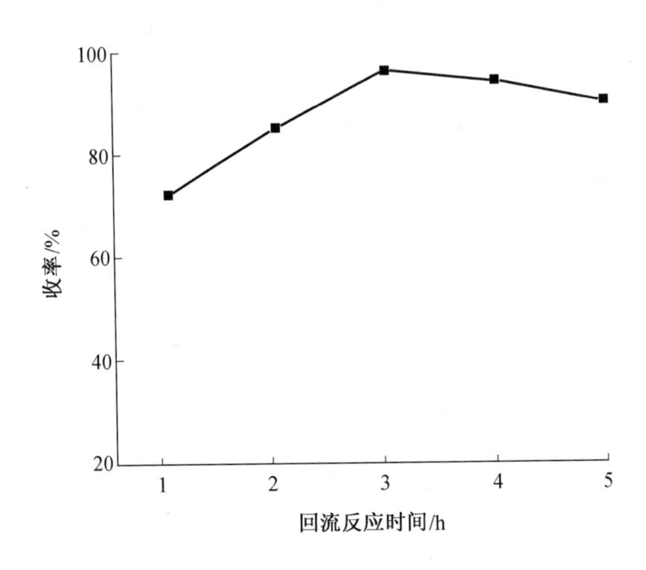

图 9.7 回流反应时间对酯化产率的影响曲线图

4. 小结

通过上述不同反应条件对柠檬酸三丁酯收率影响的研究，获得了低共熔溶剂甜菜碱盐酸盐-对甲苯磺酸中柠檬酸三丁酯的较佳合成工艺条件：以 0.02 mol 柠檬酸为准，柠檬酸与正丁醇的摩尔比为 1∶6，低共熔溶剂甜菜碱盐酸盐-对甲苯磺酸的用量为 2.0 g，回流反应时间为 3.0 h。在此条件下，柠檬酸三丁酯的收率可达 96%。

9.3.3 低共熔溶剂甜菜碱盐酸盐-对甲苯磺酸的重复使用性

取 3.84 g 柠檬酸（0.02 mol）、4.45 g 正丁醇（0.12 mol）和 2.0 g 低共熔溶剂甜菜碱盐酸盐-对甲苯磺酸，加热回流反应 3.0 h，探讨低共熔溶剂重复使用次数对酯化收率的影响，试验结果见表 9.6。反应完毕以后，将含低共熔溶剂甜菜碱盐酸盐-对甲苯磺酸的水相，先减压蒸馏除水，再真空干燥，即可用于随后的循环使用试验。

表 9.6　低共熔溶剂甜菜碱盐酸盐-对甲苯磺酸重复使用次数对酯化收率的影响　%

次数	收率
1	96
2	95
3	94
4	92
5	90

根据表 9.6 的试验数据绘制图 9.8，即为低共熔溶剂甜菜碱盐酸盐-对甲苯磺酸重复使用次数对酯化收率的影响曲线图。

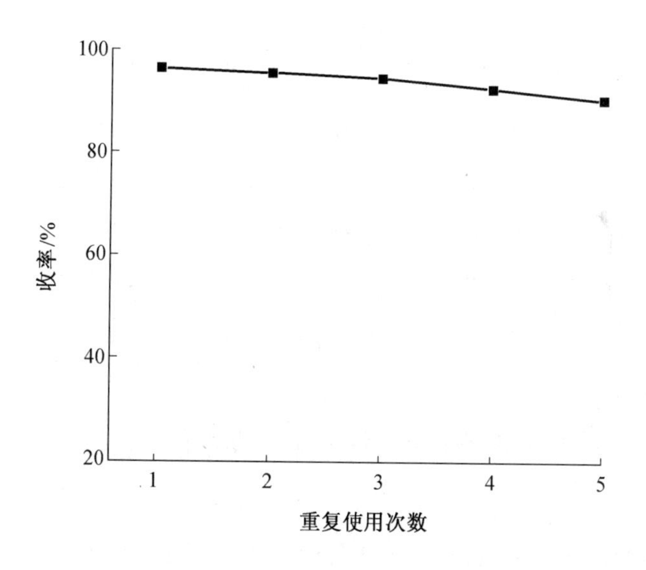

图 9.8　低共熔溶剂甜菜碱盐酸盐-对甲苯磺酸重复使用次数对酯化收率的影响

根据图 9.8 可知，低共熔溶剂甜菜碱盐酸盐-对甲苯磺酸至少可回收使用 5 次，柠檬酸三丁酯的收率仅从 96 降至 90%，没有显著降低。

9.4 本章小结

在柠檬酸三丁酯的合成中，当低共熔溶剂甜菜碱盐酸盐-对甲苯磺酸用量为 2.0 g、柠檬酸和正丁醇的摩尔比为 1∶6、回流反应时间为 3.0 h 时，酯化产物的收率可达 96%。该方法具有低共熔溶剂制备简便、催化效率高、易分离和回收利用等优点，符合绿色化工和清洁生产的发展要求，为更多环保型柠檬酸酯类增塑剂的绿色生产提供一种新思路，具有一定的工业应用价值。

本章参考文献

[1] 徐永强, 高强, 王海燕, 等. 新一代环保型增塑剂柠檬酸三丁酯绿色合成进展[J]. 科技导报, 2019, 37(12): 79-85.

[2] 苏会波, 林海龙, 郝小明, 等. 环保增塑剂柠檬酸三丁酯的研究、应用和市场现状[J]. 化工新型材料, 2013, 41(10): 15-17.

[3] 苏会波. 环保增塑剂柠檬酸三丁酯的生产工艺、应用进展、市场现状和行业政策综述[J]. 生物质化学工程, 2014, 48(2): 48-53.

[4] 曹文君. 柠檬酸三丁酯、乙酰柠檬酸三丁酯合成进展[J]. 河北化工, 1999(4): 5-6.

[5] 王建刚, 魏薇, 王文涛. 柠檬酸三丁酯、乙酰柠檬酸三丁酯的合成进展[J]. 天津化工, 2004, 18(3): 5-9.

[6] 杨水金. 合成柠檬酸三丁酯的催化剂研究[J]. 化学推进剂与高分子材料, 2000, (2): 25-26, 41.

[7] 俞善信, 文瑞明, 雷存喜. 柠檬酸三丁酯合成的研究进展[J]. 常德师范学院学报(自然科学版), 2001, 12(4): 59-62.

[8] 张竞. 柠檬酸三丁酯合成用催化剂[J]. 精细石油化工进展, 2001, 2(1): 40-42.

[9] 朱静, 邓初首. 无毒增塑剂柠檬酸三丁酯酯化合成的研究进展[J]. 上海化工, 2002, 27(6): 23-25, 35.

[10] 闫文峰, 崔英德. 环保增塑剂-柠檬酸三丁酯催化合成的研究概况[J]. 广东化工, 2002(1): 25-27.

[11] 赖文忠, 周文富, 黄河宁, 等. 无毒增塑剂柠檬酸三丁酯的催化合成方法[J]. 三明高等专科学校学报, 2003, 20(2): 21-26.

[12] 陈乐培, 武志明, 王海杰. 柠檬酸三丁酯的合成进展[J]. 河北化工, 2003(5): 6-10, 13.

[13] 郭泉. 柠檬酸三丁酯合成的研究进展[J]. 化工时刊, 2004, 18(10): 12-14.

[14] 李丹娜, 张慧俐, 张普玉. 合成柠檬酸三丁酯的催化体系的研究进展[J]. 中州大学学报, 2005, 22(2): 119-122.

[15] 侯小娟, 彭炳华, 涂远晖, 等. 合成柠檬酸三丁酯的催化体系[J]. 当代化工, 2007, 36(2): 164-167.

[16] 游沛清, 文瑞明, 俞善信. 固体酸催化合成柠檬酸三丁酯的研究进展[J]. 精细石油化工进展, 2009, 10(1): 35-40.

[17] 崔小明. 绿色增塑剂柠檬酸三丁酯的生产技术进展[J]. 化工文摘, 2009(1): 19-21.

[18] 孟晓桥, 崔永亮, 杨冶. 柠檬酸三丁酯合成中的催化剂研究[J]. 辽宁化工, 2010, 39(3): 252-254.

[19] 魏亚魁, 韩相恩, 魏贤勇, 等. 新型环保型增塑剂柠檬酸三丁酯合成的研究进展[J]. 化工新型材料, 2011, 39(2): 23-25.

[20] 王雪香, 吴海霞. 合成柠檬酸三丁酯的催化剂综述[J]. 广东化工, 2012, 39(14): 96-97.

[21] 崔小明. 我国柠檬酸三丁酯合成催化剂研究进展[J]. 精细与专用化学品, 2013, 21(7): 29-34.

[22] 李宁, 章朝晖, 贺均林, 等. 柠檬酸三丁酯合成用催化剂的制备方法研究进展[J]. 广州化工, 2015, 43(17): 18-21.

[23] 崔小明. 柠檬酸三丁酯合成技术研究新进展[J]. 塑料助剂, 2016, 115(1): 12-14,

20.
[24] 肖铭. 增塑剂柠檬酸三丁酯合成技术研究进展[J]. 精细与专用化学品，2021, 29(3): 34-36.
[25] 黄润均, 谢威, 陈东莲, 等. 不同催化剂催化合成柠檬酸三丁酯的比较研究[J]. 广东化工, 2014, 41(21): 3-4, 6.
[26] 沙耀武, 申亮, 武吉力, 等. 微波辐射对甲苯磺酸催化合成柠檬酸三丁酯[J]. 湖南化工, 2000, 30(3): 18-19.
[27] 邢凤兰, 徐群, 刘海涛. 柠檬酸三丁酯的合成[J]. 齐齐哈尔大学学报，2001, 17(4): 6-7.
[28] 孟平蕊, 李良波, 杨春霞, 等. 对甲苯磺酸催化合成柠檬酸三丁酯[J]. 合成树脂及塑料, 2002, 19(2): 16-18.
[29] 李成尊, 徐红丽. 对甲苯磺酸催化合成柠檬酸三丁酯[J]. 山东化工, 2002, 31(1): 9-10.
[30] 韩运华, 杨晶, 丁斌, 等. 柠檬酸三丁酯合成工艺研究[J]. 吉林化工学院学报, 2003, 20(1): 4-5, 9.
[31] 吴端斗, 陈静. 柠檬酸三丁酯的合成研究[J]. 科技信息(学术研究), 2007(21): 98-99.
[32] 罗炜, 朱银邦, 王丹, 等. 柠檬酸三丁酯的合成研究[J]. 南京师大学报(自然科学版),2010, 33(1): 59-62.
[33] 程骞, 党亚固, 董文文, 等. 柠檬酸三丁酯的合成研究[J]. 云南化工，2012, 39(6): 13-17.
[34] 颜连学, 张敏, 丁龙福. 柠檬酸三正丁酯合成及乙酰化研究[J]. 江苏化工, 2001, 29(3): 26-28.
[35] 王树元, 张力, 于凤兰. 柠檬酸三丁酯的合成[J]. 天津化工, 2002(2): 25.
[36] 丁斌, 韩运华, 宋培文. 柠檬酸三丁酯、乙酰柠檬酸三丁酯合成工艺的研究[J]. 塑料工业, 2003, 31(7): 4-6, 42.

[37] 施新宇, 施磊, 吴东辉. 微波辐射下活性炭固载对甲苯磺酸催化合成柠檬酸三丁酯[J]. 精细石油化工进展, 2004, 5(8): 9-11.

[38] 黄红生, 陆建辉, 顾建荣. 活性炭固载对甲苯磺酸催化合成柠檬酸三丁酯[J]. 塑料助剂, 2004(3): 10-12.

[39] 行春丽, 成战胜. 微波辐射固载固体酸催化合成柠檬酸三丁酯[J]. 焦作大学学报, 2005(3): 50-51.

[40] 侯小娟, 彭炳华, 吴英华, 等. 柠檬酸三丁酯的合成研究[J]. 辽宁化工, 2007, 36(4): 230-231.

[41] 彭炳华, 侯小娟, 吴英华, 等. 柠檬酸三丁酯的合成[J]. 化工科技, 2007, 15(2): 39-41.

[42] 王百军, 程佳. 环保增塑剂柠檬酸三丁酯的催化合成工艺研究[J]. 化工技术与开发, 2012, 41(10): 7-9.

[43] 毛立新, 陈献桃, 廖德仲, 等. 氨基磺酸均相催化合成柠檬酸三丁酯[J]. 湖南理工学院学报(自然科学版), 2005, 18(2): 36-38.

[44] 吴广文, 王广建, 丁浩, 等. 绿色环保增塑剂柠檬酸三正丁酯的催化合成[J]. 应用化工, 2007, 36(12): 1201-1203, 1206.

[45] 魏猛, 蒋平平, 黄淑娟, 等. 稀土铈盐 $Ce(SO_4)_2{\cdot}4H_2O/NH_2SO_3H$ 催化合成柠檬酸三丁酯[J]. 化工进展, 2009, 28(7): 1257-1260.

[46] 许紫薇. 柠檬酸三丁酯的合成工艺优化研究[J]. 安徽科技, 2012(3): 41-42.

[47] 杜晓晗, 陆豪杰. 甲基磺酸亚铈催化合成无毒增塑剂柠檬酸三丁酯[J]. 化学工程师, 2008(8): 54-57.

[48] 杜晓晗, 陆豪杰. 甲基磺酸镧催化合成无毒增塑剂柠檬酸三丁酯[J]. 化学世界, 2009, 50(3): 157-159, 173.

[49] 李攀, 曹霞. 柠檬酸三丁酯的合成工艺改进研究[J]. 煤炭与化工, 2016, 39(8): 72-74.

[50] 杜晓晗. 十二烷基磺酸镧催化合成柠檬酸三丁酯[J]. 化学世界, 2017, 58(7):

395-399.

[51] 乐治平, 卢维奇, 杨发福. 无毒增塑剂柠檬酸三丁酯催化合成研究[J]. 南昌大学学报(理科版), 1997, 21(1): 76-78.

[52] 蒋月秀, 范闽光. 无水三氯化铝催化合成柠檬酸三正丁酯[J]. 广西大学学报(自然科学版), 1997, 22(2): 36-38.

[53] 佘鸿燕, 卢星河, 张宗浩. 绿色增塑剂柠檬酸三正丁酯的应用与合成[J]. 中国高校科技与产业化, 2006(S1): 237-239.

[54] 隆金桥, 陈华妮, 黎远成, 等. 绿色增塑剂柠檬酸三丁酯的催化合成[J]. 科技通报, 2012, 28(11): 126-129.

[55] 王彩荣, 俞善信, 曾盈. 合成柠檬酸三丁酯载铁催化剂的活性研究[J]. 零陵师范高等专科学校学报, 1999, 20(3): 23-26.

[56] 李秀瑜. 氯化铁催化合成柠檬酸三丁酯[J]. 化学世界, 1999(8): 8-10.

[57] 崔励, 曹亚峰, 姜旭芳. 柠檬酸三丁酯的合成[J]. 表面活性剂工业, 2000(1): 21-22.

[58] 童乃成, 朱仁发. 柠檬酸三丁酯的新合成法[J]. 安庆师范学院学报(自然科学版), 2000, 6(4): 19-21.

[59] 訾俊峰, 朱蕾. 活性炭固载氯化铁催化合成柠檬酸三丁酯[J]. 化学研究, 2001, 12(4): 39-41.

[60] 刘素平, 岐强娜, 赵明根, 等. 微波辐射下氯化铁催化合成柠檬酸三正丁酯[J]. 山西大学学报(自然科学版), 2005, 28(3): 280-282.

[61] 张复兴. 固体酸 $SnCl_4·5H_2O/C$ 催化合成柠檬酸三丁酯[J]. 化学试剂, 2000, 22(3): 189-140.

[62] 黄志伟, 黎中良, 杨燕. 四氯化锡催化合成柠檬酸三丁酯的研究[J]. 玉林师范学院学报, 2001, 22(3): 80-82.

[63] 李芳良, 李月珍, 郑小英. 微波场中柠檬酸三丁酯的快速合成[J]. 广西民族学院学报(自然科学版), 2002, 8(2): 75-77.

[64] 王建平. 无毒增塑剂柠檬酸三正丁酯的催化合成研究[J]. 洛阳师专学报, 1999, 18(5): 40-42.
[65] 陈丹云, 何健英, 张福连, 等. 硫酸氢钠催化合成柠檬酸三丁酯[J]. 化学研究, 2002, 13(3): 35-37.
[66] 周惠良, 胡奇林, 宋伟明. 硫酸氢钠催化合成柠檬酸三丁酯的研究[J]. 宁夏工程技术, 2002, 1(2): 139-140, 143.
[67] 李天略, 何猛雄. 硫酸氢钠催化合成柠檬酸三丁酯的研究[J]. 海南师范学院学报(自然科学版), 2003, 16(1): 65-68.
[68] 邓斌, 黄海英, 刘国军. 硫酸氢钠催化合成柠檬酸三丁酯[J]. 精细化工中间体, 2003, 33(6): 49-50, 63.
[69] 于兵川, 吴洪特. 一水合硫酸氢钠催化合成柠檬酸三丁酯[J]. 塑料助剂, 2004(5): 9-11.
[70] 邓斌, 黄海英, 刘国军. 硫酸氢钠催化合成柠檬酸三丁酯[J]. 商丘师范学院学报, 2005, 21(2): 113-115.
[71] 吴英华. 硫酸氢钠催化合成柠檬酸三丁酯[J]. 山西化工, 2007, 27(3): 10-12.
[72] 邓斌, 陈六平, 徐安武. 柠檬酸三丁酯的催化合成研究[J]. 化工中间体, 2008(8): 26-30.
[73] 傅明连, 郑炳云, 陈彰旭, 等. 正交试验法合成柠檬酸三丁酯[J]. 莆田学院学报, 2009, 16(5): 78-80.
[74] 邓斌, 陈六平, 徐安武. 柠檬酸三丁酯的催化合成研究[J]. 化工中间体, 2010, 6(3): 32-36.
[75] 冯迪, 熊双喜. 柠檬酸三丁酯的催化合成及优化[J]. 科学技术与工程, 2012, 12(21): 5355-5357.
[76] 李耀仓, 马红霞, 邓飞雄. 环保增塑剂柠檬酸三丁酯的合成及应用[J]. 塑料工业, 2012, 40(10): 24-27.
[77] 何林, 杜广芬, 高敬芝, 等. 活性炭负载固体酸催化合成柠檬酸三丁酯[J]. 化学

研究与应用, 2013, 25(12): 1628-1631.
[78] 章慧芳, 蔡新安, 李艳萍. 硫酸氢钾催化合成柠檬酸三丁酯[J]. 景德镇高专学报, 2009, 24(2): 3-4.
[79] 蔡新安, 倪艳翔, 章慧芳, 等. 微波辐射硫酸氢钾催化柠檬酸三丁酯的合成研究[J]. 化学工程师, 2009, 23(2): 7-9.
[80] 姜奇杭, 袁旭宏, 黄海明, 等. 柠檬酸三丁酯合成工艺的改进[J]. 化学工程师, 2014, 28(6): 7-8, 15.
[81] 周文富, 康为炜, 陈从凤, 等. 三氯化钛催化合成柠檬酸三丁酯的研究[J]. 工业催化, 1999(5): 31-36.
[82] 周文富, 康为炜, 陈从凤, 等. 一种新型的酯化反应催化剂：三氯化钛催化合成柠檬酸三丁酯的研究[J]. 漳州师范学院学报(自然科学版), 1999, 12(3): 49-54.
[83] 何节玉, 廖德仲. $Ti(SO_4)_2/SiO_2$ 催化合成柠檬酸三丁酯[J]. 精细石油化工进展, 2002, 3(5): 18-20.
[84] 谷亚昕, 汪长宏, 黄永丰. 硫酸钛催化合成柠檬酸三丁酯的研究[J]. 四川化工与腐蚀控制, 2003, 6(1): 20-22.
[85] 唐定兴, 肖志刚. 不同温度处理的硫酸铝催化合成增塑剂柠檬酸三正丁酯[J]. 安徽化工, 2001(3): 26-27.
[86] 王翠艳, 高旭, 姜显光, 等. 超声波催化合成柠檬酸三丁酯[J]. 鞍山师范学院学报, 2014, 16(6): 35-38.
[87] 李月珍, 李芳良. 柠檬酸三丁酯的新合成方法[J]. 广西科学, 2001, 8(3): 195-196.
[88] 陈为健, 陈婷. 微波辐射硫酸铁(III)铵催化合成柠檬酸三正丁酯[J]. 福州师专学报, 2002, 22(2): 29-31, 35.
[89] 乐治平, 卢维奇, 李凤仪, 等. 催化合成无毒增塑剂柠檬酸三丁酯的研究[J]. 江西科学, 1997(2): 119-121.
[90] 孙立明, 庞登甲, 宋表, 等. 无毒增塑剂柠檬酸三丁酯的合成[J]. 四川化工,

1997(S2): 14-16.

[91] 李秀瑜. 柠檬酸三丁酯合成工艺的改进[J]. 广东化工, 1999(2): 122-123.

[92] 刘桂华, 李永绣, 刘辉彪, 等. 用混合氯化稀土催化合成柠檬酸三丁酯[J]. 现代化工, 1999, 19(1): 23-25.

[93] 刘桂华, 李永绣, 陈菁. $LaCl_3$ 催化合成柠檬酸三丁酯的研究[J]. 稀土, 1999, 20(6): 62-64.

[94] 刘桂华, 李永绣, 李样生, 等. 硫酸高铈催化合成柠檬酸三丁酯的研究[J]. 稀土, 2001(5): 68-69.

[95] 张军贞, 刘亚南. 柠檬酸三丁酯的合成[J]. 河北化工, 2002(2): 27-28.

[96] 曹晓群, 贾寿华. 无毒增塑剂柠檬酸三丁酯的催化合成研究[J]. 泰山医学院学报, 2004, 25(4): 278-279.

[97] 徐国生, 刘小兵, 章琴. 柠檬酸三丁酯合成研究[J]. 杭州化工, 2007, 37(2): 41-43.

[98] 徐国生, 刘小兵, 章琴. 柠檬酸三丁酯合成研究[J]. 杭州化工, 2009, 39(1): 31-32, 36.

[99] 何林, 高敬芝, 李文娟, 等. 四水合三氟磺酸铋催化合成柠檬酸三丁酯[J]. 精细石油化工, 2013, 30(6): 39-42.

[100] 何林, 王湘波, 杜广芬, 等. 四水三氯化铟催化合成柠檬酸三丁酯[J]. 化学试剂, 2013, 35(11): 1042-1044, 1050.

[101] 骈继鑫, 邓功达, 王湘波, 等. 六水合溴化镁催化合成柠檬酸三丁酯[J]. 石河子大学学报(自然科学版), 2014, 32(2): 227-231.

[102] 黄润均, 谢威, 王璟, 等. 三聚磷酸二氢铝/载硫硅藻土催化合成柠檬酸三丁酯[J]. 塑料工业, 2015, 43(1): 105-108, 120.

[103] 黄润均, 陈东莲, 黄增尉, 等. $Na_2S_2O_8$ 改性活性炭负载三聚磷酸二氢铝催化合成柠檬酸三丁酯[J]. 应用化工, 2017, 46(2): 225-229.

[104] 周喜, 李泽贤, 张超. 磷钨酸铵铝复合盐催化合成柠檬酸三丁酯[J]. 精细化工,

2019, 36(5): 919-923, 934.

[105] 王炜, 刘树铎. 杂多酸催化合成柠檬酸三丁酯的研究[J]. 化学与粘合, 1996(4): 29-30, 10.

[106] 余新武, 桂平均, 谢大林, 等. $TiSiW_{12}O_{40}/TiO_2$复相催化合成柠檬酸三丁酯[J]. 黎明化工, 1997(1): 32-33.

[107] 李秀瑜. 固体酸催化合成无毒增塑剂柠檬酸三正丁酯[J]. 精细化工，1999, 16(2): 42-44.

[108] 吴茂祥, 高冬寿, 李定, 等. 硅钨酸催化合成柠檬酸三丁酯的研究[J]. 精细石油化工, 1999(6): 23-25.

[109] 吴茂祥, 高冬寿, 李定, 等. 活性炭固载杂多酸催化合成柠檬酸三丁酯[J]. 精细化工, 1999, 16(4): 26-29.

[110] 吴茂祥, 高冬寿, 李定, 等. 活性炭固载杂多酸催化合成柠檬酸三丁酯[J]. 现代化工, 1999, 19(3): 31-33.

[111] 袁晓燕. 杂多酸 HPW_{12} 催化合成柠檬酸三正丁酯的研究[J]. 沈阳教育学院学报, 2000, 2(1): 114-115.

[112] 左阳芳. 用Al_2O_3微球附载杂多酸催化合成柠檬酸三丁酯[J]. 精细化工中间体, 2001, 31(1): 34-35.

[113] 董玉环, 孟庆朝. 难溶钨硅酸盐催化合成柠檬酸三丁酯[J]. 河北师范大学学报, 2002, 26(1): 56-58.

[114] 刘春涛, 梁敏, 马荣华. 杂多酸催化合成柠檬酸三丁酯[J]. 高师理科学刊, 2002, 22(2): 27-30.

[115] 欧知义, 成凤桂. 固定化磷钨酸催化合成柠檬酸三丁酯[J]. 中南民族大学学报(自然科学版), 2003, 22(2): 8-10.

[116] 宋艳芬, 黄世勇, 郭星翠, 等. PW/MCM-41 催化剂的合成及对合成柠檬酸三丁酯反应的研究[J]. 工业催化, 2004, 12(3): 22-25.

[117] 农兰平. 活性炭负载磷钨酸铝催化合成柠檬酸三丁酯[J]. 精细化工中间体,

2004, 35(3): 50-52, 54.

[118] 余新武, 梁伟, 吕银华, 等. 混合金属氧化物固载杂多酸催化合成柠檬酸三丁酯[J]. 应用化工, 2005, 34(2): 92-93, 101.

[119] 郭松林. 活性炭负载磷钨酸催化合成柠檬酸三丁酯[J]. 萍乡高等专科学校学报, 2005(4): 50-51.

[120] 胡婉男, 王丽佳, 沈永斌, 等. 活性炭固载磷钨酸催化合成柠檬酸三丁酯[J]. 广州化工, 2006, 34(2): 27-29.

[121] 陈平, 汤涛. 磷钨酸铝合成柠檬酸三丁酯[J]. 工业催化, 2007, 15(11): 46-49.

[122] 刘春丽, 王少鹏, 薛建伟, 等. 浸渍法制备 PW_{12}/SBA-15 催化合成柠檬酸三丁酯[J]. 山西化工, 2008, 28(3): 1-4.

[123] 常玥, 刘彦, 谭丁萍. 坡缕石负载磷钨酸催化合成柠檬酸三丁酯[J]. 工业催化, 2008, 16(07): 66-70.

[124] 袁霖, 肖军安, 毛兰兰, 等. 活性炭负载硅钨酸催化合成柠檬酸三丁酯[J]. 湖南科技学院学报, 2010, 31(12): 58-60.

[125] 胡兵, 范明霞, 张智. 改性蒙脱土负载磷钼钒杂多酸催化合成柠檬酸三丁酯[J]. 化工科技, 2010, 18(6): 17-20.

[126] 李丹娜. 膨润土负载磷钨酸催化合成柠檬酸三丁酯方法及性能研究[J]. 济源职业技术学院学报, 2010, 9(4): 47-49.

[127] 李洪超, 齐平, 张启俭. 磷钨杂多酸催化合成柠檬酸三丁酯[J]. 辽宁化工, 2012, 41(2): 112-114.

[128] 聂丽娟, 王可, 李响敏, 等. 改性硅胶负载磷钨酸催化合成柠檬酸三丁酯[J]. 化学研究与应用, 2012, 24(12): 1795-1799.

[129] 周华锋, 李文泽, 张丽清. 多孔二氧化硅负载硅钨酸催化合成柠檬酸三丁酯[J]. 化学研究与应用, 2014, 26(1): 125-129.

[130] 周杰, 朱蓓蓓, 孙德发. 活性炭负载 12- 磷钨酸催化合成柠檬酸三丁酯[J]. 化学试剂, 2016, 38(10): 940-944.

[131] 王少鹏, 王会娜, 王宇飞, 等. 负载型硅钨酸催化合成柠檬酸三丁酯[J]. 山西化工, 2017, 37(2): 4-6, 19.

[132] 李丹娜. 二氧化钛负载硅钨酸催化合成柠檬酸三丁酯[J]. 广东化工, 2017, 44(5): 83-84.

[133] 李泽贤, 张毅. 磷钨酸银催化合成柠檬酸三丁酯[J]. 邵阳学院学报(自然科学版), 2017, 14(5): 57-64.

[134] 张圆圆, 刘哲林, 吴克, 等. Keggin 型杂多酸 $H_nXW_{12}O_{40}$（X=P^{5+}、Si^{4+}、B^{3+}；n=3, 4, 5）催化合成柠檬酸三丁酯[J]. 分子科学学报, 2019, 35(2): 115-120.

[135] 王斌, 吴克, 小梅, 等. 改性 SBA-15 固载磷钨钼多酸 $H_3PW_nMo_{12-n}$-O_{34}（n=0, 6, 12）催化合成柠檬酸三丁酯[J]. 东北师大学报(自然科学版), 2020, 52(4): 98-105.

[136] 小梅, 王晓红, 王志强, 等. 硅烷偶联剂改性 SBA-15 固载 Keggin 型杂多酸催化合成柠檬酸三丁酯[J]. 化学研究与应用, 2021, 33(1): 137-144.

[137] 王志强, 张圆圆, 包英, 等. SBA-15 固载硅钨酸催化合成柠檬酸三丁酯[J]. 化学研究与应用, 2022, 34(2): 417-423.

[138] 汪树清, 李文佳, 陈大绮. 分子筛和离子交换树脂催化合成无毒增塑剂柠檬酸三丁酯[J]. 茂名学院学报, 2001, 11(3): 47-49.

[139] 刘汉文, 谭凤姣, 尹笃林. 脱铝超稳 Y 沸石催化合成柠檬酸三丁酯[J]. 合成化学, 2003, 11(2): 175-177.

[140] 武宝萍, 亓玉台, 袁兴东, 等. 介孔分子筛 B-SBA-15 催化合成柠檬酸三丁酯[J]. 工业催化, 2004, 12(1): 32-35.

[141] 武宝萍, 何仲双, 张秋荣, 等. 介孔分子筛 SiW_{12}/SBA-15 催化合成柠檬酸三丁酯[J]. 化工科技, 2008, 16(6): 23-25.

[142] 李丽, 陈燕, 武宝萍, 等. 介孔分子筛 ZrO_2/SBA-15 催化合成柠檬酸三丁酯[J]. 精细石油化工进展, 2009, 10(7): 22-24.

[143] 武宝萍, 林可宏, 许前会, 等. 介孔分子筛 P-SBA-1 催化合成柠檬酸三丁酯

[J]. 化学研究与应用, 2010, 22(12): 1492-1497.
[144] 查飞, 丁建峰, 程再华, 等. 水热法制备 NaY 型分子筛及其催化合成柠檬酸三丁酯[J]. 工业催化, 2011, 19(4): 41-45.
[145] 何锡凤, 宋伟明. 苄基磺酸 MCM-41 催化合成柠檬酸三丁酯[J]. 化工时刊, 2011, 25(8): 14-16.
[146] 何锡凤, 赵冰. 铈掺杂介孔分子筛 MCM-41 催化合成柠檬酸三丁酯[J]. 化工时刊, 2012, 26(1): 1-3.
[147] 张哲, 邓启刚, 宋伟明. 苄基磺酸化介孔分子筛催化合成柠檬酸三丁酯[J]. 化工时刊, 2012, 26(8): 1-3.
[148] 李冬燕, 于清跃. 脱铝 USY 催化剂上柠檬酸三丁酯的合成[J]. 南京工业大学学报(自然科学版), 2013, 35(1): 96-99.
[149] 单佳慧, 曹宇锋, 喻红梅, 等. 金属离子改性 NaY 分子筛催化合成柠檬酸三丁酯[J]. 精细石油化工进展, 2014, 15(2): 38-40, 45.
[150] 朱庆娇, 阿艳, 李雨潇, 等. Zr-β 分子筛催化合成柠檬酸三丁酯性能研究[J]. 山东化工, 2018, 47(24): 38-39, 43.
[151] 祝文存. 阳离子树脂催化合成柠檬酸三正丁酯[J]. 天津化工, 2002(6): 36-50.
[152] 訾俊峰. 载铁(III)树脂催化合成柠檬酸三丁酯[J]. 许昌学院学报, 2003, 22(2): 45-46.
[153] 陈平, 邓威, 张晓丽. 耐温强酸性阳离子交换树脂合成柠檬酸三丁酯[J]. 抚顺石油学院学报, 2003, 23(4): 24-26, 37.
[154] 董玉环, 李德玲, 王雪慧. 微波辐射全氟磺酸树脂催化合成柠檬酸三丁酯的研究[J]. 唐山师范学院学报, 2009, 31(2): 22-24.
[155] 江涛, 杜迎春. 催化合成柠檬酸三丁酯[J]. 广东化工, 2009, 36(10): 67-69.
[156] 郭鑫, 张敏卿. 大孔强酸性阳离子交换树脂催化合成柠檬酸三丁酯[J]. 化工进展, 2010, 29(4): 673-676, 693.
[157] 张萌萌, 谢利平, 周鹏, 等. $SnCl_4$ 改性阳离子交换树脂催化合成柠檬酸三丁酯

[J]. 精细化工, 2011, 28(8): 797-799, 802.

[158] 王金明, 刘文飞, 张勇. KC104 树脂催化合成柠檬酸三丁酯的研究[J]. 塑料助剂, 2012, 91(1): 38-42.

[159] 王金明, 刘文飞, 董建国. 树脂催化剂催化合成柠檬酸三丁酯系列增塑剂及其应用 [J]. 聚氯乙烯, 2012, 40(1): 31-34.

[160] 李敢, 刘颖, 王德堂. D72 树脂催化合成柠檬酸三丁酯[J]. 广州化工, 2014, 42(22): 60-62.

[161] 李敢, 曹飞, 王德堂. NKC-9 酸性树脂催化合成柠檬酸三丁酯[J]. 化学世界, 2015, 56(2): 110-113, 124.

[162] 蒋挺大, 张春萍. 合成柠檬酸三丁酯的催化剂研究[J]. 化学通报, 1997(6): 41-43.

[163] 彭晟, 冯才旺, 舒万艮, 等. 用固体酸催化合成柠檬酸三丁酯[J]. 现代化工, 1995(12): 30-31.

[164] 艾仕云. 固体超强酸 SO_4^{2-}/TiO_2 催化合成柠檬酸三丁酯的研究[J]. 泰安师专学报, 1997(6): 75-76.

[165] 郭锡坤, 陈河如, 许天志. 固体酸 $Al_2O_3-TiO_2/SO_4^{2-}$ 催化合成柠檬酸三正丁酯[J]. 石油化工, 1999, 28(6): 41-43.

[166] 熊国宣, 许文苑, 吴文金. 固体超强酸催化合成柠檬酸三丁酯[J]. 化学世界, 1999(12): 646-648.

[167] 林绮纯, 郭锡坤, 林维明. $ZrO_2-Dy_2O_3/SO_4^{2-}$-沸石分子筛催化合成柠檬酸三丁酯的研究[J]. 天然气化工, 1999, 24(6): 54-57.

[168] 王天舒, 郭锡坤, 张歆, 等. 固体酸 TiO_2-SiO_2-Er/SO_4^{2-} 催化剂的制备及其在合成柠檬酸三丁酯的应用[J]. 汕头大学学报(自然科学版), 2000, 15(1): 64-68.

[169] 孙长勇, 郭锡坤, 林绮纯, 等. 柠檬酸三丁酯合成条件的优化研究[J]. 天然气化工, 2000(6): 53-55.

[170] 林绮纯, 郭锡坤, 林维明. $ZrO_2-Dy_2O_3/SO_4^{2-}$-HZSM-5 催化剂合成柠檬酸三丁

酯的研究[J]. 天然气化工, 2001, 26(1): 50-53, 60.

[171] 夏淑梅, 温青, 徐长松, 等. 固体酸催化合成柠檬酸三丁酯[J]. 应用科技, 2001, 28(8): 43-44.

[172] 姜业朝, 陈伟, 冯树林. 固体超强酸 $SO_4^{2-}-TiO_2-Fe_2O_3$ 催化合成柠檬酸三丁酯[J]. 重庆工业高等专科学校学报, 2001, 16(3): 27-29.

[173] 付丽华, 郭锡坤, 林绮纯, 等. SO_4^{2-} 改性的锆交联黏土固体酸催化合成柠檬酸三丁酯[J]. 精细化工, 2002, 19(1): 28-31.

[174] 赵菊仙, 成占胜, 行春丽. $WO_3-TiO_2-SO_4^{2-}$ 固体超强酸合成柠檬酸三丁酯[J]. 化工科技, 2002(5): 11-13.

[175] 孟宪昌, 王孟歌, 康永胜, 等. 纳米固体超强酸 SO_4^{2-}/Fe_2O_3 催化合成柠檬酸三丁酯 [J]. 河北师范大学学报, 2003, 27(1): 64-66.

[176] 孙长勇, 郭锡坤. 固体超强酸 $Tm-SO_4^{2-}/TiO_2$ 催化合成柠檬酸三丁酯[J]. 工业催化, 2003(7): 32-35.

[177] 杨秀利, 张书香, 任嗥, 等. 稀土固体超强酸 $SO_4^{2-}/TiO_2/La^{3+}$催化合成柠檬酸三丁酯[J]. 山东教育学院学报, 2003(6): 83-85.

[178] 张小曼, 阮群. 磁性固体超强酸催化合成柠檬酸三丁酯的研究[J]. 云南化工, 2004, 31(5): 12-14.

[179] 行春丽, 成战胜. 用磁性 $SO_4^{2-}/Fe^{2+}Fe_2^{3+}O_4-ZrO_2$ 固体超强酸催化合成柠檬酸三丁酯初探[J]. 精细石油化工, 2004(3): 4-6.

[180] 施磊, 丁欣宇, 张海军, 等. 固体超强酸 $S_2O_8^{2-}/TiO_2-SiO_2$ 催化合成柠檬酸三丁酯[J]. 应用化工, 2004, 33(3): 41-43.

[181] 丁欣宇, 景晓辉, 施磊. $S_2O_8^{2-}/ZrO_2-SiO_2$ 催化合成柠檬酸三丁酯[J]. 精细石油化工进展, 2004, 5(12): 40-42.

[182] 丁欣宇, 施磊, 章忠秀, 等. $S_2O_8^{2-}/TiO_2-SiO_2$ 催化合成柠檬酸三丁酯[J]. 南通工学院学报(自然科学版), 2004, 3(1): 22-25.

[183] 金瑞娣, 吴东辉, 沙兆林. $S_2O_8^{2-}/ZrO_2-SiO_2$ 催化合成柠檬酸三丁酯[J]. 安徽

化工, 2004, (6): 23-24, 26.

[184] 金瑞娣, 吴东辉, 贾雪平, 等. $S_2O_8^{2-}/ZrO_2-SiO_2$ 固体酸催化剂的制备及催化合成柠檬酸三丁酯[J]. 应用化工, 2005(1): 32-35.

[185] 汪显阳. 固体超强酸 $S_2O_8^{2-}/TiO_2-ZrO_2$ 催化合成柠檬酸三丁酯[J]. 应用化工, 2005, 34(1): 12-14.

[186] 吴燕妮, 郭海福, 朱正峰. 催化剂 SO_4^{2-}/SnO_2-CeO_2 制备条件对催化合成柠檬酸三丁酯的影响[J]. 广州化工, 2007, 35(4): 24-26.

[187] 张萍, 许保恩, 魏青, 等. 用 SiO_2 负载纳米级 SO_4^{2-}/TiO_2 固体超强酸催化合成柠檬酸三正丁酯[J]. 化学试剂, 2008, 30(2): 132-134.

[188] 吴燕妮, 郭海福, 朱正峰. 催化剂 SO_4^{2-}/SnO_2-CeO_2 催化合成柠檬酸三丁酯的研究[J]. 肇庆学院学报, 2008, 90(2): 43-45, 49.

[189] 文瑞明, 游沛清, 盛明则. 稀土固体超强酸 Ce(Ⅳ)- SO_4^{2-}/TiO_2 催化合成柠檬酸三丁酯[J]. 湖南城市学院学报(自然科学版), 2008, 48(2): 56-58.

[190] 刘鑫, 胡继林, 舒万良. $SO_4^{2-}/TiO_2/La^{3+}$ 型固体超强酸催化合成柠檬酸三丁酯[J]. 塑料助剂, 2008, 71(5): 29-30, 34.

[191] 王富丽, 黄世勇, 连丕勇. SO_4^{2-}/ZrO_2/MCM-41 催化合成柠檬酸三丁酯的研究[J]. 工业催化, 2009, 17(5): 56-60.

[192] 常玥, 王勇刚, 吕学谦. SO_4^{2-}/Al-PGS 固体酸催化合成柠檬酸三丁酯的研究[J]. 西北师范大学学报(自然科学版), 2009, 45(3): 74-78, 82.

[193] 于兵川, 吴洪特. 复合固体超强酸 SO_4^{2-}/ZrO_2-TiO_2 催化合成柠檬酸三丁酯[J]. 化学与生物工程, 2010, 27(11): 10-12.

[194] 乔艳辉, 滕俊江, 张庆, 等. 固体超强酸 $S_2O_8^{2-}/SnO_2-SiO_2$ 催化合成增塑剂柠檬酸三丁酯[J]. 化学试剂, 2010, 32(11): 1027-1029.

[195] 冯喜兰, 田孟超, 赵旭娜. 固体超强酸 $SO_4/ZnO-TiO_2$ 催化合成柠檬酸三丁酯[J]. 化学研究与应用, 2011, 23(2): 213-216.

[196] 刘建平, 吴丽丽, 张俊俊, 等. 稀土固体超强酸 $S_2O_8^{2-}/ZrO_2-La_2O_3$ 催化合成柠

檬酸三丁酯[J]. 华东交通大学学报, 2015, 32(3): 108-113.
[197] 资炎, 虞丹, 郭红云. 功能化离子液体催化合成柠檬酸三丁酯的研究[J]. 化学研究与应用, 2008, 20(8): 1090-1094.
[198] 雍靓, 解从霞, 杨凯, 等. 酸功能化离子液体催化合成柠檬酸三丁酯[J]. 分子催化, 2008, 22(2): 105-110.
[199] 王有菲, 龚国珍, 高珊, 等. 磺酸基功能化的离子液体催化合成柠檬酸三丁酯[J]. 应用化工, 2008, 37(10): 1125-1128.
[200] 谢毅, 方东. 功能化离子液体催化合成柠檬酸三丁酯[J]. 化工生产与技术, 2008, 15(6): 23-25, 48.
[201] 谢毅. 3-*N*,*N*,*N*-三甲铵基丙磺酸硫酸氢铵离子液体催化柠檬酸三丁酯的合成[J]. 精细石油化工, 2009, 26(1): 18-21.
[202] 郁盛健, 蒋平平, 张萍波, 等. 1-(3-磺酸基)丙基-3-甲基咪唑磷钨酸盐催化合成柠檬酸三丁酯[J]. 工业催化, 2012, 20(4): 52-55.
[203] 滕俊江, 李春海, 乔艳辉. *N*-甲基咪唑硫酸氢盐催化合成增塑剂柠檬酸三丁酯[J]. 应用化工, 2012, 41(4): 643-645, 648.
[204] 杨兰. 酸性离子液体催化柠檬酸三丁酯的合成研究[J]. 广州化工, 2012, 40(13): 101-102, 111.
[205] 李可可, 张海宁, 滕业方. 新型酸功能化离子液体催化合成柠檬酸三丁酯的研究[J]. 广东化工, 2013, 40(23): 83-84, 74.
[206] 尹延柏, 韩嘉, 张雅莉, 等. *N*-甲基咪唑硫酸氢盐离子液体催化合成柠檬酸三丁酯[J]. 生物质化学工程, 2013, 47(4): 26-28.
[207] 郭剑桥, 虞宁, 丁嘉, 等. 单核及双核叔铵盐离子液体的合成及用于柠檬酸三丁酯的制备[J]. 化工进展, 2014, 33(12): 3270-3275.
[208] 郭剑桥, 丁嘉, 黄媛媛, 等. 新型哌啶基对甲苯磺酸叔铵盐离子液体的制备及其催化合成柠檬酸三丁酯[J]. 精细石油化工, 2014, 31(5): 24-29.
[209] 夏海虹, 蒋剑春, 徐俊明, 等. 微波加热促进离子液体催化合成柠檬酸三丁酯

及其性能[J]. 化工进展, 2014, 33(4): 982-987.

[210] 贺进, 廖媛媛, 李正祥, 等. 酸性离子液体催化合成柠檬酸三丁酯[J]. 科技创新导报, 2014, 11(9): 70-71, 73.

[211] 李潇, 王宪沛, 刘卫涛, 等. 氯化胆碱类离子液体催化合成柠檬酸三丁酯[J]. 工业催化, 2016, 24(6): 66-69.

[212] 邵松雪, 沈海云, 朱莉娜. 创新试验:微波辅助酸性离子液体催化合成柠檬酸三丁酯[J]. 广东化工, 2016, 43(21): 205-206.

[213] 蒋广平, 王洪波, 罗峰. 杂多酸盐催化合成柠檬酸三丁酯研究[J]. 生物质化学工程, 2016, 50(4): 26-30.

[214] 杨铃, 郑成, 李镇明. 微波协同离子液体催化合成柠檬酸三丁酯[J]. 化工学报, 2019, 70(S2): 287-293.

[215] 黄飞, 戴璐, 汪婧, 等. 微波协同离子液体催化合成增塑剂柠檬酸三丁酯的工艺研究[J]. 四川轻化工大学学报(自然科学版), 2020, 33(5): 1-6.

[216] 黄飞, 戴璐, 王溪溪, 等. 微波协同离子液体催化合成柠檬酸三丁酯工艺及其性能[J]. 工程塑料应用, 2020, 48(11): 129-135.

[217] 王勤. [L-Glu]HSO_4催化合成柠檬酸三丁酯[J]. 辽宁化工, 2022, 51(12): 1718-1720.

[218] 向珏贻, 梁金花. 负载型离子液体 $MImHSO_4$/JQS 催化合成柠檬酸三丁酯的研究[J]. 化工新型材料, 2022, 50(8): 182-187.

[219] 赖文忠, 严志烨, 张美婷, 等. 纳米 CeO_2 催化合成无毒增塑剂柠檬酸三丁酯[J]. 漳州师范学院学报(自然科学版), 2005(1): 39-43.

[220] 赖文忠, 黄河宁, 周文富, 等. 纳米 ZnO 催化合成无毒增塑剂柠檬酸三丁酯[J]. 化学世界, 2005(10): 604-607.

[221] 赖文忠, 刘美华, 肖旺钏, 等. 纳米 Y_2O_3 催化合成无毒增塑剂柠檬酸三丁酯[J]. 应用化工, 2007, 36(10): 951-953, 956.

[222] 赖文忠, 杨金凤, 李增富. 纳米 Nd_2O_3 催化合成无毒增塑剂柠檬酸三丁酯[J].

三明学院学报, 2007, 24(4): 415-419.

[223] 赖文忠, 杨银春, 肖旺钏. 纳米 Sm_2O_3 催化合成无毒增塑剂柠檬酸三丁酯[J]. 唐山师范学院学报, 2008, 30(2): 66-68.

[224] 裘小宁. Fe_2O_3-TiO_2 复合氧化物催化柠檬酸三丁酯合成的研究[J]. 上海化工, 2008, 33(6): 6-8.

[225] 何林, 杜广芬, 高敬芝, 等. 负载型 MoO_3 催化合成柠檬酸三丁酯[J]. 应用化工, 2013, 42(7): 1217-1219, 1223.

[226] 陈河如, 郭锡坤, 陈敏霞. 叔胺作用下无毒增塑剂柠檬酸三丁酯的合成[J]. 汕头大学学报(自然科学版), 1997, 12(2): 67-70.

[227] 邹莉莉, 邹贵田. 催化合成无毒增塑剂柠檬酸三正丁酯[J]. 贵阳金筑大学学报, 2001, (4): 131-132.

[228] 朱万仁. 黄铁矾催化合成柠檬酸三丁酯的研究[J]. 化学试剂, 2002, 24(1): 49-50, 59.

[229] 李家贵, 戴健榕, 朱万仁. 柠檬酸三丁酯非酸催化合成[J]. 化工时刊, 2002(6): 31-33.

[230] 秦国平, 郭锡坤, 孙长勇, 等. 锆交联累托土制备及其用于催化合成柠檬酸三丁酯的研究[J]. 天然气化工, 2002, 27(6):20-24.

[231] 宋艳芬, 王海涛, 黄世勇, 等. 磷铝固体酸催化合成柠檬酸三丁酯[J]. 化工科技, 2003, 11(1): 6-8.

[232] 刘静, 王云芳. 壳聚糖硫酸盐催化合成柠檬酸三丁酯[J]. 化学研究与应用, 2003(5): 708-709.

[233] 郑玉, 王继叶, 谈明传, 等. 钛酸四丁酯催化合成柠檬酸三丁酯[J]. 精细化工中间体, 2004, 34(1): 28-30.

[234] 郑玉, 王继叶, 谈明传, 等. 催化合成柠檬酸三丁酯的新方法[J]. 工业催化, 2004, 12(4): 35-37.

[235] 丁欣宇, 景晓辉, 施磊. 钛酸四丁酯催化合成柠檬酸三丁酯[J]. 南通大学学报

报(自然科学版), 2004, 3(4): 23-25.

[236] 毛立新, 钟明, 廖德仲, 等. 改性钛基固体酸的结构与催化合成柠檬酸三丁酯的性能研究[J]. 化学与黏合, 2005, 27(3): 179-182.

[237] 陈志勇. 酸性膨润土催化合成柠檬酸三丁酯[J]. 非金属矿, 2005, 28(5): 14-16.

[238] 沈喜海, 张卫国, 邵丽君, 等. 相转移催化合成柠檬酸三丁酯[J]. 河北科技师范学院学报, 2005, 19(3): 39-41.

[239] 古绪鹏, 冷玲波. 粉煤灰复合硫酸亚铁固体酸的制备及其催化合成柠檬酸三丁酯[J]. 精细石油化工进展, 2006, 7(4): 9-12.

[240] 陈红, 丁运生, 查敏, 等. 蒙脱土负载$[C_{14}mim]^+$有机阳离子催化合成柠檬酸三丁酯[J]. 工业催化, 2007, 15(9): 43-46.

[241] 宗封琦, 裘兆蓉, 叶青. 固体酸催化剂 A104 合成柠檬酸三丁酯的研究[J]. 化工时刊, 2007, 21(3): 11-13.

[242] 喻红梅, 丁欣宇, 景晓辉, 等. 无毒增塑剂柠檬酸三丁酯的合成[J]. 精细石油化工进展, 2008, 9(11): 28-30, 33.

[243] 王伟, 计从斌, 杨金会, 等. 浓硫酸改性活性炭催化合成柠檬酸三丁酯[J]. 石油化工应用, 2008, 27(6): 32-33.

[244] 林裕, 曲济方. 钛柱撑膨润土催化合成柠檬酸三丁酯[J]. 山西大学学报(自然科学版), 2009, 32(1): 96-99.

[245] 邓斌, 王存嫦, 章爱华. 柠檬酸三丁酯的合成工艺研究[J]. 石油化工应用, 2009, 28(1): 13-15.

[246] 张宏, 李冰, 张千万, 等. 磺化硅胶催化合成柠檬酸三丁酯的研究[J]. 工业催化, 2009, 17(3): 60-63.

[247] 史高峰, 苗长林, 夏军, 等. 微波辐射正硅酸乙酯负载磷钨酸催化合成柠檬酸三丁酯[J]. 工程塑料应用, 2010, 38(1): 15-17.

[248] 杨秀群, 邹贵田. $WO_3/MoO_3/SiO_2$ 催化合成柠檬酸三丁酯[J]. 贵阳学院学报(自然科学版), 2011, 6(2): 49-52.

[249] 胡仁国. 碳基固体酸催化柠檬酸三丁酯的合成[J]. 化工时刊, 2013, 27(1): 25-27.

[250] 王勤, 臧晓峰. 可膨胀石墨催化合成柠檬酸三丁酯[J]. 化学工程师, 2014, 28(1): 58-60.

[251] 杜晓晗, 陆豪杰. 无毒增塑剂柠檬酸三丁酯的绿色催化合成[J]. 化学世界, 2015, 56(10): 622-625, 629.

[252] 于清跃, 王监宗, 于荟, 等. ZrO_2-TiO_2复合催化剂的制备及其催化合成柠檬酸三丁酯[J]. 过程工程学报, 2016, 16(5): 876-881.

[253] 张晶, 缪领珍, 钱宇, 等. 新复合催化剂催化合成增塑剂柠檬酸三丁酯[J]. 染料与染色, 2017, 54(6): 46-48, 60.

[254] 郭英雪, 刘程诚, 周天宇. 新型碳基固体酸催化合成增塑剂柠檬酸三丁酯[J]. 化学工程与装备, 2017, 242(3): 13-15.

[255] 张琪芳, 蒋平平, 高巍, 等. 基于咔唑的碳基固体酸催化剂制备及催化合成柠檬酸三丁酯[J]. 现代化工, 2019, 39(9): 162-167.

[256] 路文娟, 肖先举, 郑中兰, 等. 粉煤灰负载固体酸催化合成柠檬酸三丁酯的研究[J]. 化工技术与开发, 2019, 48(8): 14-16.

第10章　低共熔溶剂在酰胺烷基萘酚合成中的应用

10.1　概　述

多组分反应是以3种或3种以上相对简单易得的有机小分子为起始原料，通过“一锅煮”的方法，直接获得含有原料主要结构片断的单一复杂分子的合成方法[1]。与传统的分步反应相比，该方法不仅可以避免中间产物的分离与纯化，而且显示出更高的原子经济性与反应选择性，因而在有机合成及药物合成等领域应用广泛[2]。

酰胺烷基萘酚是一类重要的精细化工中间体，通过酰胺基团的水解，可转化为具有治疗低血压和心动过缓等功效的氨基烷基萘酚[3]。通常，酰胺烷基萘酚是以芳香醛、2-萘酚和酰胺类化合物（如乙酰胺、苯甲酰胺等）为起始原料，通过“一锅煮”的多组分反应而制备[4]。

目前，文献已报道多种催化剂可用于此类化合物的合成，如对甲苯磺酸（PSTA）[5]、$K_5CoW_{12}O_{40}\cdot 3H_2O$[6]、分子碘（$I_2$）[7]、硫酸氢铁（$Fe(HSO_4)_3$）[8]、聚合物固载磺酸NKC-9[9]、钼磷酸（$H_3[P(Mo_3O_{10})_4]$）[10]、*N*-溴代丁二酰亚胺（NBS）[11]、磷钨酸盐[12]、三氧化二铝固载高氯酸（Al_2O_3-$HClO_4$）[13]、五氧化二磷（P_2O_5）[14]、盐酸硫胺素（维生素 B_1）[15]、PS-PEG-OSO_3H[16]、氯化亚锡（$SnCl_2$）[17]、三氧化钼-二氧化锆复合氧化物[18]、邻甲基苯磺酸铜[19]、氯化铝（$AlCl_3$）[20]、硫酸氢钾（$KHSO_4$）[21]、五水合四氯化锡（$SnCl_4\cdot 5H_2O$）[22]、无水硫酸铁（$Fe_2(SO_4)_3$）[23]、磺酸化糖精[24]、磺酸化磁性纳米粒子[25]、MCM-41-SO_3H[26]、MoO_3/SiO_2[27]、碘化银纳米粒子[28]、磺酸化纤维素[29]、三聚氰胺-Br_3[30]、碳基固体酸[31]、聚磷酸酯[32]、磁性纳米粒子固载对氨基苯磺酸[33]、β-环糊精丁磺酸[34]、2-羟基-5-磺基苯甲酸[35]、麦芽糖[36]、木

质素磺酸[37]、磷酸钡纳米粉末[38]、磺酸化铝[39]、氧化石墨烯[40]、$ZrOCl_2·8H_2O$[41]、磺酸化聚萘[42]、咖啡因固载磷酸[43]、磺酸化-β-环糊精[44]、磁性纳米离子固载氧化钼[45]、活化漂白土[46]、多壁碳纳米管固载磺酸化二氧化硅（$MWCNTs@SiO_2/SO_3H$）[47]、磁性纳米粒子固载金属席夫碱配合物[48]、纳米 Co-[4-氯苯基水杨酸二胺-甲基吡喃吡唑]Cl_2席夫碱配合物[49]、2,6-吡啶二甲酸（PDCA）[50]、苯基四唑硫醇基镍配合物[51]、磁性二氧化硅纳米粒子负载镍席夫碱配合物[52]、SBA-15 固载氨基酰胺基羧酸（SBA-NH-NCO-COOH）[53]、ZS-1 沸石[54]、磺酸功能化二氧化硅包覆的Fe_3O_4纳米粒子[55]、牛骨衍生的天然羟基磷灰石负载$ZnCl_2$[56]、$Fe_3O_4@RHA@MEL-SO_3H$[57]、磺酸基修饰氧化果胶[58]等。

此外，微波[59-63]、超声[64-67]等现代合成技术也被应用于此类化合物的合成。尽管这些合成方法各有其自身优势，但仍存在一些不足之处，如使用有毒溶剂、反应温度较高、反应时间较长、产物收率较低、催化剂不能回收使用等。因此，开发酰胺烷基萘酚的绿色合成方法依然十分重要。

离子液体作为一种新型“绿色”反应介质和催化剂，已有文献报道将 *N*-(4-磺酸)丁基三乙基硫酸氢铵（$[TEBSA][HSO_4]$）[68]、1-丁基-3-甲基咪唑硫酸氢盐（$[bmim]HSO_4$）[69]、1-甲基-3-磺酸丙基咪唑硫酸氢盐（$[MIMPS][HSO_4]$）[70]、硅胶固载双子酸性离子液体[71]、3-甲基-1-磺酸氯化咪唑{[Msim]Cl}、1,3-二磺酸氯化咪唑{[Dsim]Cl}、3-甲基-1-磺酸咪唑四氯铝酸盐{$[Msim]AlCl_4$}[72]、聚乙二醇固载双子酸性离子液体[73]、*N*-甲基-2-吡咯烷酮硫酸氢盐（$[NMP][HSO_4]$）[74]、硅胶固载磺酸功能化苯并咪唑离子液体[75]、杂多酸离子液体（$[MIMPS]H_2PMo_{12}O_{40}$）[76]、羧基功能化苯并咪唑离子液体[77]、2-甲基吡啶三氟甲磺酸盐[78]、顺磁性离子液体（$[C_2OHmim]FeCl_3Br$）[79]、过硫酸胆碱[80]、聚双咪唑对苯磺酸硫酸氢盐[81]、$[CH_2COOHmim]FeCl_3Br$[82]、吡嗪-1,4-三氟甲磺酸二鎓[83]、磁性鳞离子液体[84]、磁性纳米粒子负载氯化六亚甲四胺[85]、脯氨酸磷酸二氢盐（$ProH_2PO_4$）[86]、三乙醇胺乙酸盐（$[(OHCH_2CH_2)_3NH][OAc]$）[87]应用于酰胺烷基萘酚的制备。但是，这些离子液体或多或少地存在制备步骤复杂、纯化过程烦琐、毒性较大和降解困难等弊端。

低共熔溶剂是一种新型的绿色溶剂和催化剂，具有原料价格低廉、制备过程简单、回收利用便捷等特点，符合绿色化学的发展理念。目前低共熔溶剂氯化胆碱-尿素[88]、氯化胆碱-氯化锌[89]已被应用于此类化合物的合成。

本章采用低共熔溶剂氯化胆碱-氯化亚锡（ChCl-$SnCl_2$）作为催化剂和反应介质，通过芳香醛、2-萘酚和酰胺的三组分“一锅煮”反应，制备了一系列酰胺烷基萘酚类化合物，其反应方程式如图 10.1 所示。

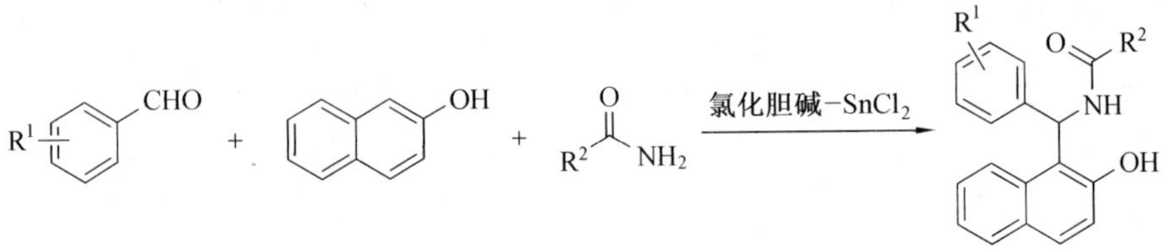

10.1 + 10.2 + 10.3 —氯化胆碱-$SnCl_2$→ 10.4

图 10.1　低共熔溶剂氯化胆碱-氯化亚锡中酰胺烷基萘酚的合成反应方程式

10.2　试验部分

10.2.1　试验仪器和试剂

本试验所用主要仪器的名称、型号和生产厂家见表 10.1。

表 10.1　主要仪器的名称、型号和生产厂家

仪器名称	仪器型号	生产厂家
分析天平	JA2003	上海舜宇恒平科学仪器有限公司
集热式恒温加热磁力搅拌器	DF-101D	巩义市予华仪器有限责任公司
电热恒温鼓风干燥箱	DHG-9146A	上海精宏试验设备有限公司
真空干燥箱	DZF-6020	巩义市予华仪器有限责任公司
旋转蒸发器	YRE-5299	巩义市予华仪器有限责任公司
循环水式真空泵	SHZ-D（Ⅲ）	巩义市予华仪器有限责任公司

续表 10.1

仪器名称	仪器型号	生产厂家
显微熔点仪	SGWR X-4B	上海仪电物理光学仪器有限公司
核磁共振仪	AVANCE	瑞士 Bruker 公司
红外光谱仪	Nicolet 6700	美国赛默飞世尔科技公司

本试验所用主要试剂的名称、纯度和生产厂家见表 10.2。

表 10.2　主要试剂的名称、型号和生产厂家

试剂名称	试剂纯度	生产厂家
氯化胆碱	分析纯	上海国药集团化学试剂有限公司
无水氯化亚锡	分析纯	上海国药集团化学试剂有限公司
苯甲醛	分析纯	上海国药集团化学试剂有限公司
2-萘酚	分析纯	上海国药集团化学试剂有限公司
乙酰胺	分析纯	天津市科密欧化学试剂有限公司
苯甲酰胺	分析纯	天津市科密欧化学试剂有限公司
乙醇	分析纯	上海国药集团化学试剂有限公司
对甲基苯甲醛	分析纯	上海阿拉丁生化科技股份有限公司
对羟基苯甲醛	分析纯	上海阿拉丁生化科技股份有限公司
对甲氧基苯甲醛	分析纯	上海阿拉丁生化科技股份有限公司
对溴苯甲醛	分析纯	上海阿拉丁生化科技股份有限公司
对氯苯甲醛	分析纯	上海阿拉丁生化科技股份有限公司
2-硝基苯甲醛	分析纯	上海阿拉丁生化科技股份有限公司
3-硝基苯甲醛	分析纯	上海阿拉丁生化科技股份有限公司
4-硝基苯甲醛	分析纯	上海阿拉丁生化科技股份有限公司

10.2.2 低共熔溶剂氯化胆碱-氯化亚锡的制备

在 250 mL 圆底烧瓶中加入氯化胆碱（0.1 mol，14.0 g）和无水氯化亚锡（0.2 mol，37.9 g），100 ℃加热并磁力搅拌，直至获得无色透明液体为止，缓慢冷却至室温，即可得低共熔溶剂氯化胆碱-氯化亚锡（ChCl-$SnCl_2$）。

10.2.3 低共熔溶剂氯化胆碱-氯化亚锡中酰胺烷基萘酚的合成

在 50 mL 圆底烧瓶中加入芳香醛（1.0 mmol）、2-萘酚（1.0 mmol）、乙酰胺（或苯甲酰胺）（1.0 mmol）和低共熔溶剂氯化胆碱-氯化亚锡（1.0 g），80 ℃加热并磁力搅拌反应一定时间。薄层色谱（TLC）检测反应完成后，将反应体系冷却至室温，加入 10 mL 去离子水，析出固体物，抽滤，再用适量去离子水洗涤，即可得粗产物。乙醇重结晶、真空干燥，便可得目标产物酰胺烷基萘酚。测定所合成化合物（10.4a～10.4l）的熔点（m. p.），与文献报道对比确证，所得产物核磁共振氢谱（^{1}H NMR）数据如下：

1-[(1-乙酰胺基)-1-苯基]甲基-2-萘酚（10.4a）：m.p. 242～243 ℃（文献[71]值：242～244 ℃）；^{1}H NMR（500 MHz，DMSO-d_6）：δ10.03（s，1 H），8.48（d，J = 8.1 Hz，1 H），7.89（s，1 H），7.83～7.74（m，2 H），7.32（t，J = 8.0 Hz，1 H），7.25～7.09（m，8 H），2.02（s，3 H）。

1-[(1-乙酰胺基)-1-(4-甲基苯基)]甲基-2-萘酚（10.4b）：m.p. 221～222 ℃（文献[73]值：221～223 ℃）；^{1}H NMR（500 MHz，DMSO-d_6）：δ9.97（s，1 H），8.46（d，J = 8.1 Hz，1 H），7.85（s，1 H），7.81～7.76（m，2 H），7.36～7.32（m，1 H），7.25～7.20（m，2 H），7.12～7.05（m，5 H），2.21（s，3 H），1.96（s，3 H）。

1-[(1-乙酰胺基)-1-(4-羟基苯基)]甲基-2-萘酚（10.4c）：m.p. 240～241 ℃（文献[54]值：240～242 ℃）；^{1}H NMR（500 MHz，DMSO-d_6）：δ9.89（s，1 H），9.21（s，1 H），8.54（d，J = 8.3 Hz，1 H），7.86（d，1 H），7.82（d，1 H），7.78（d，1 H），7.37（t，1 H），7.24（t，J = 7.6 Hz，1 H），7.18（t，J = 7.4 Hz，1 H），7.08～7.04（m，5 H），1.97（s，3 H）。

1-[(1-乙酰胺基)-1-(4-甲氧基苯基)]甲基-2-萘酚（10.4d）：m.p. 215～216 ℃（文献[50]值：214～216 ℃）；^{1}H NMR（500 MHz，DMSO-d_6）：δ10.05（s，1H），8.46～8.42（m，1 H），7.89（s，1 H），7.81～7.74（m，2 H），7.36～7.34（m，1 H），7.28～7.23（m，2H），7.10～7.08（m，3H），6.83～6.81（m，2H），3.68（s，3H），1.99（s，3H）。

1-[(1-乙酰胺基)-1-(4-溴苯基)]甲基-2-萘酚（10.4e）：m.p. 229～230 ℃（文献[73]值：228～230 ℃）；^{1}H NMR（500 MHz，DMSO-d_6）：δ10.44（s，1 H），8.55（s，1 H），7.79（d，J = 8.1 Hz，2 H），7.74（d，J = 8.3 Hz，1 H），7.43（d，J = 8.0 Hz，2 H），7.37（t，J = 8.4 Hz，1 H），7.24（t，J = 8.1 Hz，1 H），7.19（d，J = 8.3 Hz，1 H），7.10（d，J = 8.0 Hz，2 H），7.04（s，1 H），1.97（s，3 H）。

1-[(1-乙酰胺基)-1-(4-氯苯基)]甲基-2-萘酚（10.4f）：m.p. 226～227 ℃（文献[71]值：226～228 ℃）；^{1}H NMR（500 MHz，DMSO-d_6）：δ10.07（s，1 H），8.50（d，J = 8.4 Hz，1 H），7.86（s，1 H），7.82～7.77（m，2 H），7.40～7.38（m，1 H），7.33～7.30（m，2 H），7.28～7.25（m，2 H），7.21～7.19（m，2 H），7.16～7.14（m，1 H），2.01（s，3 H）。

1-[(1-乙酰胺基)-1-(2-硝基苯基)]甲基-2-萘酚（10.4g）：m.p. 217～218 ℃（文献[44]值：216～218 ℃）；^{1}H NMR（500 MHz，DMSO-d_6）：δ9.75（s，1 H），8.51（d，J = 8.3 Hz，1 H），7.94（d，J = 8.1 Hz，1 H），7.75（d，J = 8.4 Hz，1 H），7.70（d，J = 8.1 Hz，1 H），7.52（d，J = 8.0 Hz，1 H），7.36（t，J = 8.4 Hz，1 H），7.32～7.17（m，4 H），7.08（t，J = 8.3 Hz，1 H），7.03（d，J = 8.1 Hz，1 H），1.88（s，3 H）。

1-[(1-乙酰胺基)-1-(3-硝基苯基)]甲基-2-萘酚（10.4h）：m.p. 238～239 ℃（文献[69]值：237～239 ℃）；^{1}H NMR（500 MHz，DMSO-d_6）：δ10.09（s，1 H），8.58（d，J = 8.4 Hz，1 H），8.01（d，J = 8.1 Hz，1 H），7.99（s，1 H），7.84（s，1 H），7.82～7.75（m，2 H），7.58～7.48（m，2 H），7.38（t，J = 8.3 Hz，1 H），7.25（t，J = 8.0 Hz，1 H），7.19（d，J = 8.1 Hz，1 H），7.16（d，J = 8.3 Hz，1 H），1.99（s，3 H）。

1-[(1-乙酰胺基)-1-(4-硝基苯基)]甲基-2-萘酚（10.4i）：m.p. 249～250 ℃（文献[47]值：249～251 ℃）；^{1}H NMR（500 MHz，DMSO-d_6）：δ10.15（s，1 H），8.58（d，J = 8.3 Hz，1 H），8.16～8.13（m，2 H），7.84～7.80（m，3 H），7.44～7.41（m，3 H），7.31～7.21（m，3 H），2.05（s，3 H）。

1-[(1-苯甲酰胺基)-1-苯基]甲基-2-萘酚（10.4j）：m.p. 235～236 ℃（文献[69]值：235～237 ℃）；^{1}H NMR（500 MHz，DMSO-d_6）：δ10.36（s，1H），9.05（d，J = 8.3 Hz，1H），8.13（d，J = 8.1 Hz，1H），7.92～7.90（m，2H），7.86～7.81（m，2H），7.56～7.48（m，4H），7.40～7.37（m，1H），7.35～7.26（m，6H），7.21～7.18（m，1H）。

1-[(1-苯甲酰胺基)-1-(4-甲基苯基)]甲基-2-萘酚（10.4k）：m.p. 206～207 ℃（文献[41]值：206～208 ℃）；^{1}H NMR（500 MHz，DMSO-d_6）：δ10.35（s，1 H），9.03（d，J = 8.4 Hz，1 H），8.11（d，J = 8.4 Hz，1 H），7.90～7.88（m，2 H），7.85～7.79（m，2 H），7.56～7.46（m，4 H），7.34～7.27（m，3 H），7.22～7.20（m，2 H），7.10～7.08（m，2 H），2.23（s，3 H）。

1-[(1-苯甲酰胺基)-1-(4-硝基苯基)]甲基-2-萘酚（10.4l）：m.p. 239～240 ℃（文献[47]值：238～240 ℃）；^{1}H NMR（500 MHz，DMSO-d_6）：δ10.45（s，1 H），9.10（d，J = 8.1 Hz，1 H），8.20～8.16（m，2 H），8.12（d，J = 8.3 Hz，1H），7.96～7.94（m，2 H），7.88～7.85（m，2 H），7.58～7.55（m，3 H），7.51～7.45（m，4 H），7.35～7.28（m，2 H）。

10.3 结果与讨论

10.3.1 反应条件的优化

以苯甲醛、2-萘酚和乙酰胺反应合成 1-[(1-乙酰胺基)-1-苯基]甲基-2-萘酚（**10.4a**）为模板，通过研究低共熔溶剂氯化胆碱-氯化亚锡用量、反应温度、原料配比对目标化合物 10.4a 产率的影响，筛选反应的最佳条件。

首先，在苯甲醛（1.0 mmol）、2-萘酚（1.0 mmol）、乙酰胺（1.0 mmol）、反应

温度为 80 ℃、反应时间为 30 min 的条件下，筛选适宜的低共熔溶剂氯化胆碱-氯化亚锡用量，试验结果见表 10.3。从表 10.3 可知，随着低共熔溶剂的用量从 0.5 g 增加到 2.0 g，目标产物 10.4a 的产率从 52%升高至 90%；此后，进一步增加氯化胆碱-氯化亚锡的用量，产率没有显著提升。因而，低共熔溶剂氯化胆碱-氯化亚锡的较佳用量为 2.0 g。

表 10.3　氯化胆碱-氯化亚锡用量对目标产物 10.4a 产率的影响

序号	氯化胆碱-氯化亚锡用量/g	产率/%
1	0.5	52
2	1.0	68
3	1.5	81
4	2.0	90
5	2.5	91

其次，在苯甲醛（1.0 mmol）、2-萘酚（1.0 mmol）、乙酰胺（1.0 mmol）、低共熔溶剂用量为 2.0 g 的条件下，筛选适宜的反应温度，试验结果见表 10.4。从表 10.4 可知，随着反应温度从 60 ℃升高到 80 ℃，目标产物 10.4a 的产率从 71%增加至 90%，同时反应时间从 50 min 缩短至 30 min；随后，继续升高反应温度，产率基本保持稳定。所以，反应的较佳温度为 80 ℃。

表 10.4　反应温度对目标产物 10.4a 产率的影响

序号	温度/℃	时间/min	产率/%
1	60	50	71
2	70	40	83
3	80	30	90
4	90	30	90
5	100	30	91

10.3.2 反应底物的拓展

在上述优化所得的最佳反应条件下，探讨不同取代基的芳香醛在该催化体系的适用性，试验结果见表 10.5。由表 10.5 可以看出，无论是带供电子基团还是带吸电子基团的芳香醛，都可以与 2-萘酚和乙酰胺顺利完成缩合反应，合成了一系列酰胺烷基萘酚类化合物，产率为 84%～96%。同时，不同的酰胺化合物（如苯甲酰胺）在低共熔溶剂中也能以较高产率转化为相对应的目标产物。因而，该催化体系具有优异的底物普适性。

表 10.5 不同芳香醛和不同酰胺对目标产物 10.4 产率的影响

序号	R^1	R^2	时间/min	产物	产率/%
1	H	CH_3	30	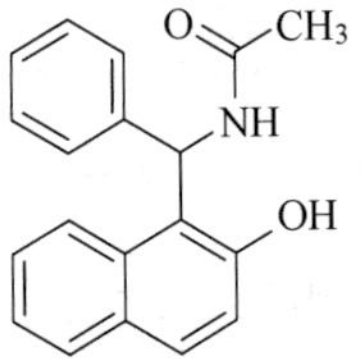 10.4a	95
2	4-CH_3	CH_3	25	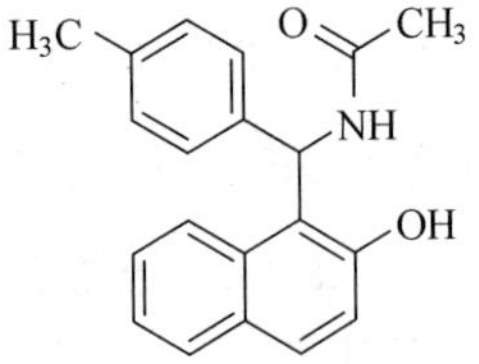 10.4b	85
3	4-OH	CH_3	35	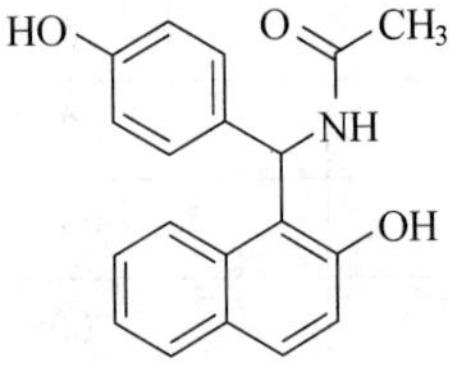 10.4c	90

续表 10.5

序号	R^1	R^2	时间/min	产物	产率/%
4	4-CH_3O	CH_3	40	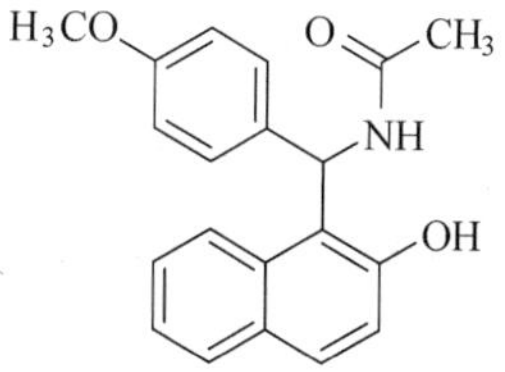 10.4d	86
5	4-Br	CH_3	20	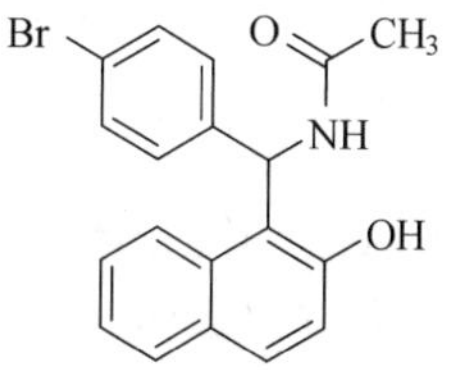 10.4e	94
6	4-Cl	CH_3	20	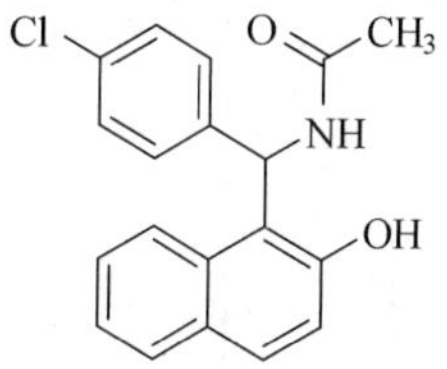 10.4f	96
7	2-NO_2	CH_3	45	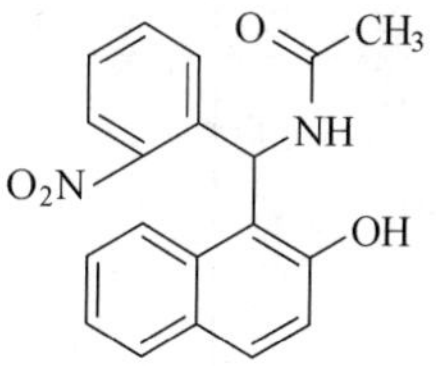 10.4g	84

续表 10.5

序号	R^1	R^2	时间/min	产物	产率/%
8	3-NO_2	CH_3	35	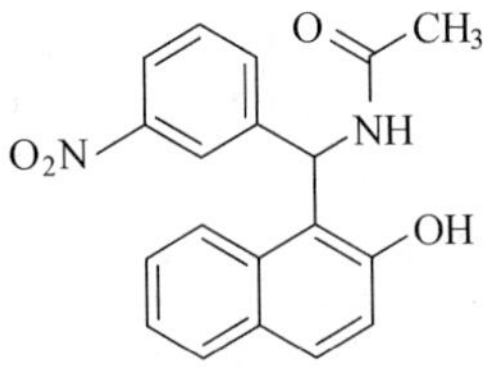 O CH_3 NH O_2N OH 10.4h	89
9	4-NO_2	CH_3	15	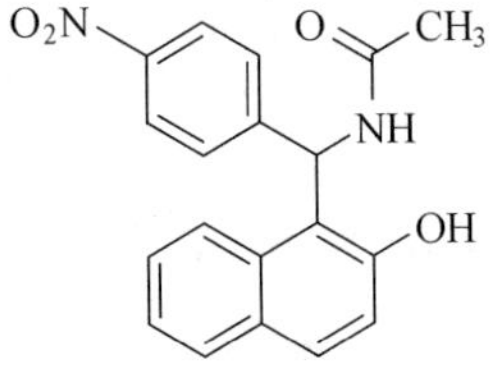 O_2N O CH_3 NH OH 10.4i	93
10	H	C_6H_5	35	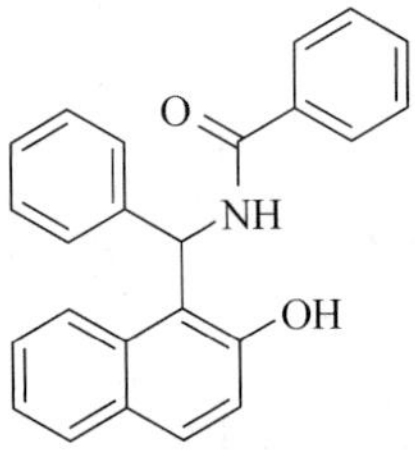 O NH OH 10.4j	92
11	4-CH_3	C_6H_5	40	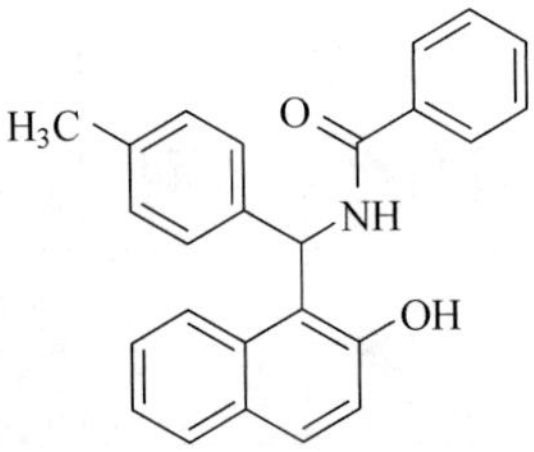 H_3C O NH OH 10.4k	87

续表 10.5

序号	R^1	R^2	时间/min	产物	产率/%
12	4-NO_2	C_6H_5	25	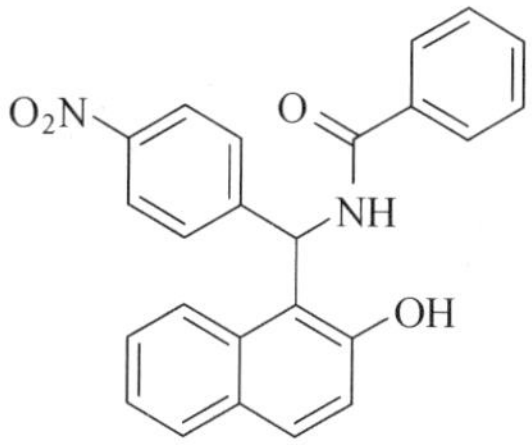 10.4l	94

10.3.3　低共熔溶剂氯化胆碱-氯化亚锡的回收使用

低共熔溶剂的重要优势之一是易于分离、回收和重复使用。以苯甲醛、2-萘酚和乙酰胺反应合成目标化合物 10.4a 为模板，研究低共熔溶剂氯化胆碱-氯化亚锡的循环使用性能，试验结果见表 10.6。反应完成后，将含有氯化胆碱-氯化亚锡的水相通过减压蒸馏除水，即可用于低共熔溶剂的回收套用试验。由表 10.6 可以看出，低共熔溶剂氯化胆碱-氯化亚锡重复使用 5 次后，仍能保持较高催化活性。

表 10.6　低共熔溶剂的回收使用对目标产物 10.4a 产率的影响

次数	收率/%
1	95
2	93
3	91
4	88
5	86

10.3.4　低共熔溶剂氯化胆碱-氯化亚锡中合成酰胺烷基萘酚的反应机理

根据上述试验结果，推测了该反应可能的反应机理，如图 10.2 所示。首先，经低共熔溶剂氯化胆碱-氯化亚锡活化的芳香醛与 2-萘酚发生亲核加成，生成邻亚甲基苯醌中间体（o-QMs）；接着，该中间体与酰胺发生 Michael 加成反应生成目标产物。

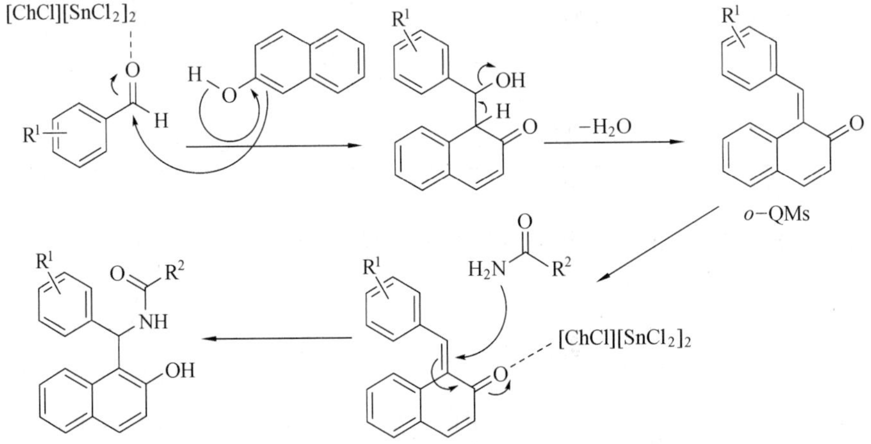

图 10.2 低共熔溶剂氯化胆碱-氯化亚锡中合成酰胺烷基萘酚的反应机理

10.4 本章小结

以芳香醛、2-萘酚和乙酰胺（或苯甲酰胺）为原料，在氯化胆碱-氯化亚锡组成的低共熔溶剂中顺利完成三组分“一锅煮”反应，并以 84%～96%的产率制备了一系列酰胺烷基萘酚类化合物。该方法反应条件温和，底物适用范围广泛，所用低共熔溶剂制备简单、可回收使用，符合绿色环保的发展理念。

本章参考文献

[1] CIOC R C, RUIJTER E, ORRU R V A. Multicomponent reactions: advanced tools forsustainable organic synthesis[J]. Green Chemistry, 2014, 16(6): 2958-2975.

[2] 徐静，范维刚，波波维奇·弗洛伦斯，等. 多组分反应:丰富生物质基平台分子高值化转化路线的新策略[J]. 有机化学, 2019, 39(8): 2131-2138.

[3] SHEN A Y, TSAI C T, CHEN C L. Synthesis and cardiovascular evaluation of *N*-substituted 1-aminomethyl-2-naphthols[J]. European Journal of Medicinal Chemistry, 1999, 34(10): 877-882.

[4] SINGH R K, DHIMAN A, CHAUDHARY S, et al. Current progress in the multicomponent catalytic synthesis of amidoalkyl-naphthols: an update[J]. Current Organic Chemistry, 2020, 24(5): 487-515.

[5] KHODAEI M M, KHOSROPOUR A R, MOGHANIAN H. A simple and efficient procedure for the synthesis of amidoalkyl naphthols by p-TSA in solution or under solvent-free conditions[J]. Synlett, 2006, 6: 916-920.

[6] NAGARAPU L, BASEERUDDIN M, APURI S, et al. Potassium dodecatungstocobaltate trihydrate ($K_5CoW_{12}O_{40}·3H_2O$): a mild and efficient reusable catalyst for the synthesis of amidoalkylnaphthols in solution and under solvent-free conditions[J]. Catalysis Communications, 2007, 8(11): 1729-1734.

[7] DAS B, LAXMINARAYANA K, RAVIKANTH B, et al. Iodine catalyzed preparation of amidoalkyl naphthols in solution andunder solvent-free conditions[J]. Journal of Molecular Catalysis A: Chemical, 2007, 261(2): 180-183.

[8] SHATERIAN H R, YARAHMADI H, GHASHANG M. An efficient, simple and expedition synthesis of 1-amidoalkyl-2-naphthols as ‘drug like’molecules for biological screening[J]. Bioorganic & Medicinal Chemistry Letters, 2008, 18(2): 788-792.

[9] AN LT, L U X H, DING F Q, et al. Polymer-supported sulfonic acid catalyzedthree-component one-pot synthesis of α-amidoalkyl-β-naphthols[J].Chinese Journal of Chemistry, 2008, 26(11): 2117-2119.

[10] JIANG W Q, AN L T, ZOU J P. Molybdophosphoric acid: an efficient keggin-type

heteropoloacid catalyst for the one-pot three-component synthesis of 1-amidoalkyl-2-naphthols[J]. Chinese Journal of Chemistry, 2008, 26(9): 1697-1701.

[11] SHATERIAN H R, YARAHMADI H, GHASHANG M, et al. *N*-bromosuccinimide catalyzed one-pot and rapid synthesis of acetamidobenzyl naphthols under mild and solvent-free conditions[J].Chinese Journal of Chemistry, 2008, 26(11): 2093-2097.

[12] 张卫红，王军，任晓乾. Keggin型杂多酸催化合成1-乙酰胺基苯甲基-2-萘酚[J]. 石油化工, 2009, 38(3): 299-303.

[13] SHATERIAN H R, KHORAMI F, AMIRZADEH A, et al. Preparation and application of perchloric acid supported on alumina (Al_2O_3-$HClO_4$) to the synthesis of α-(α-amidobenzyl)-β-naphthols[J]. Chinese Journal of Chemistry, 2009, 27(4): 815-820.

[14] NANDI G C, SAMAI S, KUMAR R, et al. Atom-efficient and environment-friendly multicomponent synthesisof amidoalkyl naphthols catalyzed by P_2O_5[J].Tetrahedron Letters, 2009, 50(51): 7220-7222.

[15] LEI M, MA L, HU L H. Thiamine hydrochloride as a efficient catalyst for the synthesisof amidoalkyl naphthols[J]. Tetrahedron Letters, 2009, 50(46): 6393-6397.

[16] QUAN Z J, REN R G, DA Y X, et al. Glycerol as an alternative green reaction medium for multicomponent reactions using PS-PEG-OSO_3H asCatalyst[J]. Synthetic Communications, 2011, 41(20): 3106-3116.

[17] WANG M, SONG Z G, LIANG Y. One-pot synthesis of 1-amidoalkyl-2-naphthols from 2-naphthol, aldehydes, and amides under solvent-free conditions[J].Organic Preparations and ProceduresInternational, 2011, 43(5): 484-488.

[18] SAMANTARAY S, HOTA G, MISHRA BG. Physicochemical characterization and catalytic applications of MoO_3-ZrO_2 composite oxides towards one pot synthesis of amidoalkyl naphthols[J].Catalysis Communications, 2011,12(13): 1255-1259.

[19] 宋志国, 赵爽, 万鑫. 无溶剂条件下“一锅法”催化合成胺基烷基萘酚衍生物[J]. 有机化学, 2011, 31(6): 870-873.

[20] 王敏, 宋志国, 梁艳. 氯化铝高效催化合成 1-(1-酰胺基)烷基-2-萘酚类化合物[J]. 化学通报, 2011, 74(5): 466-469.

[21] 何建英, 史利勇, 杨一可, 等. 硫酸氢钾催化一锅法合成 1-乙酰胺烷基-2-萘酚[J]. 化学研究, 2012, 23(1): 85-88.

[22] 史利勇, 王强, 何建英, 等. $SnCl_4·5H_2O$ 高效催化-锅法合成 1-乙酰胺基苯甲基-2-萘酚[J]. 化学世界, 2012, 53(2): 101-104.

[23] 宋志国, 刘连利, 孙啸虎, 等. 无水硫酸铁催化多组分反应合成酰胺基烷基萘酚(英文) [J]. 化学研究与应用, 2012, 24(12): 1805-1809.

[24] ZARE A, KAVEH H, MERAJODDIN M, et al. Saccharin sulfonic acid (SASA) as a highly efficient catalyst for the condensation of 2-naphthol with arylaldehydes and amides (thioamides or alkyl carbamates) under green, mild, and solvent-free conditions[J]. Phosphorus, Sulfur and Silicon and theRelated Elements, 2013, 188(5): 573-584.

[25] SAFARI J, ZARNEGAR Z. A magnetic nanoparticle-supported sulfuricacid as a highly efficient and reusable catalystfor rapid synthesis of amidoalkyl naphthols[J]. Journal of Molecular Catalysis A: Chemical, 2013, 379: 269-276.

[26] ROSTAMIZADEH S, ABDOLLAHI F, SHADJOU N, et al. MCM-41-SO_3H: a novel reusable nanocatalyst for synthesisof amidoalkyl naphthols under solvent-free conditions[J]. Monatshefte für Chemie-Chemical Monthly, 2013, 144(8): 1191-1196.

[27] MOEINPOUR F, AHMADI N D, BIRJANDI A S, et al. Multicomponent preparation of 1-amidoalkyl-2-naphthols using silica-supported molybdenum oxide(MoO_3/SiO_2) as a mild and recyclable catalyst[J]. Research on Chemical Intermediates, 2014, 40(8): 3145-3152.

[28] GHOMI J S, ZAHEDI S, GHASEMZADEH M A. AgI nanoparticles as a remarkable catalyst in the synthesisof (amidoalkyl)naphthol and oxazine derivatives: an eco-friendlyapproach[J]. Monatshefte für Chemie-Chemical Monthly, 2014, 145(7): 1191-1199.

[29] SHATERIAN H R, RIGI F. New applications of cellulose-SO_3H as a bio-supportedand biodegradable catalyst for the one-pot synthesisof some three-component reactions[J]. Research on Chemical Intermediates, 2014, 40(8): 2983-2999.

[30] GHORBANI-CHOGHAMARANI A, RASHIDIMOGHADAM S. 无溶剂条件下三聚氰胺-Br_3催化一锅法合成1-氨基烷基-2-萘酚（英文）[J]. 催化学报, 2014, 35(7): 1024-1029.

[31] DAVOODNIA A , MAHJOOBIN R , TAVAKOLI-HOSEINI N. 无溶剂条件下碳基固体酸催化一锅法合成酰胺烷基萘酚（英文）[J]. 催化学报, 2014, 35(4): 490-495.

[32] MOGHANIAN H, EBRAHIMI S. Three component, one-pot synthesis of amidoalkylnaphthols using polyphosphate ester under solvent-freeconditions[J]. Journal of Saudi Chemical Society, 2014, 18(2): 165-168.

[33] MOGHANIAN H, MOBINIKHALEDI A, BLACKMAN A G, et al. Sulfanilic acid-functionalized silica-coatedmagnetite nanoparticles as an efficient,reusable and magnetically separable catalystfor the solvent-free synthesis of 1-amido-and1-aminoalkyl-2-naphthols[J]. RSC Advances, 2014, 4(54): 28176-28185.

[34] GONG K, WANG H L, REN X X, et al. β-Cyclodextrin-butane sulfonic acid: An efficient and reusable catalyst for the multicomponent synthesis of 1-amidoalkyl-2-naphthols under solvent-free conditions [J]. Green Chemistry, 2015, 17(5): 3141-3147.

[35] KIYANI H, DARBANDI H, MOSALLANEZHAD A, et al. 2-Hydroxy-5-

sulfobenzoic acid: an efficientorganocatalyst for the three-component synthesisof 1-amidoalkyl-2-naphthols and 3,4-disubstitutedisoxazol-5(4*H*)-ones[J].Research on Chemical Intermediates, 2015, 41(10): 7561-7579.

[36] ADROM B, HAZERI N, MAGHSOODLOU M T, et al. Ecofriendly and efficient multicomponent method for preparation of 1-amidoalkyl-2-naphthols using maltose under solvent-free conditions[J]. Research on Chemical Intermediates, 2015, 41(7): 4741-4747.

[37] CHEN W, PENG X W, ZHONG L X, et al. Lignosulfonic acid: a renewable and effective biomass-based catalyst for multicomponent reactions[J]. ACS Sustainable Chemistry & Engineering, 2015, 3(7): 1366-1373.

[38] TAGHRIR H, GHASHANG M, BIREGAN M N. Preparation of 1-amidoalkyl-2-naphtholderivatives using barium phosphate nano-powders[J]. Chinese Chemical Letters, 2016, 27(1): 119-126.

[39] NASR-ESFAHANI M, MONTAZEROZOHORI M, TAEI M. Aluminatesulfonic acid: novel and recyclable nanocatalyst for efficient synthesis of aminoalkyl naphthols and amidoalkyl naphthols[J]. Comptes Rendus Chimie, 2016, 19(8): 986-994.

[40] GUPTA A, KOUR D, GUPTA V K, et al. Graphene oxide mediated solvent-free three component reaction for the synthesis of 1-amidoalkyl-2-naphthols and 1,2-dihydro-1-arylnaphth[1,2-*e*][1,3]oxazin-3-ones[J]. Tetrahedron Letters, 2016, 57(43): 4869-4872.

[41] MANSOOR S S, ASWIN K, LOGAIYA K, et al. $ZrOCl_2 \cdot 8H_2O$: an efficient and recyclable catalyst for the three-component synthesis of amidoalkyl naphthols under solvent-free conditions[J]. Journal of Saudi Chemical Society, 2016, 20(2): 138-150.

[42] POURMOUSAVI S A, MOGHIMI P, GHORBANI F, et al. Sulfonated

polynaphthalene as an effective and reusable catalyst for the one-pot preparation of amidoalkyl naphthols: DFT and spectroscopic studies[J].Journal of Molecular Structure, 2017,1144: 87-102.

[43] SAGHANEZHAD S J, SAYAHI M H, IMANIFAR I, et al. Caffeine-H_3PO_4: a novel acidic catalyst for various one-pot multicomponent reactions[J].Research on Chemical Intermediates, 2017, 43(11): 6521-6536.

[44] MADANKUMAR N, PITCHUMANI K. β-Cyclodextrin-monosulphonic acid catalyzed efficient synthesis of 1-amidoalkyl-2-naphthols[J]. ChemistrySelect, 2017, 2(33): 10798-10803.

[45] BANKAR S R, SHELKE S N. Nanomagnetite-supported molybdenum oxide (nanocat-Fe-Mo): an efficient green catalystfor multicomponent synthesis of amidoalkyl naphthols[J]. Research on Chemical Intermediates, 2018, 44(5): 3507-3521.

[46] REKUNGE D S, BENDALE H S, CHATURBHUJ G U. Activated fuller's earth: an efficient, inexpensive, environmentally benign, and reusable catalyst for rapid solvent-free synthesis of 1-(amido/amino)alkyl-2-naphthols[J]. Monatshefte für Chemie-Chemical Monthly, 2018, 149(11): 1991-1997.

[47] AHMADI M, MORADI L, SADEGHZADEH M. Solvent-free synthesis of amidoalkyl naphthols in the presence of MWCNTs@SiO_2/SO_3H as effective solid acid catalyst[J]. Monatshefte für Chemie-Chemical Monthly, 2019, 150(6): 1111-1119.

[48] GHORBANI F, KIYANI H, POURMOUSAVI S A, et al. Solvent-free synthesis of 1-amidoalkyl-2-naphthols using magnetic nanoparticle-supported 2-(((4-(1-iminoethyl) phenyl)imino)methyl)phenol Cu (II) or Zn (II) Schiff base complexes [J]. Research on Chemical Intermediates, 2020, 46(6): 3145-3164.

[49] MOOSAVI-ZARE A R, GOUDARZIAFSHAR H, NOORAEI F. Preparation and

characterization of nano-Co-[4-chlorophenyl-salicylaldimine-methyl pyranopyrazole]Cl_2 as a new Schiff base complex and catalyst for the solvent-free synthesis of 1-amidoalkyl-2-naphthols[J]. Applied Organometallic Chemistry, 2020, 34(1): e5252.

[50] GOVINDHAN C, NAGARAJAN P S. 2,6-Pyridinedicarboxylic acid (PDCA) catalyzed improved synthetic approach for 1-amidoalkyl naphthols, dihydropyrimidin-2(1H)-ones and bis-indoles[J]. ChemistrySelect, 2021, 6(33): 8716-8726.

[51] MANSOURI M, HABIBI D, HEYDARI S. The phenyltetrazolethiol-based nickel complex: a versatile catalyst for the synthesis of diverse amidoalkyl naphthols and chromenes[J]. Research on Chemical Intermediates, 2022, 48(2): 683-702.

[52] MAZRAATI A, SETOODEHKHAH M, MORADIAN M. Synthesis of bis (benzoyl acetone ethylene diimine) Schiff base complex of nickel (ii) supported on magnetite silica nanoparticles (Fe_3O_4@SiO_2/Schiff-Base of Ni(II)) and using it as an efficient catalyst for green synthesis of 1-amidoalkyl-2-naphthols[J].Journal of Inorganic and Organometallic Polymers and Materials, 2022, 32(1): 143-160.

[53] DAVARPANAH J, REZAEE P, GHAHREMANI M, et al. Synthesis of the acid-base bifunctional hybrid catalyst via covalently anchored organomoieties on to the SBA-15: a recyclable catalyst for the one-pot preparation of 1-amidoalkyl-2-naphthols[J]. Research on Chemical Intermediates, 2022, 48(10): 4033-4047.

[54] DIPAKE S S, GADEKAR S P, THOMBRE P B, et al. ZS-1 zeolite as a highly efficient and reusable catalyst for facile synthesis of 1-amidoalkyl-2-naphthols under solvent-free conditions [J]. Catalysis Letters, 2022, 152(3): 755-770.

[55] RAHIMIZADEH R, MOBINIKHALEDI A, MOGHANIAN H, et al. Design and synthesis of some new biologically active amidoalkyl naphthols in the presence of sulfonic acid functionalized silica-coated Fe_3O_4 nanoparticles[J]. Research on

Chemical Intermediates, 2022, 48(2): 607-627.

[56] AZZALLOU R, OUERGHI O, GEESI M H, et al. Bovine bone-derived natural hydroxyapatite-supported $ZnCl_2$ as a sustainable high efficiency heterogeneous biocatalyst for synthesizing amidoalkyl naphthols[J].Journal of Physics and Chemistry of Solids, 2022, 163: 110533.

[57] SHAHBAZARAB Z, NASR-ESFAHANI M. Synthesis and application of Fe_3O_4@ RHA@MEL-SO_3H nanocatalyst in the synthesis of 1-amidoalkyl-2-naphthols through a statistical approach to optimize the reaction conditions[J]. Chemistry Select, 2023, 8(17): e202300479.

[58] BAKHTIARIAN M, KHODAEI M M. Oxidized pectin modified by sulfonic acid groups as a bio-derived solid acid for the synthesis of 1-amidoalkyl-2-naphthols[J]. Journal of Molecular Structure, 2023, 1285: 135543.

[59] NIRALWAD K S, SHINGATE B B, SHINGARE M S. 1-Hexanesulphonic acid sodium salt promoted the one-pot synthesis of amidoalkyl naphthols under microwave-irradiation[J]. Chinese Chemical Letters, 2011,22(5): 551-554.

[60] HABIBZADEHA S, GHASEMNEJAD-BOSRA H. 1,3-Dibromo 5,5-dimethylhydantoin (DBH) catalyzed, microwave-assisted rapid synthesis of 1-amidoalkyl-2-naphthols[J]. Journal of the Chinese Chemical Society, 2012, 59(2): 193-198

[61] GHASEMNAJAD-BOSRA H. *N*-bromosuccinimide (NBS) catalyzed,microwave-assisted rapid synthesis of 1-amidoalkyl-2-naphthols under solvent-freeconditions[J]. Organic Chemistry: an Indian Journal, 2012, 8(8): 303-306.

[62] SAFARIJ, ZARNEGAR Z. Synthesis of amidoalkyl naphthols by nano-Fe_3O_4 modified carbon nanotubes via a multicomponent strategy in the presence of microwaves[J]. Journal of Industrial and Engineering Chemistry, 2014, 20(4): 2292-2297.

[63] FOROUZANI M, GHASEMNEJAD-BOSRA H. Amberlite IR-120 catalyzed,

microwave-assisted rapid synthesis of 1-amidoalkyl-2-naphthols[J]. Arabian Journal of Chemistry, 2016, 9(S1): S752-S755.

[64] PATIL S B, SINGH P R, SURPUR M P, et al. Ultrasound-promoted synthesis of 1-amidoalkyl-2-naphthols via a three-component condensation of 2-naphthol, ureas/amides, and aldehydes, catalyzed by sulfamic acid under ambient conditions[J]. Ultrasonics Sonochemistry, 2007, 14(5): 515-518.

[65] DATTA B, PASHA M A. Cavitational chemistry: a mild and efficient multi-component synthesis of amidoalkyl-2-naphthols using reusable silica chloride as catalyst under sonic conditions[J]. Ultrasonics Sonochemistry, 2011,18(2): 624-628.

[66] SAFARI J, ZARNEGAR Z. Ultrasound mediation for one-pot multi-component synthesis of amidoalkyl naphthols using new magnetic nanoparticles modified by ionic liquids[J]. Ultrasonics Sonochemistry, 2014, 21(3): 1132-1139.

[67] HARSH N D, DIPAK K R, ABHISHEK N D. Sonochemical synthesis of 2,3-dihydro-4(1*H*)-quinazolinones and 1-amidoalkyl-2-naphthols using magnetic nanoparticle-supported ionic liquid as a heterogeneous catalyst[J]. Research on Chemical Intermediates, 2018, 44(1): 117-134.

[68] HAJIPOUR A R, GHAYEB Y, SHEIKHAN N, et al. Brønsted acidic ionic liquid as an efficient and reusable catalyst for one-pot synthesis of 1-amidoalkyl 2-naphthols under solvent-free conditions[J]. Tetrahedron Letters, 2009, 50(40): 5649-5651.

[69] SAPKAL S B, SHELKE K F, MADJE B R, et al. 1-Butyl-3-methyl imidazolium hydrogen sulphate promoted one-pot three-component synthesis of amidoalkyl naphthols[J]. Bulletin of the Korean Chemical Society, 2009, 30(12): 2887-2889.

[70] 余婷婷, 刘祖亮, 巩凯. 磺酸型离子液体催化“一锅法”合成酰胺烷基萘酚[J]. 应用化学, 2010, 27(7): 778-782.

[71] ZHANG Q, LUO J, WEI Y Y. A silica gel supported dual acidic ionic liquid: an

efficient and recyclableheterogeneous catalyst for the one-pot synthesis of amidoalkyl naphthols [J]. Green Chemistry, 2010, 12(12): 2246-2254.

[72] ZOLFIGOL M A, KHAZAEI A, MOOSAVI-ZARE A R, et al. Rapid synthesis of 1-amidoalkyl-2-naphthols over sulfonic acid functionalized imidazolium salts[J]. Applied Catalysis, A: General, 2011, 400(1-2): 70-81.

[73] LUO J, ZHANG Q. A one-pot multicomponent reaction for synthesis of 1-amidoalkyl-2-naphthols catalyzed by PEG-based dicationic acidic ionic liquidsunder solvent-free conditions[J]. Monatshefte für Chemie-Chemical Monthly, 2011, 142(9): 923-930.

[74] DESHMUKH K M, QURESHI Z S, PATIL Y P, et al. Ionic liquid: an efficient and recyclable catalyst for the synthesis of 1-amidoalkyl-2-naphthols and 1-carbamatoalkyl-2-naphthols under solvent-free conditions[J]. Synthetic Communications, 2012, 42(1): 93-101.

[75] D A KOTADIA, S S SONI. Silica gel supported $-SO_3H$ functionalised benzimidazolium based ionic liquid as a mild and effective catalyst for rapid synthesis of 1-amidoalkyl naphthols[J]. Journal of Molecular Catalysis A: Chemical, 2012, (353-354): 44-49.

[76] FANG D, JIANG C N, ZHU T, et al. Synthesis of amidoalkyl naphthol via Ritter-type reaction catalyzedby heteropolyanion-based ionic liquid[J]. Journal of Chemical Sciences, 2013, 125(4): 751-754.

[77] MUSKAWAR P N, KUMAR S S, BHAGAT P R. Carboxyl-functionalized ionic liquids based on benzimidazolium cation: study of Hammett values and catalytic activity towards one-pot synthesis of 1-amidoalkyl naphthols[J]. Journal of Molecular Catalysis A: Chemical, 2013, 380: 112-117.

[78] ALINEZHAD H, TAJBAKHSH M, NOROUZI M, et al. Protic pyridinium ionic liquid: As an efficient, green and environmentally friendly catalyst for the one-pot

synthesis of amidoalkyl naphthol derivatives[J]. Comptes Rendus Chimie, 2014, 17(1): 7-11.

[79] SAYYAHI S, AZIN A, SAGHANEZHAD S J. Synthesis and characterization of a novelparamagnetic functionalized ionic liquid as ahighly efficient catalyst in one-pot synthesis of1-amidoalkyl-2-naphthols[J]. Journal of Molecular Liquids, 2014, 198: 30-36.

[80] GADILOHAR B L, KUMBHAR H S, SHANKARLING G S. Choline peroxydisulfate oxidizing Bio-TSIL: triple role player in the one-pot synthesis ofBetti bases and gem-bisamides from arylalcohols under solvent-free conditions[J]. New Journal of Chemistry, 2015, 39(6): 4647-4657.

[81] AMARASEKARA A S, NGUYEN J, RAZZAQ A. Acidic ionic liquid polymers: poly(bis-imidazolium-p-phenylenesulfonic acid) and applicationsas catalysts in the preparation of 1-amidoalkyl-2-naphthols[J]. Journal of Polymer Research, 2017, 24(3): 52.

[82] 于浩，田玲，徐溶熔，等. 功能化 Brønsted-Lewis 酸性离子液体催化合成 1-氨基烷基-2-萘酚[J]. 精细化工, 2016, 33(5): 552-556.

[83] ALINEZHAD H, TAJBAKHSH M, NOROUZI M. Characterization, consideration and catalytic application of novel pyrazine-1,4-diium trifluoromethanesulfonate {[1,4-DHPyrazine]($OTf)_2$} as a green and recyclable ionic liquid catalyst in the synthesis of amidoalkyl naphthol derivatives[J]. Journal of Heterocyclic Chemistry, 2017, 54(1): 278-288.

[84] TORABI M, YARIE M, ZOLFIGOL M A, et al. Magnetic phosphonium ionic liquid: Application as a novel dual role acidic catalyst for synthesis of 2’-aminobenzothiazolomethylnaphthols and amidoalkyl naphthols[J]. Research on Chemical Intermediates, 2020, 46(1): 891-907.

[85] BAHRAMI S, JAMEHBOZORGI S, MORADI S, et al. Synthesis of 1-amidoalkyl-

2-naphthol derivatives using a magnetic nano-Fe_3O_4@SiO_2@ Hexamethylenetetramine-supported ionic liquid as a catalyst under solvent-free conditions[J]. Journal of the Chinese Chemical Society, 2020, 67(4): 603-609.

[86] RODE N R, TANTRAY A A, SHELAR A V, et al. Synthesis, anti-leishmanial screening, molecular docking, and ADME study of 1-amidoalkyl 2-naphthol derivatives catalyzed by amino acid ionic liquid[J]. Research on Chemical Intermediates, 2022, 48(6): 2391-2412.

[87] MANAVI M A, NASAB M H F, DASHTI F, et al. Green and one-pot synthesis of novel amidoalkyl naphthols using triethanolammonium acetate ([$(OHCH_2CH_2)_3NH$][OAc]) ionic liquid and their anti-H.pylori activity[J]. Research on Chemical Intermediates, 2022, 48(10): 4049-4062.

[88] AZIZI N, EDRISI M. Multicomponent reaction in deep eutectic solvent for synthesis of substituted 1-aminoalkyl-2-naphthols[J]. Research on Chemical Intermediates, 2017, 43(1): 379-385.

[89] NGUYEN V T, NGUYEN H T, TRAN P H. One-pot three-component synthesis of 1-amidoalkyl naphthols and polyhydroquinolines using a deep eutectic solvent: a green method and mechanistic insight[J]. New Journal of Chemistry, 2021, 45(4): 2053-2059.

第 11 章　低共熔溶剂在 2-氨基-7-羟基-3-氰基-4-芳基-4H-色烯合成中的应用

11.1　概　述

色烯，又称苯并吡喃，是一类重要的含氧杂环化合物，具有显著的生物活性和药理活性，广泛应用于农药、医药、染料、颜料和化妆品等领域[1-5]。其中，以芳香醛、丙二腈和间苯二酚为起始原料，通过三组分缩合反应制备 2-氨基-7-羟基-3-氰基-4-芳基-4H-色烯类化合物，因其合成方法简便而深受科学家的普遍关注。

目前文献已报道的催化剂有硫酸氢铁（$Fe(HSO_4)_3$）[6]、2,2,2-三氟乙醇[7]、钨酸功能化介孔 SBA-15[8]、邻苯二甲酰亚胺-*N*-氧化钾[9]、镁铝水滑石[10]、纳米斜发沸石[11]、琼脂包埋 DABCO[12]、三乙胺（TEA）[13]、酒石酸钾钠（罗谢尔盐）[14]、邻苯二甲酰亚胺钾[15]、蔗糖[16]、对二甲氨基吡啶（DMAP）[17]、纳米二氧化硅键合氨基乙基哌嗪[18]、纳米聚丙烯胺树状大分子（DAB-PPI-G1）[19]、氧化锌纳米粒子[20]、碳酸钠（Na_2CO_3）[21]、碳酸钾（K_2CO_3）[22]、*L*-脯氨酸（乙醇）[23]、邻苯二甲酸氢钾[24]、三嗪基多孔有机聚合物 TPOP-2[25]、聚 4-乙烯基吡啶负载碘化铜纳米粒子[26]、磺酸功能化金属有机骨架材料 MIL-101(Cr)[27]、氨基修饰 β-环糊精（ACDs）[28]、聚苯乙烯固载氯化 DABCO([P-DABCO]Cl)[29]、碳酸钾/三聚氰酸[30]、$Cu_{0.5}Co_{0.5}Fe_2O_4$ 磁性纳米粒子[31]、氧化石墨烯固载单分散钯纳米粒子[32]、氧化石墨烯固载钯钌纳米粒子[33]、磺酸化还原氧化石墨烯（$RGO-SO_3H$）[34]、中沸石[35]、海泡石纳米纤维[36]、咪唑/氰尿酸[37]、丝光沸石/MIL-101（Cr）金属-有机骨架（MOF）复合材料[38]、*L*-

脯氨酸（乙醇-水）[39]、锌-脯氨酸复合物[40]、三嗪噻吩官能化微孔聚合物（TrzDBTH）[41]、丙酰胺功能化聚丙烯腈纤维[42]、纳米纤维素-$OTiCl_3$[43]、羟基磷灰石包埋-γ-Fe_2O_3负载3-氨基-1,2,4-三唑（γ-Fe_2O_3@HAp@CPTMS@AT）[44]、POM@Dy-PDA[45]、介孔二氧化硅纳米粒子固载1,5,7-三氮杂双环[4.4.0]癸-5-烯（MSN-TBD）[46]、糖苹果皮灰[47]、环氧改性铜席夫碱配合物（Fe_3O_4@SiO_2MNP）[48]、Fe_3O_4@SiO_2@NH_2-TCT-mesalamine-Cu(Ⅱ) MNPs[49]、Fe_3O_4负载磺酸化氧化石墨烯[50]、三氯化铟（$InCl_3$）[51]、6-氨基-β-环糊精[52]、芙蓉植物干叶灰的水提取物（HRSPLAE）[53]等。

同时，现代有机合成辅助技术如电解[54]、球磨[55-56]、超声[57-63]、微波[64-70]、光催化[71-74]等也已用于此类化合物的制备。尽管这些催化体系各有其自身的优势，但是依然存在或多或少的诸如催化剂制备复杂、需要特殊装置等缺陷。因此，寻求绿色、高效的2-氨基-7-羟基-3-氰基-4-芳基-4H-色烯合成新方法势在必行。

离子液体是一种新型“绿色”反应介质和催化剂，已有文献报道将氢氧化1-丁基-3-甲基咪唑（[Bmim][OH]）[75]、1-(2-氨基乙基)-3-甲基咪唑咪唑盐[76]、2-乙基咪唑乙酸盐（[2-Eim]OAc）[77]、(α-Fe_2O_3)-MCM-41负载1-甲基-3-(4-磺酸丁基)咪唑硫酸氢盐[78]、三氰基甲烷化-4,4’-联吡啶盐{[4,4’-BPyH][$C(CN)_3$]$_2$}[79]、2-羧基-*N*,*N*-二乙基乙胺乙酸盐（[$Et_2NH(CH_2)_2CO_2H$][AcO]）[80]、氢氧化胆碱[81]、胆碱乙酸盐[82]、应用于2-氨基-7-羟基-3-氰基-4-芳基-4H-色烯衍生物的制备。然而，这些离子液体依然或多或少的存在制备过程烦琐、原料价格昂贵等确定。因而，开发绿色、高效的2-氨基-7-羟基-3-氰基-4-芳基-4H-色烯合成方法仍然具有十分重要的意义。

低共熔溶剂是一类新型的绿色溶剂和催化剂，具有原料成本廉价、制备过程简单、回收利用方便等优势，符合绿色化学的发展理念。

本章以低共熔溶剂氯化胆碱-乳酸（ChCl-LA）作为反应介质和催化剂，通过芳香醛、丙二腈和间苯二酚的三组分缩合反应合成2-氨基-7-羟基-3-氰基-4-芳基-4H-色烯类化合物，其反应方程式如图11.1所示。

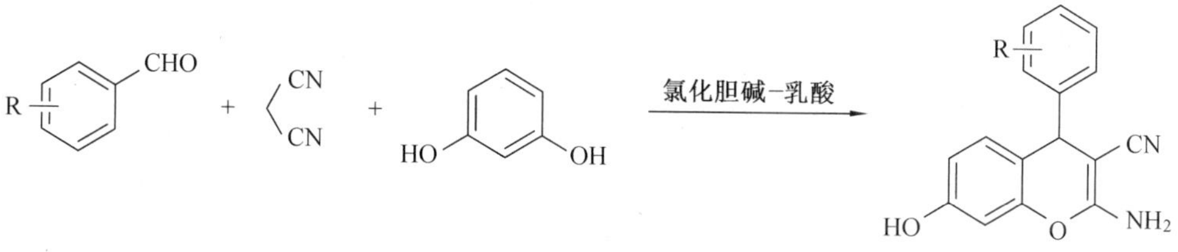

11.1　　11.2　　11.3　　11.4

图 11.1　低共熔溶剂氯化胆碱-乳酸中 2-氨基-7-羟基-3-氰基-4-芳基-4H-色烯的合成

11.2　试验部分

11.2.1　试验仪器和试剂

本试验所用主要仪器的名称、型号和生产厂家见表 11.1。

表 11.1　主要仪器的名称、型号和生产厂家

仪器名称	仪器型号	生产厂家
分析天平	JA2003	上海舜宇恒平科学仪器有限公司
集热式恒温加热磁力搅拌器	DF-101D	巩义市予华仪器有限责任公司
电热恒温鼓风干燥箱	DHG-9146A	上海精宏试验设备有限公司
真空干燥箱	DZF-6020	巩义市予华仪器有限责任公司
旋转蒸发器	YRE-5299	巩义市予华仪器有限责任公司
循环水式真空泵	SHZ-D（III）	巩义市予华仪器有限责任公司
显微熔点仪	SGWR X-4B	上海仪电物理光学仪器有限公司
核磁共振仪	AVANCE	瑞士 Bruker 公司
红外光谱仪	Nicolet 6700	美国赛默飞世尔科技公司

本试验所用主要试剂的名称、纯度和生产厂家见表11.2。

表11.2　主要试剂的名称、纯度和生产厂家

试剂名称	试剂纯度	生产厂家
氯化胆碱	分析纯	上海国药集团化学试剂有限公司
乳酸	分析纯	上海国药集团化学试剂有限公司
苯甲醛	分析纯	上海国药集团化学试剂有限公司
丙二腈	分析纯	上海阿拉丁生化科技股份有限公司
间苯二酚	分析纯	上海阿拉丁生化科技股份有限公司
无水乙醇	分析纯	上海国药集团化学试剂有限公司
2-氟苯甲醛	分析纯	上海阿拉丁生化科技股份有限公司
4-氟苯甲醛	分析纯	上海阿拉丁生化科技股份有限公司
4-氯苯甲醛	分析纯	上海阿拉丁生化科技股份有限公司
4-溴苯甲醛	分析纯	上海阿拉丁生化科技股份有限公司
3-硝基苯甲醛	分析纯	上海阿拉丁生化科技股份有限公司
4-硝基苯甲醛	分析纯	上海阿拉丁生化科技股份有限公司
4-甲基苯甲醛	分析纯	上海阿拉丁生化科技股份有限公司
4-羟基苯甲醛	分析纯	上海阿拉丁生化科技股份有限公司
4-甲氧基苯甲醛	分析纯	上海阿拉丁生化科技股份有限公司
3,4-二甲氧基苯甲醛	分析纯	上海阿拉丁生化科技股份有限公司
糠醛	分析纯	上海阿拉丁生化科技股份有限公司

11.2.2　低共熔溶剂氯化胆碱-乳酸的制备

将一定量氯化胆碱和乳酸按照1∶2的摩尔比加入到100 mL圆底烧瓶中，60 ℃磁力搅拌，直至得到无色透明液体，缓慢冷却至室温，即可得低共熔溶剂氯化胆碱-乳酸（ChCl-LA）。

11.2.3　低共熔溶剂氯化胆碱-乳酸中 2-氨基-7-羟基-3-氰基-4-芳基-4H-色烯的合成

将 1.0 mmol 芳香醛、1.0 mmol 丙二腈、1.0 mmol 间苯二酚和 2.0 g 低共熔溶剂氯化胆碱-乳酸置于 50 mL 圆底烧瓶中，在 90 ℃磁力搅拌反应一定时间，使用薄层色谱（TLC）检测反应进度。反应完毕以后，将反应混合物冷却至室温，加入 5 mL 去离子水，析出固体产物，过滤，再用 5 mL 去离子水洗涤 3 次，便可得粗产物。采用乙醇重结晶，真空干燥，即可得纯净的 2-氨基-7-羟基-3-氰基-4-芳基-4H-色烯化合物。测定所合成产物的熔点和核磁共振氢谱（^{1}H NMR），与文献报道数据对比。

2-氨基-7-羟基-3-氰基-4-苯基-4H-色烯（11.4a）：熔点为 230～231 ℃（文献[16]值：熔点为 229～231 ℃）；^{1}H NMR（500 MHz，DMSO-d_6）δ：9.72（s，1 H），7.32～7.29（m，2 H），7.22～7.16（m，3 H），6.87（s，2 H），6.54～6.38（m，2 H），6.19～6.18（m，1 H），4.62（s，1 H）。

2-氨基-7-羟基-3-氰基-4-(2-氟苯基)-4H-色烯（11.4b）：熔点为 201～202 ℃（文献[7]值：熔点为 200～202 ℃）；^{1}H NMR（500 MHz，DMSO-d_6）δ：9.69（s，1 H），7.25～7.18（m，4 H），6.85（s，2 H），6.43～6.38（m，3 H），4.87（s，1 H）。

2-氨基-7-羟基-3-氰基-4-(4-氟苯基)-4*H*-色烯（11.4c）：熔点为 185～186 ℃（文献[10]值：熔点为 186～188 ℃）；^{1}H NMR（500 MHz，DMSO-d_6）δ：9.75（s，1 H），7.20（d，J = 8.6 Hz，2 H），7.13（t，J = 8.8 Hz，2 H），6.92（s，2 H），6.79（d，J = 8.5 Hz，1 H），6.49（d，J = 8.5 Hz，1 H），6.40（d，J = 8.5 Hz，1 H），4.66（s，1 H）。

2-氨基-7-羟基-3-氰基-4-(4-氯苯基)-4H-色烯（11.4d）：熔点为 205～206 ℃（文献[56]值：熔点为 203～205 ℃）；^{1}H NMR（500 MHz，DMSO-d_6）δ：9.24（s，1 H），7.37～7.32（m，2 H），7.27～7.20（m，2 H），6.95（s，2 H），6.91～6.89（m，1 H），6.36～6.33（m，1 H），6.22～6.20（m，1 H），4.41（s，1 H）。

2-氨基-7-羟基-3-氰基-4-(4-溴苯基)-4H-色烯（11.4e）：熔点为 223～224 ℃（文

献[7]值：熔点为 224～226 ℃）；^{1}H NMR（500 MHz，DMSO-d_6）δ：9.79（s，1 H），7.50～7.48（d，J = 8.6 Hz，2 H），7.15～7.13（d，J = 8.6 Hz，2 H），6.94（s，2 H），6.80～6.77（d，J = 8.5 Hz，1 H），6.54～6.52（d，J = 8.5 Hz，1 H），6.23～6.20（d，J = 8.5 Hz，1 H），4.66（s，1 H）。

2-氨基-7-羟基-3-氰基-4-(3-硝基苯基)-4H-色烯（11.4f）：熔点为 170～171 ℃（文献[40]值：熔点为 170～172 ℃）；^{1}H NMR（500 MHz，DMSO-d_6）δ：9.93（s，1 H），8.11～8.08（m，1 H），8.03～8.00（m，1 H），7.67～7.59（m，2 H），7.03（s，2 H），6.86～6.84（d，J = 8.5 Hz，1 H），6.52～6.50（m，1 H），6.47～6.45（d，J = 8.5 Hz，1 H)，4.90（s，1 H）。

2-氨基-7-羟基-3-氰基-4-(4-硝基苯基)-4H-色烯（11.4g）：熔点为 211～212 ℃（文献[30]值：熔点为 210～212 ℃）；^{1}H NMR（500 MHz，DMSO-d_6）δ：9.85（s，1 H），8.21～8.19（d，J = 8.6 Hz，2 H），7.47～7.45（d，J = 8.6 Hz，2 H），7.05（s，2 H），6.82～6.80（d，J = 8.5 Hz，1 H），6.52～6.50（d，J = 8.5 Hz，1 H），6.21～6.18（m，J = 8.5 Hz，1 H），4.87（s，1 H）。

2-氨基-7-羟基-3-氰基-4-(4-甲基苯基)-4*H*-色烯（11.4h）：熔点为 183～184 ℃（文献[7]值：熔点为 184～186 ℃）；^{1}H NMR（500 MHz，DMSO-d_6）δ：9.13（s，1 H），7.86～7.84（d，J = 8.6 Hz，2 H），7.41～7.39（d，J = 8.6 Hz，2 H），6.93（s，2 H），6.78～6.76（d，J = 8.6 Hz，1 H），6.59～6.55（m，1 H），6.19～6.17（m，1 H），4.66（s，1 H），2.39（s，3 H）。

2-氨基-7-羟基-3-氰基-4-(4-羟基苯基)-4H-色烯（11.4i）：熔点为 245～246 ℃（文献[30]值：熔点为 244～246 ℃）；^{1}H NMR（500 MHz，DMSO-d_6）δ：9.73（s，1 H），9.23（s，1 H），6.99～6.97（d，J = 8.6 Hz，2 H），6.92（s，2 H），6.90（s，1 H），6.86～6.84（m，2 H），6.34（s，1 H），6.22～6.20（d，J = 8.5 Hz，1 H），4.33（s，1 H）。

2-氨基-7-羟基-3-氰基-4-(4-甲氧基苯基)-4*H*-色烯（11.4j）：熔点为 112～113 ℃（文献[36]值：熔点为 111～114 ℃）；^{1}H NMR（500 MHz，DMSO-d_6）δ：9.23（s，

1 H)，7.92～7.90（d，J = 8.6 Hz，2 H)，7.09～7.07（d，J = 8.6 Hz，2 H)，6.94（s，2 H)，6.90～6.88（d，J = 8.5 Hz，1 H)，6.28～6.23（m，1 H)，6.21～6.18（m，1 H)，4.40（s，1 H)，3.84（s，3 H)。

2-氨基-7-羟基-3-氰基-4-(3,4-二甲氧基)-4H-色烯（11.4k）：熔点为 216～217 ℃（文献[10]值：熔点为 215～217 ℃）；^{1}H NMR（500 MHz，DMSO-d_6）δ：9.66（s，1 H)，6.86（d，J = 8.5 Hz，1H)，6.83～6.81（m，1 H)，6.79（s，2 H)，6.76（d，J = 8.5 Hz，1 H)，6.64（d，J = 8.5 Hz，1 H)，6.46（d，J = 8.5 Hz，1 H)，6.37（d，J = 8.5 Hz，1 H)，4.54（s，1 H)，3.69（s，6 H)。

2-氨基-7-羟基-3-氰基-4-(2-呋喃基)-4H-色烯（11.4l）：熔点为 189～190 ℃（文献[40]值：熔点为 188～190 ℃）；^{1}H NMR（500 MHz，DMSO-d_6）δ：9.17（s，1 H)，7.52～7.45（m，1 H)，6.92（s，2 H)，6.90～6.88（m，1 H)，6.42～6.40（m，1 H)，6.37～6.31（m，1 H)，6.16～6.14（m，1 H)，6.11～6.09（m，1 H)，5.45（s，1 H)。

11.3　结果与讨论

11.3.1　反应条件的优化

选择 1.0 mmol 苯甲醛、1.0 mmol 丙二腈和 1.0 mmol 间苯二酚作为反应底物，探讨低共熔溶剂用量、反应温度等条件对缩合反应制备 2-氨基-7-羟基-3-氰基-4-苯基-4H-色烯（11.4a）的影响，试验结果见表 11.3。根据表 11.3 可以看出，固定反应温度为 90℃、反应时间为 20 min，随着低共熔溶剂氯化胆碱-乳酸的用量从 0.5 g 增加到 2.0 g，产物 11.4a 的产率从 63%升高到 91%；然而，进一步增加低共熔溶剂的用量，产率没有继续提高。此外，固定低共熔溶剂用量 2.0 g，当反应温度降低至 70 ℃或 80 ℃时，反应速率减慢，产物产率也出现下降；同时，当反应温度升高至 100 ℃或 110 ℃时，产率没有显著升高。由上述可知，低共熔溶剂氯化胆碱-乳酸催化合成 2-氨基-7-羟基-3-氰基-4-芳基-4H-色烯的较佳反应条件为低共熔溶剂用量为 2.0 g、反应温度为 90 ℃。

表 11.3　不同反应条件对缩合反应的影响

序号	低共熔溶剂用量/g	温度/℃	时间/min	产率
1	0.5	90	20	63
2	1.0	90	20	76
3	1.5	90	20	85
4	2.0	90	20	91
5	2.5	90	20	91
6	2.0	70	40	79
7	2.0	80	30	87
8	2.0	100	20	91
9	2.0	110	20	92

11.3.2　反应底物的拓展

将前述优化所得的反应条件用于不同芳香醛与丙二腈、间苯二酚的缩合反应，试验结果见表 11.4。根据表 11.4 可以看出，含有卤素、硝基、甲基、羟基、甲氧基等吸电子或供电子取代基团的芳香醛以及杂环芳香醛，均可与丙二腈、间苯二酚顺利完成缩合反应，以 85%～93%的产率合成相对应的 2-氨基-7-羟基-3-氰基-4-芳基-4H-色烯类化合物。所以，低共熔溶剂氯化胆碱-乳酸的反应体系具有较好的官能团兼容性和较广的底物适用性。

表 11.4　不同芳香醛对缩合反应的影响

序号	R	时间/min	产物	产率
1	H	20	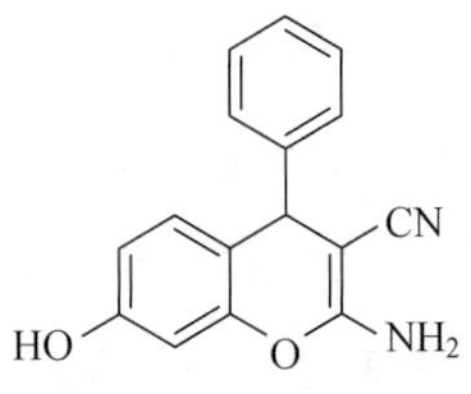 HO, O, CN, NH_2 11.4a	91

续表 11.4

序号	R	时间/min	产物	产率
2	2-F	40	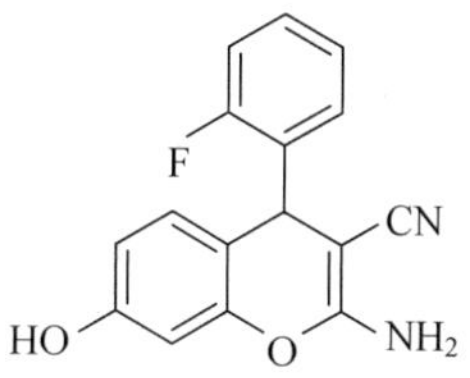 11.4b	85
3	4-F	15	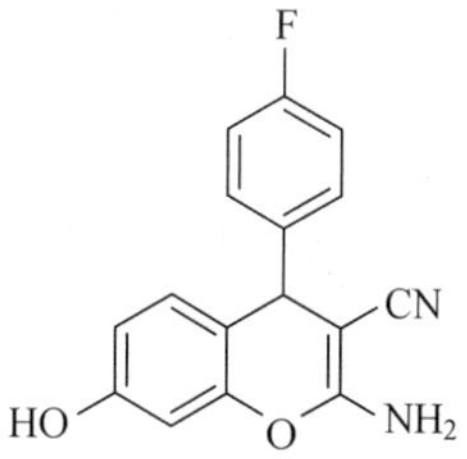 11.4c	90
4	4-Cl	20	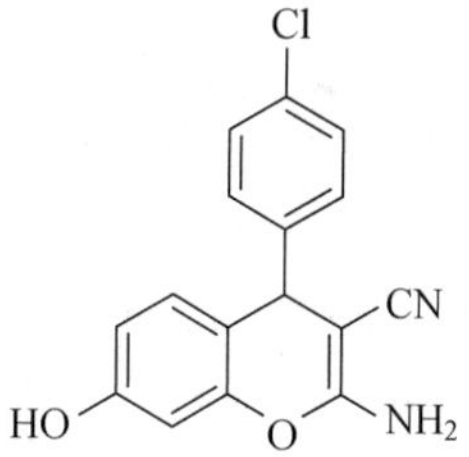 11.4d	92
5	4-Br	15	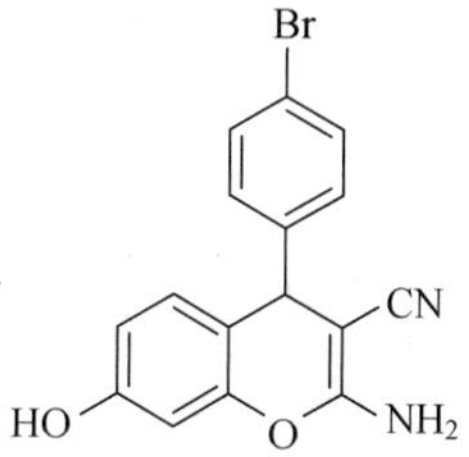 11.4e	90

续表 11.4

序号	R	时间/min	产物	产率
6	3-NO_2	30	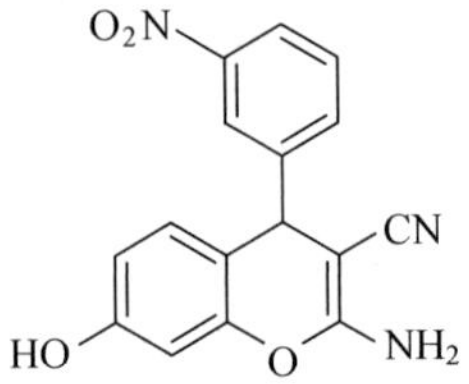 O_2N CN HO O NH_2 11.4f	89
7	4-NO_2	20	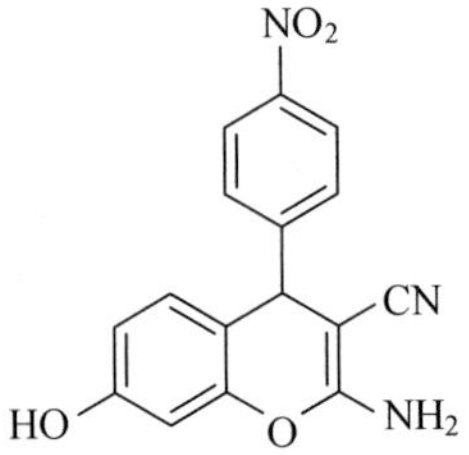 NO_2 CN HO O NH_2 11.4g	93
8	4-CH_3	25	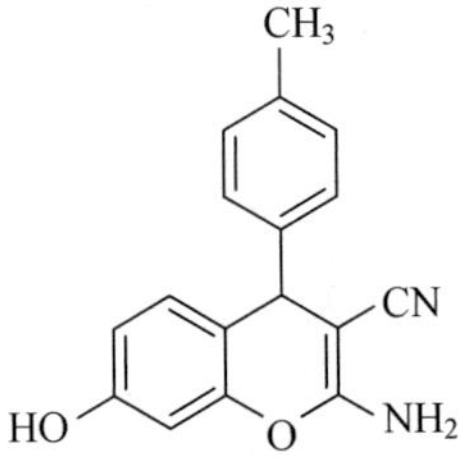 CH_3 CN HO O NH_2 11.4h	86
9	4-OH	25	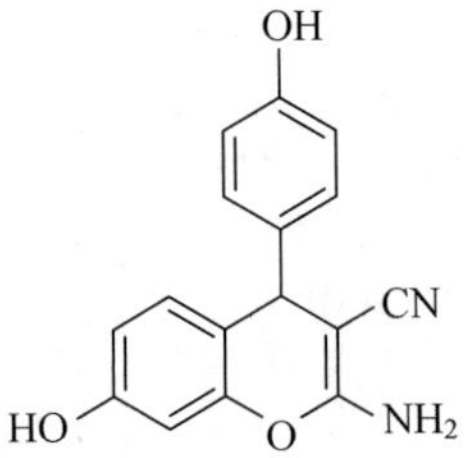 OH CN HO O NH_2 11.4i	89

续表 11.4

序号	R	时间/min	产物	产率
10	4-CH_3O	30	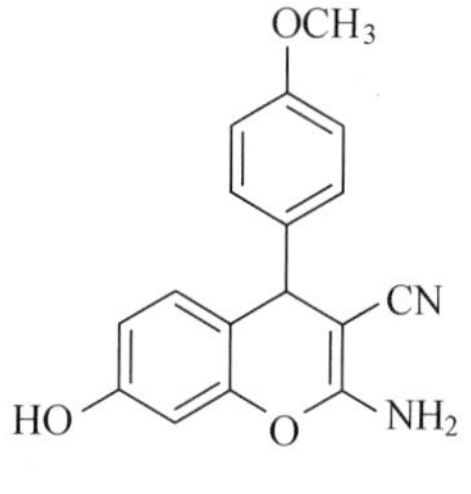 11.4j	90
11	3,4-2CH_3O	35	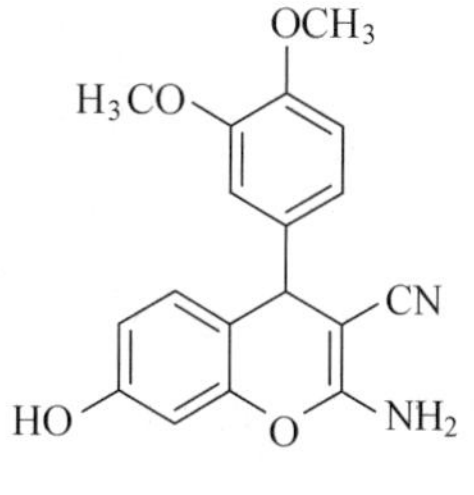 11.4k	87
12	2-furyl	30	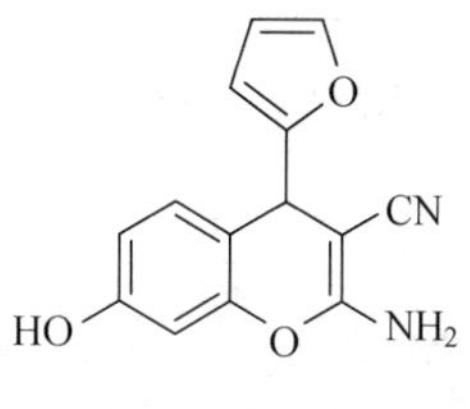 11.4l	88

11. 3. 3　低共熔溶剂氯化胆碱-乳酸的重复使用

易分离、回收和重复使用是低共熔溶剂的重要优势。以苯甲醛、丙二腈和间苯二酚的缩合反应作为模板，考查低共熔溶剂氯化胆碱-乳酸的重复使用性能。反应完毕以后，将含有氯化胆碱-乳酸的水相，通过旋转蒸发仪除去水，即可用于下一次的循环使用试验，试验结果见表 11.5。根据表 11.5 可以看出，低共熔溶剂氯化胆碱-

乳酸至少可以回收和重复利用五次，缩合产物 11.4a 的收率没有明显下降。

表 11.5　低共熔溶剂的重复使用对缩合反应的影响　　%

次数	收率
1	91
2	90
3	88
4	86
5	85

11.7　本章小结

不同取代基的芳香醛、丙二腈和间苯二酚在低共熔溶剂氯化胆碱-乳酸用量为 2.0 g、反应温度 90 ℃的条件下，通过三组分缩合反应可成功制备一系列 2-氨基-7-羟基-3-氰基-4-芳基-4H-色烯衍生物，产率可达 85%～93%。低共熔溶剂氯化胆碱-乳酸的原料廉价易得，制备过程简便，低毒且易生物降解、可重复使用，是一种环境友好型反应介质和催化剂，符合绿色化学发展趋势，为色烯类化合物提供一种绿色合成新方法。

本章参考文献

[1] THOMAS N, ZACHARIAH S M, RAMANI P. 4-Aryl-4H-chromene-3-carbonitrile derivates: synthesis and preliminary anti-breast cancer studies[J]. Journal of Heterocyclic Chemistry, 2016, 53(6): 1778-1782.

[2] RAJ V, LEE J. 2H/4H-Chromenes-a versatile biologically attractive scaffold[J]. Frontiers in Chemistry, 2020, 8: 623.

[3] TASHRIFI Z, MOHAMMADI-KHANAPOSHTANI M, HAMEDIFAR H, et al. Synthesis and pharmacological properties of polysubstituted 2-amino-4H-pyran-3-

carbonitrile derivatives[J]. Molecular Diversity, 2020, 24(11): 1385-1431.

[4] KATIYAR M K, DHAKAD G K, SHIVANI, et al. Synthetic strategies and pharmacological activities of chromene and its derivatives: an overview[J]. Journal of Molecular Structure, 2022, 1263: 133012.

[5] ELSHEMY H AH, ZAKI M A, MAHMOUD A M, et al. Development of potential anticancer agents and apoptotic inducers based on 4-aryl-4H chromene scaffold: Design, synthesis, biological evaluation and insight on their proliferation inhibition mechanism[J]. Bioorganic Chemistry, 2022, 118: 105475.

[6] ESHGHI H, DAMAVANDI S, ZOHURI G H. Efficient one-pot synthesis of 2-amino-4H-chromenes catalyzed by ferric hydrogen sulfate and Zr-based catalysts of FI[J]. Synthesis and Reactivity in Inorganic, Metal-Organic, and Nano-Metal Chemistry, 2011, 41(9):1067-1073.

[7] KHAKSAR S, ROUHOLLAHPOUR A, TALESH S M. A facile and efficient synthesis of 2-amino-3-cyano-4H-chromenes and tetrahydrobenzo[*b*]pyrans using 2,2,2-trifluoroethanol as a metal-free and reusable medium[J]. Journal of Fluorine Chemistry, 2012, 141: 11-15.

[8] KUNDU S K, MONDAL J, BHAUMIK A. Tungstic acid functionalized mesoporous SBA-15: a novel heterogeneous catalyst for facile one-pot synthesis of 2-amino-4H-chromenes in aqueous medium[J]. Dalton Transactions, 2013, 42(29): 10515-10524.

[9] DEKAMIN M G, ESLAMI M, MALEKI A. Potassium phthalimide-*N*-oxyl: a novel, efficient, and simple organocatalyst for the one-pot three-component synthesis of various 2-amino-4H-chromene derivatives in water[J]. Tetrahedron, 2013, 69(3): 1074-1085.

[10] KALE S R, KAHANDAL S S, BURANGE A S, et al. A benign synthesis of 2-amino-4H-chromene in aqueous medium using hydrotalcite (HT) as a

heterogeneous base catalyst[J]. Catalysis Science & Technology, 2013,3(8): 2050-2056.

[11] BAGHBANIAN S M, REZAEI N, TASHAKKORIAN H. Nanozeolite clinoptilolite as a highly efficient heterogeneous catalyst for the synthesis of various 2-amino-4H-chromene derivatives in aqueous media[J]. Green Chemistry, 2013, 15(12): 3446-3458.

[12] SHINDE S, RASHINKAR G, SALUNKHE R. DABCO entrapped in agar-agar: a heterogeneous gelly catalyst for multi-component synthesis of 2-amino-4H-chromenes[J]. Journal of Molecular Liquids, 2013, 178: 122-126.

[13] MOBINIKHALEDI A, FOROUGHIFAR N, MOSLEH T, et al. Synthesis of some novel chromenopyrimidine derivatives and evaluation of their biological activities[J]. Iranian Journal of Pharmaceutical Research, 2014, 13(3): 873-879.

[14] EL-MAGHRABY A M. Green chemistry: new synthesis of substitutedchromenes and benzochromenes via three-component reaction utilizing Rochelle salt asnovel green catalyst[J]. Organic Chemistry International, 2014, 2014: 715091.

[15] KIYANI H, GHORBANI F. Potassium phthalimide promoted green multicomponent tandem synthesis of 2-amino-4H-chromenes and 6-amino-4H-pyran-3- carboxylates [J]. Journal of Saudi Chemical Society, 2014, 18(5): 689-701.

[16] MAGHSOODLOU M T, HAZERI N, LASHKARI M, et al. Saccharose as a new, natural, and highly efficient catalyst for the one-pot synthesis of 4,5-dihydropyrano [3,2-*c*]chromenes, 2-amino-3-cyano-4H-chromenes, 1,8-dioxodecahydroacridine, and 2-substituted benzimidazole derivatives[J]. Research on Chemical Intermediates, 2015, 41(10): 6985-6997.

[17] GHASHANG M, MANSOOR S S, ASWIN K. Synthesis and in vitro microbiologicalevaluation of novel series of 8-hydroxy-2-(2-oxo-2H-chromen-3-yl)-5-phenyl-3H-chromeno[2,3-*d*]pyrimidin-4(5H)-onederivatives catalyzed by reusable

silica-bonded *N*-propylpiperazine sulfamic acid[J]. Research on Chemical Intermediates, 2015, 41(5): 3117-3133.

[18] TAJBAKHSH M, KARIMINASAB M, ALINEZHAD H, et al. Nano silica-bonded aminoethylpiperazine: a highly efficient and reusable heterogeneous catalyst for the synthesis of 4H-chromene and 12H-chromeno[2,3-*d*]pyrimidine derivatives[J]. Journal of the Iranian Chemical Society, 2015, 12(8): 1405-1414.

[19] MALEKI B, SHEIKH S. Nano polypropylenimine dendrimer (DAB-PPI-G1): as a novel nano basic-polymercatalyst for one-pot synthesis of 2-amino-2-chromene derivatives[J]. RSC Advances, 2015, 5(54): 42997-43005.

[20] MOBINIKHALEDI A, YAZDANIPOUR A, GHASHANG M. Green synthesis of 2-amino-7-hydroxy-4-aryl-4H-chromene-3-carbonitriles using ZnO nanoparticles prepared with mulberry leaf extract and $ZnCl_2$[J]. Turkish Journal of Chemistry, 2015, 39(3): 667-675.

[21] MASESANE I B, MIHIGO S O. Efficient and green preparation of 2-amino-4H-chromenes by a room-temperature, Na_2CO_3-catalyzed, three-component reaction of malononitrile, benzaldehydes, and phloroglucinol or resorcinol in aqueous medium[J]. Synthetic Communications, 2015, 45(13): 1546-1551.

[22] POURMOHAMMAD M, MOKHTARY M. K_2CO_3-catalyzed synthesis of 2-amino-3-cyano-4H-chromene derivatives with different substituents in water[J]. Comptes Rendus Chimie, 2015, 18(5): 554-557.

[23] BEHBAHANI F K, MEHRABAN S. Synthesis of 2-Amino-3-cyano-7-hydroxy-4H-chromenes using *L*-proline as a biocatalyst[J]. Journal of the Korean Chemical Society, 2015, 59(4): 284-288.

[24] KIYANI H, GHORBANI F. Efficient tandem synthesis of a variety of pyran-annulated heterocycles, 3,4-disubstituted isoxazol-5(4*H*)-ones, and α,β-unsaturated

nitriles catalyzed by potassium hydrogen phthalate in water[J]. Research on Chemical Intermediates, 2015, 41(10): 7847-7882.

[25] KUNDU S K, BHAUMIK A. A triazine-based porous organic polymer: a novelheterogeneous basic organocatalyst for facile one-pot synthesis of 2-amino-4H-chromenes[J]. RSC Advances, 2015, 5(41): 32730-32739.

[26] ALBADI J, MANSOURNEZHAD A. Aqua-mediated multicomponent synthesis of various4*H*-pyran derivatives catalyzed by poly(4-vinylpyridine)-supported copper iodide nanoparticlecatalyst[J]. Research on Chemical Intermediates, 2016, 42(6): 5739-5752.

[27] SAIKIA M, SAIKIA L. Sulfonic acid-functionalized MIL-101(Cr) as a highlyefficient heterogeneous catalyst for one-potsynthesis of 2-amino-4H-chromenes in aqueousmedium[J]. RSC Advances, 2016, 6(19): 15846-15853.

[28] REN Y F, YANG B, LIAO X L. The amino side chains do matter: Chemoselectivityin the one-pot three-component synthesis of 2-amino-4H-chromenes by supramolecularcatalysis with amino-appended β-cyclodextrins(ACDs) in water[J]. Catalysis Science & Technology, 2016,6(12): 4283-4293.

[29] HUANG L S, HU X, YU YQ, et al. Highly efficient heterogeneous catalytic synthesis of densely functionalized 2-amino-4H-pyrans under mild condition in aqueous media[J]. Chemistry Select, 2017, 2(35): 11790-11794.

[30] HEYDARI R, SHAHRAKI R, HOSSAINI M, et al. K_2CO_3/cyanuric acid catalyzed synthesis of 2-amino-4H-chromene derivatives in water[J]. Research on Chemical Intermediates, 2017, 43(8): 4611-4622.

[31] ALAMDARI R F, ZEKRI N, MANSOURI F. Enhancement of catalytic activity in the synthesis of 2-amino-4H-chromene derivatives using bothcopper- and cobalt-incorporated magnetic ferritenanoparticles[J]. Research on Chemical Intermediates, 2017, 43(11): 6537-6551.

[32] AKOCAK S, ŞEN B, LOLAK N, ŞAVK A, et al. One-pot three-component synthesis of 2-amino-4H-Chromenederivatives by using monodisperse Pd nanomaterials anchoredgraphene oxide as highly efficient and recyclable catalyst [J]. Nano-Structures & Nano-Objects, 2017, 11: 25-31.

[33] ŞEN B, LOLAK N, PARALI Ö, KOCA M, et al. Bimetallic PdRu/graphene oxide based Catalysts for one-potthree-component synthesis of 2-amino-4H-chromene derivatives[J]. Nano-Structures & Nano-Objects, 2017, 12: 33-40.

[34] BEHRAVESH S, FAREGHI-ALAMDARI R, BADRI R. Sulfonated reduced graphene oxide (RGO-SO_3H): as an efficient nanocatalyst for one-pot synthesis of 2-amino-3-cyano-7-hydroxy-4H-chromenes derivatives in water[J]. Polycyclic Aromatic Compounds, 2018, 38(1): 51-65.

[35] PAWAR G T, MAGAR R R, LANDE M K. Mesolite: an efficient heterogeneous catalyst for one-pot synthesis of 2-amino-4H-chromenes[J]. Polycyclic Aromatic Compounds, 2018, 38(1): 75-84.

[36] MOHAMMADINEZHAD A, AKHLAGHINIA B. Nanofibre sepiolite catalyzed green and rapid synthesis of 2-amino-4H-chromene derivatives[J]. Australian Journal of Chemistry, 2018, 71(1): 32-46.

[37] HEYDARI R, MANSOURI A, SHAHREKIPOUR F, et al. Imidazole/cyanuric acid as an efficient catalyst for the synthesis of 2-Amino-4H-chromenes in aqueous media at ambient temperature[J]. Letters in Organic Chemistry, 2018, 15(4): 302-306.

[38] FALLAH M, SOHRABNEZHAD S, ABEDINI M. Synthesis of chromene derivatives in the presence of mordenite zeolite/MIL-101(Cr) metal-organic framework composite as catalyst[J]. Applied Organometallic Chemistry, 2019, 33(4): e4801.

[39] MOGHADASI Z. One-pot synthesis of 2-amino-4H-chromenes using *L*-proline as a

reusable catalyst[J]. Journal of Medicinal and Chemical Sciences, 2019(2): 35-37.
[40] TAHMASSEBI D, BLEVINS J E, GERARDOT S S. Zn(*L*-proline)$_2$ as an efficient and reusable catalyst for the multi-component synthesis of pyran-annulated heterocyclic compounds[J]. Applied Organometallic Chemistry, 2019, 33(4): e4807.
[41] DAS S K, CHATTERJEE S, MONDAL S, et al. A new triazine-thiophene based porous organic polymer as efficient catalyst for the synthesis of chromenes via multicomponent coupling and catalyst support for facile synthesis of HMF from carbohydrates[J]. Molecular Catalysis, 2019, 475: 110483.
[42] ZHU H, XU G, DU H M, et al. Prolinamide functionalized polyacrylonitrile fiber with tunable linker length and surface microenvironment as efficient catalyst for Knoevenagel condensation and related multicomponent tandem reactions[J]. Journal of Catalysis, 2019, 374: 217-229.
[43] SADEGHI B, ARABIAN E, AKBARZADEHE. Nano-cellulose-OTiCl$_3$ as a green and efficient catalyst for one-pot synthesis of 2-amino-7-hydroxy-4-aryl-4H-chromene-3-carbonitrile[J]. Inorganic and Nano-Metal Chemistry, 2020, 50(12): 1207-1212.
[44] JAHANSHAHI P, MAMAGHANI M. Efficient and straightforward access to diverse and densely functionalized chromenes by 3-amino-1,2,4-triazole supported on hydroxyapatite-encapsulated-γ-Fe_2O_3 (γ-Fe_2O_3@HAp@CPTMS@AT) as a new magnetic basic nanocatalyst[J]. Reaction Kinetics, Mechanisms and Catalysis, 2020, 130(8): 955-977.
[45] HOSSEINZADEH-BAGHAN S, MIRZAEI M, ESHTIAGH-HOSSEINI H, et al. An inorganic-organic hybrid material based on a Keggin-type polyoxometalate@Dysprosium as an effective and green catalyst in the synthesis of 2-amino-4H-chromenes via multicomponent reactions[J]. Applied Organometallic Chemistry, 2020, 34(9): e5793.

[46] KARMAKAR B, NANDI R. A green route towards substituted 2-amino-4H-chromenescatalyzed by an organobase (TBD) functionalizedmesoporous silica nanoparticle without heating[J]. Research on Chemical Intermediates, 2021, 47(5): 2161-2172.

[47] PATIL U P, PATIL R C, PATIL S S. Biowaste-derived heterogeneous catalyst for the one-pot multicomponent synthesis of diverse and densely functionalized 2-amino-4H-chromenes[J]. Organic Preparations and Procedures International, 2021, 53(2): 190-199.

[48] REZAYATI S, RAMAZANI A, SAJJADIFAR S, et al. Design of a schiff base complex of copper coated on epoxy-modified core-shell MNPs as an environmentally friendly and novel catalyst for the one-pot synthesis of various chromene-annulated heterocycles[J]. ACS Omega, 2021, 6(39): 25608-25622.

[49] TAHERKHANI H, RAMAZANI A, SAJJADIFAR S, et al. Design and preparation of copper(II)-mesalamine complex functionalized on silica-coated magnetite nanoparticles and study of its catalytic properties for green and multicomponent synthesis of highly substituted 4H-chromenes and pyridines[J]. ACS Omega, 2022, 7(17): 14972-14984.

[50] SHARMA S, MEENA M, SHARMA H, et al. Fe_3O_4-supported sulfonated graphene oxide as a green and magnetically separable nanocatalyst for synthesis of 2-amino-3-cyano-4H-chromene derivatives and their in-silico studies[J]. Synthetic Communications, 2022, 52(19-20): 1926-1955.

[51] CHOUDHARE S S, BHOSALE V N, CHOPADE M. Synthesis of 2-amino-4H-chromene derivatives using $InCl_3$ and their antimicrobial evaluation[J]. Russian Journal of Organic Chemistry, 2022, 58(6): 913-916.

[52] MOHAMADPOUR F. Per-6-NH_2-β-CD as supramolecular host and reusable aminocyclodextrin promoted solvent-free synthesis of 2-amino-4H-chromene

scaffolds at room temperature[J]. Polycyclic Aromatic Compounds, 2022, 42(9): 6417-6428.

[53] TONAPE V T, KAMATH A D, KAMANNA K. Eco-friendly synthesis of 2-amino-4H-chromene catalysed by HRSPLAE and anti-cancer activity studies [J]. Current Organocatalysis, 2023, 10(1): 34-57.

[54] MAKAREM S, MOHAMMADI A A, FAKHARI A R. A multi-component electro-organic synthesis of 2-amino-4H-chromenes[J]. Tetrahedron Letters, 2008, 49(50): 7194-7196.

[55] QAREAGHAJ O H, MASHKOURI S, NAIMI-JAMAL M R, et al. Ball milling for the quantitative and specific solvent-free Knoevenagel condensation-Michael addition cascade in the synthesis of various 2-amino-4-aryl-3-cyano-4H-chromenes without heating[J]. RSC Advances, 2014, 4(89): 48191-48201.

[56] DEKAMIN M G, ESLAMI M. Highly efficient organocatalytic synthesis of diverse and densely functionalized 2-amino-3-cyano-4H-pyrans under mechanochemical ball milling[J]. Green Chemistry, 2014, 16(12): 4914-4921.

[57] DATTA B, PASHA M A. Glycine catalyzed convenient synthesis of 2-amino-4H-chromenes in aqueousmedium under sonic condition[J]. Ultrasonics Sonochemistry, 2012, 19(4): 725-728.

[58] SAFARI J, ZARNEGAR Z. Ultrasonic activated efficient synthesis ofchromenes using amino-silane modified Fe_3O_4 nanoparticles: a versatile integrationof high catalytic activity and facile recovery[J]. Journal of Molecular Structure, 2014, 1072: 53-60.

[59] SAFARI J, JAVADIAN L. Ultrasound assisted the green synthesis of 2-amino-4H-chromene derivativescatalyzed by Fe_3O_4-functionalized nanoparticles with chitosan as a novel andreusable magnetic catalyst[J]. Ultrasonics Sonochemistry, 2015, 22: 341-348.

[60] SABBAGHAN M, SOFALGAR P. Ultrasonic assisted synthesis of chromenes catalyzed by sodium carbonate in aqueous media[J]. Combinatorial Chemistry & High Throughput Screening, 2015, 18(9): 901-910.

[61] SAFARI J, HEYDARIAN M, ZARNEGAR Z. Synthesis of 2-amino-7-hydroxy-4H-chromenederivatives under ultrasound irradiation: a rapidprocedure without catalyst[J]. Arabian Journal of Chemistry, 2017, 10(S2): S2994-S3000.

[62] MOHAMMADI R, ESMATI S, GHOLAMHOSSEINI-NAZARI M, et al. Synthesis and characterization of a novel Fe_3O_4@SiO_2-BenzIm-Fc[Cl]/BiOCl nano-composite and its efficient catalytic activityin the ultrasound-assisted synthesis of diversechromene analogs[J]. New Journal of Chemistry, 2019, 43(1): 135-145.

[63] ESHTEHARDIAN B, ROUHANI M, MIRJAFARY Z. Green protocol forsynthesis of $MgFe_2O_4$ nanoparticles andstudy oftheir activity asanefficient catalyst forthesynthesis ofchromene andpyran derivatives underultrasound irradiation[J]. Journal of the Iranian Chemical Society, 2020, 17(2): 469-481.

[64] RAGHUVANSHI D S, SINGH K N. An expeditious synthesis of novel pyranopyridine derivatives involving chromenes under controlled microwave irradiation[J]. Arkivoc, 2010, (x): 305-317.

[65] MOBINIKHALEDI A, MOGHANIAN H, SASANI F. Microwave-assisted one-pot synthesis of 2-amino-2-chromenes using piperazine as acatalyst under solvent-free conditions[J]. Synthesis and Reactivity in Inorganic,Metal-Organic, and Nano-Metal Chemistry, 2011, 41(3): 262-265.

[66] ZARNEGAR Z, SAFARI J. Heterogenization of an imidazolium ionic liquidbased on magnetic carbon nanotubes as a novelorganocatalyst for the synthesis of 2-amino-chromenes via a microwave-assistedmulticomponent strategy[J]. New Journal of Chemistry, 2016, 40(9): 7986-7995.

[67] BHANJA P, CHATTERJEE S, BHAUMIK A. Triazine-based porous organic

polymer with good CO_2 gas adsorption properties and an efficient organocatalyst for the one-pot multicomponent condensation reaction[J]. ChemCatChem, 2016, 8(19): 3089-3098.

[68] KANTHARAJU K, KHATAVIS Y. Microwave accelerated synthesis of 2-amino-4H-chromenes catalyzed by WELFSA: A green protocol[J]. Chemistry Select, 2018, 3(18): 5016-5024.

[69] HIREMATH P B, KAMANNA K. A microwave accelerated sustainable approach for the synthesis of 2-amino-4H-chromenes catalysed by WEPPA: a green strategy[J]. Current Microwave Chemistry, 2019, 6(1): 30-43.

[70] KUMARI M, JAIN Y, YADAV P, et al. Synthesis of Fe_3O_4-DOPA-Cu magnetically separable nanocatalyst: a versatile and robust catalyst for an array of sustainable multicomponent reactions under microwave irradiation[J]. Catalysis Letters, 2019, 149(8): 2180-2194.

[71] MOHAMADPOUR F. Catalyst-free and solvent-free visible light irradiation-assisted Knoevenagel-Michael cyclocondensation of aryl aldehydes, malononitrile, and resorcinol at room temperature[J]. Monatshefte für Chemie - Chemical Monthly, 2021, 152(5): 507-512.

[72] MOHAMADPOUR F. New role for photoexcited Na_2 Eosin Y via the direct hydrogen atom transfer process in photochemical visible-light-induced synthesis of 2-amino-4H-chromene scaffolds under air atmosphere[J]. Frontiers in Chemistry, 2022, 10: 880257.

[73] MOHAMADPOUR F. The development of knoevenagel-michael cyclocondensation through a single-electron transfer (SET)/energy transfer (EnT) pathway in the use of methylene blue (MB^+) as a photo-redox catalyst[J]. Journal of Photochemistry and Photobiology A: Chemistry, 2022,432: 114120.

[74] MOHAMADPOUR F. Carbazole-based photocatalyst (4CzIPN) as a novel donor-

acceptor (D-A) fluorophore catalyzed gram-scale 2-amino-4H-chromene scaffolds photosynthesis via a proton-coupled electron transfer (PCET) process[J]. Journal of the Taiwan Institute of Chemical Engineers, 2023, 144: 104699.

[75] GONG K, WANG H L, LUO J, et al. One-pot synthesis of polyfunctionalized pyrans catalyzed by basic ionic liquid in aqueous media[J]. Journal of Heterocyclic Chemistry, 2009, 46(6): 1145-1150.

[76] 窦辉, 高思旖, 付召龙, 等. 新型氨基功能化碱性离子液体 1-(2-氨基乙基)-3-甲基咪唑咪唑盐催化四类取代 2-氨基-4H-色烯衍生物的合成[J]. 有机化学, 2011, 31(7): 1056-1063.

[77] GHORBANI M, NOURA S, OFTADEH M, et al. Preparation of neutral ionic liquid [2-Eim]OAc with dualcatalytic-solvent system roles for the synthesis of 2-amino-3-cyano-7-hydroxy-4-(aryl)-4H-chromene derivatives[J]. Journal of Molecular Liquids, 2015, 212: 291-300.

[78] ROSTAMIZADEH S, ZEKRI N. An efficient, one-pot synthesis of 2-amino-4H-chromenes catalyzed by (α-Fe_2O_3)-MCM-41-supporteddual acidic ionic liquid as a novel and recyclablemagnetic nanocatalyst[J]. Research on Chemical Intermediates, 2016, 42(3): 2329-2341.

[79] ZOLFIGOL M A, YARIE M, BAGHERY S. Application of {[4,4'-BPyH][$C(CN)_3$]$_2$} as a bifunctional nanostructured molten salt catalyst for the preparation of 2-amino-4H-chromene derivatives under solvent-free and benign conditions[J]. Synlett, 2016, 27(9): 1418-1422.

[80] SHAIKH MA, FAROOQUI M, ABED S. Novel task-specific ionic liquid [$Et_2NH(CH_2)_2CO_2H$][AcO] asarobust catalyst fortheefficient synthesis ofsome pyran-annulated scaffolds undersolvent-free conditions[J]. Research on Chemical Intermediates, 2019, 45(3): 1595-1617.

[81] LI L J, BAI L L, LI J J, et al. One-pot synthesis of 2-amino-4H-chromenes

derivatives in aqueous solution of choline hydroxide[J]. ChemistrySelect, 2020, 5(40): 12494-12499.

[82] ZHU A L, LI Q X, FENG W L, et al. Biocompatible ionic liquid promote one-pot synthesis of 2-amino-4H-chromenes under ambient conditions[J]. Catalysis Letters, 2021, 151(3): 720-733.

第 12 章　结论与展望

12.1　结　论

本课题制备了一系列胆碱类和甜菜碱类低共熔溶剂，并考查了这些低共熔溶剂在阿司匹林（即乙酰水杨酸）、乙酸异戊酯、对硝基苯甲酸乙酯、尼泊金乙酯（即对羟基苯甲酸乙酯）、水杨酸乙酯、肉桂酸乙酯、邻苯二甲酸二丁酯、柠檬酸三丁酯、酰胺烷基萘酚、2-氨基-7-羟基-3-氰基-4-芳基-4H-色烯等化合物合成中的应用，主要结论如下：

（1）制备了低共熔溶剂氯化胆碱-尿素，并将其作为催化剂和溶剂应用于水杨酸和乙酸酐的酯化反应，合成了阿司匹林，优化所得的最佳反应条件为：以 0.02 mol 水杨酸为基准，水杨酸和乙酸酐的摩尔比为 1∶2.5，低共熔溶剂氯化胆碱-尿素用量为 1.5 g，反应温度为 80℃，反应时间为 40 min。在此条件，目标产物的收率可达 94%。同时，低共熔溶剂氯化胆碱-尿素重复使用 5 次，阿司匹林的收率仍可达 87%。

（2）制备了低共熔溶剂氯化胆碱-草酸，并将其作为催化剂和溶剂应用于水杨酸和乙酸酐的酯化反应，合成了乙酰水杨酸，优化所得的最佳反应条件为：以 0.02 mol 水杨酸为基准，水杨酸和乙酸酐的摩尔比为 1∶2.5，低共熔溶剂氯化胆碱-草酸用量为 1.2 g，反应温度为 75 ℃，反应时间为 40 min。在此条件，目标产物的收率可达 93%。同时，低共熔溶剂氯化胆碱-草酸重复使用 5 次，乙酰水杨酸的收率仍可达 88%。

（3）制备了低共熔溶剂氯化胆碱-氯化锌，并将其作为催化剂和溶剂应用于冰乙酸和异戊醇的酯化反应，合成了乙酸异戊酯，优化所得的最佳反应条件为：以 0.1 mol 异戊醇为基准，冰乙酸与异戊醇的摩尔比为 1.2∶1，低共熔溶剂氯化胆碱-氯化锌用量为 2.0 g，反应温度为 110 ℃，反应时间为 3.0 h。在此条件下，目标产物的收率可达 93%。同时，低共熔溶剂氯化胆碱-氯化锌重复使用 5 次，乙酸异戊酯的收率仍可达 85%。

（4）制备了低共熔溶剂氯化胆碱-对甲苯磺酸，并将其作为催化剂和溶剂应用于对硝基苯甲酸和无水乙醇的酯化反应，合成了对硝基苯甲酸乙酯，优化所得的最佳反应条件为：以 0.02 mol 对硝基苯甲酸为基准，对硝基苯甲酸与无水乙醇的摩尔比为 1∶6，低共熔溶剂氯化胆碱-对甲苯磺酸用量为 1.5 g，回流反应时间为 2.0 h。在此条件下，目标产物的收率可达 95%。同时，低共熔溶剂氯化胆碱-对甲苯磺酸重复使用 5 次，对硝基苯甲酸乙酯的收率仍可达 88%。

（5）制备了低共熔溶剂氯化胆碱-三氟甲烷磺酸，并将其作为催化剂和溶剂应用于对羟基苯甲酸和无水乙醇的酯化反应，合成了尼泊金乙酯，优化所得的最佳反应条件为：以 0.02 mol 对羟基苯甲酸为基准，对羟基苯甲酸与无水乙醇的摩尔比为 1∶5，低共熔溶剂氯化胆碱-三氟甲烷磺酸用量为 1.5 g，回流反应时间为 3.0 h。在此条件下，目标产物的收率可达 94%。同时，低共熔溶剂氯化胆碱-三氟甲烷磺酸重复使用 5 次，尼泊金乙酯的收率仍可达 88%。

（6）制备了低共熔溶剂氯化胆碱-三氯化铬，并将其作为催化剂和溶剂应用于水杨酸和无水乙醇的酯化反应，合成了水杨酸乙酯，优化所得的最佳反应条件为：以 0.03 mol 水杨酸为基准，水杨酸与无水乙醇的摩尔比为 1∶5，低共熔溶剂氯化胆碱-三氯化铬用量为 2.0 g，回流反应时间为 5.0 h。在此条件下，目标产物的收率可达 90%。同时，低共熔溶剂氯化胆碱-三氯化铬重复使用 5 次，水杨酸乙酯的收率仍可达 81%。

（7）制备了低共熔溶剂氯化胆碱-三氯化铁，并将其作为催化剂和溶剂应用于肉桂酸和无水乙醇的酯化反应，合成了肉桂酸乙酯，优化所得的最佳反应条件为：以 0.05 mol 肉桂酸为基准，肉桂酸与无水乙醇的摩尔比为 1∶6，低共熔溶剂氯化胆碱-三氯化铁用量为 2.0 g，回流反应时间为 3.0 h。在此条件下，目标产物的收率可达 92%。同时，低共熔溶剂氯化胆碱-三氯化铁重复使用 5 次，肉桂酸乙酯的收率仍可达 86%。

（8）制备了低共熔溶剂氯化胆碱-甲磺酸，并将其作为催化剂和溶剂应用于邻苯二甲酸酐和正丁醇的酯化反应，合成了邻苯二甲酸二丁酯，优化所得的最佳反应条件为：以 0.02 mol 邻苯二甲酸酐为基准，邻苯二甲酸酐与正丁醇的摩尔比为 1∶5，低共熔溶剂氯化胆碱-甲磺酸用量为 2.0 g，回流反应时间为 2.5 h。在此条件下，目标产物的收率可达 95%。同时，低共熔溶剂氯化胆碱-甲磺酸重复使用 5 次，邻苯二甲酸二丁酯的收率仍可达 89%。

（9）制备了低共熔溶剂甜菜碱盐酸盐-对甲苯磺酸，并将其作为催化剂和溶剂应用于柠檬酸和正丁醇的酯化反应，合成了柠檬酸三丁酯，优化所得的最佳反应条件为：以 0.02 mol 柠檬酸为基准，柠檬酸和正丁醇的摩尔比为 1∶6、低共熔溶剂甜菜碱盐酸盐-对甲苯磺酸用量为 2.0 g，回流反应时间为 3.0 h。在此条件下，目标产物的收率可达 96%。同时，低共熔溶剂甜菜碱盐酸盐-对甲苯磺酸重复使用 5 次，柠檬酸三丁酯的收率仍可达 90%。

（10）制备了低共熔溶剂氯化胆碱-氯化亚锡，并将其作为催化剂和溶剂应用于芳香醛、2-萘酚和乙酰胺（或苯甲酰胺）的缩合反应，合成了酰胺烷基萘酚，优化所得的最佳反应条件为：以 1.0 mmol 芳香醛、1.0 mmol 2-萘酚、1.0 mmol 乙酰胺为基准，低共熔溶剂氯化胆碱-氯化亚锡用量为 2.0 g，反应温度为 80 ℃。在此条件下，不同取代基的芳香醛与 2-萘酚和乙酰胺（或苯甲酰胺）反应 15～45 min，目标产物的收率可达 84%～96%。同时，低共熔溶剂氯化胆碱-氯化亚锡重复使用 5 次，苯甲醛、2-萘酚和乙酰胺反应的收率仅从 95%降至 86%，没有显著降低。

（11）制备了低共熔溶剂氯化胆碱-乳酸，并将其作为催化剂和溶剂应用于芳香醛、丙二腈和间苯二酚的缩合及环合反应，合成了 2-氨基-7-羟基-3-氰基-4-芳基-4*H*-色烯，优化所得的最佳反应条件为：以 1.0 mmol 芳香醛、1.0 mmol 丙二腈、1.0 mmol 间苯二酚为基准，低共熔溶剂氯化胆碱-乳酸用量为 2.0 g、反应温度为 90 ℃。在此条件下，不同取代基的芳香醛与丙二腈、间苯二酚反应 15～40 min，目标产物的收率可达 85%～93%。同时，低共熔溶剂氯化胆碱-乳酸重复使用 5 次，苯甲醛、丙二腈和间苯二酚反应的收率仅从91%降至85%，没有明显降低。

12.2 展 望

本课题所研究的低共熔溶剂在有机合成中的应用，主要围绕胆碱类和甜菜碱类低共熔溶剂在酯化反应、缩合反应及环合反应中的应用而开展。根据绿色化学和有机化学的发展趋势，作者认为在该领域有以下几个方面可以继续深入研究：

（1）由于低共熔溶剂具有结构可设计性的特点，因而可以设计同时作为反应底物和溶剂的低共熔溶剂，也可以设计同时作为催化剂和溶剂的双功能或多功能溶剂，从而简化合成步骤，减少有毒溶剂的使用，提高有机合成反应的绿色性。同时，还可将手性化合物引入低共熔溶剂，研究其在不对称催化领域的应用。

（2）低共熔溶剂的氢键受体目前主要是季铵盐氯化胆碱或甜菜碱，而季鏻盐类、咪唑鎓类、吡啶鎓类等低共熔溶剂的使用相对较少。同时也必须认识到，季铵盐在强碱和高温条件下，容易发生霍夫曼消除生成副产物。因而，拓展低共熔溶剂的结构种类，开发热稳定性更高的低共熔溶剂，使其适合于不同类型的有机合成反应，是科研工作者的下一个研究难点和热点问题。

（3）低共熔溶剂的理化性质数据、生物毒理数据等缺乏系统的研究和整理，且多数低共熔溶剂存在黏度较大的问题，距离其工业化推广应用仍存在较大差距。因此，深入研究和完善低共熔溶剂的数据库，为其工业化应用奠定坚实基础，将是科技工作者未来的工作重点。